电工技术（上册）
与电子技术

唐庆玉　编著

清华大学出版社

北京

内 容 简 介

《电工技术与电子技术》全书分上、下两册。上册内容是：电路理论及分析方法,正弦交流电路,三相电路,周期性非正弦波形,电路的暂态分析,磁路与变压器,电动机,继电器控制,可编程控制器(介绍西门子 S7-200 型 PLC),Multisim 电路仿真。下册内容是：半导体器件,交流放大电路,集成运算放大器及其应用,功率放大电路,直流稳压电源,晶闸管及可控整流电路,门电路与逻辑代数,组合逻辑电路,触发器及时序逻辑电路,多谐振荡器和单稳态触发器,D/A 转换器和 A/D 转换器,半导体存储器,可编程逻辑器件(PLD,CPLD),模拟电路和数字电路的 Multisim 仿真。

作者主讲的电工学课程于 2003 年被评为北京市精品课程,2008 年被评为国家级精品课程。本书是作者多年从事电工教学实践和教学改革经验的总结,可作为高等学校非电类专业电工学课程的教科书,也可作为工程技术人员参考书和培训用书。

图书在版编目(CIP)数据

电工技术与电子技术. 上册/唐庆玉编著.—北京：清华大学出版社,2007.3(2025.3重印)
ISBN 978-7-302-14697-1

Ⅰ. 电… Ⅱ. 唐… Ⅲ. ①电工技术 ②电子技术 Ⅳ. TMTN

中国版本图书馆 CIP 数据核字(2007)第 021458 号

责任编辑:张占奎
责任校对:焦丽丽
责任印制:沈 露

出版发行:清华大学出版社
    网　　址:https://www.tup.com.cn, https://www.wqxuetang.com
    地　　址:北京清华大学学研大厦 A 座　　　　　　邮　编:100084
    社 总 机:010-83470000　　　　　　　　　　　邮　购:010-62786544
    投稿与读者服务:010-62776969, c-service@tup.tsinghua.edu.cn
    质量反馈:010-62772015, zhiliang@tup.tsinghua.edu.cn
印 装 者:北京建宏印刷有限公司
经　　销:全国新华书店
开　　本:185mm×260mm　　　印　张:22　　　字　数:505 千字
版　　次:2007 年 3 月第 1 版　　　　　　　　　　印　次:2025 年 3 月第 12 次印刷
定　　价:65.00 元

产品编号:024482-05

作者简介

　　唐庆玉,1945 年生,1970 年毕业于清华大学工程化学系,1983 年获清华大学电机系硕士学位,1988—1990 年在美国亚特兰大佐治亚理工学院做访问学者。

　　现任清华大学电机系教授,清华大学电机系电工学教研室主任,电工学课程负责人。

　　主要社会学术兼职有:中国电子学会高级会员,中国电子学会生物医学电子学分会理事,中国仪器仪表学会医疗仪器分会理事,中国电工学研究会理事。

　　从 1978 年起一直从事电工学基础课的教学和生物医学工程方面的科研及教学工作,发表科研和教学研究论文 80 余篇,出版教材 3 部,获得国家专利 2 项,获得省、部级科研和教学成果奖多项。

前　言

电工技术与电子技术(电工学)是高等学校非电类专业的一门专业基础课程,是某些专业的后续课程,如微机原理、单片机原理及应用、仪表测量及控制、汽车电子、核电子学等课程的先修课程。通过该课程的学习,学生可以掌握关于电路的基本理论和分析方法、初步了解电工基本技术(包括三相交流电、变压器、电动机及其控制技术)、模拟电子技术、数字电子技术以及电子设计自动化(EDA)技术。

本书是参照教育部 1995 年颁发的《电工技术》(电工学 I)和《电子技术》(电工学 II)两门课程的基本要求,参考美国 1999—2002 年间出版的有关教材(参考文献[5]～[10]),并结合清华大学电工学精品课建设和教学改革的成果编写的。

清华大学电工学课程 2002 年被评为清华大学精品课程,2003 年被评为北京市精品课程,2008 年被评为国家级精品课程。多年来,该课程进行了许多改革,参考美国著名大学的教材和教学大纲,调整了该课程的教学大纲,去除了许多陈旧内容,补充了许多新内容。在课时大大压缩的情况下,仍能做到"宽"和"新",既符合教育部的基本教学要求,又具有先讲性。

本书第 1～第 8 章是传统内容,在继承的基础上保留了其经典成分,并根据技术的发展作了部分补充和修改。第 1 章介绍最基本的电路理论和分析方法。第 2 章介绍正弦交流电路的分析与计算。第 3 章介绍三相电路中电流、电压及功率的计算。第 4 章介绍周期性非正弦波形的分析计算方法。第 5 章介绍电路的暂态分析方法。第 6 章介绍磁路与变压器。第 7 章介绍电动机。第 8 章介绍继电器控制。在第 9 章介绍可编程控制器(PLC)及西门子 S7-200 型 PLC 的原理与应用。第 10 章介绍 Multisim 电路仿真及 Multisim7 仿真软件。

电工技术和电子技术是一门实践性很强的课程,仅仅会做习题还不能很好地掌握,必须理论联系实际,重视实际动手能力的训练。计算机仿真和虚拟仪器的应用可以弥补实验课时和实验室条件的不足,是实现电工学课程研究型教学的良好手段。本书第 10 章介绍了 Multisim7 仿真软件在电路仿真和继电器控制仿真中的应用。在实际教学过程中,建议将仿真穿插在每章内容中,每节课除了布置一般习题外还应布置一道仿真习题,注重训练学生对虚拟仪器的使用。另外,为便于与第8章内容对照,将第9章可编程控制器的内容安排在上册,但该内容属于数控技术,在学习下册中有关数字电路的内容后再讲授效果会更好。

本书每章都配有适量的思考题和习题,第1~第7章以计算题为主,而第8~第10章以设计题为主,设计题尽量结合实际,以培养学生的创新能力。此外,考虑双语教学的需要,本书还配写有英文习题,方便学生了解国外同类课程的有关内容,掌握英文名词术语和电路符号。书后附有大部分习题的参考答案(图形略)。

本书的编写力求文字简练,条理清楚,一些基本原理多用图形说明,避免冗长的文字叙述,以利于学生课后复习和自学。

编者还为本书编写了配套中文电子课件、英文电子课件等教学资源,感兴趣者可登录清华大学精品课网站 http://166.111.92.13/,或来信索取。与本书配套的习题解答也已由清华大学出版社于2008年5月出版。

本次重印中,清华大学电机系刘廷文教授、王艳丹副教授、刘瑛岩副教授、黄瑜珑副教授、陈水明副教授等提出了宝贵的修改意见,作者对他们表示衷心的感谢。

书中难免还有错误和不妥之处,恳请读者予以指正,不胜感谢。

唐庆玉

2012年2月于清华园

tangqy@tsinghua.edu.cn

目　录

第 1 章

电路理论及分析方法

　　电路是由电路元件(如电源、电阻、电感、电容等)互相联接形成的系统。对电路进行分析所用的定律、定理、原理及方法统称为电路理论。电路理论是学习电工技术和电子技术的基础。

　　本章介绍的基尔霍夫定律、戴维宁定理、叠加原理及其他电路分析方法都是分析和计算电路的基础。虽然本章的例题都以直流电路为例,但这些电路理论也同样适用于交流电路。

关键术语 Key Terms

电压源/电流源 voltage/current source

恒压源/恒流源 constant-voltage/current source

电路模型 circuit model

电位差 potential difference

电路元件 circuit element

伏安特性曲线 volt-ampere characteristic

参考方向 reference direction

欧姆定律 Ohm's law

支路/结点/回路 branch/node/ loop

基尔霍夫电流定律(KCL) Kirchhoff's current law

基尔霍夫电压定律(KVL) Kirchhoff's voltage law

等效电路 equivalent circuit

等效电阻 equivalent resistance

电源变换 source transformation

支路电流法 branch current method

结点电位法 node voltage method

叠加原理 superposition theorem

有源二端网络 active two-terminal network

戴维宁定理 Thevenin's theorem

诺顿定理 Norton's theorem

受控源 controlled source

恒流源 constant-current source

恒压源 constant-voltage source

1.1　电路的基本概念

1.1.1　电路模型

　　电路是由电路元器件或电气设备通过联接导线按照一定规则联接而成。图 1.1(a)和图 1.1(b)所示分别为手电筒电路和室内照明电路,它们都是由 3 部分组成:电源(电池或交流电源)、用电设备(白炽灯泡)及联接导线(包括开关)。当开关合上后,在电源电压的作用下,就有电流流过灯泡,电源提供的电能由灯泡转换成光能和热能。

　　为了便于对实际电路进行分析和计算,要将实际元件和电气设备模型化,即把它们等效成由理想电路元件组成的电路,并以电路符号和连线画成的电路图来表示。理想电路元件有恒压源、恒流源、电阻、电感和电容,电路图的连线是理想化的导线(电阻值为 0)。这种理想化的电路,称为**电路模型**。

　　例如,将图 1.1 的实际电路模型化,则不论是手电筒电路,还是照明电路,都可以等效为图 1.2 的电路模型。其中,电池或交流电源都等效为一个恒压源,并标注上电源的极性和电动势 E 或端电压 U,白炽灯泡等效为一个电阻性负载 R。

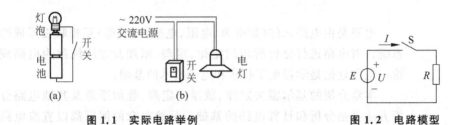

图 1.1　实际电路举例　　　　　　　　　　　图 1.2　电路模型

　　一般来说,电路模型通常由 3 部分组成,即电源、负载和连线(包括开关)。

　　实际电路的种类有很多,若根据电路的作用来分有两种类型:一是电能的传输和转换;二是信号的传递和处理。图 1.1 所示的电路属于第一种类型。在本书下册介绍的放大器、滤波器等模拟电路都属于第二种类型。

　　不管什么类型的电路,电路理论所分析的都是它们的电路模型,电路模型简称电路,用电路图表示。在电路图中,各种电路元件都用规定的符号(包括图形符号和字符符号)来表示。

1.1.2　电路元件

　　电路元件分为无源元件和有源元件两类,无源元件有电阻、电感和电容,分别如图 1.3(a)、(b)和(c)所示;有源元件有电压源和电流源,分别如图 1.4(a)和(b)所示。本章只介绍电阻、电压源和电流源,电感和电容放在第 2 章介绍。

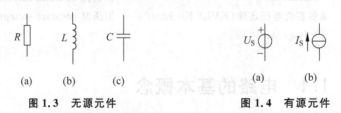

图 1.3　无源元件　　　　　　　　　　　　图 1.4　有源元件

1. 电阻

　　电阻分为线性电阻和非线性电阻。若电阻两端的电压与通过电阻的电流成正比,即比值是一个常数,这样的电阻称为**线性电阻**;若电阻两端的电压与通过电阻的电流不成正比,即比值不是常数,这样的电阻称为非线性电阻。由线性电阻组成的电路称为**线性电路**,含有非线性电阻的电路称为非线性电路。除非有特别说明,本书中所提及的电阻都是线性电阻,所提及的电路都是线性电路。

电路元件两端的电压与元件通过的电流的函数关系称为元件的伏安特性(曲线)。

线性电阻的符号及伏安特性曲线如图 1.5 所示。当电压 U 和电流 I 的参考方向如图 1.5(a)所示时,称电压、电流的参考方向一致,或称为参考方向关联(关于电压、电流参考方向的定义见 1.1.3 节),电压 U 和电流 I 的关系式为

$$U = RI$$

线性电阻的伏安特性曲线是一条过原点、斜率为 R 的直线,如图 1.5(b)所示。

半导体器件的等效电阻是非线性电阻,例如二极管,其伏安特性曲线如图 1.6 所示。从图 1.6 可以看出,曲线上任何一点的电压、电流的比值各不相等,说明二极管的阻值随所加电压而变。因此,含有二极管的电路都属于非线性电路。

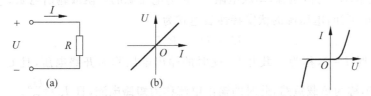

图 1.5　线性电阻的符号及伏安特性曲线　　　　图 1.6　二极管的伏安特性曲线

电阻的单位是欧(姆),Ω。当电阻两端的电压为 1V(伏),通过电阻的电流为 1A(安)时,其电阻值为 1Ω。大阻值的电阻以 kΩ(1kΩ＝10^3Ω)、MΩ(1MΩ＝10^6Ω)或 GΩ(1GΩ＝10^9Ω)为单位。

实际的电阻元件种类有很多,常用的有金属膜电阻和碳膜电阻,还有各种电位器和滑线电阻器等。电阻的主要技术指标有 3 个,即标称阻值、精度和额定功率,3 个指标都有不同系列。标称阻值与实际阻值有一定的误差,用精度表示,精度有 ±1%,±5%,±10% 等。金属膜电阻和碳膜电阻的额定功率有 $\frac{1}{8}$W,$\frac{1}{4}$W,$\frac{1}{2}$W,1W 等,使用时实际功率不能超过额定值。

2. 电压源

(1) 理想电压源

理想电压源的符号与伏安特性曲线分别如图 1.7(a)和(b)所示,其正、负极用"＋"、"－"表示,正极性端的电位高于负极性端的电位。理想电压源的特点是:

① 无论负载如何变化,它的输出电压恒定不变,所以理想电压源又称为**恒压源**。

② 理想电压源的输出电流由外部电路决定(当外部电路是一个有源网络时,外部电路不但决定理想电压源输出电流的大小,还决定输出电流的方向),也就是说,负载电阻变化时,理想电压源的输出电流也随着变化。理想电压源可以输出无穷大的电流,即能输出无穷大的功率。

电压的单位是伏(特),V。当电场力将 1C 电荷量从一点移动到另一点所做的功为 1J

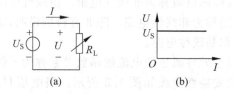

图 1.7　理想电压源的符号及伏安特性曲线

时,则这两点间的电压是 1V。模拟电路中的信号幅度很小,常以 mV($1\mathrm{mV}=10^{-3}\,\mathrm{V}$)和 $\mu\mathrm{V}$($1\mu\mathrm{V}=10^{-6}\,\mathrm{V}$)为单位;在电力系统中,电压幅度很高,常用 kV($1\mathrm{kV}=10^{3}\,\mathrm{V}$)为单位。

（2）电压源模型

电压源模型由恒压源串联一个电阻组成,其电路符号和伏安特性曲线分别如图 1.8(a)和(b)所示。其中,U_{S} 为恒压源,串联电阻 R_{o} 称为电压源的**内阻**或**输出电阻**。

由图 1.8(a)可知,电压源的伏安特性表达式为

$$U = U_{\mathrm{S}} - R_{\mathrm{o}}I \tag{1-1}$$

当 $R_{\mathrm{L}}=\infty$ 时 $I=0$,称为负载开路,此时的输出电压称为**开路电压**,且 $U_{\mathrm{oc}}=U_{\mathrm{S}}$;当 $R_{\mathrm{L}}=0$ 时,$U=0$,称为负载短路,此时的输出电流称为**短路电流**,且 $I_{\mathrm{sc}}=\dfrac{U_{\mathrm{S}}}{R_{\mathrm{o}}}$。

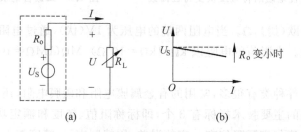

图 1.8　电压源的符号及伏安特性曲线

从电压源模型的伏安特性曲线可以看出:R_{o} 越大,伏安特性曲线斜率越大;R_{o} 越小,电压源模型的伏安特性曲线就越靠近恒压源的伏安特性曲线(图 1.8(b)中虚线)。对于内阻较大的电压源,其输出电流越大,输出电压下降就越严重,称该电源带负载的能力不强。当电压源的内阻 $R_{\mathrm{o}}=0$ 时,电压源模型就变成了恒压源模型,因此可认为恒压源是内阻等于 0 的电压源。若恒压源的电压等于 0,则可将其等效成一个阻值为 0 的电阻,即相当于一条连线(短路)。

实际电源的类型有很多,有直流电源和交流电源。直流电源中又有干电池、蓄电池、镍镉可充电电池、直流稳压电源、直流发电机等。虽然这些电源的机理各不相同,但是任何一个实际电源都可以等效为电压源模型。实际电压源的内阻很小,发生短路时输出电流很大,会烧坏电源,所以实际电压源不允许短路。因此,实际电源的输出端都装有熔断器作为短路保护,当发生短路时,熔断器会迅速熔断,从而保护电源不被烧坏。

3．电流源

1）理想电流源

理想电流源的符号及其伏安特性曲线如图 1.9（a）和（b）所示。理想电流源的特点是：

（1）无论负载电阻如何变化，它的输出电流恒定不变，所以理想电流源又称为**恒流源**。

（2）理想电流源的输出电压由外部电路决定（当外部电路是一个有源网络时，外部电路不但决定理想电压源输出电压的大小，还决定输出电压的方向），也就是说，当负载电阻变化时，理

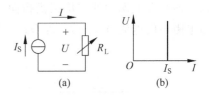

图 1.9　理想电流源的符号及伏安特性曲线

想电流源的输出电压也随着变化。理想电流源可以输出无穷大的电压，也就是能输出无穷大的功率。

电流的单位是安（培），A。当 1s 内通过导体横截面的电荷量为 1C 时，则电流为 1A。计量微小电流时以 mA（$1mA = 10^{-3}A$）和 μA（$1\mu A = 10^{-6}A$）为单位。

2）电流源模型

电流源模型由恒流源并联一个电阻组成，其电路符号和伏安特性曲线分别如图 1.10（a）和（b）所示。其中，I_S 为恒流源，并联电阻 R_o 称为电流源的**内阻**或**输出电阻**。

由图 1.10（a）可知，电流源的伏安特性表达式为

$$U = R_o I_S - R_o I \tag{1-2}$$

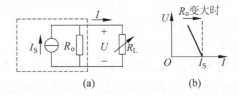

图 1.10　理想电流源的符号及伏安特性曲线

从电流源模型的特性曲线可以看出，R_o 越大，电流源的特性曲线就越靠近恒流源的特性曲线（图 1.10（b）中虚线）。当 $R_o = \infty$ 时，电流源模型就变成了恒流源模型，所以认为恒流源是内阻无穷大的电流源。当恒流源的电流等于 0 时，恒流源就等效成为一个无穷大的电阻，即相当于开路。

任何一个实际电源，都可以等效为电流源模型。

1.1.3　电压和电流的参考方向

1．电压和电流的实际方向

在物理学中规定，电流的实际方向为正电荷运动的方向或负电荷运动的反方向。在电路中，规定电压的实际方向是从高电位指向低电位，即电压的方向是电位降落的方向，因此，电阻两端电压的方向与流过电阻电流的方向一致；恒压源外部端电压的方向是从

电源的正极指向电源的负极。又规定电源电动势的实际方向在电源内部从低电位指向高电位,即电源电动势的方向是电位升高的方向。因此,恒压源的端电压和电动势大小相等,方向相反。

　　在图 1.11 所示电路中,当电路闭合后,电路中就有电流 I 流过,I 从电源的正极流出,流经电阻 R,回到电源的负极,这就是电流的实际方向。电源电压(电源外部端电压)U 的方向是在电源的外部从正极指向负极,用"＋"和"－"表示。电阻两端电压 U_R 的方向与电阻中的电流方向一致,即 U_R 的方向是上"＋"、下"－",这就是 U_R 的实际方向。

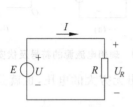　　　　　　　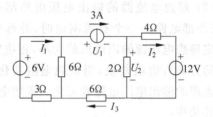

图 1.11　电压电流的实际方向　　　　　　　图 1.12　电压、电流的参考方向

2．电压和电流的参考方向

　　在分析较为复杂的电路时,常常难以判断电路中电压和电流的实际方向,因此先任意设定未知电压和电流的方向,称为**参考方向**,或称为假设正方向。例如,在图 1.12 中设定了电流 I_1、I_2、I_3 的参考方向和电压 U_1、U_2 的参考方向。当然,参考方向并不一定就是实际方向。在设定参考方向后,应用电路定律和电路的分析方法列出关于未知电压和电流的方程,然后解方程,得出的结果有正有负。若结果为正,则说明设定方向与实际方向相同,若结果为负,则说明设定方向与实际方向相反。

　　电压的参考方向除了用正、负号表示外,还用箭头线或双下标表示。例如,若 A、B 两点间的电压写为 U_{AB},则其参考方向为:箭头线从 A 指向 B;A 点"＋",B 点"－"。

　　虽然参考方向不一定就是实际方向,但在电压的参考方向设定后,若设定的电流参考方向是从电压的正极流向电压的负极,则称电压、电流的**参考方向一致**;否则,称参考方向不一致或称为**参考方向相反**。

1.1.4　电路中电位的概念

　　在模拟电路的计算中,经常要用到电位这个概念。

　　在电路中任选一结点,设其电位为 0(用符号"⊥"标记),此点称为参考点。而电路中任一结点 A 对参考点的电压,称为结点 A 的电位,用 V_A 表示。因此,两点间的电压等于两点间的电位差,即 $U_{AB} = V_A - V_B$。

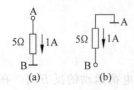

图 1.13　电位的概念

　　例如,在图 1.13 所示电路中,5Ω 电阻中流过 1A 的电流,电阻两端的电压 $U_{AB} = 5V$。若将 B 点作为参考点(图 1.13(a)),即 $V_B = 0$,所以 A 点的电位 $V_A = U_{AB} = +5V$。若将 A 点作为参考点(见图 1.13(b)),则 B 点的电位 $V_B = -5V$。

电压为 U 的恒压源,其正极的电位比负极的电位高 U,如果设负极为参考点,则正极的电位是 $+U$;如果设正极为参考点,则负极的电位就是 $-U$。

电位值是相对的,参考点选得不同,各结点的电位值也就不同,但电路中两点之间的电压值是绝对的,是不随参考点而变的。

在模拟电路中,常用电位来表示恒压源,而不必画出恒压源的符号。例如,在图 1.14(a)所示电路中,如果设 B 点为参考点,即令 $V_B=0$,则 $V_C=+12V$,$V_D=-12V$,则可得图 1.14(b)电路。

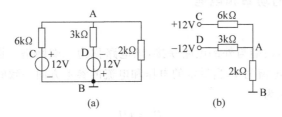

图 1.14 用电位表示电源

例 1.1 如图 1.15 所示电路,设 C 点的电位为 0,写出 A,B,D,E 各点的电位。

解 由题知 $V_C=0$,则

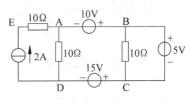

$$V_B = V_C + 5 = +5(V)$$
$$V_A = V_B - 10 = 5 - 10 = -5(V)$$
$$V_D = V_C - 15 = -15(V)$$
$$V_E = V_A + 2 \times 10 = -5 + 20 = +15(V)$$

图 1.15 例 1.1 的图

1.1.5 欧姆定律

欧姆定律是用于分析电路的基本定律之一。欧姆定律指出,通过电阻的电流与电阻两端的电压成正比。

欧姆定律的表达式与电压、电流的参考方向有关。当所设定的电压、电流的参考方向一致时(如图 1.16(a)和(b)所示),欧姆定律的表达式为

$$U = RI \quad \text{或} \quad I = \frac{U}{R} \quad \text{或} \quad R = \frac{U}{I} \tag{1-3}$$

当所设定的电压、电流的参考方向相反时(如图 1.16(c)和(d)所示),欧姆定律的表达式则为

$$U = -RI \tag{1-4}$$

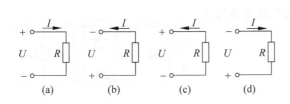

图 1.16 欧姆定律

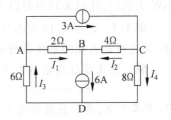

图 1.17 例 1.2 的图

例 1.2　如图 1.17 所示电路，设定各电阻中电流的参考方向如图所示，写出电压 $U_{AB}, U_{BC}, U_{AD}, U_{CD}$ 的表达式。

解

$$U_{AB} = 2I_1$$

$$U_{BC} = -4I_2$$

$$U_{AD} = -6I_3$$

$$U_{CD} = 8I_4$$

1.1.6　电路的功率和电能

1. 电路的功率

若电路有两个出线端与外部电路联接，该电路称为二端网络。设两个出线端间的电压为 U，流入网络的电流为 I，当设定的电压和电流的参考方向一致时（见图 1.18(a)），该电路的功率的表达式为

$$P = UI \tag{1-5}$$

当设定的电压和电流的参考方向相反时（见图 1.18(b)），该电路的功率的表达式为

$$P = -UI \tag{1-6}$$

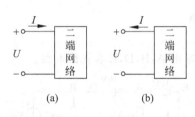

图 1.18　电路的功率

也就是说，在设定了电压和电流的参考方向的情况下，电路功率的计算值有正有负，功率为正表示该电路消耗功率或吸收功率，功率为负表示该电路输出功率。

当电路只有一个电阻（或可以等效为一个电阻）时，其功率的表达式为

$$P = UI \quad \text{或} \quad P = \frac{U^2}{R} \quad \text{或} \quad P = I^2 R$$

电阻的功率恒为正，也就是说电阻总是消耗功率。

当电路只有一个电源（恒压源或恒流源）时，若功率计算结果为负，表示该电源输出功率；若功率计算结果为正，表示该电源吸收功率（称为电源充电，即电源将外部电能转变成其他形式的能量储存在内部），这时该电源相当于负载。

根据能量守恒的原则，一个电路中总的输出功率应该等于总的消耗功率。在设定了电压和电流参考方向的情况下，消耗功率（吸收功率）为正，输出功率为负，因此，一个电路中各元件功率的代数和为 0，这称为功率平衡。

功率的单位是瓦（特），W。1s 内转换的能量为 1J，则功率为 1W。计量小功率时以 mW 为单位，计量大功率时以 kW 和 MW 为单位。

例 1.3　求图 1.19 所示电路两虚线框内电路的功率，并说明是消耗功率还是输出功率。

解　左虚线框内电路的功率为

$$P_1 = -6 \times 5 = -30 \text{(W)}$$

P_1 符号为负，表示此部分电路输出功率。

右虚线框内电路的功率为

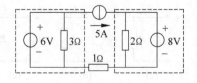

图 1.19　例 1.3 的图

$$P_2 = 8 \times 5 = 40(\mathrm{W})$$

P_2 符号为正,表示此部分电路消耗功率。

2. 电能

若电路的功率为 P,则在时间 T 内消耗的电能为

$$W = PT = UIT$$

当 P 的单位为 W,时间 T 的单位为 s 时,则电能 W 的单位为 J。工程上电能通常以 $\mathrm{kW \cdot h}$ 为单位。

电阻消耗的电能为

$$W = PT = UIT = I^2RT = \frac{U^2}{R}T$$

1.2 基尔霍夫定律

分析电路的基本定律,除了欧姆定律外,还有基尔霍夫定律。基尔霍夫定律包括基尔霍夫电流定律和基尔霍夫电压定律。

为了介绍基尔霍夫定律,先介绍几个名词术语。

支路:由一个或多个元件串联组成的无分支电路,称为支路。同一支路中各元件都流过同一个电流,称为支路电流。

结点:3 条或 3 条以上支路的联接点,称为结点。

回路:电路中由支路组成的闭合路径,称为回路。

在图 1.20 所示电路中,有 3 条支路(A-R_1-C-U_1-B,A-R_3-B,A-R_2-U_2-B),2 个结点(A,B),3 个回路(ABCA,ADBA,ADBCA)。

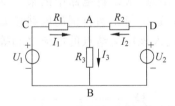

图 1.20 支路、结点和回路

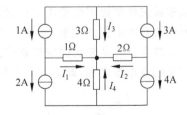

图 1.21 例 1.4 的图

1.2.1 基尔霍夫电流定律

1. 基尔霍夫电流定律

基尔霍夫电流定律表明联接在同一结点的各支路电流之间的关系。因为电流具有连续性,所以在电路中的任何一点都不能堆积电荷。基尔霍夫电流定律指出:在任一瞬间,流入结点的电流之和等于从该结点流出的电流之和。

例如,在图 1.20 电路中,已设定各支路电流参考方向,对于 A 结点,流入的电流是 I_1 和 I_2,流出的电流是 I_3,根据基尔霍夫电流定律,应该有

$$I_1 + I_2 = I_3$$

或写成

$$I_1 + I_2 - I_3 = 0$$

因此,基尔霍夫电流定律也可以这样阐述:在任一瞬间,流入一结点的电流的代数和为 0,这一关系可用下式表示:

$$\sum I_n = 0 \tag{1-7}$$

在使用式(1-7)时,一般习惯设流入结点的电流为正,流出结点的电流为负。

例 1.4　电路如图 1.21 所示,已设定各电阻中的电流参考方向,求各电阻中的电流。

解　根据基尔霍夫电流定律,有

$$I_1 = 1 - 2 = -1(\text{A})$$
$$I_2 = 3 - 4 = -1(\text{A})$$
$$I_3 = -(1 + 3) = -4(\text{A})$$
$$I_4 = 2 + 4 = 6(\text{A})$$

2. 独立结点电流方程的个数

应用基尔霍夫电流定律列出图 1.20 所示电路中 A、B 两结点的电流方程:

A 结点　　　　　　　　　$I_1 + I_2 - I_3 = 0$

B 结点　　　　　　　　　$I_3 - I_1 - I_2 = 0$

显然,这两个方程只有一个是独立的。即图 1.20 所示电路有两个结点,只可以列出一个独立的电流方程。

一般来说,若一个电路有 N 个结点,则可以列出 $N-1$ 个独立的电流方程。

3. 广义结点

基尔霍夫电流定律也适用于广义结点。所谓广义结点,就是将电路中的某一部分用一个假想的封闭圈包围起来,如图 1.22 的虚线框所示,这个封闭圈包围的电路被看作是一个广义结点。将基尔霍夫定律推广到广义结点,则流入该广义结点的电流之和等于流出该广义结点电流之和,即 $I_1 = I_2 + I_3$。

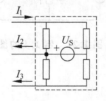

图 1.22　广义结点

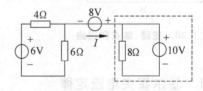

图 1.23　例 1.5 的图

例 1.5　如图 1.23 所示电路,求电流 I。

解　将虚线框内看作一个广义结点,因为流出此广义结点的电流等于 0,根据基尔霍夫电流定律,所以,流入此广义结点的电流 $I = 0$。

1.2.2 基尔霍夫电压定律

1. 基尔霍夫电压定律

基尔霍夫电压定律表明在同一个回路中各段电压间的关系。基尔霍夫电压定律指出：从回路上的任一点出发，以顺时针方向或逆时针方向沿回路绕行一周，在此绕行方向上，回路中各段的电位降之和等于电位升之和，或者说，回路中各段电压的代数和等于 0。

在图 1.24 所示电路中，从 A 点出发，沿回路 I 以顺时针方向绕行一周。因为电阻 R_3

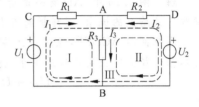

图 1.24　基尔霍夫电压定律

上的电流 I_3 的参考方向与回路绕行方向一致，所以从 A 到 B 是电位降，这个电位降为 I_3R_3；因为电源电压 U_1 的参考方向沿回路方向是从"－"极指向"＋"极，所以从 B 到 C 是电位升，这个电位升为 U_1；从 C 到 A 也是电位降，这个电位降为 I_1R_1。根据基尔霍夫电压定律，可写出回路 I 的回路电压方程：

$$I_1R_1 + I_3R_3 = U_1$$

方程左边是电位降之和，方程右边是电位升之和。

同理，可以写出回路 II 的回路电压方程：

$$U_2 = I_2R_2 + I_3R_3$$

上述两个回路电压方程也可写为

$$I_1R_1 + I_3R_3 - U_1 = 0 \quad 和 \quad U_2 - I_2R_2 - I_3R_3 = 0$$

这表明，回路中各段电压的代数和等于 0。因此，基尔霍夫电压定律的一般数学表达式可写为

$$\sum U = 0 \tag{1-8}$$

式(1-8)中 U 的符号规定为：电位降为正，电位升为负。

例 1.6 计算图 1.25 所示电路中恒流源两端的电压，并求各个元件的功率，说明是消耗(或吸收)功率还是输出功率。

解 首先设定恒流源两端的电压 U 的参考方向。

该电路只有一个回路，回路中的电流就是 I_s。设定回路方向为顺时针方向，根据基尔霍夫电压定律，列回路电压方程：

$$U - U_s + I_sR = 0$$

所以 $U = U_s - I_sR = 10 - 6 \times 2 = -2(V)$，负号表示实际方向与假设方向相反。

电阻的功率为 $P_R = I_s^2R = 6^2 \times 2 = 72(W)$，为消耗功率。

恒压源的功率为 $P_U = -U_sI_s = -10 \times 6 = -60(W)$，输出功率。

恒流源的功率为 $P_I = UI_s = (-2) \times 6 = -12(W)$，输出功率。

显然，三个元件的功率之和为 0，说明整个电路能量守恒。

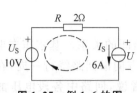

图 1.25　例 1.6 的图

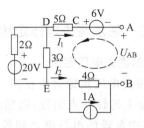

图 1.26　例 1.7 的图

例 1.7　求图 1.26 所示电路中 A、B 两点间的电压 U_{AB}。

解　图 1.26 中，AD 支路是断开的，所以其中的电流 $I_1 = 0$。又根据基尔霍夫电流定律和广义结点的概念，可判断电流 $I_2 = 0$。

假想回路 ACDEB，但这个回路不是一个闭合路径，是一个带缺口的回路（A、B 间断开），基尔霍夫电压定律也适用于这种带一个缺口的回路，因此列出回路电压方程：

$$U_{AC} + U_{CD} + U_{DE} + U_{EB} - U_{AB} = 0$$

所以

$$U_{AB} = U_{AC} + U_{CD} + U_{DE} + U_{EB} = (-6) + (0 \times 5) + \left(20 \times \frac{3}{2+3}\right) + (-1 \times 4) = 2(\text{V})$$

由此可以得出一个结论：电路中任意 A、B 两点之间的电压等于沿着从 A 点到 B 点的任意一个路径上各段电压的代数和。

2. 独立的回路电压方程的个数

图 1.24 所示电路中有 3 个回路，列出 3 个回路电压方程如下：

回路Ⅰ　　　　　　　　$I_1 R_1 + I_3 R_3 = U_1$

回路Ⅱ　　　　　　　　$U_2 = I_2 R_2 + I_3 R_3$

回路Ⅲ　　　　　　　　$I_1 R_1 + U_2 = I_2 R_2 + U_1$

显然，这 3 个方程只有两个是独立的。该电路有 2 个结点，3 条支路，可以列出一个独立的结点电流方程和两个独立的回路电压方程。一般来说，一个电路有 N 个结点，B 条支路，可以列出 $N-1$ 个独立的结点电流方程和 $B-(N-1)$ 个独立的回路电压方程。

对于一个复杂的电路，如何选取回路才使列出的电压方程是独立的呢？一般是按电路的网孔列方程，电路有几个网孔就可以列出几个独立的回路电压方程。图 1.24 所示电路有两个网孔，即回路Ⅰ所圈占的网孔和回路Ⅱ所圈占的网孔，所以能列出两个独立的回路电压方程。

基尔霍夫电流定律和电压定律既适用于线性电路，又适用于非线性电路，在分析模拟电路（模拟电路都是非线性电路）时经常用到基尔霍夫定律。

1.3　电路的分析方法

1.3.1　电阻网络的等效变换

1. 电阻串联

两个电阻或多个电阻串联，电阻中流过同一电流。

图 1.27 所示电路,根据基尔霍夫电压定律,串联电阻的总电压 U 等于两个电阻的分电压 U_1 与 U_2 之和,即

$$U = U_1 + U_2$$

根据欧姆定律,有 $U_1 = IR_1$,$U_2 = IR_2$,所以

$$U = U_1 + U_2 = IR_1 + IR_2$$

将 U/I 定义为串联电阻的**等效电阻**,即

$$R = \frac{U}{I} = R_1 + R_2 \tag{1-9}$$

电阻串联电路又称作分压器,每个电阻的分电压与总电压的关系分别为

$$U_1 = \frac{R_1}{R_1 + R_2}U, \quad U_2 = \frac{R_2}{R_1 + R_2}U \tag{1-10}$$

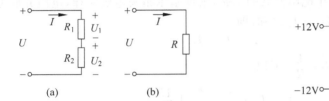

(a)	(b)

图 1.27   电阻串联及其等效电阻 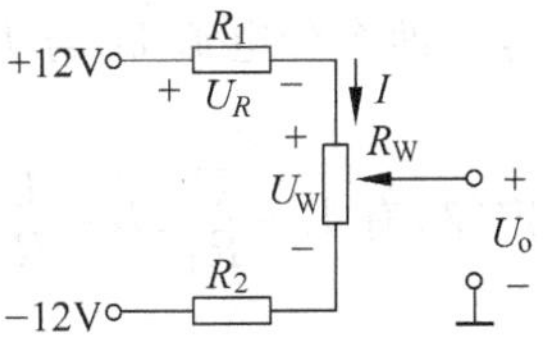   图 1.28   例 1.8 的图

例 1.8   图 1.28 所示电路,用两个电阻和一个 $4.7\text{k}\Omega$ 的电位器(可变电阻器)串联,以便在电位器的滑动端输出一个可调电压,要求可调电压 U_o 的范围为 $-5 \sim +5\text{V}$,求串联电阻的大小。

解   因为两个输入电压是对称的,输出电压也是对称的,所以两个串联电阻应该相等,即 $R_1 = R_2$。

电路中的电流为

$$I = \frac{U_W}{R_W} = \frac{5 - (-5)}{4.7} = \frac{10}{4.7}(\text{mA})$$

每个串联电阻的分压为

$$U_R = \frac{24 - 10}{2} = 7(\text{V})$$

故

$$R_1 = R_2 = \frac{U_R}{I} = \frac{7}{10/4.7} = 3.29(\text{k}\Omega)$$

例 1.9   图 1.29 所示是万用表测电阻的原理电路,用一块内阻 R_G 为 $2.5\text{k}\Omega$、量程为 $100\mu\text{A}$ 的微安表,串联一个电阻 R 和一个 1.5V 的干电池,就可以测量未知电阻的阻值。若要求量程为"$\times 1\text{k}\Omega$"(即表盘读数$\times 1\text{k}\Omega$),标称中心阻值为 $15\text{k}\Omega$(即被测电阻是 $15\text{k}\Omega$ 时,表盘指针位于中心位置 $50\mu\text{A}$),试计算电阻 R 之值。

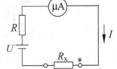

解   依题意,当被测电阻为 $R_X = 15\text{k}\Omega$ 时,微安表的指针位于中心位置,电路中的电流是 $I = 50\mu\text{A} = 0.05\text{mA}$。所以

图 1.29   例 1.9 的图

$$R = \frac{U}{I} - R_G - R_x = \frac{1.5}{0.05} - 2.5 - 15 = 12.5 \text{k}\Omega$$

将微安表刻度设置为：$0\mu A$ 位置刻度为 ∞，中心位置（$50\mu A$）刻度为 $15\text{k}\Omega$，满度位置（$100\mu A$）刻度为 0。这样，就可以在微安表上直接读出被测电阻的阻值。

因为电池用得时间越久电压越低，为了防止电池电压的变化引起测量误差，R 应该可调。方法是：将两表针短接（即被测电阻 $R_x = 0$），则不论是新电池还是旧电池，调节 R，都可以使指针满度偏转（指示 0Ω）。例如，设电池电压 U 的变化范围为 $1.2 \sim 1.7\text{V}$，则 R 的调节范围为 $6.5 \sim 16.5\text{k}\Omega$，$R$ 可以用一个 $6.5\text{k}\Omega$ 的固定电阻和一个 $10\text{k}\Omega$ 的电位器串联组成。

2. 电阻并联

两个电阻或多个电阻并联，各电阻两端的电压相等。

图 1.30 所示电路是两个电阻并联的电路，根据基尔霍夫电流定律，电阻并联电路的总电流 I 等于两个分电流 I_1 与 I_2 之和，即

$$I = I_1 + I_2$$

根据欧姆定律，有 $I_1 = \dfrac{U}{R_1}$，$I_2 = \dfrac{U}{R_2}$，所以

$$I = I_1 + I_2 = \frac{U}{R_1} + \frac{U}{R_2}$$

将 U/I 定义为并联电阻的等效电阻 R，即

$$R = \frac{U}{I} = \frac{1}{\dfrac{1}{R_1} + \dfrac{1}{R_2}} = \frac{R_1 R_2}{R_1 + R_2} = R_1 /\!/ R_2 \tag{1-11}$$

式中，符号"$/\!/$"表示并联。

电阻并联电路又称作分流器，每个电阻的分电流与总电流的关系分别为

$$I_1 = \frac{R_2}{R_1 + R_2} I, \quad I_2 = \frac{R_1}{R_1 + R_2} I \tag{1-12}$$

例 1.10 图 1.31 所示电路是万用表测电流的原理电路。通过转换开关使微安表与不同的电阻并联，就可以成为一个多量程的毫安表。图中，微安表内阻 R_G 为 $2.5\text{k}\Omega$、量程 $100\mu A$。测量端有 5mA 和 10mA 两个量程，求电阻 R_1、R_2 之值。

解 并联电阻中各电阻两端的电压应该相等。因此，用 5mA 量程挡时，有

$$0.1 \times 2.5 = (5 - 0.1)(R_1 + R_2)$$

用 10mA 量程挡时，有

$$0.1 \times (2.5 + R_1) = (10 - 0.1) R_2$$

解方程组，得

$$R_1 = R_2 \approx 0.0255(\text{k}\Omega) = 25.5(\Omega)$$

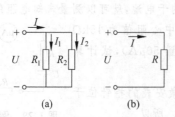

图 1.30 电阻并联及其等效电阻

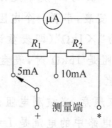

图 1.31 例 1.10 的图

3．电阻混联

一个电路既有电阻串联又有电阻并联，称为电阻混联。电阻混联构成的电阻网络有许多典型形式，如桥式网络、梯形网络、星形网络、三角形网络等。

例 1.11 桥式电路如图 1.32 所示，求当恒压源电压 $U=0$ 时的电流 I。

解 恒压源的电压 $U=0$ 时相当于 A、B 两点间短路。因此，1Ω 电阻和 2Ω 电阻是并联关系，两个 4Ω 电阻也是并联关系。用并联电阻分流公式，有

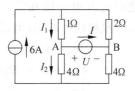

图 1.32 例 1.11 的图

$$I_1 = \frac{2}{2+1} \times 6 = 4(\text{A})$$

$$I_2 = \frac{6}{2} = 3(\text{A})$$

根据基尔霍夫电流定律，得

$$I = I_1 - I_2 = 4 - 3 = 1(\text{A})$$

例 1.12 梯形网络如图 1.33 所示，求电压 U_{DE}。

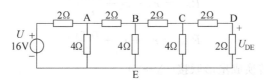

图 1.33 例 1.12 的图

解 从图 1.33 所示电路右侧开始，求串、并联电阻的等效电阻，逐步将电路化简，即将图 1.33 电路变换为图 1.34(a)，然后变换为图 1.34(b)，再变换为图 1.34(c)。

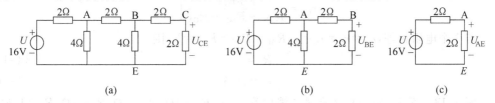

| (a) | (b) | (c) |

图 1.34 例 1.12 解的图

由图 1.34(c)，有

$$U_{\text{AE}} = 16/2 = 8(\text{V})$$

由图 1.34(b)，有

$$U_{\text{BE}} = U_{\text{AE}}/2 = 8/2 = 4(\text{V})$$

由图 1.34(a)，有

$$U_{\text{CE}} = U_{\text{BE}}/2 = 4/2 = 2(\text{V})$$

由图 1.33，有

$$U_{\text{DE}} = U_{\text{CE}}/2 = 2/2 = 1(\text{V})$$

4. 电阻星形联接与三角形联接的等效变换

对于由3个电阻构成的电阻网络,如图1.35(a)的联接方式称为星形联接,如图1.35(b)所示的联接方式称为三角形联接。这两种电阻网络可以互相等效变换。所谓"等效"是指:两电阻网络 A、B 之间的电阻应该相等,B、C 之间的电阻应该相等,A、C 之间的电阻应该相等。根据这个原则,可以列出如下方程组:

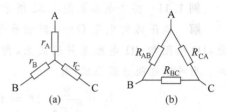

$$\begin{cases} r_A + r_B = R_{AB} /\!/ (R_{CA} + R_{BC}) \\ r_B + r_C = R_{BC} /\!/ (R_{AB} + R_{CA}) \\ r_A + r_C = R_{CA} /\!/ (R_{AB} + R_{BC}) \end{cases}$$

解这个方程组,可得出如下等效变换关系。

图 1.35 电阻星形联接与三角形联接的等效转换

(1) 星形联接转换成三角形联接($\curlyvee \rightarrow \triangle$)

$$\left. \begin{aligned} R_{AB} &= r_A + r_B + \frac{r_A r_B}{r_C} \\ R_{BC} &= r_B + r_C + \frac{r_B r_C}{r_A} \\ R_{CA} &= r_A + r_C + \frac{r_C r_A}{r_B} \end{aligned} \right\} \tag{1-13}$$

(2) 三角形联接转换成星形联接($\triangle \rightarrow \curlyvee$)

$$\left. \begin{aligned} r_A &= \frac{R_{AB} R_{CA}}{R_{AB} + R_{BC} + R_{CA}} \\ r_B &= \frac{R_{AB} R_{BC}}{R_{AB} + R_{BC} + R_{CA}} \\ r_C &= \frac{R_{BC} R_{CA}}{R_{AB} + R_{BC} + R_{CA}} \end{aligned} \right\} \tag{1-14}$$

若3个电阻相等,$r_A = r_B = r_C = r$,$R_{AB} = R_{BC} = R_{CA} = R$,则

$$R = 3r \tag{1-15}$$

$$r = R/3 \tag{1-16}$$

例 1.13 图 1.36(a)所示有源二端网络,已知 $R_1 = 4\Omega$,$R_2 = 5\Omega$,$R_3 = 1\Omega$,$R_4 = 1.6\Omega$,$R_5 = 2.5\Omega$,$R_6 = 0.8\Omega$,$U = 12V$,求电流 I。

解 此电路称为桥式网络,$R_1 \sim R_5$ 的关系不是简单的串并联关系,因此不能采用串并联的计算公式求解,必须先采用电阻网络 $\triangle \rightarrow \curlyvee$ 的方法变换成图 1.36(b)所示电路。

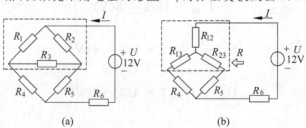

图 1.36 例 1.13 的图

图 1.36(b)中，

$$R_{12} = \frac{R_1 R_2}{R_1 + R_2 + R_3} = \frac{4 \times 5}{4 + 5 + 1} = 2(\Omega)$$

$$R_{23} = \frac{R_2 R_3}{R_1 + R_2 + R_3} = \frac{5 \times 1}{4 + 5 + 1} = 0.5(\Omega)$$

$$R_{13} = \frac{R_1 R_3}{R_1 + R_2 + R_3} = \frac{4 \times 1}{4 + 5 + 1} = 0.4(\Omega)$$

经△→丫变换后就可求得桥式网络的等效电阻，即

$$R = R_{12} + (R_{13} + R_4) /\!/ (R_{23} + R_5) = 2 + (0.4 + 1.6) /\!/ (0.5 + 2.5) = 3.2(\Omega)$$

则电流

$$I = \frac{12}{R + R_6} = \frac{12}{3.2 + 0.8} = 3(A)$$

1.3.2 电源模型的等效变换

既然任何一个电源既可以等效为电压源模型，又可以等效为电流源模型，那么，这个电压源模型和这个电流源模型之间就可以等效变换。所谓等效变换，是指它们对外电路的效果是一样的。

图 1.37(a)和(b)所示电路的虚线框中分别为一个电压源和一个电流源。当它们的负载相等时，负载两端的电压和负载中的电流也相等，称这个电压源和这个电流源是等效的。

由图 1.37(a)电路，有

$$U_L = U_S - I_L R_S$$

由图 1.37(b)电路，有

$$U_L = (I_S - I_L)R_S' = I_S R_S' - I_L R_S'$$

因此有

$$U_S - I_L R_S = I_S R_S' - I_L R_S'$$

这个方程的其中一组解为

$$R_S' = R_S \tag{1-17}$$

$$U_S = I_S R_S' \quad 或 \quad I_S = U_S / R_S \tag{1-18}$$

式(1-17)和式(1-18)就是电压源和电流源等效变换关系。要注意变换后电源正方向的确定，一定要保证输出电压 U_L 和输出电流 I_L 的方向在转换前后不变。即图 1.37 所示电路中，若 U_S 的正方向在上，则 I_S 的正方向应该向上；若 U_S 反向，则 I_S 也反向。

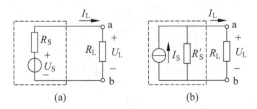

图 1.37　电源模型的等效转换

从图 1.37 电路可以看出,变换前后负载电阻的电压、电流和功率都相等,但两电源内阻上的电压、电流和消耗的功率都不相等,所以电压源和电流源等效变换是要求对外部电路等效,对电源内部并不等效。

可以将电压源和电流源等效变换的关系作为分析电路的一种方法,这种方法称为电源模型等效变换法。解题时不限于 R_S 就是电源的内阻,凡是恒压源 U_S 与电阻 R_S 串联的电路,都可以当作电压源变换成一个电流为 U_S/R_S 的恒流源和 R_S 并联的电路,反之,凡是恒流源 I_S 与电阻 R_S 并联的电路,都可以当作电流源变换成一个电压为 $I_S R_S$ 的恒压源和 R_S 串联的电路。

但是,恒压源和恒流源之间不能等效变换。因为恒压源是理想电压源,其内阻 $R_S = 0$,$U_S/R_S = \infty$;恒流源是理想电流源,其内阻 $R_S = \infty$,$U_S = I_S R_S = \infty$,转换后都不能得到有限的数值,对外部电路不存在等效的条件,所以不能等效变换。

例 1.14 图 1.38 所示电路,用电源模型等效变换法求电流 I,并求点画线框内电路的功率,并说明是吸收功率还是输出功率。

解 把图 1.38 所示电路中的两个虚线框内的恒压源与其串联的电阻一起当作电压源,将这两个电压源变换为电流源,变换结果如图 1.39(a)所示(注意变换后恒流源的方向)。

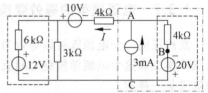

图 1.38 例 1.14 的图

再将图 1.39(a)所示电路中的两个并联电阻合并,将两个并联恒流源合并,得到图 1.39(b)所示电路。再把图 1.39(b)所示电路中的两个虚线框内的恒流源与其并联的电阻一起当作电流源,将这两个电流源变换成电压源,变换结果如图 1.39(c)所示(注意变换后恒压源的方向)。

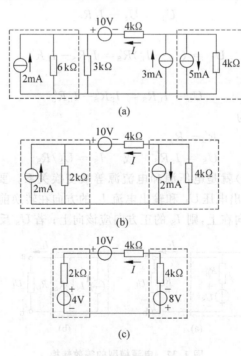

(a)

(b)

(c)

图 1.39 例 1.14 解的图

由图 1.39(c)可得

$$I = \frac{10-4-8}{4+2+4} = -0.2(\text{mA}) \text{（负号表示实际方向与假设方向相反）}$$

图 1.38 所示电路点画线框内部分电路的功率为

$$P = -U_{AC}I = -(U_{AB}+U_{BC})I = -[(3-I)\times 4-20]I = -1.44(\text{mW})$$

功率为负值,表示此部分电路输出功率。

此题遇到一个电源联接的问题,即两个恒流源并联或两个恒压源串联如何合并。根据 KCL,两个并联恒流源可以等效为一个恒流源。若两个恒流源同向,则等效恒流源的大小等于这两个恒流源的数值之和,方向与这两个恒流源一致;若两个恒流源反向,则等效恒流源的大小等于这两个恒流源的数值之差(大的减小的),等效恒流源的方向与大的一致。根据 KVL,两个串联恒压源可以等效为一个恒压源,等效原则也与上述原则一样:同向则相加,反向则相减。

1.3.3 支路电流法

以各支路的未知电流为未知量,应用基尔霍夫电流定律和电压定律列出结点电流方程和回路电压方程,解这些方程所组成的方程组,即可得各支路电流,这种方法称为支路电流法。

例 1.15 用支路电流法求图 1.40 所示电路各支路的电流,并求各电源的功率,说明是输出功率还是吸收功率。

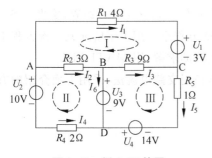

图 1.40 例 1.15 的图

解 先在电路图上标出各支路电流的参考方向。该电路有 6 条支路,故有 6 个未知电流,需要列出 6 个独立方程。

该电路有 4 个结点,根据基尔霍夫电流定律,可以列出 3 个独立的结点电流方程,即

A 结点　　　　$0 = I_1 + I_2 + I_4$

B 结点　　　　$I_2 = I_3 + I_6$

C 结点　　　　$I_1 + I_3 = I_5$

该电路有 3 个网孔,根据基尔霍夫电压定律,可以列出 3 个独立的电压方程,即

回路 Ⅰ　　　　　　$I_1 R_1 + U_1 = I_2 R_2 + I_3 R_3$

回路 Ⅱ　　　　　　$I_2 R_2 + U_3 = I_4 R_4 + U_2$

回路 Ⅲ　　　　　　$I_3 R_3 + I_5 R_5 = U_3 + U_4$

将已知数据代入以上方程,并解由这 6 个方程组成的方程组,得

$$I_1 = 3\text{A}, \quad I_2 = -1\text{A}, \quad I_3 = 2\text{A}, \quad I_4 = -2\text{A}, \quad I_5 = 5\text{A}, \quad I_6 = -3\text{A}$$

电流值负号表示实际方向与假设方向相反。

电源 U_1 的功率为 $P_{U1} = U_1 I_1 = 3\times 3 = 9(\text{W})$,吸收功率。

电源 U_2 的功率为 $P_{U2} = U_2 I_4 = 10\times(-2) = -20(\text{W})$,输出功率。

电源 U_3 的功率为 $P_{U3} = U_3 I_6 = 9 \times (-3) = -27(\text{W})$，输出功率。

电源 U_4 的功率为 $P_{U4} = -U_4 I_5 = -14 \times 5 = -70(\text{W})$，输出功率。

例 1.16 用支路电流法求图 1.41 电路各支路的未知电流，并求两个恒流源的功率，说明是吸收功率还是输出功率。

解 该电路有 6 条支路，但有 2 条支路中是已知恒流源，所以只有 4 个未知电流，需要列出 4 个独立方程。该电路有 4 个结点，可列出 3 个结点电流方程，再选择图中虚线构成的回路列出一个回路电压方程。将各未知支路电流的参考方向标于图上，列方程如下：

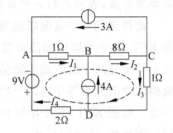

图 1.41 例 1.16 的图

$$\begin{cases} I_4 + 3 - I_1 = 0 \\ I_1 + 4 - I_2 = 0 \\ I_2 - I_3 - 3 = 0 \\ I_1 + 8I_2 + I_3 + 2I_4 + 9 = 0 \end{cases}$$

解方程组，得

$$I_1 = -3\text{A}, \quad I_2 = 1\text{A}, \quad I_3 = -2\text{A}, \quad I_4 = -6\text{A}$$

电流值负号表示实际方向与假设方向相反。

3A 恒流源的功率为

$$P_3 = -U_{AC} \times 3 = -(U_{AB} + U_{BC}) \times 3 = -(I_1 \times 1 + I_2 \times 8) \times 3 = -27\text{W}，输出功率$$

4A 恒流源的功率为

$$P_4 = -U_{BD} \times 4 = -(U_{BC} + U_{CD}) \times 4 = -(I_2 \times 8 + I_3 \times 1) \times 4 = -24\text{W}，输出功率$$

一般来说，若电路有 n 条支路，需要列出 n 元一次方程组。用手工解 n 元一次方程组是相当繁琐的，因此要采用矩阵算法并借助于计算机辅助求解（用 MATLAB）。

若电路有多个支路而只求一条支路的电流，则不必用支路电流法，采用下面介绍的方法计算更简单。

1.3.4 结点电位法

如图 1.42 所示电路，该电路的特点是由多条支路并联，只有两个结点 A 和 B。如果设 B 点为参考点，则 A 点的电位为 V_A。各支路未知电流都可以根据欧姆定律用 V_A 表示，即

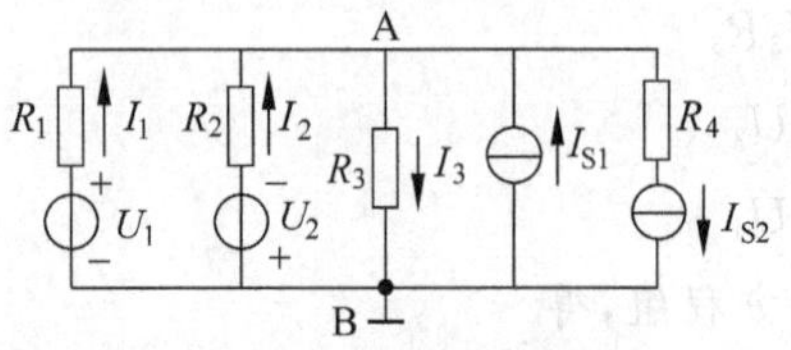

图 1.42 结点电位法

$$I_1 = \frac{U_1 - V_A}{R_1}$$

$$I_2 = \frac{-U_2 - V_A}{R_2}$$

$$I_3 = \frac{V_A}{R_3}$$

根据基尔霍夫电流定律，有

$$I_1 + I_2 - I_3 + I_{S1} - I_{S2} = 0$$

将 I_1, I_2, I_3 代入上式，得

$$\frac{U_1 - V_A}{R_1} + \frac{-U_2 - V_A}{R_2} - \frac{V_A}{R_3} + I_{S1} - I_{S2} = 0$$

解此方程,得

$$V_A = \frac{\dfrac{U_1}{R_1} - \dfrac{U_2}{R_2} + I_{S1} - I_{S2}}{\dfrac{1}{R_1} + \dfrac{1}{R_2} + \dfrac{1}{R_3}} = \frac{\sum \dfrac{U}{R} + \sum I_S}{\sum \dfrac{1}{R}} \tag{1-19}$$

式(1-19)的分子中,U符号的取法是:电源正极在 A 结点一侧的为正,电源负极在 A 结点一侧则为负;I_S符号的取法是:I_S流向 A 结点的为正,从 A 结点流出的则为负。分母是含有电压源支路(包括纯电阻支路)中电阻的倒数之和。

将V_A的值代入各电流的表达式,就可求得各支路电流$I_1 \sim I_3$。

这种以结点电位为未知量的电路分析方法称为**结点电位法**,式(1-19)也可以当成公式来用。结点电位法适用于解支路多而结点少(如这种多条支路并联只有两个结点)的电路,比用支路电流法解要简单。

例 1.17 用结点电位法求图 1.43 所示电路中的各支路电流。

解 图 1.43 所示电路的画法是电子学中常用的画法,用电位来表示电源。

A 点电位为

$$V_A = \frac{\dfrac{24}{6} + \dfrac{12}{3} + \dfrac{-4}{2}}{\dfrac{1}{6} + \dfrac{1}{3} + \dfrac{1}{2} + \dfrac{1}{1}} = 3(\text{V})$$

各支路电流为

$$I_1 = \frac{24 - V_A}{6} = \frac{24 - 3}{6} = 3.5(\text{mA})$$

$$I_2 = \frac{12 - V_A}{3} = \frac{12 - 3}{6} = 1.5(\text{mA})$$

$$I_3 = \frac{-4 - V_A}{2} = \frac{-4 - 3}{2} = -3.5(\text{mA})$$

$$I_4 = \frac{V_A}{1} = \frac{3}{1} = 3(\text{mA})$$

电流值的负号表示实际方向与假设方向相反。

例 1.18 用结点电位法求图 1.44 所示电路中各支路电流,求虚线框内电路的功率,并说明是消耗功率还是输出功率。已知$R_1 = 4\Omega$,$R_2 = 2\Omega$,$R_3 = 4\Omega$,$R_4 = 2\Omega$,$U_1 = 8\text{V}$,$U_2 = 6\text{V}$,$I_S = 1\text{A}$。

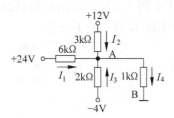

图 1.43 例 1.17 的图

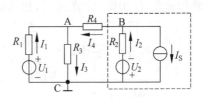

图 1.44 例 1.18 的图

　　解　图 1.44 电路有 3 个结点,设 C 结点为参考点,即令 $V_C = 0$,则可以采用基尔霍夫电流定律和欧姆定律列出关于 V_A 和 V_B 的二元一次方程组。也可以利用式(1-19)的形式直接将方程组写出(注意写 V_A 的方程时,将 B 点的电位当作已知量,同理写 V_B 的方程时,也将 A 点的电位当作已知量),即

$$V_A = \frac{\dfrac{U_1}{R_1} + \dfrac{V_B}{R_4}}{\dfrac{1}{R_1} + \dfrac{1}{R_3} + \dfrac{1}{R_4}}, \quad V_B = \frac{\dfrac{-U_2}{R_2} + \dfrac{V_A}{R_4} - I_S}{\dfrac{1}{R_2} + \dfrac{1}{R_4}}$$

代入数据计算,得

$$V_A = 0 \text{V}, \quad V_B = -4 \text{V}$$

所以各支路电流为

$$I_1 = \frac{U_1 - V_A}{R_1} = \frac{8 - 0}{4} = 2(\text{A})$$

$$I_2 = \frac{-U_2 - V_B}{R_2} = \frac{-6 - (-4)}{2} = -1(\text{A})$$

$$I_3 = \frac{V_A}{R_3} = \frac{0}{4} = 0(\text{A})$$

$$I_4 = \frac{V_B - V_A}{R_4} = \frac{-4 - 0}{2} = -2(\text{A})$$

电流值的负号表示实际方向与假设方向相反。

　　虚线框内部分电路的功率为 $P = -U_{BC} I_4 = -V_B I_4 = -(-4)(-2) = -8(\text{W})$,符号为负表示此部分电路输出功率。

1.3.5　叠加原理

　　在多个电源同时作用的线性电路中,任何支路中的电流或任意两点间的电压,都是各个电源单独作用时所产生的电流或电压的代数和,这个原理称为叠加原理。

　　所谓电源单独作用,就是一次计算只保留一个电源,将其他电源都去除。去除电源的方法是:如果是恒压源则令其电压等于 0,因为恒压源的内阻为 0,如果令其电压等于 0,就是将其短路;如果是恒流源则令其电流等于 0,因为恒流源的内阻为 ∞,如果令其电流等于 0,就是将其开路。

　　叠加原理可以用支路电流法来证明(证明从略)。

　　用叠加原理解题时,要将原电路分解成若干个电路分别计算,每个电路只含有一个电源,最后将每个电路的计算结果加起来。这种方法如图 1.45 所示,若要求计算图 1.45(a)所示电路中的电流 I_2,则将此电路分解为 2 个电路(见图 1.45(b)和图 1.45(c)),图 1.45(b)所示电路只保留恒流源 I_S,将恒压源 U_S 去除,计算出 I_2';图 1.45(c)所示电路只保留恒压源 U_S,将恒流源 I_S 去除,计算出 I_2'',那么原电路中的电流 I_2 为 $I_2 = I_2' + I_2''$。

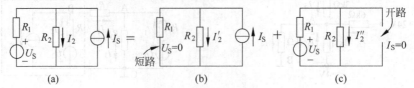

(a)　　　　　　(b)　　　　　　(c)

图 1.45　叠加原理图解

例 1.19 用叠加原理求图 1.46 电路中的 I，并求 R_1 所消耗的功率。

解 当 24V 电源单独作用时，得到如图 1.47(a) 所示电路，由此电路求得

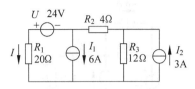

图 1.46 例 1.19 的图

$$I' = \frac{24}{20 + 12 + 4} = \frac{2}{3}(\text{A})$$

当 6A 电流源单独作用时，得到如图 1.47(b) 所示电路，由此电路求得

$$I'' = -\frac{12 + 4}{20 + 12 + 4} \times 6 = -2\frac{2}{3}(\text{A})$$

当 3A 电流源单独作用时，得到如图 1.47(c) 所示电路，由此电路求得

$$I''' = \frac{12}{20 + 12 + 4} \times 3 = 1(\text{A})$$

所以，根据叠加原理，有

$$I = I' + I'' + I''' = \frac{2}{3} - 2\frac{2}{3} + 1 = -1(\text{A})$$

负号表示实际方向与假设方向相反。

R_1 所消耗的功率为

$$P_{R1} = I^2 R_1 = 1^2 \times 20 = 20(\text{W})$$

显然

$$P_{R1} = I^2 R_1 = (I' + I'' + I''')^2 R_1 \neq I'^2 R_1 + I''^2 R_1 + I'''^2 R_1$$

上式表明，叠加原理只能用于叠加电流或电压，不能用于叠加功率，即 R_1 所消耗的功率不等于各个电源单独作用时 R_1 所消耗功率的叠加。

一般来说，当所有电源都是直流电源，或者都是频率相同的正弦交流电源，不能采用叠加方法计算电阻的功率。但是，当所有电源是频率各不相同的正弦交流电源时，电阻的功率可以采用叠加方法计算，这种方法将在第 4 章中介绍。

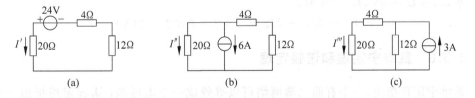

图 1.47 例 1.19 解的图

例 1.20 应用叠加原理，求图 1.48 电路中 $3\text{k}\Omega$ 电阻两端的电压 U。

解 应用叠加原理时，并不一定要使每个电源单独作用，而是根据电路的结构，可以采取"分组作用"的方法。例如，图 1.48 所示电路，可以将原电路分解成两个恒压源同时作用电路（见图 1.49(a)）和两个恒流源同时作用电路（见图 1.49(b)），这样可以简化解题过程。

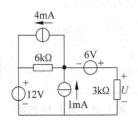

图 1.48 例 1.20 的图

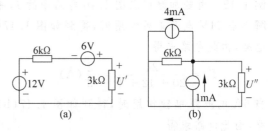

图 1.49 例 1.20 解的图

由图 1.49(a)求得

$$U' = \frac{3}{6+3} \times (12+6) = 6 \text{(V)}$$

由图 1.49(b)求得

$$U'' = (1-4) \times (6/\!/3) = -6 \text{(V)}$$

根据叠加原理,有

$$U = U' + U'' = 6 + (-6) = 0 \text{(V)}$$

例 1.21 如图 1.50 所示电路,其中 U_o 是该电路中某两点间的电压。当 $U_S = 4\text{V}$, $I_S = 2\text{A}$ 时,$U_o = 8\text{V}$;当 $U_S = 2\text{V}$,$I_S = 4\text{A}$ 时,$U_o = -2\text{V}$。求 当 $U_S = 3\text{V}$,$I_S = 3\text{A}$ 时,$U_o = ?$

解 根据叠加原理,电压 U_o 应该是电压源 U_S 和电流源 I_S 的线性叠加,因此设

$$U_o = K_1 U_S + K_2 I_S$$

其中 K_1、K_2 是常数。

图 1.50 例 1.21 的图

将已知数据代入此方程,得

$$\begin{cases} 8 = 4K_1 + 2K_2 \\ -2 = 2K_1 + 4K_2 \end{cases}$$

解此方程组,得 $K_1 = 3$,$K_2 = -2$。

所以,当 $U_S = 3\text{V}$,$I_S = 3\text{A}$ 时,

$$U_o = 3U_S - 2I_S = 3 \times 3 - 2 \times 3 = 3 \text{(V)}$$

1.3.6 戴维宁定理和诺顿定理

戴维宁定理指出,一个有源二端网络可以等效成一个电压源;诺顿定理指出一个有源二端网络可以等效成一个电流源,两者都是电路网络的基本定理,通称等效电源定理。应用戴维宁定理和诺顿定理,可以将一个复杂电路简化。

1. 戴维宁定理

若一个电路只通过两个出线端与外部电路联接,则该电路称为二端网络。若二端网络中不含有电源,则称为**无源二端网络**。若二端网络中含有电源,则称为**有源二端网络**。若有源二端网络中的元件都是线性元件,则称为有源二端线性网络。在本书中,如无特别说明,所提及的有源二端网络都是线性网络。

任何一个有源二端线性网络都可以用一个电压源模型来等效代替,其中电压源的电压等于该有源二端网络的开路电压,电压源的内阻等于该有源二端网络对应的无源二端网络的等效电阻。有源二端网络的开路电压,就是有源二端网络两个出线端之间的电压。有源二端网络对应的无源二端网络,就是将有源二端网络中所有电源都去除(将恒压源短路,即令其电压=0;将恒流源开路,即令其电流=0)后的无源二端网络,这个无源二端网络的两个出线端之间的电阻称为该无源二端网络的等效电阻。所谓等效电阻就是如果用等效电阻代替这个无源二端网络,在两个出线端加一个电压,能得到同样大小的电流。这就是戴维宁定理。

戴维宁定理可以用叠加原理来证明(证明从略)。

戴维宁定理可用图 1.51 所示电路来说明:将图 1.51(a)的有源二端线性网络等效成图 1.51(c)的电压源(一个恒压源与一个电阻串联),其中恒压源的电压就等于该有源二端网络出线端 A、B 之间的开路电压 U_o;与恒压源串联的电阻就等于无源二端网络(图 1.51(b))出线端 A、B 之间的等效电阻 R_o,R_o 又称为无源二端网络的戴维宁等效电阻或输出电阻。

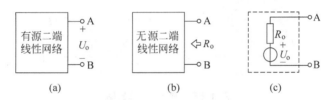

图 1.51 戴维宁定理

如果只要求计算一个复杂电路中某一条支路中的电流或某两点间的电压,则应用戴维宁定理较为简单。例如,图 1.52(a)所示电路,应用戴维宁定理计算其中一条支路 R_L 中的电流 I_L 或 R_L 两端的电压 U_L。第一步,先求将电阻 R_L 去除后的有源二端网络的等效电压源 U_o 和 R_o,结果如图 1.52(b)所示,并称为图 1.52(a)所示电路的戴维宁等效电路;第二步,由图 1.52(b)所示电路计算 R_L 中的电流或 R_L 两端的电压,得

$$I_L = \frac{U_o}{R_o + R_L}, \quad U_L = \frac{R_L U_o}{R_o + R_L}$$

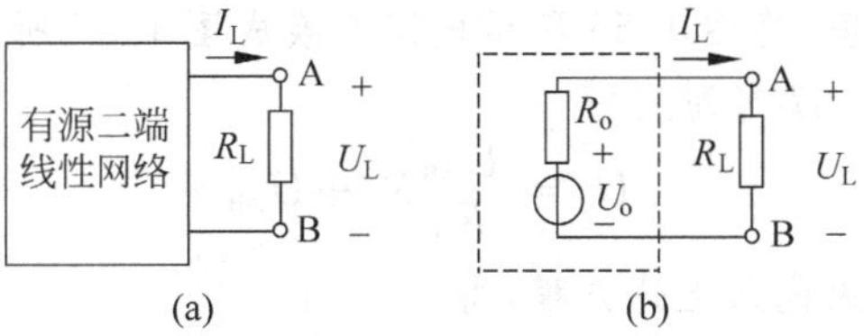

图 1.52 戴维宁等效电路

例 1.22 图 1.53 所示桥式电路,已知 $R_1 = 20\Omega$,$R_2 = 30\Omega$,$R_3 = 30\Omega$,$R_4 = 20\Omega$,$R_5 = 6\Omega$,$U = 15V$。用戴维宁定理求 R_5 中电流 I_5。

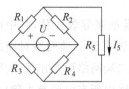

图 1.53　例 1.22 的图

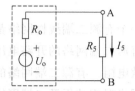

图 1.54　例 1.22 的解答图

解　应用戴维宁定理,将图 1.53 电路变换为图 1.54 所示电路。

U_o 用图 1.55(a)求得

$$U_o = \frac{R_2 U}{R_1 + R_2} - \frac{R_4 U}{R_3 + R_4} = \frac{30 \times 15}{20 + 30} - \frac{20 \times 15}{20 + 30} = 3 \text{(V)}$$

R_o 用图 1.55(b)求得

$$R_o = R_1 /\!/ R_2 + R_3 /\!/ R_4 = 20 /\!/ 30 + 30 /\!/ 20 = 24 (\Omega)$$

再由图 1.54 求得

$$I_5 = \frac{U_o}{R_o + R_5} = \frac{3}{24 + 6} = 0.1 \text{(A)}$$

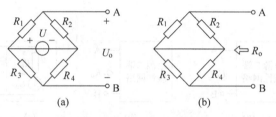

图 1.55　例 1.22 解的图

例 1.23　图 1.56 所示有源二端网络,用内阻为 50kΩ 的电压表测 A、B 间的电压,读数为 50V,若换用内阻为 500kΩ 的电压表,则读数为 125V。求该网络的戴维宁等效电路。

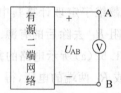

图 1.56　例 1.23 的图

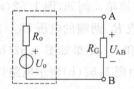

图 1.57　例 1.23 解的图

解　应用戴维宁定理,将图 1.56 所示电路变换成图 1.57 所示电路,其中电压表等效为一个电阻 R_G。由图 1.57 可写出

$$U_o = \frac{U_{AB}}{R_G} R_o + U_{AB}$$

将两种电压表测量的结果代入上述方程,得

$$\begin{cases} U_o = \dfrac{50}{50} R_o + 50 \\ U_o = \dfrac{125}{500} R_o + 125 \end{cases}$$

解此方程组,得 $U_o = 150\text{V}$, $R_o = 100\text{k}\Omega$。

2．诺顿定理

任何一个有源二端线性网络都可以用一个电流源模型来等效代替,其中电流源的电流等于该有源二端网络的短路电流,电流源的内阻等于该有源二端网络对应的无源二端网络的等效电阻。有源二端网络的短路电流,就是将有源二端网络两个输出端短路后,流过短路连线的电流。这就是诺顿定理。

诺顿定理可用图 1.58 所示电路来说明,图 1.58(a)中的有源二端线性网络可以等效成图 1.58(b)的电流源,其中恒流源的电流就等于该有源二端网络出线端 A、B 之间的短路电流 I_0(用图 1.58(c)求得),电压源的内阻就等于无源二端网络出线端 A、B 之间的电阻 R_0(用图 1.58(d)求得)。

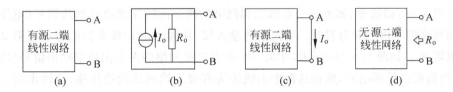

图 1.58　诺顿定理

例 1.24　用诺顿定理计算图 1.59 所示电路中的电流 I_4。

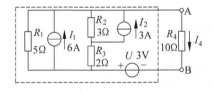

图 1.59　例 1.24 的图

解　根据诺顿定理,将图 1.59 所示电路化为图 1.60(a)所示电路,其中 I_0 用图 1.60(b)求得,R_0 用图 1.60(c)求得。

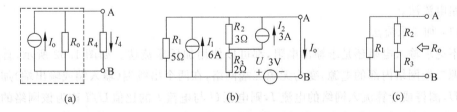

图 1.60　例 1.24 解的图

在图 1.60(b)中,用叠加原理求得 6A 恒流源、3A 恒流源、3V 恒压源单独作用时在 AB 支路产生的电流分别为

$$I_0' = I_1 = 6(A)$$

$$I_0'' = \frac{I_2 R_2}{R_2 + R_3} = \frac{3 \times 3}{3 + 2} = 1.8(A)$$

$$I'''_{\circ} = \frac{U}{R_1 \mathbin{/\mkern-6mu/} (R_2 + R_3)} = \frac{3}{5 \mathbin{/\mkern-6mu/} (2+3)} = 1.2(\text{A})$$

所以，$I_{\circ} = I'_{\circ} + I''_{\circ} + I'''_{\circ} = 6 + 1.8 + 1.2 = 9(\text{A})$。

在图 1.60(c)中，用电阻的串并联可求得等效电阻

$$R_{\circ} = R_1 \mathbin{/\mkern-6mu/} (R_2 + R_3) = 5 \mathbin{/\mkern-6mu/} (2+3) = 2.5(\Omega)$$

由图 1.60(a)得

$$I_4 = \frac{R_{\circ}}{R_{\circ} + R_4} I_{\circ} = \frac{2.5}{2.5 + 10} \times 9 = 1.8(\text{A})$$

3．输入电阻和输出电阻

如图 1.61(a)所示，如果一个有源二端网络的两个出线端接收外部的信号(电压或电流)，则称这两个出线端为有源二端网络的输入端，从输入端计算得到的等效电阻又称为**输入电阻 R_i**。如图 1.61(b)所示，如果一个有源二端网络的两个出线端输出信号(电压或电流)给负载或外部电路，则称这两个出线端为有源二端网络的输出端，从输出端计算得到的等效电阻又称为**输出电阻 $R_{\circ}$**。

因为求有源二端网络的等效电阻的方法就是求该有源二端网络对应的无源二端网络的等效电阻，而无源二端网络实际上就是一个电阻网络，因此也就是计算这个电阻网络的等效电阻。

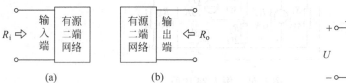

图 1.61　输入电阻和输出电阻的概念

图 1.62　加压求流法求等效电阻

下面介绍两个求有源二端网络的等效电阻的一般方法，即加压求流法和开路电压除以短路电流法。

(1) 加压求流法

不论求输入电阻还是求输出电阻，都可以使用加压求流法。如图 1.62 所示，首先去除有源二端网络内部的电源，变为无源二端网络，在两个出线端(输入端或输出端)加一个电压 U，测得或计算流入网络的电流 I，则电压 U 与电流 I 的比值 U/I 称为该网络的等效电阻。这种通过加电压求电流再计算得到等效电阻的方法简称为"加压求流法"。

(2) 开路电压除以短路电流法

此种方法适用于求输出电阻。采用这种方法时，先求有源二端网络两个输出端之间的开路电压，再求短路电流，然后用开路电压除以短路电流，就是该有源二端网络的等效电阻。这种方法可以用图 1.63 所示电路来证明：从图 1.63(a)可看出，有源二端网络的开路电压 $U_{AB} = U_{\circ}$；从图 1.63(b)可知，有源二端网络的短路电流 $I_{AB} = U_{\circ}/R_{\circ}$，显然，开路电压除以短路电流就是有源二端网络的等效电阻，即

$$\frac{U_{AB}}{I_{AB}} = \frac{U_o}{U_o/R_o} = R_o$$

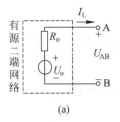
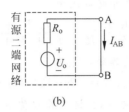

(a)   (b)

图 1.63 开路电压除以短路电流法求等效电阻

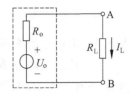

图 1.64 最大功率传输原理

1.3.7 最大功率传输原理

图 1.64 所示电路,虚线框内是一个电压源(或是有源二端网络的戴维宁等效电路),负载电阻 R_L 所获得的功率为

$$P_L = \left(\frac{U_o}{R_o + R_L}\right)^2 R_L$$

那么当 R_L 为何值时,P_L 取得最大值呢?

利用求极值的方法求 P_L 对 R_L 的一阶导数 $\dfrac{\mathrm{d}P_L}{\mathrm{d}R_L}$,并令 $\dfrac{\mathrm{d}P_L}{\mathrm{d}R_L} = 0$,则

$$\frac{R_o - R_L}{(R_o + R_L)^3}U_o^2 = 0$$

可解得

$$R_L = R_o$$

即,当负载电阻等于电源内阻时,负载上可获得最大功率,且这个最大功率为

$$P_{Lmax} = \frac{U_o^2}{4R_L} \tag{1-20}$$

虽然当 $R_L = R_o$ 时负载上能获得最大功率,但输电效率低,因为内阻上也消耗同样的功率,恒压源的输出功率只有 50% 供给负载。这种原理只适用于在模拟电路中小功率信号传递,例如功率放大器的负载匹配。

如果要计算有源网络的一个支路电阻 R_L 取何值时能获得最大功率,则先计算去除电阻 R_L 后的有源二端网络的戴维宁等效电阻 R_o,取 $R_L = R_o$,即为 R_L 获得最大功率的条件。

例 1.25 图 1.65 所示电路,$R_1 = 2\Omega$,$R_2 = 1\Omega$,$R_3 = 12\Omega$,$R_4 = 5\Omega$,$I_S = 2A$,$U_S = 4V$。求能获得最大功率的 R_L 之值,并求这个最大功率。

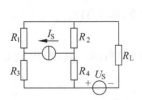

图 1.65 例 1.25 的图

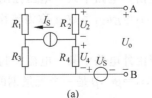
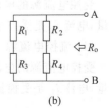

(a)   (b)

图 1.66 例 1.25 解的图

　　解　将图 1.65 所示电路去除 R_L，变为图 1.66(a) 所示有源二端网络，再求图 1.66(a) 所示的有源二端网络的戴维宁等效电路。

　　用图 1.66(a) 求得有源二端网络的开路电压为

$$U_o = U_2 + U_4 + U_S = \frac{I_S(R_3 + R_4)R_2}{R_1 + R_2 + R_3 + R_4} - \frac{I_S(R_1 + R_2)R_4}{R_1 + R_2 + R_3 + R_4} + U_S = 4.2(\text{V})$$

　　用图 1.66(b) 求得有源二端网络的等效电阻为

$$R_o = (R_1 + R_3) /\!/ (R_2 + R_4) = (2 + 12) /\!/ (1 + 5) = 4.2(\Omega)$$

　　当 $R_L = R_o = 4.2\Omega$ 时可获得最大功率，且这个最大功率为

$$P_{\text{Lmax}} = \frac{U_o^2}{4R_L} = \frac{4.2^2}{4 \times 4.2} = 1.05(\text{W})$$

1.4　受控源电路的分析

1.4.1　受控源模型

　　在模拟放大电路的分析中，晶体管的小信号等效电路模型是用一个由基极电流控制的电流源表示，场效应管的小信号等效电路模型是用一个由栅极电压控制的电流源表示，这些电流源都称为受控源。为了分析放大电路，必须先了解受控源模型及含受控源电路的分析方法。

　　电源有两种类型：独立电源和受控电源。独立电源简称独立源，其大小和方向是独立的，与外电路中的电压、电流无关，独立源又有两种模型——电压源和电流源。受控电源简称受控源，其大小和方向受外电路中电压或电流的控制。

　　根据受控量不同，受控源模型分为受控电压源和受控电流源两种模型；根据控制量不同，受控源模型又分为以下四种形式（如图 1.67 所示）。

　　(1) 压控电压源

　　受控电压源的电压由外电路中某一电压控制，如图 1.67(a) 所示[①]。其中，电压 u_1 是控制量，电压 u_2 是受控量，$u_2 = ku_1$，k 是一个无量纲的系数。

　　(2) 流控电压源

　　受控电压源的电压由外电路中某一电流控制，如图 1.67(b) 所示。其中，电流 i_1 是控制量，电压 u_2 是受控量，$u_2 = ri_1$，系数 r 称为转移电阻，单位 Ω。

　　(3) 压控电流源

　　受控电流源的电流由外电路中某一电压控制，如图 1.67(c) 所示。其中，电压 u_1 是控制量，电流 i_2 是受控量，$i_2 = gu_1$，系数 g 称为转移电导，单位 S（即 $1/\Omega$）。

　　(4) 流控电流源

　　受控电流源的电流由外电路中某一电流控制，如图 1.67(d) 所示。其中，电流 i_1 是控制量，电流 i_2 是受控量，$i_2 = \beta i_1$，β 是一个无量纲的系数。

---

　　① 电压、电流用小写字母时，既代表直流量，又代表交流量。本书余同。

图 1.67 中的菱形符号是受控源符号。像理想的独立电压源和电流源一样,这些符号代表的受控源也认为是理想的,理想受控电压源的内阻为 0,理想受控电流源的内阻为无穷大,系数 k、r、g、β 都是常数。

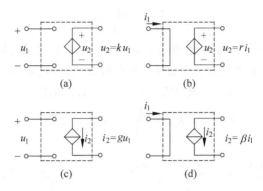

图 1.67 受控源的四种形式

1.4.2 含受控源电路的分析方法

基尔霍夫定律及 1.3 节中介绍的电路的各种分析方法都适用于含受控源电路的分析,但应用时应注意以下几点。

(1) 用电源模型的等效变换法化简电路时,受控源同样可以进行变换,但要注意保留控制量,不能使控制量在变换后消失,否则电路无法求解。

(2) 运用叠加原理时,独立电源可以单独作用于电路,但受控源不能单独作用于电路。单独考虑独立源时,受控源也不能被简单地去除,先看控制量是否存在,控制量存在,受控源就存在,控制量为 0,受控源就为 0。

(3) 运用戴维宁定理时,必须将控制量和受控源置于同一个网络中。求等效电阻时,独立电源可以去除,但受控源要保留。因为有受控源的存在,必须采用加压求流法或采用开路电压除以短路电流法来求等效电阻。

采用加压求流法计算含有受控源的有源二端网络的等效电阻如图 1.68 所示,先将该网络中的独立源去除,保留受控源,然后在两出线端之间加一个电压 U,求输入电流 I,则 U/I 就是该有源二端网络的等效电阻。

采用开路电压除以短路电流法计算含有受控源的有源二端网络的等效电阻时,不去除网络中的独立源,要先求该有源二端网络的开路电压,再求短路电流,然后用开路电压除以短路电流,就是该有源二端网络的等效电阻。此种方法只限于求含有受控源的有源二端网络的输出电阻。

图 1.68 加压求流法求含受控源电路的等效电阻

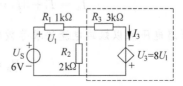

图 1.69 例 1.26 的图

例 1.26 图 1.69 所示电路,用电源模型的等效变换法求电流 I_3。

解 将图 1.69 中虚线框内的受控电压源 U_3 与电阻 R_3 的串联电路变换成图 1.70(a)中虚线框内的受控电流源 I_4 与电阻 R_3 的并联电路。其中

$$I_4 = \frac{U_3}{R_3} = \frac{8U_1}{3}(\mathrm{mA})$$

再将图 1.70(a)中点画线框内的受控电流源 I_4 与电阻 R_2、R_3 的并联电路变换成图 1.70(b)中点画线框内的受控电压源 U_4 和电阻 R_4 的串联电路。其中

$$R_4 = R_2 /\!/ R_3 = 2 /\!/ 3 = 1.2(\mathrm{k}\Omega)$$

$$U_4 = I_4 R_4 = \frac{8U_1}{3} \times 1.2 = 3.2U_1$$

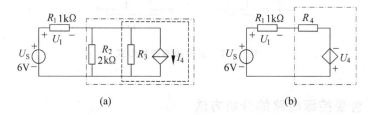

图 1.70 例 1.26 解的图

由图 1.70(b),得

$$U_1 = (U_\mathrm{S} + U_4)\frac{R_1}{R_1 + R_5} = (6 + 3.2U_1)\frac{1}{1 + 1.2}$$

解此方程,得 $U_1 = -6\mathrm{V}$。

所以,图 1.69 中的电流

$$I_3 = \frac{U_\mathrm{S} - U_1 + U_3}{R_3} = \frac{U_\mathrm{S} - U_1 + 8U_1}{R_3} = \frac{U_\mathrm{S} + 7U_1}{R_3} = \frac{6 + 7 \times (-6)}{3} = -12(\mathrm{mA})$$

例 1.27 图 1.71 所示电路,用戴维宁定理求 R_2 两端的电压 U_2。

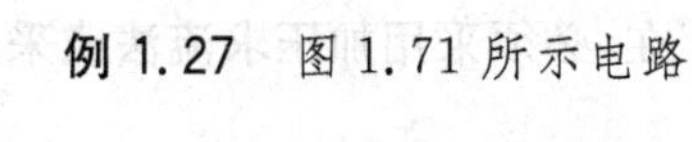

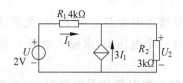

图 1.71 例 1.27 的图

解 用戴维宁定理求解,先去掉 R_2,将图 1.71 所示电路变为图 1.72(a)的有源二端网络,求该有源二端网络的戴维宁等效电路。

先用图 1.72(a)求开路电压 $U_\circ$。因为 $I_1' + 3I_1' = 0$,所以 $I_1' = 0$,因此开路电压为

$$U_\circ = U = 2(\mathrm{V})$$

再用图 1.72(b)求短路电流 $I_\circ$,

$$I_\circ = I_1'' + 3I_1'' = 4I_1'' = 4\frac{U}{R_1} = 4 \times \frac{2}{4} = 2(\mathrm{mA})$$

用开路电压除以短路电流法求等效电阻:

$$R_\circ = \frac{U_\circ}{I_\circ} = \frac{2}{2} = 1(\mathrm{k}\Omega)$$

图 1.71 电路的戴维宁等效电路如图 1.72(c)所示,因此

$$U_2 = \frac{R_2 U_o}{R_o + R_2} = \frac{3 \times 2}{1 + 3} = 1.5(\text{V})$$

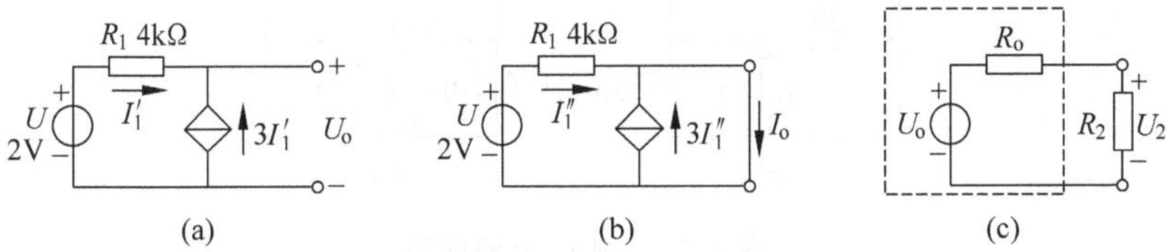

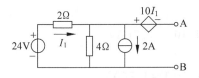

图 1.72　例 1.27 解的图

例 1.28　图 1.73 所示电路,在 A、B 之间接入多大的电阻,可使在该电阻上获得最大功率?

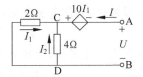

图 1.73　例 1.28 的图　　　　　　　　图 1.74　例 1.28 解的图

解　用加压求流法求该有源二端网络的等效电阻。去除图 1.73 电路中的独立电源,保留受控电源,得到图 1.74 所示电路。

图 1.74 所示电路中,根据基尔霍夫电压定律,有

$$U_{CD} = 10I_1 + U$$

所以

$$I_1 = -\frac{U_{CD}}{2} = -\frac{10I_1 + U}{2}$$

解此方程,得 $I_1 = -\dfrac{U}{12}$。所以

$$I_2 = \frac{2I_1}{4} = -\frac{U}{24}$$

$$I = -(I_1 + I_2) = -\left(-\frac{U}{12} - \frac{U}{24}\right) = \frac{U}{8}$$

故该有源二端网络的等效电阻为

$$R_{AB} = \frac{U}{I} = \frac{U}{U/8} = 8\Omega$$

根据负载获得最大功率的条件,在 A、B 之间接入 8Ω 的电阻,可获得最大功率。

例 1.29　用叠加原理求图 1.75 所示电路中流过受控源的电流 I_2。

解　欲求电流 I_2,必须先将控制量 I_X 和支路电流 I_1 求出。

根据叠加原理,将图 1.75 所示电路分解成图 1.76(a) 和图 1.76(b) 两个电路,注意在去除独立源时,受控源一定要保留。

由图 1.76(a),根据欧姆定律,有 $7I_X' = -3I_X'$,所以 $I_X' = 0$。

由图 1.76(b),根据基尔霍夫电压定律,有 $10 = 7I_X'' + 3I_X''$,所以 $I_X'' = 1\text{A}$。

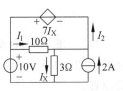

图 1.75　例 1.29 的图

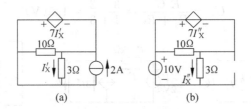

图 1.76　例 1.29 解的图

根据叠加原理,得

$$I_X = I'_X + I''_X = 0 + 1 = 1A$$

再根据欧姆定律,10Ω 电阻中的电流

$$I_1 = 7I_X/10 = 7 \times 1/10 = 0.7(A)$$

根据基尔霍夫电流定律,受控源中的电流为

$$I_2 = 2 + I_1 - I_X = 2 + 0.7 - 1 = 1.7(A)$$

主要公式

(1) 欧姆定律:电压电流的参考方向一致时 $U = RI$,相反时 $U = -RI$

(2) 电路的功率:电压电流的参考方向一致时 $P = UI$,相反时 $P = -UI$

(3) 基尔霍夫电流定律:$\sum I_n = 0$

(4) 基尔霍夫电压定律:$\sum U = 0$

(5) 电阻网络的等效变换

$$Y \rightarrow \triangle: R_{AB} = r_A + r_B + \frac{r_A r_B}{r_C}, R_{BC} = r_B + r_C + \frac{r_B r_C}{r_A}, R_{CA} = r_C + r_A + \frac{r_C r_A}{r_B}$$

$$\triangle \rightarrow Y: r_A = \frac{R_{AB} R_{CA}}{R_{AB} + R_{BC} + R_{CA}}, r_B = \frac{R_{AB} R_{BC}}{R_{AB} + R_{BC} + R_{CA}}, r_C = \frac{R_{BC} R_{CA}}{R_{AB} + R_{BC} + R_{CA}}$$

(6) 电源模型的等效变换:内阻 R_S 相等,$U_S = I_S R_S$ 或 $I_S = U_S/R_S$

(7) 结点电位法:只有 2 个结点的电路,$V_B = 0$,$V_A = \dfrac{\sum \dfrac{U}{R} + \sum I_S}{\sum \dfrac{1}{R}}$

(8) 负载获得最大功率的条件:当 $R_L = R_。$ 时,负载获得最大功率为 $P_{Lmax} = \dfrac{U_。^2}{4R_L}$

思　考　题

1.1　图 1.77 所示电路,$R_1 = R_2 = 10k\Omega$,试计算电阻 R_2 两端的电压 U_2。若用内阻分别为 $20k\Omega$ 和 $4000k\Omega$ 的电压表测量 R_2 两端的电压,读数分别是多少?分析测量误差的原因。

1.2　图 1.78 所示电路,(1)当 $U_1 = U_2$ 时,电路各元件中,哪些元件消耗(或吸收)功率？哪些元件输出功率？（2）当 $U_1>U_2$ 时，电路各元件中，哪些元件消耗（或吸收）功率？哪些元件输出功率？

1.3   图 1.79 所示电路，设 $U=12\text{V}, I=3\text{A}$，求每个电源的功率，说明是吸收功率还是输出功率。若将 I 改变方向，重复上述计算。

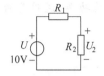

图 1.77   思考题 1.1 的图

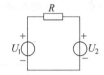

图 1.78   思考题 1.2 的图

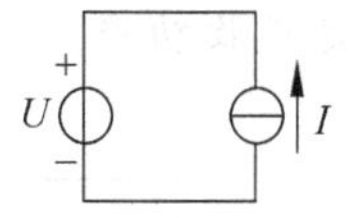

图 1.79   思考题 1.3 的图

1.4   1.5V 的电池能否与 9V 的电池串联？串联后的总电压是多少（就极性相同和极性相反两种情况进行讨论）？这两个电池能否并联？为什么？两个 1.5V 的电池能否并联？由此得出的结论是什么？（设电池的内阻为 0Ω）

1.5   1A 的恒流源能否与 2A 的恒流源并联？并联后的总电流是多少（就极性相同和极性相反两种情况进行讨论）？

1.6   一个电流源的伏安特性如图 1.80(a) 所示，求它的电源模型（即求图 1.80(b) 中的 I_S 和 R_S）。

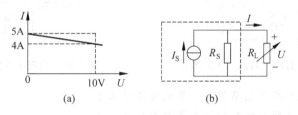

(a)   (b)

图 1.80   思考题 1.6 的图

1.7   图 1.81 所示电路，当开关 S_1 和开关 S_2 都打开时，有人列出计算开关 S_1 两端电压的算式为 $U_{ab}=U_{ad}+U_{dc}+U_{cb}=10+0+0=10\text{V}$，对不对？若开关 S_1 打开，开关 S_2 闭合时，这个算式对不对？

1.8   求有源二端网络的等效电阻和电压源的内阻的方法之一是开路电压除以短路电流法，实际工作中能否采用这种方法测量一个电源的内阻，为什么？

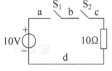

图 1.81   思考题 1.7 的图

1.9   用一块内阻为 2kΩ，满量程为 1mA 的毫安表，设计一个有 3 个量程（20V、50V、100V）的电压表。

1.10   用一块内阻为 2kΩ，满量程为 1mA 的毫安表，设计一个有 3 个量程（2A、5A、10A）的电流表。

1.11   用一内阻为 2kΩ，满量程为 1mA 的毫安表，设计一个中心阻值为 9kΩ 的欧姆表，在表头的 0mA、0.25mA、0.5mA、0.75mA、1mA 的刻度处应该写什么数值，才可以直接读出被测电阻的数值？（所用电池电压为 1.5V）

习　题

1.1　图 1.82 所示电路,若恒流源的大小分别为 2A,5A,8A,求电流 I 和电阻 R 所消耗的功率;求每个电源的功率,并说明是输出功率还是吸收功率。

1.2　图 1.83 所示电路,求每个电阻消耗的功率;求每个电源的功率,说明是输出功率还是吸收功率。

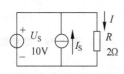

图 1.82　习题 1.1 的图

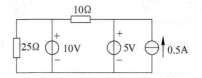

图 1.83　习题 1.2 的图

1.3　图 1.84 所示电路,一未知电源外接一个电阻 R,当 $R=2\Omega$ 时,测得电阻两端的电压 $U=8V$;当 $R=5\Omega$ 时,测得 $U=10V$。求该电源的等效电压源模型。

1.4　图 1.85 所示电路,一未知电源外加电压 U,当 $U=2V$ 时,测得 $I=2A$,当 $U=4V$ 时测得 $I=3A$,求该未知电源的等效电流源模型。

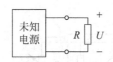

图 1.84　习题 1.3 的图

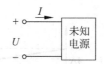

图 1.85　习题 1.4 的图

1.5　将图 1.86 所示电路用一个等效电流源表示。

1.6　将图 1.87 所示电路用一个等效电压源表示。

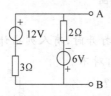

图 1.86　习题 1.5 的图

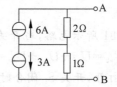

图 1.87　习题 1.6 的图

1.7　图 1.88 所示电路,用电源模型等效变换法求电流 I。

1.8　图 1.89 所示电路,用电源模型等效变换法求电流 I。

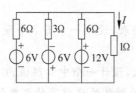

图 1.88　习题 1.7 的图

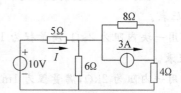

图 1.89　习题 1.8 的图

1.9　图 1.90 所示电路,求 8Ω 电阻两端的电压 U_R。

1.10　图 1.91 所示电路,求 2A 恒流源的功率。

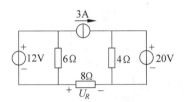

图 1.90　习题 1.9 的图

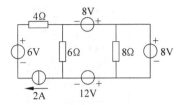

图 1.91　习题 1.10 的图

1.11　图 1.92 所示电路,已知 $R_1=R_2=1Ω,R_3=3Ω$。用支路电流法求电流 I_1,I_2,I_3。

1.12　图 1.93 所示电路,已知 $I_1=2A,I_2=3A,I_3=4A$。求电阻 R 和恒压源 U_1 和 U_2 的值。

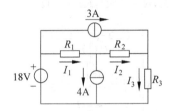

图 1.92　习题 1.11 的图

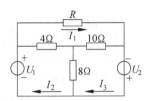

图 1.93　习题 1.12 的图

1.13　图 1.94 所示电路,用结点电位法求电流 I_1,I_2,I_3。

1.14　图 1.95 所示电路,用结点电位法求电容 C 两端的电压 U_C。(提示:电容 C 中的电流为 0)

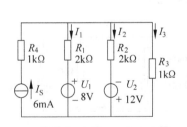

图 1.94　习题 1.13 的图

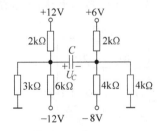

图 1.95　习题 1.14 的图

1.15　用结点电位法求图 1.96 所示电路中恒流源两端的电压 U。

1.16　图 1.97 所示电路,用结点电位法求恒压源中的电流 I。

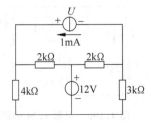

图 1.96　习题 1.15 的图

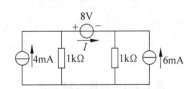

图 1.97　习题 1.16 的图

1.17　用叠加原理求图 1.98 所示电路中的电流 I_2。

1.18　用叠加原理求图 1.99 所示电路中的电压 U。

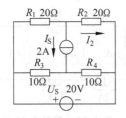

图 1.98　习题 1.17 的图

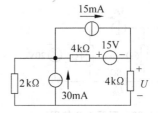

图 1.99　习题 1.18 的图

1.19　图 1.100 所示电路,用戴维宁定理求电流 I。

1.20　图 1.101 所示电路,用戴维宁定理计算恒流源 I_S 两端的电压 U_S。已知 $U_1=6\mathrm{V}, I_S=0.25\mathrm{A}, R_1=60\Omega, R_2=40\Omega, R_3=60\Omega, R_4=20\Omega, R_5=60\Omega$。

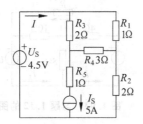

图 1.100　习题 1.19 的图

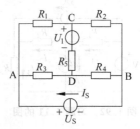

图 1.101　习题 1.20 的图

1.21　图 1.102 中,当 U_1 为何值时恒流源两端的电压 $U_2=0$?

1.22　图 1.103 所示电路,用戴维宁定理求电流 I。

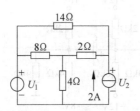

图 1.102　习题 1.21 的图

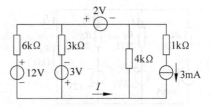

图 1.103　习题 1.22 的图

1.23　求图 1.104 所示有源二端网络的戴维宁等效电路。(R 和 V_R 为已知)

1.24　图 1.105 所示电路,用诺顿定理求电流 I。

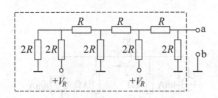

图 1.104　习题 1.23 的图

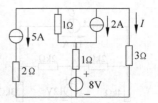

图 1.105　习题 1.24 的图

1.25 图 1.106 所示电路,用诺顿定理求 6V 电压源的功率,并说明是吸收功率还是输出功率。

1.26 图 1.107 所示电路,求能获得最大功率的 R 值是多少? 这个最大功率是多少?

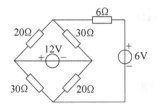
图 1.106 习题 1.25 的图

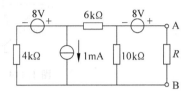
图 1.107 习题 1.26 的图

1.27 图 1.108 所示电路,当 $U_2 = 10V$ 时,$I_4 = 2mA$,当 $U_2 = 2V$ 时,$I_4 = 10mA$。求 $U_2 = -10V$ 时,$I_4 = ?$

1.28 图 1.109 所示电路,已知 $R_1 = 1k\Omega$,$R_2 = 0.1k\Omega$,$R_L = 5k\Omega$。求比值 U_o/U_i。

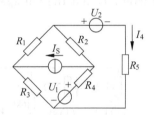
图 1.108 习题 1.27 的图

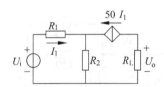
图 1.109 习题 1.28 的图

1.29 图 1.110 所示电路,已知 U_i,R_1,R_2,g_m,求该有源二端网络的戴维宁等效电阻 R_o。

1.30 图 1.111 所示电路,电阻 R_L 为何值时电流 $I_L = -1A$?

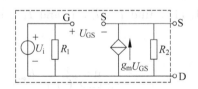
图 1.110 习题 1.29 的图

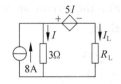
图 1.111 习题 1.30 的图

1.31 图 1.112 所示电路,用叠加原理求电压 U_2。

1.32(仿真题) 用仿真的方法求图 1.113 所示电路中的电流 I_1 和 I_2。

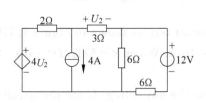
图 1.112 习题 1.31 的图

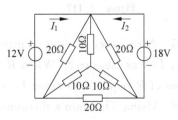
图 1.113 习题 1.32 的图

1.33（仿真题）　用仿真的方法求图 1.114 所示电路中各结点的电位。

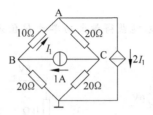

图 1.114　习题 1.33 的图

PROBLEMS

1.1　Find U_s using source transformations if $I=2A$ in the circuit shown in Figure 1.115.

1.2　Using node voltage analysis, find the current I_2 and the voltage U_3, in the circuit of Figure 1.116.

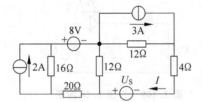

Figure　1.115

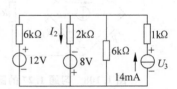

Figure　1.116

1.3　For the circuit shown in Figure 1.117, use superposition to find I.

1.4　For the circuit shown in Figure 1.118, find I_1, I_2, I_3 and I_4 using branch current method.

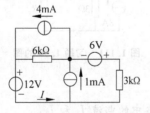

Figure　1.117

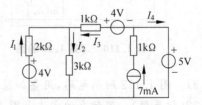

Figure　1.118

1.5　A resistor, R, was connected to a circuit box as shown in Figure 1.119. The current, I, was measured. When $R=2k\Omega, I=4mA$. When $R=5k\Omega, I=2mA$. Specify the value of R required to cause $I=1mA$.

1.6　Using Thevenin's theorem, determine the out voltage U for the circuit shown in Figure 1.120.

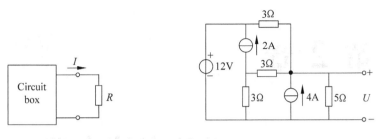

Figure 1.119   Figure 1.120

1.7   For the circuit in Figure 1.121, find the current I using Norton's theorem.

1.8   Consider the circuit of Figure 1.122. (1) Find R_L such that R_L absorbs maximum power. (2) If the maximum power $P_{Lmax}=72W$, find I_0.

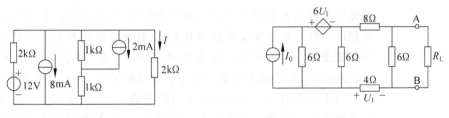

Figure 1.121   Figure 1.122

1.9   Determine the current I of the circuit shown in Figure 1.123.

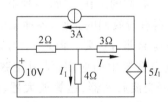

Figure 1.123

第 2 章

正弦交流电路

在方向上交替变化的电流称为交流电流,交流电流是由极性正、负交替变化的电压源产生的。波形随时间按正弦规律变化的交流电流和电压称为正弦交流电流和电压,正弦交流电流和电压习惯上统称为正弦交流电或正弦量。在本章中,常将"正弦"两字省缺,只提交流电,但都是指的正弦交流电。对于非正弦的波形,将在第 4 章介绍。

由于交流电便于传输而且传输效率高,所以工业和生活用电几乎都是交流电。即使一些用直流电的地方,也大都通过整流器或直流发电机组由交流电转变而来的。交流电是由交流发电机产生的,交流发电机原理将在第 3 章中介绍。

环顾一下我们的工作场所,各种电气设备、电子仪器、计算机都使用交流电;再看看我们的家庭,各种家用电器也都使用交流电,因此学习正弦交流电路非常重要。但是,学习正弦交流电路的重要性还远远不止它在电力系统中的应用,学习正弦交流电路是学习电子学的基础,例如学习交流放大器、运算放大器、信号发生器等,都离不开本章所介绍的基本原理和方法。电子学中所遇到的交流电压和电流幅度较小,称为电压信号和电流信号。

本章主要介绍正弦电压和电流的特征量,介绍电路元件电阻、电感和电容在交流电路中的特性,以及如何分析和计算由这些电路元件组成的复杂电路。在本章中还引入复数相量来表示正弦电压和电流,复数相量的引入给交流电路的分析和计算带来了方便。在第 1 章中介绍的各种定律、定理和方法都适用于交流电路的分析和计算。

关键术语 Key Terms

交流电流 alternating current(ac)

正弦交流电路 sinusoidal ac circuit

电感/电感元件 inductance/inductor

电容/电容器 capacitance/capacitor

容抗/感抗 capacitive/inductive reactance

阻抗/复数阻抗 impedance/complex impedance

周期/频率/角频率 period/frequency/angular frequency

相位/初相位 phase/initial phase

相位差 phase difference

幅度 amplitude

有效值 effective value

相量/相量图 phasor/phasor diagram

平均功率 average power

无功功率 reactive power

视在功率 apparent power

功率因数 power factor

串联谐振 series resonance

并联谐振 parallel resonance

频率特性 frequency characteristic

滤波器/低(高)通滤波器 filter/low(high)-pass filter

传递函数 transfer function

波特图 Bode diagram

激励 excitation

响应 response

截止频率 cutoff frequency

带宽(BW) bandwidth

2.1 正弦电压与电流

2.1.1 正弦量的参考方向和交流电源模型

如图 2.1 所示,将一个正弦交流电压 u 加在电阻两端,电阻中就有正弦交流电流 i 流过。u 和 i 的波形如图 2.1(a)所示,它们是随时间变化的正弦波,大于 0 的部分称为正半周,小于 0 的部分称为负半周,在任意时刻的值称为**瞬时值**,瞬时值用小写字母 u,i 表示。

为了便于利用电路的定律、定理和方法来分析和计算,在正弦交流电路中,正弦电压和电流也设定**参考方向**。正弦电压和电流参考方向的含义是:在正半周期间,电压、电流的实际方向与参考方向一致,如图 2.1(b)所示;在负半周期间,电压、电流的实际方向与参考方向相反,如图 2.1(c)所示。图中,用符号"＋"、"－"表示电压的参考方向,用符号"⊕"、"⊖"表示电压的实际方向,用实线箭头表示电流的参考方向,用虚线箭头表示电流的实际方向。

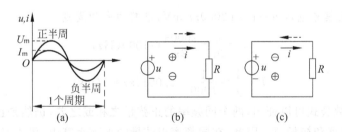

图 2.1 正弦交流电压和电流

正弦电压和电流都可以用正弦函数表示,即

$$u = U_m \sin(\omega t + \theta_u)$$
$$i = I_m \sin(\omega t + \theta_i)$$

其中,ω 是**角频率**;$(\omega t + \theta_u)$,$(\omega t + \theta_i)$ 称为**相位**或相位角;θ_u,θ_i 称为**初相位**(初相角);U_m,I_m 称为**幅值**;u 和 i 称为瞬时值。角频率、初相位和幅值称为一个正弦量的三个特征量。也就是说,这三个特征量确定后,就可写出该正弦量的表达式,并可画出它的波形图。

　　与直流电源模型类似,交流电源也有两种模型:交流电压源模型和交流电流源模型。理想的交流电压源内阻为0,幅值和频率恒定,可以输出无穷大的功率。理想的交流电流源内阻为无穷大,幅值和频率恒定,可以输出无穷大的功率。它们的电路符号与理想直流电压源和理想直流电流源类似,如图2.2所示。

　　实际交流电源都可以等效成一个理想的交流电压源串联一个阻抗,或者等效成一个理想电流源并联一个阻抗,电路符号如图2.3所示。

图 2.2　理想交流电压源和理想交流
电流源的电路符号

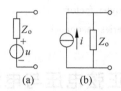

图 2.3　实际交流电源的等效模型
及电路符号

2.1.2　周期、频率和角频率

　　正弦量是周期性变化的,变化一周(cycle)所用的时间称为周期 T,单位 s(秒);每秒变化的周数称为频率 f,单位 Hz(赫兹);每秒变化的弧度称为角频率 ω,单位 rad/s(弧度/秒)。周期 T 和频率 f 的关系为

$$f = \frac{1}{T} \tag{2-1}$$

因为变化一周是 2π 弧度,所以 ω 与 T、f 的关系为

$$\omega = 2\pi f = \frac{2\pi}{T} \tag{2-2}$$

　　例 2.1　某信号电压 $u = 10\sin 2000\pi t$ mV,求其频率和周期。

　　解

$$f = \frac{\omega}{2\pi} = \frac{2000\pi}{2\pi} = 1000(\text{Hz})$$

$$T = \frac{1}{f} = \frac{1}{1000} = 0.001(\text{s}) = 1(\text{ms})$$

　　用三角函数公式可以证明,两个同频率的正弦量之和或之差,仍然是正弦量且频率不变,变化的是幅度和初相位。因此,在同频率正弦量的加减运算中,可不必考虑角频率 ω,而是只考虑幅度和初相位。

2.1.3　相位、初相位和相位差

　　设正弦电压 $u = U_m \sin(\omega t + \theta_u)$,则 $(\omega t + \theta_u)$ 称为相位。相位反映正弦量变化的进程,相位随时间 t 而连续变化,因而正弦量的瞬时值也随之连续变化。在 $t=0$ 时刻的相位 θ_u 称为初相位。

　　例如,电压 $u = 5\sin(\omega t + 90°)$V,初相位 $\theta_u = 90°$,其波形图如图2.4所示,当 $t=0$ 时的瞬时值称为初始值,如 u 的初始值为 5V。

注意：相位和初相位的单位都是弧度，但在电工中习惯于将初相位的单位写成角度。初相位的取值范围一般为$-180°\sim+180°$。

计时起点不同，初相位也不同，因此初相位给出了观察正弦量的起始点或参考点，常用于描述两个相同频率的正弦量之间的关系。

两个同频率正弦量的相位之差称为**相位差**，用φ表示。例如，两个正弦量$u=U_\mathrm{m}\sin(\omega t+\theta_u)$，$i=I_\mathrm{m}\sin(\omega t+\theta_i)$，频率相同，但初相位不同，它们的波形图如图 2.5 所示。u和i的相位差为

$$\varphi=(\omega t+\theta_u)-(\omega t+\theta_i)=\theta_u-\theta_i$$

因此，两个同频率的正弦量相位差也就是初相位之差。相位差的取值范围一般为$-180°\sim+180°$。

若相位差为正，即$\varphi>0$，则称u的相位领先i。若相位差为负，即$\varphi<0$，则称u的相位落后i。若相位差为 0，即$\varphi=0$，则称u与i同相位。若相位差为$+180°$或$-180°$，即$\varphi=\pm180°$，则称u与i反相。

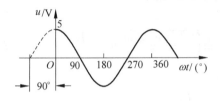

图 2.4 初相位

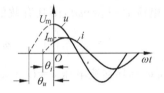

图 2.5 相位差

图 2.6 所示是两个正弦电压u_1和u_2的仿真波形(注：图中幅值大的为u_1，幅值小的为u_2)。图 2.6(a)、(b)、(c)、(d)所示u_1与u_2的相位关系分别是：u_1与u_2同相，u_1领先u_2，u_1落后u_2，u_1与u_2反相。可以看出，两个同频率的正弦波在$180°$范围内两个最大值点之间的度数就是这两个正弦波的相位差，而且最大值点在左边的波形领先。

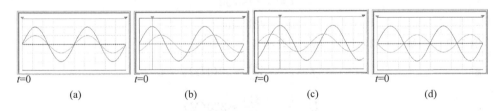

(a)   (b)   (c)   (d)

图 2.6 示波器显示两个电压波形(仿真)

例 2.2 两个正弦电流$i_1=6\sin(\omega t+90°)\mathrm{A}$，$i_2=3\sin(\omega t-60°)\mathrm{A}$，画出它们的波形，求$i_1$与$i_2$的相位差，并说明哪个领先，哪个落后。

解 它们的波形如图 2.7 所示。

$$\varphi=90°-(-60°)=150°$$

i_1领先，i_2落后，i_1领先$i_2150°$。

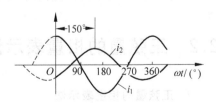

图 2.7 例 2.2 的波形

2.1.4 最大值和有效值

正弦量的幅值又称**最大值**,用大写字母小写下标(如 U_m, I_m, E_m)表示。但是在对交流电的计算和测量时,往往不是用它们的最大值,而是用它们的有效值。正弦量的有效值用大写字母(如 U, I, E)表示。

交流电的有效值是从电流热效应的角度来定义的。如果一个交流电流 i 通过电阻 R 在一个周期 T 内产生的热量,与一个直流电流 I 通过电阻 R 在同样的时间内产生的热量相等,那么,这个直流电流的大小 I 就是交流电流 i 的**有效值**。这个定义用数学式表示为

$$0.24 \int_0^T i^2 R \mathrm{d}t = 0.24 I^2 RT \tag{2-3}$$

式中,0.24 的含义是 0.24cal/J(卡/焦耳),是将电能换算成热量。由此可得

$$I = \sqrt{\frac{1}{T} \int_0^T i^2 \mathrm{d}t} \tag{2-4}$$

式(2-4)不但适用于正弦量,而且适用于其他周期性非正弦量。

设电流 $i = I_m \sin\omega t$,则其有效值为

$$I = \sqrt{\frac{1}{T} \int_0^T (I_m \sin\omega t)^2 \mathrm{d}t} = I_m \sqrt{\frac{1}{T} \int_0^T \frac{1 - \cos 2\omega t}{2} \mathrm{d}t} = \frac{I_m}{\sqrt{2}} \tag{2-5}$$

同理,可以推导交流电压 $u = U_m \sin\omega t$ 的有效值为

$$U = \sqrt{\frac{1}{T} \int_0^T u^2 \mathrm{d}t} = \frac{U_m}{\sqrt{2}} \tag{2-6}$$

由式(2-5)和式(2-6)得

$$I_m = \sqrt{2} I \tag{2-7}$$

$$U_m = \sqrt{2} U \tag{2-8}$$

所以,正弦电压和电流的表达式又可写为

$$i = \sqrt{2} I \sin\omega t$$

$$u = \sqrt{2} U \sin\omega t$$

例 2.3 已知 $u = 311\sin 314t \mathrm{V}$,求其频率和有效值。

解
$$f = \frac{\omega}{2\pi} = \frac{314}{2\pi} \approx 50 (\mathrm{Hz})$$

$$U = \frac{U_m}{\sqrt{2}} = \frac{311}{\sqrt{2}} \approx 220 (\mathrm{V})$$

市电电压(相电压)的有效值就是 220V,频率为 50Hz。

2.2 正弦量的相量表示法和复数表示法

1. 正弦量的相量表示法

有方向的线段称为向量,一个绕原点旋转的向量在纵轴上的投影与一个正弦量的瞬时值有一一对应关系。如图 2.8 所示,一个长度为 U_m、幅角(与 x 轴正方向的夹角)为 θ

的向量以角速度 ω 绕原点逆时针方向旋转,在任意时刻 t,该向量在纵轴上的投影与正弦电压 $u=U_{\mathrm{m}}\sin(\omega t+\theta)$ 在时刻 t 的瞬时值相等。如在 $t=0$ 时,投影为 $u_0=U_{\mathrm{m}}\sin\theta$,在 $t=t_1$ 时,投影为 $u_1=U_{\mathrm{m}}\sin(\omega t_1+\theta)$。因此,正弦量可以用旋转向量来表示。

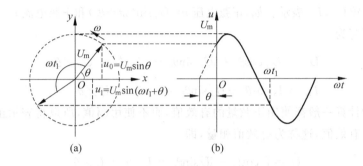

图 2.8 旋转向量

2. 正弦量的复数表示法

既然正弦量可以用旋转向量来表示,而向量又可以用复数来表示,所以,正弦量可以用复数来表示。

用复数表示向量的方法是:设复数平面中有一向量 A,其长度为 r,幅角为 θ,在实轴上的投影为 a,在虚轴上的投影为 b,如图 2.9 所示,则向量 A 可用复数表示为

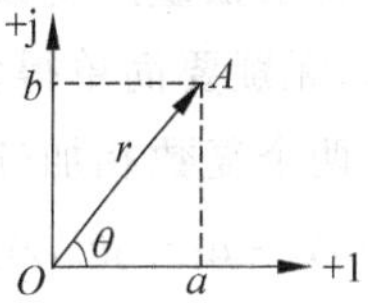

$$A = a + \mathrm{j}b \qquad (2\text{-}9)$$

图 2.9 向量的复数表示

式(2-9)称为复数的代数式,其中

$$a = r\cos\theta, \quad b = r\sin\theta$$

所以

$$A = a + \mathrm{j}b = r\cos\theta + \mathrm{j}r\sin\theta = r(\cos\theta + \mathrm{j}\sin\theta) \qquad (2\text{-}10)$$

其中 $r=\sqrt{a^2+b^2}$。式(2-10)称为复数的三角式。

根据欧拉公式

$$\cos\theta = \frac{\mathrm{e}^{\mathrm{j}\theta} + \mathrm{e}^{-\mathrm{j}\theta}}{2}, \quad \sin\theta = \frac{\mathrm{e}^{\mathrm{j}\theta} - \mathrm{e}^{-\mathrm{j}\theta}}{2\mathrm{j}}$$

式(2-10)可写为

$$A = r\mathrm{e}^{\mathrm{j}\theta} \qquad (2\text{-}11)$$

式(2-11)称为复数的指数式。式(2-11)还可以写成极坐标式:

$$A = r\angle\theta \qquad (2\text{-}12)$$

其中,r 称为复数的模;θ 称为复数的幅角。

以上所述是将向量表示为复数的各种形式,这些形式可以互相转换,即

$$A = a + \mathrm{j}b = r\cos\theta + \mathrm{j}r\sin\theta = r\mathrm{e}^{\mathrm{j}\theta} = r\angle\theta$$

其中 $a=r\cos\theta$,$b=r\sin\theta$,$r=\sqrt{a^2+b^2}$,$\theta=\arctan\dfrac{b}{a}$。

复数的代数式和极坐标式是最常用的形式。

为了与一般向量和复数区别,将正弦量的复数表示称为相量,分为幅值相量和有效值相量。幅值相量:用复数的模表示正弦量的幅值(最大值),用复数的幅角表示正弦量的初相位。并用符号 $\dot{U}_m, \dot{I}_m$ 表示。如,正弦电压 $u = U_m \sin(\omega t + \theta_u)$ 和正弦电流 $i = I_m \sin(\omega t + \theta_i)$ 的幅值相量可写为

$$\dot{U}_m = U_m \cos\theta_u + jU_m \sin\theta_u = U_m e^{j\theta_u} = U_m \angle \theta_u$$

$$\dot{I}_m = I_m \cos\theta_i + jI_m \sin\theta_i = I_m e^{j\theta_i} = I_m \angle \theta_i$$

因为正弦量的计算一般都使用正弦量的有效值,而不使用幅值,所以将表示正弦量的复数的模直接写为有效值,这称为有效值相量,即

$$\dot{U} = U\cos\theta_u + jU\sin\theta_u = Ue^{j\theta_u} = U\angle \theta_u$$

$$\dot{I} = I\cos\theta_i + jI\sin\theta_i = Ie^{j\theta_i} = I\angle \theta_i$$

值得提出的是,正弦量有角频率、初相位和幅值三个特征量,但当用复数表示时,就只剩两个特征量——初相位和幅值。不过这也没有关系,因为在做正弦量的运算时,可先不考虑其角频率,只计算它的初相位和幅值(或有效值)即可。

将正弦量用复数表示后给正弦量的计算带来了方便,将三角函数的运算变成了复数运算,无疑要简单得多。

两个复数相加(减),将它们写成代数式,只要实部加(减)实部、虚部加(减)虚部即可。例如 $A_1 = a_1 + jb_1$,$A_2 = a_2 + jb_2$,则 $A_1 \pm A_2 = (a_1 \pm a_2) + j(b_1 \pm b_2)$。

两个复数相乘(除),将它们写成极坐标式,只要模相乘(除)、幅角相加(减)即可。例如 $A_1 = |A_1| \angle \theta_1$,$A_2 = |A_2| \angle \theta_2$,则 $A_1 A_2 = |A_1||A_2| \angle (\theta_1 + \theta_2)$,$\dfrac{A_1}{A_2} = \dfrac{|A_1|}{|A_2|} \angle (\theta_1 - \theta_2)$。

当一个相量乘以 $e^{\pm j90°}$ 时,相当于将此相量逆时针或顺时针旋转了 $90°$,而

$$e^{\pm j90°} = 1\angle \pm 90° = \cos90° \pm j\sin90° = \pm j$$

因此,将 $\pm j$ 称为 $\pm 90°$ 旋转因子。

例 2.4 已知 $u_1 = 10\sqrt{2}\sin100t\,\text{V}$,$u_2 = 10\sqrt{2}\sin(100t + 120°)\,\text{V}$,求 $u = u_1 + u_2$。

解 若用三角函数的加法运算则比较繁琐,先将正弦电压用复数表示,然后进行复数运算,求出 u 的复数表示,最后将 u 的复数表示再写成正弦函数表达式。

$$\dot{U}_1 = 10\angle 0° = 10\cos0° + j10\sin0° = 10\,\text{V}$$

$$\dot{U}_2 = 10\angle 120° = 10\cos120° + j10\sin120° = -5 + j5\sqrt{3}\,\text{V}$$

$$\dot{U} = \dot{U}_1 + \dot{U}_2 = 10 + (-5 + j5\sqrt{3}) = 5 + j5\sqrt{3}$$

$$= \sqrt{5^2 + (5\sqrt{3})^2}\ \angle \arctan\frac{5\sqrt{3}}{5} = 10\angle 60°\,\text{V}$$

所以,$u = 10\sqrt{2}\sin(\omega t + 60°)\,\text{V}$。

3. 相量图

画在复数平面上以相量来表示正弦量的图称为**相量图**。相量图也可用于正弦量的计算,更多用于对电路中的各正弦量作定性分析。因为相量图上所有的相量都是以相同的角频率逆时针方向旋转,不论经过多长时间,它们之间的相对位置是不变的。因此,在用相量图计算时,也不必考虑它们的角频率,而只考虑它们的有效值和初相位。相量的加减运算可以通过相量图用平行四边形合成法来求。

例 2.5 已知两个电压相量 $\dot{U}_1 = -10 + j10\text{V}$,$\dot{U}_2 = -5\sqrt{3} - j5\text{V}$,画出相量图,说明这两个电压哪个领先,哪个落后,求相位差。

解
$$\dot{U}_1 = -10 + j10 = 10\sqrt{2} \angle 135°\text{V}$$
$$\dot{U}_2 = -5\sqrt{3} - j5 = 10 \angle -150°\text{V}$$

相量图如图 2.10 所示,由相量图可看出 $\dot{U}_2$ 领先,$\dot{U}_1$ 落后。$\dot{U}_2$ 领先 $\dot{U}_1$ 的角度,即相位差为 $\varphi = (-150°) - 135° = -285°$。根据相位差取值范围的规定,$\dot{U}_2$ 领先 $\dot{U}_1$ 的角度应该为 $360° - 285° = 75°$。

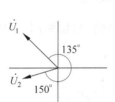

图 2.10 例 2.5 的图

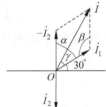

图 2.11 例 2.6 的图

例 2.6 已知 $i_1 = 5\sqrt{2}\sin(1000\pi t + 30°)\text{A}$,$i_2 = 5\sqrt{2}\sin(1000\pi t - 90°)\text{V}$,用相量图求 $i = i_1 - i_2$。

解 先写出正弦电流的复数相量表示式:
$$\dot{I}_1 = 5 \angle 30°\text{A}, \quad \dot{I}_2 = 5 \angle -90°\text{A}$$

然后画出相量图如图 2.11 所示。在相量图上求 $\dot{I} = \dot{I}_1 - \dot{I}_2$,可画出 $\dot{I}_2$ 相量的反相量 $(-\dot{I}_2)$,则 $\dot{I} = \dot{I}_1 + (-\dot{I}_2)$,采用平行四边形合成法就可求得 $\dot{I}$。

$$-\dot{I}_2 = 5 \angle -90° \angle 180° = 5 \angle 90°\text{A}$$
$$\alpha = 90° - 30° = 60°$$
$$\beta = 180° - \alpha = 120°$$
$$\gamma = \frac{\alpha}{2} = 30° (因 I_1 = I_2,平行四边形是菱形)$$

应用余弦定理,求得

$$I = \sqrt{I_1^2 + I_2^2 - 2I_1I_2\cos\beta} = \sqrt{5^2 + 5^2 - 2 \times 5 \times 5\cos120°} = 5\sqrt{3}\text{A}$$
$$\theta_i = \gamma + 30° = 30° + 30° = 60°$$
$$\dot{I} = I \angle \theta_i = 5\sqrt{3} \angle 60°\text{A}$$

所以,

$$i = 5\sqrt{6}\sin(1000\pi t + 60°)\text{A}$$

2.3　正弦交流电路中的元件

电阻 R、电感 L 和电容 C 是电路的三个元件。本节将介绍三个元件在正弦电压或电流的激励下,元件的电压和电流的关系以及它们的功率情况。

2.3.1　电阻元件

1. 电阻元件的电压、电流关系

当一个电阻两端施加一个正弦电压 u 时,电压 u 和电阻中的电流 i 的参考方向如图 2.12 所示,则电压与电流的关系为

$$u = Ri \tag{2-13}$$

设 $u = \sqrt{2}U\sin\omega t$,则电流为

$$i = \frac{u}{R} = \sqrt{2}\,\frac{U}{R}\sin\omega t = \sqrt{2}\,I\sin\omega t \tag{2-14}$$

式(2-14)说明,电阻中的电流与所加的电压频率相同、相位相同。电阻的电压和电流波形如图 2.13 所示。

图 2.12　交流电路中的电阻元件

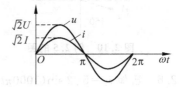

图 2.13　电阻电压、电流的波形

从式(2-14)可知电阻电压和电流有效值间的关系为

$$I = \frac{U}{R} \quad \text{或} \quad U = RI \tag{2-15}$$

可见,在交流电路中,电阻的电压与电流有效值间的关系与直流电路中的欧姆定律有相同的形式。

电阻元件电压、电流的相量关系(如图 2.14 所示)为

$$\dot{U} = R\,\dot{I} \tag{2-16}$$

式(2-16)又称为交流电路中电阻元件复数形式的欧姆定律。

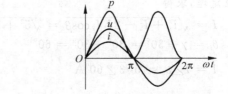

图 2.15　电阻的瞬时功率

图 2.14　电阻电压、电流的相量图

2. 电阻元件的功率

电阻的电压 u 和电流 i 的乘积称为**瞬时功率** p,即

$$p = ui \tag{2-17}$$

将 $u=\sqrt{2}U\sin\omega t$,$i=\sqrt{2}I\sin\omega t$ 代入式(2-17),得

$$p = 2UI\sin^2\omega t = UI(1-\cos2\omega t) \tag{2-18}$$

从式(2-18)可以看出,电阻的瞬时功率 p 是一个以 2 倍频率变化的函数,如图 2.15 所示。从波形图可以看出 $p \geqslant 0$,说明电阻在交流电路中是消耗功率的元件。

瞬时功率在一个周期内的平均值,称为**平均功率**,即

$$P = \frac{1}{T}\int_0^T p\,\mathrm{d}t = \frac{1}{T}\int_0^T UI(1-\cos2\omega t)\,\mathrm{d}t = UI \tag{2-19}$$

电阻的平均功率也称为**有功功率**。

例 2.7 一个额定电压 220V、额定功率 1kW 的电阻炉,其额定电流是多大?

解 $$I = \frac{P}{U} = \frac{1000}{220} \approx 4.5\mathrm{A}$$

2.3.2 电感元件

1. 电感

如图 2.16 所示,一个 N 匝的无铁心线圈,加入交流电压 u,线圈中产生电流 i。电流在每匝线圈截面上产生的磁通为 Φ,N 匝线圈所交链的磁通称为磁链 Ψ,即

$$\Psi = N\Phi \tag{2-20}$$

磁链 Ψ 与电流 i 的比值称为**电感**(系数)或**自感**(系数)

$$L = \frac{\Psi}{i} = \frac{N\Phi}{i} \tag{2-21}$$

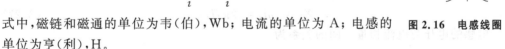

图 2.16 电感线圈

式中,磁链和磁通的单位为韦(伯),Wb;电流的单位为 A;电感的单位为亨(利),H。

2. 电感元件电压、电流的一般关系

图 2.16 中,变化的电压产生变化的电流,变化的电流产生变化的磁链。根据法拉第定律,变化的磁链将在线圈中产生一个感应电动势,感应电动势的大小与磁链的变化率成正比。又根据楞次定律,感应电动势的方向与磁链的变化方向相反。即

$$e = -\frac{\mathrm{d}\Psi}{\mathrm{d}t} \tag{2-22}$$

将 $\Psi=Li$ 代入式(2-22),得

$$e = -L\frac{\mathrm{d}i}{\mathrm{d}t} \tag{2-23}$$

下面推导外加电压 u 与电流 i 的关系。为了便于说明,将线圈只画 1 匝,如图 2.17 所示。设电压 u 和电流 i 的参考方向一致,磁通 Φ 的参考方向与电流 i 的参考方向符合

右手螺旋定则,感应电动势的参考方向与磁通的参考方向也符合右手螺旋定则,这时线圈中产生的感应电动势的参考方向总是与电流的参考方向一致,而与线圈的绕向无关。因此,可将图 2.17 所示电路等效成图 2.18 所示电路。

图 2.17　u、i 和 e 的参考方向　　　　图 2.18　交流电路中的电感元件

在图 2.18 中,根据基尔霍夫电压定律,有

$$u + e = 0 \tag{2-24}$$

所以

$$u = -e = L\frac{\mathrm{d}i}{\mathrm{d}t} \tag{2-25}$$

这就是电感的电压和电流的一般关系式,u 和 i 可以是任意波形。

3. 正弦交流电路中的电感元件

在图 2.18 中,设 $i = \sqrt{2}\,I\sin\omega t$,则

$$u = L\frac{\mathrm{d}i}{\mathrm{d}t} = L\frac{\mathrm{d}(\sqrt{2}\,I\sin\omega t)}{\mathrm{d}t} = \sqrt{2}\,\omega L I\cos\omega t = \sqrt{2}\,U\sin(\omega t + 90°)$$

可见,电感的电压与电流都是同频率的正弦量,相位电压领先电流 90°。电感电压与电流的波形如图 2.19 所示。电感的电压与电流有效值之间的关系为

$$U = \omega L I = X_L I \quad \text{或} \quad I = \frac{U}{X_L} \tag{2-26}$$

其中,X_L 称为电感的**感抗**,单位为 Ω,且

$$X_L = \omega L = 2\pi f L \tag{2-27}$$

电感的电压与电流相量之间的关系为

$$\dot{U} = X_L \dot{I}\angle 90° = \mathrm{j}X_L \dot{I} \quad \text{或} \quad \dot{I} = \frac{\dot{U}}{\mathrm{j}X_L} \tag{2-28}$$

式(2-28)又称为电感元件复数形式的欧姆定律,其中 $\mathrm{j}X_L$ 称为电感的**复数感抗**。

式(2-28)表明,电压相量 $\dot{U}$ 在大小(有效值)上是电流相量 $\dot{I}$ 的 X_L 倍,在相位上,$\dot{U}$ 领先 $\dot{I}$ 90°。电感电压与电流的相量图如图 2.20 所示。

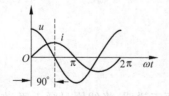

图 2.19　电感电压与电流的波形　　　　图 2.20　电感电压与电流的相量图

例 2.8 一个电感 L，所加电压有效值 $U=1\mathrm{V}$，频率 $f=1000\mathrm{Hz}$，测得电感中的电流 $I=0.1\mathrm{A}$。求电感 L 的值。

解
$$\omega=2\pi f=2\pi\times1000\approx6283(\mathrm{rad/s})$$

$$X_L=\frac{U}{I}=\frac{1}{0.1}=10(\Omega)$$

$$L=\frac{X_L}{\omega}=\frac{10}{6283}\approx1.6\times10^{-3}(\mathrm{H})=1.6(\mathrm{mH})$$

4. 电感元件的串、并联

多个电感串联或并联，可以等效为一个电感。

如图 2.21(a)所示，两个或多个电感串联，每个电感中的电流相等，当它们之间没有互感时，等效电感等于各电感之和。即

$$L=L_1+L_2 \tag{2-29}$$

如图 2.21(b)所示，两个或多个电感并联，每个电感两端的电压相等，当它们之间没有互感时，等效电感的倒数等于各电感的倒数之和。即

$$\frac{1}{L}=\frac{1}{L_1}+\frac{1}{L_2} \quad\text{或}\quad L=\frac{L_1L_2}{L_1+L_2} \tag{2-30}$$

图 2.21　电感的串联、并联　　　　图 2.22　直流电路中的电感元件及等效电路

5. 直流电路中的电感元件

如图 2.22(a)所示，将一个电感元件放在直流电路中，若电感中通过恒定的直流电流 I_{DC}，则电感两端的电压为

$$u=L\frac{\mathrm{d}i}{\mathrm{d}t}=L\frac{\mathrm{d}I_{\mathrm{DC}}}{\mathrm{d}t}=0$$

可见，当电感中通以直流电流时，电感电压等于 0，因此电感在直流电路中可等效为一条连线，如图 2.22(b)所示。

6. 电感线圈的等效电路

以上提到的电感都是指理想电感，实际使用的电感是由导线绕成的电感线圈（见图 2.23(a)），导线中总有一定的电阻，因此，一个电感线圈可以等效为一个理想电感 L 与一个电阻 r 串联，如图 2.23(b)所示。

例 2.9 一个电感 $L=100\mathrm{mH}$、内阻 $r=10\Omega$ 的电感线圈，两端加 $U=1\mathrm{V}$ 的直流电压，求线圈中的电流。

解 此电感线圈在直流电路中等效为一个电阻 r，所以线圈中的电流为

$$I = \frac{U}{r} = \frac{1}{10} = 0.1(\text{A})$$

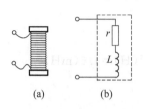

图 2.23　电感线圈及其等效电路

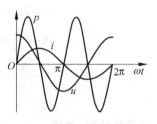

图 2.24　电感的瞬时功率

7. 电感元件的功率

设电感的电流 $i = \sqrt{2}\,I\sin\omega t$，电压 $u = \sqrt{2}\,U\sin(\omega t + 90°) = \sqrt{2}\,U\cos\omega t$，则在电路中的电压、电流的参考方向一致的情况下，电感元件的瞬时功率为

$$p = ui = 2UI\sin\omega t\cos\omega t = UI\sin 2\omega t \tag{2-31}$$

式（2-31）说明电感元件的瞬时功率是一个 2 倍频率的正弦函数，如图 2.24 所示。

电感元件的平均功率为

$$P = \frac{1}{T}\int_0^T p\,\mathrm{d}t = \frac{1}{T}\int_0^T UI\sin 2\omega t\,\mathrm{d}t = 0$$

电感元件的平均功率等于 0，说明电感元件在交流电路中不消耗功率。

电感元件的瞬时功率波形是正弦波，在正半周，其值为正，说明它从电源吸收电能，将电能转化为磁能储存在电感中；在负半周，其值为负，说明它又将电感中的磁能输送给电源。在正半周吸收的能量与在负半周释放的能量相等，所以，电感元件在一个周期内的平均功率等于 0。

电感元件在交流电流电路中总是在与电源进行能量交换，将这种能量交换的规模即它的瞬时功率的最大值 UI 定义为**无功功率 Q**，即

$$Q = UI \quad \text{或} \quad Q = I^2 X_L \quad \text{或} \quad Q = \frac{U^2}{X_L} \tag{2-32}$$

无功功率的单位为乏，var。

电感元件存储的磁能（单位为 J）为

$$W_L = \int ui\,\mathrm{d}t = \int L\frac{\mathrm{d}i}{\mathrm{d}t}i\,\mathrm{d}t = L\int i\,\mathrm{d}i = \frac{1}{2}Li^2 \tag{2-33}$$

例 2.10　电感元件 $L = 1\text{mH}$，所加电压为 $u = 10\sqrt{2}\,\sin 1000t\,\text{V}$，求电感元件的无功功率。

解　　　　$X_L = \omega L = 1000 \times 0.001 = 1(\Omega)$

$$Q = \frac{U^2}{X_L} = \frac{10^2}{1} = 100(\text{var})$$

2.3.3 电容元件

1. 电容 C

一种平板电容器的结构及电路符号分别如图 2.25(a)和(b)所示,在两个导体之间填充上绝缘材料,就构成了电容器。正常状态下,电容器的两个极板上没有电荷,如果在电容器的两个电极上加一个直流电压(图 2.26 中合上开关),电源就向电容器充电,待一定时间后,电容充电达到稳态(充满),两个极板上分别带有 $+Q$ 和 $-Q$ 的电荷。当开关断开后,电容器中的电荷仍然保持不变,说明电容能够存储电荷。若用一根导线将电容器的两个电极短接,存储的电荷就会消失,这称为电容放电。

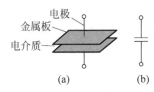

图 2.25 平板电容器

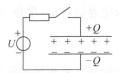

图 2.26 电容充电

实验表明,对于一个电容器,电荷量 Q 与所加的电压 U 成正比,这个比例系数就是电容 C,即

$$C = \frac{Q}{U} \quad 或 \quad Q = CU \tag{2-34}$$

式中,电荷 Q 的单位为库(仑),C;电压的单位为 V;电容的单位为法(拉),F。法拉这个单位很大,通常都用 $\mu F(1\mu F = 10^{-6} F)$、$nF(1nF = 10^{-9} F)$ 和 $pF(1pF = 10^{-12} F)$。

2. 电容元件电压、电流的一般关系

如图 2.27 所示,当电容两端施加一个变化的电压 u 时,电容的电荷 q 也是变化的。当电压 u、电荷 q 和电流 i 的参考方向如图中规定(此规定称为它们的参考方向一致)时,电压与电荷之间的关系是

$$q = Cu \tag{2-35}$$

而电荷的变化率就是电流,即

$$i = \frac{dq}{dt} \tag{2-36}$$

将 $q = Cu$ 代入式(2-36),得

$$i = C\frac{du}{dt} \tag{2-37}$$

式(2-37)就是电容电压与电流的一般关系式,u 和 i 可以是任意波形。

图 2.27 交流电路中的电容元件

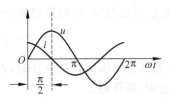

图 2.28 电容电压与电流的波形图

3. 正弦交流电路中的电容元件

在图 2.27 中，设 $u=\sqrt{2}U\sin\omega t$，则

$$i = C\frac{\mathrm{d}u}{\mathrm{d}t} = C\frac{\mathrm{d}(\sqrt{2}U\sin\omega t)}{\mathrm{d}t} = \sqrt{2}\,\omega CU\cos\omega t = \sqrt{2}\,\omega CU\sin(\omega t + 90°)$$

可见，电容的电压和电流都是同频率的正弦量，相位电流领先电压 90°。u 和 i 的波形图如图 2.28 所示。电容的电压和电流有效值间的关系是

$$I = \omega CU = \frac{U}{\dfrac{1}{\omega C}} = \frac{U}{X_c} \quad \text{或} \quad U = X_c I \tag{2-38}$$

其中，X_c 称为电容的**容抗**，单位为 Ω，且

$$X_c = \frac{1}{\omega C} \tag{2-39}$$

电容的电压和电流相量间的关系是

$$\dot{U} = -\mathrm{j}X_c\dot{I} = X_c\dot{I}\angle -90° \quad \text{或} \quad \dot{I} = \frac{\dot{U}}{-\mathrm{j}X_c} \tag{2-40}$$

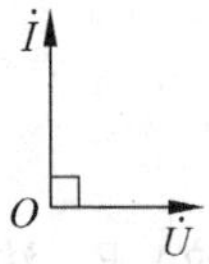

图 2.29　电容电压与电流的相量图

式(2-40)又称为电容电压和电流的复数形式的欧姆定律，其中 $-\mathrm{j}X_c$ 称为电容的**复数容抗**。

式(2-40)表明，电压相量 $\dot{U}$ 在大小（有效值）上是电流相量 $\dot{I}$ 的 X_c 倍，在相位上，$\dot{U}$ 落后 $\dot{I}$ 90°。电容电压和电流的相量图如图 2.29 所示。

4. 电容元件的串、并联

多个电容串联或并联，可以等效为一个电容。可以推导，两个电容 C_1、C_2 串联，等效电容为

$$C = \frac{C_1 C_2}{C_1 + C_2} \tag{2-41}$$

两个电容 C_1、C_2 并联，等效电容为

$$C = C_1 + C_2 \tag{2-42}$$

5. 直流电路中的电容元件

若电容 C 两端所加的电压是直流电压 U（注意：认为这个直流电压已加了很长时间，电容的充电过程已经结束，电路已处于稳态），则

$$i = C\frac{\mathrm{d}u}{\mathrm{d}t} = C\frac{\mathrm{d}U}{\mathrm{d}t} = 0$$

可见，当电容所加电压为直流电压时，电容电流等于 0，因此电容在直流电路中可等效为无穷大的电阻，即开路。

6. 电容元件的功率

设电容的电压 $u=\sqrt{2}U\sin\omega t$，电流 $i=\sqrt{2}I\sin(\omega t+90°)=\sqrt{2}I\cos\omega t$，则在电路中设定的电压、电流的参考方向一致的情况下，电容元件的瞬时功率为

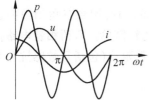

$$p=ui=2UI\sin\omega t\cos\omega t=UI\sin 2\omega t \qquad (2\text{-}43)$$

式(2-43)表明电容元件的瞬时功率是一个 2 倍频率的正弦函数，如图 2.30 所示。

电容元件的平均功率为

图 2.30 电容元件的瞬时功率

$$P=\frac{1}{T}\int_0^T p\,\mathrm{d}t=\frac{1}{T}\int_0^T UI\sin 2\omega t\,\mathrm{d}t=0$$

电容元件的平均功率等于 0，说明电容元件在交流电路中也不消耗功率。

电容元件的瞬时功率波形是一个正弦波，在正半周，它从电源吸收电能，将电能转化为电场能存储起来；在负半周，它又将电场能输出给电源，在正半周吸收的能量与在负半周释放的能量相等。所以，电容元件在一个周期内的平均功率等于 0。

在交流电路中，电容元件也像电感一样，总是在与电源进行能量交换，将这种能量交换的规模用电容元件的无功功率 Q 来衡量。电容元件的无功功率 Q 的定义为

$$Q=-UI=-I^2X_C=-\frac{U^2}{X_C} \qquad (2\text{-}44)$$

电容元件存储的电场能为

$$W_C=\int ui\,\mathrm{d}t=\int uC\frac{\mathrm{d}u}{\mathrm{d}t}\mathrm{d}t=C\int u\,\mathrm{d}u=\frac{1}{2}Cu^2 \qquad (2\text{-}45)$$

例 2.11 电容元件 $C=100\mathrm{pF}$，所加电压为 $u=10\sqrt{2}\sin 10^6 t\mathrm{V}$，求电容的电流 i 和无功功率 Q。

解 先根据电容的电压、电流有效值间的关系计算 i 的有效值，再根据与 u 的相位关系写出 i 的表达式，尽量避免采用微分或积分运算。

$$X_C=\frac{1}{\omega C}=\frac{1}{10^6\times 100\times 10^{-12}}=10(\mathrm{k}\Omega)$$

$$I=\frac{U}{X_C}=\frac{10}{10}=1(\mathrm{mA})$$

所以，

$$i=\sqrt{2}\sin(10^6 t+90°)\mathrm{mA},\quad Q=-UI=-10\times 1=-10(\mathrm{mvar})$$

2.4 正弦交流电路的分析与计算

2.4.1 RLC 串联电路

1. RL 串联电路

RL 串联电路如图 2.31(a)所示，图中标出了各电压及电流的参考方向。因为电压和

电流都是随时间而变的正弦量,所以将图 2.31(a)称为时域电路模型。根据基尔霍夫电压定律可得到其电压 u 和电流 i 的瞬时值关系式:

$$u = u_R + u_L = Ri + L \frac{\mathrm{d}i}{\mathrm{d}t} \tag{2-46}$$

通过式(2-46)可以推导出 u 和 i 的有效值关系和相位关系,但要用到三角函数的运算,比较繁琐。若将原电路转换成相量电路模型,则计算过程比较简单。所谓**相量电路模型**,就是将电压、电流都用相量表示,将电路元件都用它们的复数阻抗(包括复数感抗和复数容抗)来表示,如图 2.31(b)所示。

图 2.31(a)所示电路的相量模型如图 2.31(b)所示,且

$$\dot{U} = \dot{U}_R + \dot{U}_L \tag{2-47}$$

因为 $\dot{U}_R = R\dot{I}$,$\dot{U}_L = \mathrm{j}X_L\dot{I}$,所以

$$\dot{U} = R\dot{I} + \mathrm{j}X_L\dot{I} = (R + \mathrm{j}X_L)\dot{I} = Z\dot{I} = |Z|\dot{I}\angle\varphi \tag{2-48}$$

式中,Z 称为 RL 串联电路的复数阻抗,且

$$Z = R + \mathrm{j}X_L = |Z|\angle\varphi \tag{2-49}$$

其中,$|Z|$ 称为**复数阻抗的模**,φ 称为**复数阻抗的幅角**,即

$$|Z| = \sqrt{R^2 + X_L^2} \tag{2-50}$$

$$\varphi = \arctan \frac{X_L}{R} \tag{2-51}$$

从式(2-48)可知,$\dot{U}$ 领先 $\dot{I}$,相位差为 φ,$\dot{U}$ 的模(即有效值)是 $\dot{I}$ 的模的 $|Z|$ 倍,即

$$U = |Z|I \tag{2-52}$$

设电流 $\dot{I}$ 为参考相量,即设 $\dot{I}$ 的初相位为 $0°$,可画出相量图,如图 2.32 所示。图中,$\dot{U}_R$ 与 $\dot{I}$ 同相位,$\dot{U}_L$ 领先 $\dot{I}$ $90°$,$\dot{U}_R$ 与 $\dot{U}_L$ 的相量合成就是 $\dot{U}$。

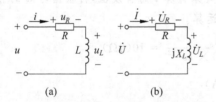

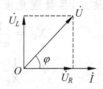

图 2.31　RL 串联电路模型　　　　图 2.32　RL 串联电路相量图

从相量图可看出,$\dot{U}_R$、$\dot{U}_L$ 和 $\dot{U}$ 构成了一个直角三角形,从这个直角三角形也可以直观地看到这三个电压有效值的关系为

$$U = \sqrt{U_R^2 + U_L^2} \tag{2-53}$$

或者

$$U_R = U\cos\varphi, \quad U_L = U\sin\varphi \tag{2-54}$$

如果将式(2-54)两边都乘以 I,得

$$UI = \sqrt{(U_R I)^2 + (U_L I)^2} \tag{2-55}$$

式中,$U_R I$ 就是电阻的功率 P;$U_L I$ 就是电感的无功功率 Q;UI 称为电路的视在功率 S,单位为 V·A,且

$$S = UI = \sqrt{P^2 + Q^2} \tag{2-56}$$

式(2-56)表明:电源提供的电能分两部分,一部分消耗在电阻上变为有功功率,另一部分则用来与电路进行能量交换。

因此,电路的平均功率和无功功率可写为

$$P = S\cos\varphi, \quad Q = S\sin\varphi \tag{2-57}$$

式中 $\cos\varphi$ 称为**功率因数**。

例 2.12 图 2.33 所示电路中,$u = 20\sqrt{2}\sin(1000t + 90°)\mathrm{V}$,求 i, u_R, u_L, P, Q, S,并画出 u, i, u_R, u_L 的相量图。

解
$$\dot{U} = 20\angle 90°(\mathrm{V})$$
$$X_L = \omega L = 1000 \times 0.01 = 10(\Omega)$$
$$Z = R + jX_L = 10 + j10 = 10\sqrt{2}\angle 45°(\Omega)$$
$$\dot{I} = \frac{\dot{U}}{Z} = \frac{20\angle 90°}{10\sqrt{2}\angle 45°} = \sqrt{2}\angle 45°(\mathrm{A})$$
$$\dot{U}_R = R\dot{I} = 10\sqrt{2}\angle 45°(\mathrm{V})$$
$$\dot{U}_L = jX_L\dot{I} = 10\angle 90° \times \sqrt{2}\angle 45° = 10\sqrt{2}\angle 135°(\mathrm{V})$$

所以
$$i = 2\sin(1000t + 45°)(\mathrm{A})$$
$$u_R = 20\sin(1000t + 45°)(\mathrm{V})$$
$$u_L = 20\sin(1000t + 135°)(\mathrm{V})$$
$$P = I^2 R = (\sqrt{2})^2 \times 10 = 20(\mathrm{W})$$
$$Q = I^2 X_L = (\sqrt{2})^2 \times 10 = 20(\mathrm{var})$$
$$S = UI = 20\sqrt{2}(\mathrm{V \cdot A})$$

相量图如图 2.34 所示。

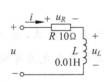

图 2.33 例 2.12 的图

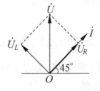

图 2.34 例 2.12 的相量图

2. RC 串联电路

RC 串联电路时域模型如图 2.35(a)所示,图中标出了各电压及电流的参考方向,其相量模型如图 2.35(b)所示。根据基尔霍夫电压定律,得到其电压 u 和电流 i 瞬时值的关系式:

$$u = u_R + u_C = Ri + \frac{1}{C}\int i\mathrm{d}t \tag{2-58}$$

电压、电流的相量关系式如下:

$$\dot{U} = \dot{U}_R + \dot{U}_C = R\dot{I} - \mathrm{j}X_C\dot{I} = (R - \mathrm{j}X_C)\dot{I} = Z\dot{I} = |Z|\dot{I}\angle\varphi \tag{2-59}$$

式中,复数阻抗

$$Z = R - \mathrm{j}X_C = |Z|\angle\varphi \tag{2-60}$$

复数阻抗的模

$$|Z| = \sqrt{R^2 + X_C^2} \tag{2-61}$$

复数阻抗的幅角

$$\varphi = \arctan\frac{-X_C}{R} \tag{2-62}$$

因为 $\varphi < 0$,所以在 RC 串联电路中,电流 i 的相位领先电压 u,相位差为 $|\varphi|$。

若设电流 $\dot{I}$ 为参考相量,则 RC 串联电路的相量图如图 2.36 所示。

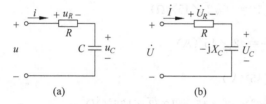

图 2.35　**RC 串联电路模型**　　　　　图 2.36　**RC 串联电路相量图**

RC 串联电路中各电压及电流有效值的关系为

$$U = |Z|I \tag{2-63}$$

$$U = \sqrt{U_R^2 + U_C^2} \quad \text{或} \quad U_R = U\cos|\varphi|, \quad U_C = U\sin|\varphi| \tag{2-64}$$

RC 串联电路的平均功率(也就是电阻消耗的有功功率)为

$$P = UI\cos\varphi$$

RC 串联电路的无功功率(也就是电容的无功功率)为

$$Q = UI\sin\varphi$$

RC 串联电路的视在功率为

$$S = UI = \sqrt{P^2 + Q^2}$$

例 2.13　如图 2.37 所示,虚线框内是一个未知的无源电路,输入电压为 $u = 24\sqrt{2}\sin100\pi t\,\mathrm{V}$,输入电流为 $i = 2\sqrt{2}\sin(100\pi t + 60°)\,\mathrm{A}$。若将未知电路等效为 RC 串联电路,求 R 和 C 的值。

解　　　　　$\dot{U} = 24\angle0°(\mathrm{V}), \quad \dot{I} = 2\angle60°(\mathrm{A})$

未知电路的等效阻抗为

$$Z = \frac{\dot{U}}{\dot{I}} = \frac{24\angle0°}{2\angle60°} = 12\angle-60°$$

$$= 12\cos(-60°) + \mathrm{j}12\sin(-60°)$$

$$\approx 6 - \mathrm{j}10.4(\Omega)$$

令 $R=6(\Omega), X_C=10.4(\Omega)$，所以

$$C = \frac{1}{\omega X_C} = \frac{1}{100\pi \times 10.4} \approx 3.06 \times 10^{-4}\,\mathrm{F} = 306(\mu\mathrm{F})$$

3. RLC 串联电路

RLC 串联电路如图 2.38(a)所示，其相量模型如图 2.38(b)所示，图中标出了各电压及电流的参考方向。根据基尔霍夫电压定律，电压 u 和电流 i 瞬时值关系式为

$$u = u_R + u_L + u_C = Ri + L\frac{\mathrm{d}i}{\mathrm{d}t} + \frac{1}{C}\int i\,\mathrm{d}t \tag{2-65}$$

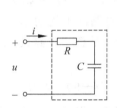

图 2.37 例 2.13 的图

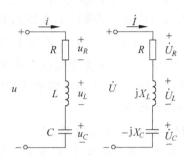

图 2.38 RLC 串联电路

电压和电流的相量关系式为

$$\dot{U} = \dot{U}_R + \dot{U}_L + \dot{U}_C = R\dot{I} + \mathrm{j}X_L\dot{I} - \mathrm{j}X_C\dot{I}$$

$$= [R + \mathrm{j}(X_L - X_C)]\dot{I} = Z\dot{I} = |Z||\dot{I}\angle\varphi \tag{2-66}$$

式中，复数阻抗

$$Z = R + \mathrm{j}(X_L - X_C) = |Z|\angle\varphi \tag{2-67}$$

复数阻抗的模

$$|Z| = \sqrt{R^2 + (X_L - X_C)^2} \tag{2-68}$$

复数阻抗的幅角

$$\varphi = \arctan\frac{X_L - X_C}{R}, \quad 0° \leqslant |\varphi| \leqslant 90° \tag{2-69}$$

其中，$X_L = \omega L$，$X_C = \dfrac{1}{\omega C}$。

根据 X_L 和 X_C 的大小，φ 的值有三种情况：

（1）当 $X_L > X_C$ 时，$\varphi > 0$，电压 u 比电流 i 领先 φ，此种电路称为**感性电路**；

（2）当 $X_L = X_C$ 时，$\varphi = 0$，电压 u 与电流 i 同相位，此种电路称为**阻性电路**；

（3）当 $X_L < X_C$ 时，$\varphi < 0$，电压 u 比电流 i 落后 $|\varphi|$，此种电路称为**容性电路**。

RLC 串联电路的相量图如图 2.39 所示（设电流 $\dot{I}$

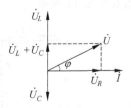

图 2.39 RLC 串联电路的相量图

为参考相量,且 $U_L>U_C$)。

RLC 串联电路电压和电流有效值之间的关系为

$$U = |Z|I \tag{2-70}$$

将式(2-68)代入式(2-70),得

$$U= I \sqrt{R^2 + (X_L - X_C)^2} = \sqrt{(IR)^2 + (IX_L - IX_C)^2}$$
$$= \sqrt{U_R^2 + (U_L - U_C)^2} \tag{2-71}$$

式(2-71)是 RLC 串联电路中总电压和电阻、电感、电容分压的有效值之间的关系,这个关系也可以从相量图中的 $\dot{U}$、$\dot{U}_R$ 和($\dot{U}_L + \dot{U}_C$)构成的直角三角形得到。

若将式(2-71)两边都乘以 I,则得到 RLC 串联电路的功率关系,即

$$S = UI = \sqrt{(U_R I)^2 + (U_L I - U_C I)^2} = \sqrt{P^2 + (Q_L + Q_C)^2} \tag{2-72}$$

式(2-72)中,$P = U_R I$ 是电阻的有功功率,亦是整个电路的平均功率;$Q_L = U_L I$ 是电感的无功功率,$Q_C = -U_C I$ 是电容的无功功率,($Q_L + Q_C$)是整个电路的无功功率;S 是整个电路的视在功率。

例 2.14 图 2.40 所示电路,已知 $u = 15\sqrt{2}\sin(4 \times 10^3 t - 90°)$V,$R = 12\Omega$,$L = 4$mH,$C = 10\mu$F. 判断该电路是感性、阻性还是容性电路。求 i, u_R, u_L, u_C,并画出相量图。

解
$$X_L = \omega L = 4 \times 10^3 \times 4 \times 10^{-3} = 16(\Omega)$$
$$X_C = \frac{1}{\omega C} = \frac{1}{4 \times 10^3 \times 10 \times 10^{-6}} = 25(\Omega)$$

因为 $X_L < X_C$,所以该电路是容性电路,电流 i 领先电压 u。

由已知得

$$\dot{U} = 15\angle -90°(\text{V})$$
$$Z = R + \text{j}(X_L - X_C) = 12 + \text{j}(16 - 25)$$
$$= 12 - \text{j}9 = 15\angle -36.9°(\Omega)$$

故

$$\dot{I} = \frac{\dot{U}}{Z} = \frac{15\angle -90°}{15\angle -36.9°} = 1\angle -53.1°(\text{A})$$

$$\dot{U}_R = R\dot{I} = 12\angle -53.1°(\text{V})$$

$$\dot{U}_L = \text{j}X_L\dot{I} = 16\angle 90° \times 1\angle -53.1° = 16\angle 36.9°(\text{V})$$

$$\dot{U}_C = -\text{j}X_C\dot{I} = 25\angle -90° \times 1\angle -53.1° = 25\angle -143.1°(\text{V})$$

相量图如图 2.41 所示。

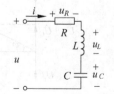

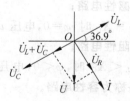

图 2.40 例 2.14 的图   图 2.41 例 2.14 的图

2.4.2 阻抗网络与等效阻抗

1. 阻抗串联

图 2.42 所示电路是两个阻抗串联电路,两个阻抗中流过同一电流,各电压及电流的参考方向如图中所示。根据基尔霍夫电压定律可得

$$\dot{U} = \dot{U}_1 + \dot{U}_2 = Z_1 \dot{I} + Z_2 \dot{I} = (Z_1 + Z_2) \dot{I} = Z \dot{I}$$

其中 Z 称为串联阻抗的**等效阻抗**,即

$$Z = Z_1 + Z_2 \tag{2-73}$$

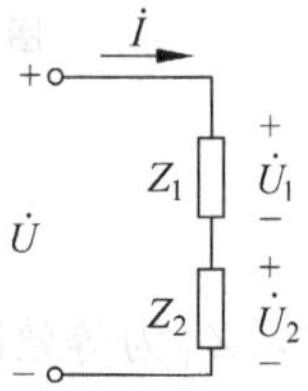

例 2.15 图 2.42 中,已知 $\dot{U} = 100 \angle 10° \mathrm{V}, \dot{I} = 10 \angle 10° \mathrm{A}, Z_1 = 4 + \mathrm{j}2\Omega$。求 Z_2。

图 2.42 阻抗串联

解 等效阻抗

$$Z = \frac{\dot{U}}{\dot{I}} = \frac{100 \angle 10°}{10 \angle 10°} = 10(\Omega)$$

所以

$$Z_2 = Z - Z_1 = 10 - (4 + \mathrm{j}2) = 6 - \mathrm{j}2(\Omega)$$

2. 阻抗并联

图 2.43 所示电路是两个阻抗并联电路,并联阻抗两端的电压相等,各电压及电流的参考方向如图中所示。根据基尔霍夫电流定律,可得

$$\dot{I} = \dot{I}_1 + \dot{I}_2 = \frac{\dot{U}}{Z_1} + \frac{\dot{U}}{Z_2} = \frac{\dot{U}}{Z}$$

式中,Z 称为并联阻抗的等效阻抗,即

$$Z = Z_1 // Z_2 = \frac{Z_1 Z_2}{Z_1 + Z_2} \tag{2-74}$$

例 2.16 图 2.43 中,已知 $\dot{U} = 24 \angle 0° \mathrm{V}, Z_1 = 4 \angle 15° \Omega, Z_2 = 3 \angle -75° \Omega$。求 $\dot{I}_1$、$\dot{I}_2$ 和 $\dot{I}$。

解

$$\dot{I}_1 = \frac{\dot{U}}{Z_1} = \frac{24 \angle 0°}{4 \angle 15°} = 6 \angle -15°(\mathrm{A})$$

$$\dot{I}_2 = \frac{\dot{U}}{Z_2} = \frac{24 \angle 0°}{3 \angle -75°} = 8 \angle 75°(\mathrm{A})$$

$$\dot{I} = \dot{I}_1 + \dot{I}_2 = 6 \angle -15° + 8 \angle 75° = 10 \angle 38.1°(\mathrm{A})$$

3. 等效阻抗

上面已经讲到了串联阻抗和并联阻抗的等效阻抗的概念。一般来说,当在一个无源二端网络的两个出线端加一个电压 $\dot{U}$,得到一个电流 $\dot{I}$,设 $\dot{U}$ 和 $\dot{I}$ 的参考方向一致(如图 2.44 所示),则该无源二端网络的等效阻抗为

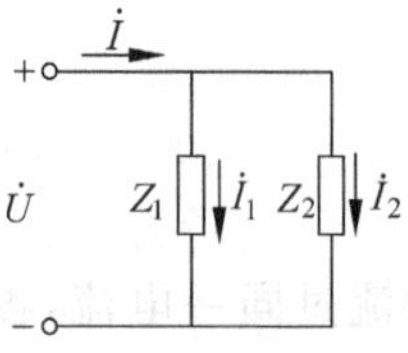

图 2.43　阻抗并联 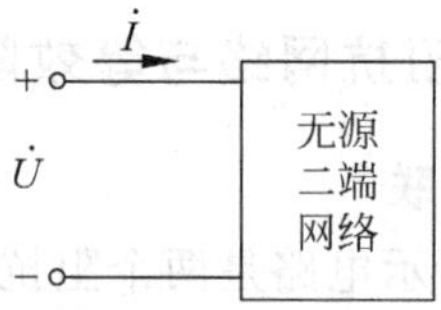　　　　　　　　图 2.44　等效阻抗

$$Z = \frac{\dot{U}}{\dot{I}} = |Z| \angle \varphi, \quad 0° \leqslant |\varphi| \leqslant 90°$$

式中，$|Z|$ 为等效阻抗的模；φ 为等效阻抗的幅角。Z 只与电源频率和电路元件的参数有关，与所加电压或电流的大小无关。

若 $\varphi > 0$，则该无源二端网络为感性电路；若 $\varphi = 0$，则该无源二端网络为阻性电路；若 $\varphi < 0$，则该无源二端网络为容性电路。

求一个有源二端网络的输入阻抗或输出阻抗就是求该有源二端网络对应的无源二端网络的等效阻抗。如果网络中不含受控电源，则用阻抗的串并联和丫-△变换方法来求；如果网络中含有受控电源，要用加压求流法来求，求输出阻抗也可以用开路电压除以短路电流法来求。

例 2.17　图 2.45(a)电路中，已知 R, C, ω，求输出电压 $\dot{U}_o$。与输入电压 $\dot{U}_i$ 的比 $\dot{U}_o/\dot{U}_i$。

解　先用丫-△变换方法求阻抗网络的等效阻抗 Z。在第 1 章中介绍的电阻网络的丫-△变换方法同样也适用于阻抗网络。图 2.45(a)电路中有两个星形网络 $R\text{-}R\text{-}2C$ 和 $C\text{-}C\text{-}R/2$，将它们分别转换为两个三角形网络 $Z_1\text{-}Z_2\text{-}Z_3$ 和 $Z_4\text{-}Z_5\text{-}Z_6$，变换结果如图 2.45(b)所示。其中，

$$Z_1 = R + R + \frac{RR}{\frac{1}{j\omega 2C}} = 2R + j\omega 2R^2 C$$

$$Z_2 = Z_3 = R + \frac{1}{j\omega 2C} + \frac{\frac{R}{j\omega 2C}}{R} = R + \frac{1}{j\omega C}$$

$$Z_4 = \frac{1}{j\omega RC} + \frac{1}{j\omega RC} + \frac{\frac{1}{j\omega RC}\frac{1}{j\omega RC}}{\frac{R}{2}} = -\frac{2}{\omega^2 RC^2} + \frac{2}{j\omega C}$$

$$Z_5 = Z_6 = \frac{R}{2} + \frac{1}{j\omega C} + \frac{\frac{R}{2}\frac{1}{j\omega C}}{\frac{1}{j\omega C}} = R + \frac{1}{j\omega C}$$

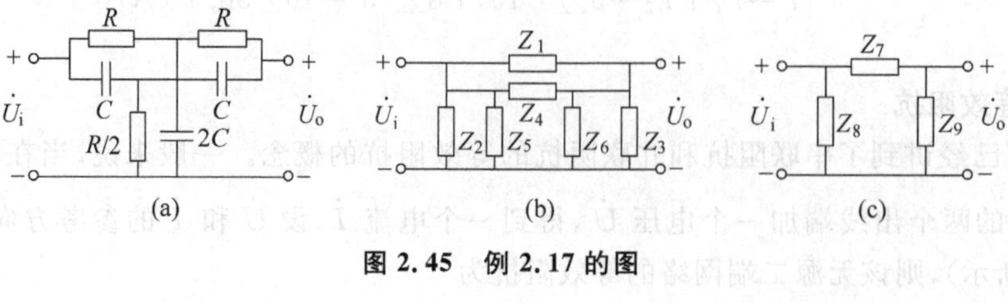

(a)　　　　　　　　　(b)　　　　　　　　　(c)

图 2.45　例 2.17 的图

将图 2.45(b)电路中的并联阻抗合并,得到图 2.45(c)电路。其中,

$$Z_7 = Z_1 /\!/ Z_4 = (2R + \mathrm{j}2R^2C) /\!/ \left(-\frac{2}{\omega^2 RC^2} + \frac{2}{\mathrm{j}\omega C}\right) = \frac{2R(1 + \mathrm{j}\omega RC)}{1 - \omega^2 R^2 C^2}$$

$$Z_8 = Z_9 = \frac{1}{2}\left(R + \frac{1}{\mathrm{j}\omega C}\right)$$

因此

$$\frac{\dot{U}_\circ}{\dot{U}_i} = \frac{Z_9}{Z_7 + Z_9} = \frac{\frac{1}{2}\left(R + \frac{1}{\mathrm{j}\omega C}\right)}{\frac{2R(1 + \mathrm{j}\omega RC)}{1 - \omega^2 R^2 C^2} + \frac{1}{2}\left(R + \frac{1}{\mathrm{j}\omega C}\right)}$$

$$= \frac{1 - \omega^2 R^2 C^2}{(1 - \omega^2 R^2 C^2) + \mathrm{j}4\omega RC}$$

2.4.3 复杂正弦交流电路的计算

对复杂的正弦交流电路的分析与计算步骤如下。

第 1 步,将电路中的电压、电流都用相量表示,将电路元件参数都用复数阻抗表示;

第 2 步,应用第 1 章中介绍的各种定律、定理及分析方法(例如支路电流法、结点电位法、戴维宁定理、诺顿定理、电源模型的等效变换以及阻抗网络的 Y-△ 变换等)列相量方程(或画出相量图);

第 3 步,解方程(或用相量图求解);

第 4 步,将结果写成题目要求的形式。

这种用电压、电流的相量和电路元件的复数阻抗列方程求解的方法又称为复数符号法。

例 2.18 图 2.46 电路中,已知 $u_S = 8\sin(5000t + 45°)\mathrm{V}$,$i_S = 2\sin(5000t + 135°)\mathrm{A}$,$R = 2\Omega$,$L = 0.8\mathrm{mH}$,$C = 100\mu\mathrm{F}$。用叠加原理求电流 i。

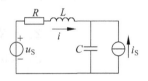

图 2.46 例 2.18 的图

解 $\dot{U}_S = 4\sqrt{2} \angle 45°(\mathrm{V})$,$\dot{I}_S = \sqrt{2} \angle 135°(\mathrm{A})$

$$X_L = \omega L = 5000 \times 0.8 \times 10^{-3} = 4(\Omega)$$

$$X_C = \frac{1}{\omega C} = \frac{1}{5000 \times 100 \times 10^{-6}} = 2(\Omega)$$

当 u_S 单独作用时

$$\dot{I}' = \frac{\dot{U}_S}{R + \mathrm{j}X_L - \mathrm{j}X_C} = \frac{4\sqrt{2} \angle 45°}{2 + \mathrm{j}4 - \mathrm{j}2} = 2 \angle 0°(\mathrm{A})$$

当 i_S 单独作用时

$$\dot{I}'' = -\frac{\dot{I}_S(-\mathrm{j}X_C)}{R + \mathrm{j}X_L - \mathrm{j}X_C} = \frac{\sqrt{2} \angle 135° \times 2 \angle 90°}{2 + \mathrm{j}4 - \mathrm{j}2} = 1 \angle 180°(\mathrm{A})$$

根据叠加原理,得

$$\dot{I} = \dot{I}' + \dot{I}'' = 2 \angle 0° + 1 \angle 180° = 1 \angle 0°(\mathrm{A})$$

所以 $i = \sqrt{2}\sin 5000t(\text{A})$。

例 2.19　图 2.47(a)电路中，已知 $u_1 = 6\sqrt{2}\sin\omega t\,\text{V}$，$u_2 = 6\sqrt{2}(\sin\omega t + 90°)\,\text{V}$，$\omega = 10^3\,\text{rad/s}$，其他参数都标注在图上。用戴维宁定理求电流 i。

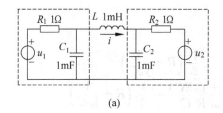
　　　　　　(a)

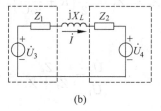
　　　　　　(b)

图 2.47　例 2.19 的图

解
$$\dot{U}_1 = 6\angle 0°(\text{V}),\quad \dot{U}_2 = 6\angle 90°(\text{A})$$
$$X_L = \omega L = 10^3 \times 1 \times 10^{-3} = 1(\Omega)$$
$$X_{C1} = \frac{1}{\omega C_1} = \frac{1}{10^3 \times 1 \times 10^{-3}} = 1(\Omega)$$
$$X_{C2} = 1(\Omega)$$

将图 2.47(a)电路中两个虚线框内的部分电路分别求戴维宁等效电路，结果如图 2.47(b)所示。图 2.47(b)中，

$$\dot{U}_3 = \frac{\dot{U}_1(-jX_{C1})}{R_1 - jX_{C1}} = \frac{6\angle 0° \times (-j)}{1 - j} = 3 - j3(\text{V})$$

$$\dot{U}_4 = \frac{\dot{U}_2(-jX_{C2})}{R_2 - jX_{C2}} = \frac{6\angle 90° \times (-j)}{1 - j} = 3 + j3(\text{V})$$

$$Z_1 = R_1 /\!/ (-jX_{C1}) = 1 /\!/ (-j) = 0.5 - j0.5(\Omega)$$

$$Z_2 = 0.5 - j0.5(\Omega)$$

所以

$$\dot{I} = \frac{\dot{U}_3 - \dot{U}_4}{Z_1 + jX_L + Z_2} = \frac{(3 - j3) - (3 + j3)}{(0.5 - j0.5) + j1 + (0.5 - j0.5)} = -j6(\text{A})$$

$$i = 6\sqrt{2}\sin(\omega t - 90°)(\text{A})$$

例 2.20　图 2.48 电路中，已知 $R_1 = 25\Omega$，$R_2 = 4\Omega$，$R_3 = 2\Omega$，$R_4 = 3\Omega$，$L = 30\mu\text{H}$，$C = 2.5\mu\text{F}$，$u = 10\sqrt{2}\sin 10^5 t\,\text{V}$，$i_S = 0.4\sqrt{2}\sin(10^5 t + 90°)\,\text{A}$。用结点电位法求电流源两端的电压 u_S。

解
$$\dot{U} = 10\angle 0°\text{V},\quad \dot{I}_S = 0.4\angle 90°(\text{A})$$
$$X_L = \omega L = 10^5 \times 30 \times 10^{-6} = 3(\Omega)$$
$$X_C = \frac{1}{\omega C} = \frac{1}{10^5 \times 2.5 \times 10^{-6}} = 4(\Omega)$$

设 B 点电位为 0,则 A 点电位为

$$\dot{V}_A = \frac{-\dfrac{\dot{U}}{R_1} + \dot{I}}{\dfrac{1}{R_1} + \dfrac{1}{R_2 + jX_L} + \dfrac{1}{R_4 - jX_C}}$$

$$= \frac{-\dfrac{10\angle 0°}{25} + 0.4\angle 90°}{\dfrac{1}{25} + \dfrac{1}{4 + j3} + \dfrac{1}{3 - j4}} \approx 1.75\angle 127.9°(\text{V})$$

$$\dot{U}_S = \dot{V}_A + R_3\dot{I} = 1.75\angle 127.9° + 2\times 0.4\angle 90° \approx 2.43\angle 116.1°(\text{V})$$

所以 $u_S = 2.43\sqrt{2}\sin(10^5 t + 116.1°)(\text{V})$。

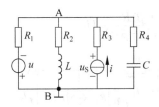

图 2.48 例 2.20 的图

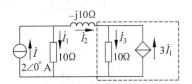

图 2.49 例 2.21 的图

例 2.21 图 2.49 所示电路,应用电源模型的等效变换法求电流 $\dot{I}_1$,$\dot{I}_2$,$\dot{I}_3$。

解 应用电源模型的等效变换法,将图 2.49 所示电路中虚线框内的受控电流源模型变换为受控电压源模型,变换结果如图 2.50(a)所示。再将图 2.50(a)的点画线框内的电路受控电压源模型变换为受控电流源模型,变换结果如图 2.50(b)所示。

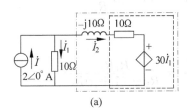

(a)

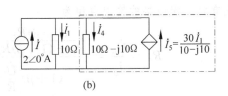

(b)

图 2.50 例 2.21 的变换图

由图 2.50(b)电路,根据基尔霍夫电流定律,列出方程

$$\dot{I} + \dot{I}_5 - \dot{I}_1 - \dot{I}_4 = 0$$

即

$$2\angle 0° + \frac{30\dot{I}_1}{10 - j10} - \dot{I}_1 - \frac{10\dot{I}_1}{10 - j10} = 0$$

解此方程,得 $\dot{I}_1 = 2\angle 90° \text{A}$。

由图 2.49,有

$$\dot{I}_2 = \dot{I} - \dot{I}_1 = 2\angle 0° - 2\angle 90° = 2\sqrt{2}\angle -45°(\text{A})$$

$$\dot{I}_3 = \dot{I}_2 + 3\dot{I}_1 = 2\sqrt{2}\angle -45° + 6\angle 90° \approx 2\sqrt{5}\angle 63.4°(A)$$

例 2.22 用开路电压除以短路电流法求图 2.51 有源二端网络的输出电阻 R_o。

解 用图 2.51 所示电路求开路电压。根据基尔霍夫电流定律,得

$$\dot{I}_2 = \dot{I}_1 + \beta \dot{I}_1 = (1+\beta)\dot{I}_1$$

根据基尔霍夫电压定律,得

$$\dot{U}_i = R_1\dot{I}_1 + R_2\dot{I}_2 = R_1\dot{I}_1 + (1+\beta)R_2\dot{I}_1 = [R_1 + (1+\beta)R_2]\dot{I}_1$$

所以,

$$\dot{I}_1 = \frac{\dot{U}_i}{R_1 + (1+\beta)R_2}$$

A、B 间的开路电压为

$$\dot{U}_o = \dot{I}_2 R_2 = (1+\beta)R_2\dot{I}_1 = \frac{(1+\beta)R_2}{R_1 + (1+\beta)R_2}\dot{U}_i$$

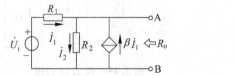   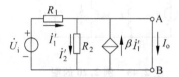

图 2.51 例 2.22 的图   **图 2.52 例 2.22 求短路电流的图**

用图 2.52 所示电路求 A、B 间的短路电流 $\dot{I}_o$。(此时 R_2 中的电流 $\dot{I}_2' = 0$)

$$\dot{I}_o = \dot{I}_1' + \beta\dot{I}_1' = (1+\beta)\dot{I}_1' = (1+\beta)\frac{\dot{U}_i}{R_1}$$

所以,此有源二端网络的输出电阻为

$$R_o = \frac{\dot{U}_o}{\dot{I}_o} = \frac{\dfrac{(1+\beta)R_2}{R_1 + (1+\beta)R_2}\dot{U}_i}{(1+\beta)\dfrac{\dot{U}_i}{R_1}} = \frac{R_1 R_2}{R_1 + (1+\beta)R_2}$$

例 2.23 当电路中既有交流电源又有直流电源时,若求某一支路的电流或电压,也可以应用叠加原理,结果是直流与交流的叠加。图 2.53(a)所示电路,直流电源 $U_1 = 10V$,交流电源 $u_2 = 5\sqrt{2}\sin 10t\,V$,$R_1 = R_2 = 2\,\Omega$,$L = 0.2H$,$C = 0.05F$,应用叠加原理求 R_2 两端的电压 u_{R2}。

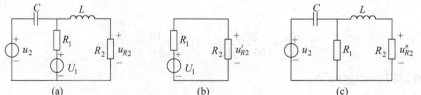

图 2.53 例 2.23 的图

解
$$X_L = \omega L = 10 \times 0.2 = 2(\Omega)$$
$$X_C = \frac{1}{\omega C} = \frac{1}{10 \times 0.05} = 2(\Omega)$$

当直流电源 U_1 单独作用时,等效电路如图 2.53(b)所示,得

$$u'_{R2} = \frac{U_1 R_2}{R_1 + R_2} = \frac{10 \times 2}{2 + 2} = 5(V)$$

当交流电源 u_2 单独作用时,等效电路如图 2.53(c)所示,得

$$\dot{U}''_{R2} = \dot{U}_2 \frac{R_1 /\!/ (R_2 + jX_L)}{(-jX_C) + R_1 /\!/ (R_2 + jX_L)} \frac{R_2}{R_2 + jX_L}$$
$$= 5 \times \frac{2 /\!/ (2 + j2)}{(-j2) + 2 /\!/ (2 + j2)} \times \frac{2}{2 + j2} \approx \sqrt{5} \angle 26.6°(V)$$

故

$$u''_{R2} = \sqrt{10} \sin(10t + 26.6°)(V)$$

根据叠加原理,得

$$u_{R2} = u'_{R2} + u''_{R2} = 5 + \sqrt{10} \sin(10t + 26.6°)(V)$$

2.5 正弦交流电路的功率

2.5.1 正弦交流电路的功率

如图 2.54 所示,一个有源二端网络的两个出线端 A、B 与外部电路相联,A、B 之间的电压为 u,流入有源二端网络的电流为 i,当 u 和 i 的参考方向一致时,则该有源二端网络的瞬时功率为

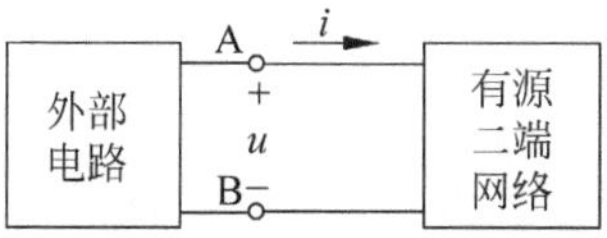

图 2.54 交流电路的功率

$$p = ui \tag{2-75}$$

设 $u = \sqrt{2}U\sin(\omega t + \theta_u)$,$i = \sqrt{2}I\sin(\omega t + \theta_i)$,则该有源二端网络的平均功率为

$$P = \frac{1}{T}\int_0^T p\,\mathrm{d}t = \frac{1}{T}\int_0^T ui\,\mathrm{d}t = \frac{1}{T}\int_0^T [2UI\sin(\omega t + \theta_u)\sin(\omega t + \theta_i)]\mathrm{d}t$$
$$= UI\cos(\theta_u - \theta_i) \tag{2-76}$$

若 $\cos(\theta_u - \theta_i) > 0$,则 $P > 0$,说明该有源二端网络消耗功率。若 $\cos(\theta_u - \theta_i) = 0$,则 $P = 0$,说明该有源二端网络不消耗功率,电路元件仅由储能元件(电感、电容)组成。若 $\cos(\theta_u - \theta_i) < 0$,则 $P < 0$,说明该有源二端网络向外部电路输出功率。

如果一个无源二端网络输入电压为 u,输入电流为 i(u 和 i 的参考方向一致),则式(2-76)中的 $(\theta_u - \theta_i)$ 就等于无源二端网络等效阻抗的幅角 φ,$0° \leqslant |\varphi| \leqslant 90°$,式(2-76)就变为

$$P = UI\cos\varphi \tag{2-77}$$

式中,功率因数 $\cos\varphi$ 只与电路元件(电阻、电感、电容)的参数和电源频率有关。

当无源二端网络为阻性或全由电阻组成时,$\varphi = 0$,$\cos\varphi = 1$,$P = UI$。当无源二端网络

仅由储能元件(电感、电容)组成时,$\varphi=\pm90°$,$\cos\varphi=0$,$P=0$。当无源二端网络中既有电阻又有电感、电容时,$0<\cos\varphi<1$,$0<P<UI$,此时,电路消耗的功率只占乘积 UI 的一部分。乘积 UI 为电路的视在功率,即

$$S = UI \tag{2-78}$$

因此电路的平均功率可写为

$$P = S\cos\varphi \tag{2-79}$$

由式(2-77)可知,当两个负载的额定电压和功率相等时,功率因数越小的负载电源供给的电流越大。

电路的无功功率可写为

$$Q = S\sin\varphi \tag{2-80}$$

若 $Q>0$,表示电路呈感性,若 $Q<0$,表示电路呈容性,若 $Q=0$,表示电路呈阻性。

若无源二端网络由多个电阻、多个电感和多个电容组成,则总的平均功率等于各电阻的有功功率之和,总的无功功率 Q 就是电路中电感的总无功功率与电容总无功功率之和,即

$$P = \sum P_R \tag{2-81}$$

$$Q = \sum Q_L + \sum Q_C \tag{2-82}$$

其中,Q_L 为正,Q_C 为负。

例 2.24　一个额定电压 220V、额定功率 40W、功率因数为 0.5 的日光灯,接在 220V 交流电源上,求线路电流 I 的大小和视在功率 S。

解　线路电流 I 的大小为

$$I = \frac{P}{U\cos\varphi} = \frac{40}{220 \times 0.5} \approx 0.36(\text{A})$$

视在功率 S 为

$$S = \frac{P}{\cos\varphi} = \frac{40}{0.5} = 80(\text{V} \cdot \text{A})$$

例 2.25　图 2.55 所示电路,$\dot{U}=100\angle120°\text{V}$,求电流 i 和电源提供给电路的 P、Q 和 S。

解　电路的等效阻抗为

$$Z = 12 + j20 + (-j10)//20 = 16 + j12$$
$$= 20\angle36.9°(\Omega)$$

阻抗角为 $\varphi=36.9°$,故功率因数为 $\cos\varphi=0.8$。因此,

$$\dot{I} = \frac{\dot{U}}{Z} = \frac{100\angle120°}{20\angle36.9°} = 5\angle83.1°(\text{A})$$

$$S = UI = 100 \times 5 = 500(\text{V} \cdot \text{A})$$

$$P = S\cos\varphi = 500 \times 0.8 = 400(\text{W})$$

$$Q = S\sin\varphi = 500 \times 0.6 = 300(\text{var})$$

例 2.26　图 2.56 所示电路,$u_S=50\sqrt{2}\sin1000t\text{V}$,$i_S=10\sqrt{2}\sin(1000t+90°)\text{A}$。求虚线框内部分电路的 P、Q 和 S。

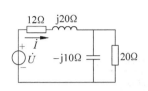

图 2.55 例 2.25 的图

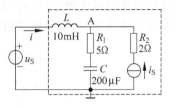

图 2.56 例 2.26 的图

解
$$\dot{U}_S = 50\angle 0°(V), \quad \dot{I}_S = 10\angle 90° = j10(A)$$

$$X_C = \frac{1}{\omega C} = \frac{1}{10^3 \times 200 \times 10^{-6}} = 5(\Omega)$$

$$X_L = \omega L = 10^3 \times 10 \times 10^{-3} = 10(\Omega)$$

用结点电位法求 A 点电位,有

$$\dot{V}_A = \frac{\dfrac{\dot{U}_S}{jX_L} + \dot{I}_S}{\dfrac{1}{jX_L} + \dfrac{1}{R_1 - jX_C}} = \frac{\dfrac{50}{j10} + j10}{\dfrac{1}{j10} + \dfrac{1}{5 - j5}} = j50(V)$$

$$\dot{I} = \frac{\dot{U}_S - \dot{V}_A}{jX_L} = \frac{50 - j50}{j10} = -5 - j5 = 25\sqrt{2}\angle -135°(A)$$

u_S 与 i 相位差为 $\varphi = \theta_u - \theta_i = 0 - (-135°) = 135°$,$i$ 的相位落后 u_S。

$P = U_S I\cos\varphi = 50 \times 25\sqrt{2}\cos 135° = -1250(W)$（P 为负,表示此部分电路输出功率）

$Q = U_S I\sin\varphi = 50 \times 25\sqrt{2}\sin 135° = 1250(var)$（Q 为正,表示此部分电路呈感性）

$S = \sqrt{P^2 + Q^2} = \sqrt{1250^2 + 1250^2} \approx 1768(V \cdot A)$

2.5.2 功率因数的提高

根据 $P = UI\cos\varphi$ 可知,当输送功率相等时,负载功率因数越小,输电线路上的电流就越大,线路上的电能损耗就越多,而且占用了电源的容量（视在功率）,造成了电能的浪费,因此,供电部门要求用户的功率因数不能低于一定值（例如,不能低于 0.85）。

实际的负载大都是感性负载,而且功率因数较低。例如,日光灯的功率因数约为 0.5～0.6；电动机空载运行时功率因数约为 0.2～0.3,满载运行时约为 0.7～0.9。因此,为了降低线路损耗,功率因数较低的感性负载应该进行功率因数补偿,将功率因数提高。

感性负载可以等效为一个电阻 R 和一个电感 L 串联,如图 2.57(a)所示,如果要将功率因数提高,可以在 RL 串联电路两端并联一个电容 C,其原理用图 2.57(b)所示相量图来说明。设 RL 串联支路的电流为 $\dot{I}_1$,功率因数为 $\cos\varphi_1$,阻抗角为 φ_1,$\dot{I}_1$ 落后电压 $\dot{U}$ 角度 φ_1,$\dot{I}_1$ 就是并联电容前的线路电流,此电流较大。当并联电容 C 后,因为电容并不消耗电能,所以并联电容前后电路的平均功率不变。电容中的电流 $\dot{I}_C$ 领先电压 $\dot{U}$ 90°,$\dot{I}_1$ 和 $\dot{I}_C$ 的合成就是并联电容后的线路总电流 $\dot{I}$,显然 $\dot{I}$ 的幅值比 $\dot{I}_1$ 小,$\dot{U}$ 与 $\dot{I}$ 的相位差 φ_2 就是并联电容后电路的阻抗角,显然,φ_2 比 φ_1 小,因此 $\cos\varphi_2$ 比 $\cos\varphi_1$ 大。可见,RL 串联电路并联电容可提高功率因数,降低线路电流。

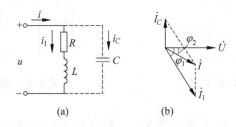

$$\text{(a)} \qquad\qquad \text{(b)}$$

图 2.57   并联电容提高功率因数

为使功率因数从 $\cos\varphi_1$ 提高到 $\cos\varphi_2$,应该并联的电容量从图 2.57(b)求得。因为并联电容前后电路的功率不变,即

$$P = UI_1\cos\varphi_1 = UI\cos\varphi_2$$

所以

$$I_1 = \frac{P}{U\cos\varphi_1}, \quad I = \frac{P}{U\cos\varphi_2}$$

由相量图可知

$$I_C = I_1\sin\varphi_1 - I\sin\varphi_2 = \frac{P}{U\cos\varphi_1}\sin\varphi_1 - \frac{P}{U\cos\varphi_2}\sin\varphi_2$$

$$= \frac{P}{U}(\tan\varphi_1 - \tan\varphi_2)$$

因为 $I_C = \dfrac{U}{X_C} = \omega CU$,所以

$$\omega CU = \frac{P}{U}(\tan\varphi_1 - \tan\varphi_2)$$

解得

$$C = \frac{P}{\omega U^2}(\tan\varphi_1 - \tan\varphi_2) \tag{2-83}$$

例 2.27   有一阻抗负载 $Z = 8 + j6\Omega$,该负载的功率因数是多少?若与其并联一个电容 C,使功率因数提高到 0.95,而且要求线路总电流落后电源电压。若 $\omega = 314\text{rad/s}$,求并联电容 C 的值。

解   负载 Z 的功率因数为

$$\cos\varphi_1 = \frac{8}{\sqrt{8^2 + 6^2}} = 0.8$$

并联电容后,总的阻抗为

$$Z_2 = (8 + j6) /\!/ (-jX_C)$$

$$= \frac{X_C}{8^2 + (6 - X_C)^2}[8X_C + j(6X_C - 100)] \tag{2-84}$$

因为并联电容之后的功率因数功率为 0.95,所以

$$\frac{8X_C}{\sqrt{(8X_C)^2 + (6X_C - 100)^2}} = 0.95$$

整理得

$$X_C^2 - 41.4X_C + 345 = 0$$

解此方程，得到两个解：

$$X_{C1} \approx 29.8\Omega, \quad X_{C2} \approx 11.6\Omega$$

因为要求并联电容后，线路的电流要落后电源电压，即电路呈感性，因此式(2-84)中的虚部必须为正，即要求 $6X_C - 100 > 0$。只有 $X_{C1} = 29.8\Omega$ 满足这个要求，所以

$$C = \frac{1}{\omega X_{C1}} = \frac{1}{314 \times 29.8} \approx 107\mu\text{F}$$

例 2.28 一个输出电压为 $U = 400\text{V}$、频率为 $f = 50\text{Hz}$、容量为 $S = 90\text{kV} \cdot \text{A}$ 电源，能否给一个额定电压为 400V、有功功率为 $P = 80\text{kW}$、功率因数为 $\cos\varphi = 0.8$ 的感性负载供电，为什么？若不能，需要给负载并联一个电容值多大的电容进行功率因数补偿，该电源才可以给该负载供电。

解 负载的容量(视在功率)为

$$S_1 = \frac{80}{0.8} = 100(\text{kV} \cdot \text{A})$$

因为电源的容量小于负载的容量，所以该电源不能给负载供电。

负载的无功功率为

$$Q_L = \sqrt{S_1^2 - P^2} = \sqrt{100^2 - 80^2} = 60(\text{kvar})$$

加入补偿电容后，电路的总无功功率的最大值应该是

$$Q = \sqrt{S^2 - P^2} = \sqrt{90^2 - 80^2} \approx 41.2(\text{kvar})$$

所以补偿电容的无功功率应该是

$$Q_C = Q - Q_L = 41.2 - 60 = -18.8(\text{kvar})$$

电容的容抗为

$$X_C = -\frac{U^2}{Q_C} = -\frac{400^2}{-18.8 \times 10^3} \approx 8.5(\Omega)$$

补偿电容的最小值应该是

$$C = \frac{1}{2\pi f X_C} = \frac{1}{2\pi \times 50 \times 8.5} \approx 375(\mu\text{F})$$

2.5.3 最大功率传输原理

最大功率传输原理用于确定：当负载阻抗为何值时，该负载阻抗从电路吸收的功率(指平均功率)最大。

图 2.58 所示电路，点画线框内是有源二端网络的戴维宁等效电路，其中等效阻抗 Z_0 由一个电阻 R_0 和一个电抗 X_0 组成，即 $Z_0 = R_0 \pm jX_0$。负载阻抗 Z_L 是由一个电阻 R_L 和一个电抗 X 组成，即 $Z_L = R_L \pm jX$。

负载阻抗的平均功率就是 R_L 消耗的功率，即

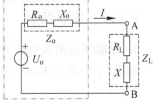

图 2.58 最大功率传输原理

$$P_L = I^2 R_L$$

而 $I = \dfrac{U_o}{\sqrt{(R_o + R_L)^2 + (X_o \pm X)^2}}$，所以

$$P_L = \frac{U_o^2 R_L}{(R_o + R_L)^2 + (X_o \pm X)^2} \tag{2-85}$$

观察式(2-85)分子的电抗部分，若 $(X_o \pm X)^2 = 0$，即当 $jX_o = -jX$ 时，P_L 将会更大，此时的 P_L 为

$$P_L = \frac{U_o^2 R_L}{(R_o + R_L)^2} \tag{2-86}$$

式(2-86)在 1.3.7 节直流电路中最大功率传输原理中已经见到，同理，当 $R_L = R_o$ 时，P_L 取得最大值。这个最大功率为

$$P_{Lmax} = \frac{U_o^2}{4R_o} \tag{2-87}$$

综上所述，在交流电路中，当负载阻抗等于有源二端网络的等效阻抗的共轭复数时，负载能获得最大功率。

例 2.29　图 2.59 所示电路，若使负载阻抗 Z_L 能获得最大功率，在负载阻抗 Z_L 的 X 处应放置一个电容还是电感，求 R_L 的值和放置的元件的值，并求负载获得的最大功率。

解　显然，有源二端网络的等效阻抗是电感性的，根据最大功率传输原理，负载阻抗应该是电容性的，所以在 X 处应放置一个电容 C，而且

$$R_L = R = 8(\text{k}\Omega)$$
$$X_C = X_L = \omega L = 10^4 \times 0.6 = 6(\text{k}\Omega)$$

所以

$$C = \frac{1}{\omega X_C} = \frac{1}{10^4 \times 6 \times 10^3} = 0.017(\mu\text{F})$$

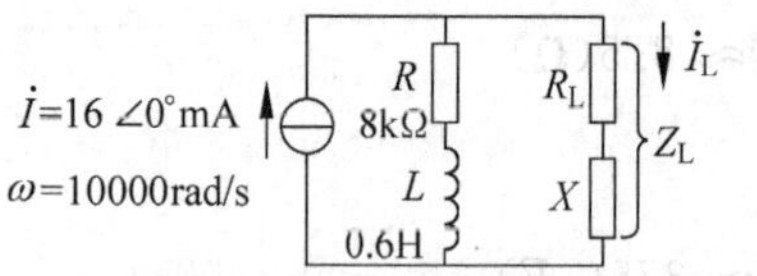

$$\dot{I}_L = \dot{I}\,\frac{R + jX_L}{(R + jX_L) + (R_L - jX_C)} = \dot{I}\,\frac{R + jX_L}{2R}$$
$$= 16\angle 0° \times \frac{8 + j6}{2 \times 8} = 10\angle 36.9°(\text{mA})$$

$\dot{I} = 16\angle 0°\text{mA}$
$\omega = 10000\text{rad/s}$
$R\ 8\text{k}\Omega$
$L\ 0.6\text{H}$
R_L
X
Z_L

图 2.59　例 2.29 的图

所以

$$P_{Lmax} = I_L^2 R_L = 10^2 \times 8 = 800(\text{mW})$$

2.6　电路中的谐振

2.6.1　串联谐振

1. 串联谐振的条件和特点

如图 2.60 所示 RLC 串联电路，电路的阻抗为

$$Z = R + j(X_L - X_C)$$

当 $X_L = X_C$ 时,$Z = R$,阻抗角 $\varphi = \arctan \dfrac{X_L - X_C}{R} = 0$,此时电路呈阻性,输入电压 $\dot{U}$ 与输入电流 $\dot{I}$ 同相位,这种现象称为谐振,因为发生在串联电路中,所以称为**串联谐振**。

因此,串联谐振发生的条件是 $X_L = X_C$,即 $\omega L = \dfrac{1}{\omega C}$,所以

$$\omega_0 = \frac{1}{\sqrt{LC}} \quad \text{或} \quad f_0 = \frac{1}{2\pi\sqrt{LC}} \tag{2-88}$$

也就是说,在 RLC 串联电路中,当电源频率为 $\omega_0 = \dfrac{1}{\sqrt{LC}}$ 时,电路就发生谐振。ω_0(或 f_0)称为**谐振频率**,串联谐振频率只与电感和电容的参数有关。

串联谐振有如下特点。

(1)电路阻抗的模达到最小值,即 $|Z| = \sqrt{R^2 + (X_L - X_C)^2} = R$,因此输入电流达到最大值,即

$$I = I_0 = \frac{U}{R} \tag{2-89}$$

(2)电路呈阻性,输入电压与输入电流同相位。电源提供的电能全部被 R 消耗,即 $S = P$。电源与电路不发生能量交换,即总的无功功率 $Q = 0$,能量交换只发生在电感和电容之间,即 $Q_L = -Q_C$。

(3)由于 $X_L = X_C$,所以电感两端的电压与电容两端的电压大小相等,方向相反,即 $\dot{U}_L = -\dot{U}_C$,两者互相抵消,电源电压全部降在电阻上,即 $\dot{U} = \dot{U}_R$。串联谐振时的相量图如图 2.61 所示。

图 2.60　*RLC* 串联谐振　　　　　　　图 2.61　*RLC* 串联谐振相量图

(4)当 $X_L = X_C > R$ 时,U_L 和 U_C 都高于电源电压 U,U_L 或 U_C 与 U 的比值称为电路的**品质因数**(quality factor)Q(简称 Q 值),即

$$Q = \frac{U_L}{U} = \frac{U_C}{U} = \frac{X_L}{R} = \frac{X_C}{R} \tag{2-90}$$

在所加电压 U 不变的情况下,电流 I 与电源频率 ω 的关系曲线称为串联谐振曲线,即

$$I = \frac{U}{|Z|} = \frac{U}{\sqrt{R^2 + (X_L - X_C)^2}} \tag{2-91}$$

其中 $X_L = \omega L$,$X_C = \dfrac{1}{\omega C}$,串联谐振曲线如图 2.62 所示。串联谐振曲线上最大值对应的横

坐标就是谐振频率 ω_0,对应的纵坐标就是谐振时的电流 I_0。

在谐振曲线上,对应纵轴上的 $I_0/\sqrt{2}$ 有两个频率值 ω_{c1} 和 ω_{c2},分别称为下限截止频率和上限截止频率,它们的差 $\omega_{c2}-\omega_{c1}$ 称为频带宽度 BW(简称**带宽**),即

$$BW = \omega_{c2} - \omega_{c1}$$

下限截止频率 ω_{c1} 和上限截止频率 ω_{c2} 也可以通过式(2-91)求得。将 $I = \dfrac{I_0}{\sqrt{2}} = \dfrac{U}{\sqrt{2}\,R}$ 代入式(2-91)得

$$\frac{U}{\sqrt{2}\,R} = \frac{U}{\sqrt{R^2 + (\omega L - 1/\omega C)^2}}$$

解得

$$\left.\begin{aligned}
\omega_{c1} &= -\frac{R}{2L} + \sqrt{\left(\frac{R}{2L}\right)^2 + \frac{1}{LC}} \\
\omega_{c2} &= \frac{R}{2L} + \sqrt{\left(\frac{R}{2L}\right)^2 + \frac{1}{LC}}
\end{aligned}\right\} \tag{2-92}$$

则带宽为

$$BW = \omega_{c2} - \omega_{c1} = \frac{R}{L} \quad \text{或} \quad BW = f_{c2} - f_{c1} = \frac{R}{2\pi L} \tag{2-93}$$

因为 $Q = \dfrac{X_L}{R} = \dfrac{\omega_0 L}{R} = \dfrac{\omega_0}{\dfrac{R}{L}} = \dfrac{\omega_0}{BW}$,所以

$$BW = \frac{\omega_0}{Q} \quad \text{或} \quad BW = \frac{f_0}{Q} \tag{2-94}$$

式(2-94)说明了带宽 BW 与品质因数 Q 的关系,品质因数越大,带宽越窄。

因为串联谐振曲线是电流有效值 I 与频率 ω 的关系曲线,所以又称为幅频特性曲线。同理,也可以求出电压 u 与电流 i 的相位差 φ 与频率 ω 的关系:

$$\varphi = \arctan \frac{\omega L - \dfrac{1}{\omega C}}{R} \tag{2-95}$$

由式(2-95)确定的曲线称为 RLC 串联电路的相频特性曲线,如图 2.63 所示。从图 2.63 的相频特性曲线上可以看出,当 $\omega < \omega_0$ 时,$\varphi < 0$,电路呈容性,电压 u 落后电流 i;当 $\omega = \omega_0$ 时,$\varphi = 0$,电路发生谐振,电路呈阻性,电压 u 与电流 i 同相位;当 $\omega > \omega_0$ 时,$\varphi > 0$,电路呈感性,电压 u 领先电流 i。

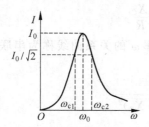

图 2.62 RLC 串联谐振曲线(幅频特性曲线)

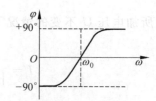

图 2.63 RLC 串联电路的相频特性曲线

RLC 串联电路中电压 u 与电流 i 的波形如图 2.64 所示(仿真结果),图(a),$\omega<\omega_0$ 时,u 落后 i;图(b),$\omega=\omega_0$ 时,u 与 i 同相;图(c),$\omega>\omega_0$ 时,u 领先 i。

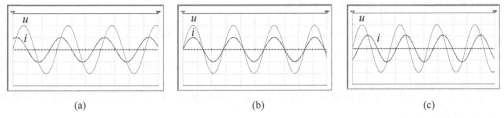

(a)　　　　　　　　　　(b)　　　　　　　　　　(c)

图 2.64　RLC 串联电路的波形图(仿真结果)

例 2.30　图 2.65 所示电路,已知 $R=10\Omega$,$r=10\Omega$(r 是电感线圈的等效电阻),$L=0.1H$,$C=2\mu F$,$U=3V$。求该电路谐振时的 f_0,I_0,Q 值、带宽 BW,U_R,U_C 及电感线圈两端的电压 $U_{r\text{-}L}$。

解　$f_0=\dfrac{1}{2\pi\sqrt{LC}}=\dfrac{1}{2\pi\sqrt{0.1\times2\times10^{-6}}}\approx356(Hz)$

$I_0=\dfrac{U}{R+r}=\dfrac{3}{10+10}=0.15(A)$

$X_L=2\pi f_0L=2\pi\times356\times0.1\approx223.7(\Omega)$

$X_C=X_L=223.7(\Omega)$

$Q=\dfrac{X_L}{R+r}=\dfrac{223.7}{10+10}\approx11.2$

$BW=\dfrac{R+r}{2\pi L}=\dfrac{10+10}{2\pi\times0.1}\approx31.8(Hz)$

$U_R=U_r=10I_0=10\times0.15=1.5(V)$　　或　　$U_R=U_r=\dfrac{U}{2}=\dfrac{3}{2}=1.5(V)$

$U_L=I_0X_L=0.15\times223.7\approx33.56(V)$

$U_C=U_L=33.56(V)$

$U_{r\text{-}L}=\sqrt{U_r^2+U_L^2}=\sqrt{1.5^2+33.56^2}\approx33.59(V)$

从例 2.30 可知:发生串联谐振时,电感 L 或电容 C 两端的电压远远大于所加的输入电压(是输入电压的 Q 倍),因此串联谐振又称为电压谐振。电感线圈中的电阻 r 相对于 R 较大时,计算时不能忽略,而且,电感线圈两端的电压 $\dot{U}_{r\text{-}L}$ 不等于电感 L 的电压 $\dot{U}_L$,而是 $\dot{U}_L$ 与 $\dot{U}_r$ 的相量和。

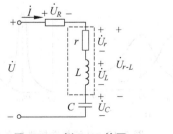

图 2.65　例 2.30 的图

图 2.66　例 2.31 的图

例 2.31 图 2.66 所示电路，Z 是一个未知复数阻抗，加一个电压 u，产生电流 i。已知：$u=12\sqrt{2}\sin(1000t-30°)\text{V}$，$i=3\sqrt{2}\sin(1000t+30°)\text{A}$。与 Z 串联一个什么元件，可使 u 和 i 同相位？求串联元件的参数值。

解
$$\dot{U}=12\angle-30°(\text{V}),\quad \dot{I}=3\angle30°(\text{A})$$
$$Z=\frac{\dot{U}}{\dot{I}}=\frac{12\angle-30°}{3\angle30°}=4\angle-60°\approx2-\text{j}3.46(\Omega)$$

Z 是容性的，所以应该串联一个电感 L，电感的感抗为 $X_L=3.46\Omega$ 时，电路发生串联谐振，u 和 i 同相位。

$$L=\frac{X_L}{\omega}=\frac{3.46}{1000}=3.46(\text{mH})$$

2．串联谐振的应用

串联谐振主要应用于无线电广播与通信的电路中，例如，收音机的调谐电路就是利用串联谐振的原理来选台。收音机的调谐电路如图 2.67(a)所示，其等效电路如图 2.67(b)所示。图中，电感线圈 L_1 为接收线圈兼谐振线圈，L_1 中感应出许多广播电台的信号 $e_1,e_2,e_3,\cdots$，它们的载波频率分别是 $f_1,f_2,f_3,\cdots$，调节可变电容 C，使电路与某一电台的信号发生串联谐振，在电感 L_1 两端就产生一个比感应信号大几十倍乃至几百倍的谐振电压(这个倍数就是 Q 值)，此电压经由线圈 L_1、L_2 和磁棒构成的变压器耦合到晶体管放大器进行放大。

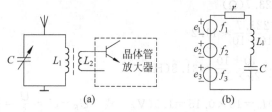

图 2.67 收音机接收电路

由 $\text{BW}=\omega_0/Q$ 可知，电路的品质因数 Q 越大，串联谐振曲线的带宽就越窄，Q 值与带宽的关系如图 2.68 所示。带宽越窄，接收电路的选择性就越好，选择性可用图 2.69 说明。图 2.69(a)的 Q 值较小，频带较宽，电路在与一个电台信号产生谐振时，其他电台的电流值也较大，这样就会产生"混台"现象，在收听一个电台的节目时，喇叭中还有其他电台的声音，说明这个电路的选择性较差。图 2.69(b)的 Q 值较大，频带较窄，电路在与一个电台信号产生谐振时，其他电台的电流值很小，不会产生"混台"现象，说明这个电路的选择性好。

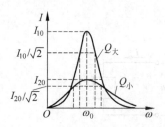

图 2.68 Q 值与带宽 BW 的关系

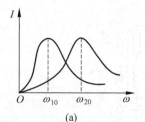 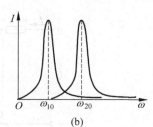

图 2.69 Q 值与选择性的关系

例 2.32 图 2.67 中,已知 $f_1 = 670\text{kHz}$,$f_2 = 820\text{kHz}$,$f_3 = 1096\text{kHz}$,$L_1 = 250\mu\text{H}$,$r_1 = 1\Omega$。要想收听 f_2 电台的节目,应将电容调节到多大?

解
$$f_2 = \frac{1}{2\pi\sqrt{L_1 C}}$$

$$C = \frac{1}{(2\pi f_2)^2 L_1} = \frac{1}{(2\pi \times 820 \times 10^3)^2 \times 250 \times 10^{-6}} \approx 150(\text{pF})$$

当电路发生串联谐振时,电感和电容两端的电压可能超过电源电压的许多倍,这么大的过电压可能会击穿电器和电路元件的绝缘,所以在电力工程中应注意避免发生串联谐振。在含有电感元件(包括变压器)和电容元件的电子线路中,也可能发生串联谐振,给线路带来干扰。

2.6.2 并联谐振

如图 2.70(a)所示 RLC 并联电路,R 是电感线圈的等效电阻。调节电源频率,使输入电压 $\dot{U}$ 与输入电流 $\dot{I}$ 同相位,此时称电路产生了并联谐振。并联谐振时的相量图如图 2.70(b)所示。

$$\dot{I} = \dot{I}_{RL} + \dot{I}_C = \frac{\dot{U}}{R+\mathrm{j}\omega L} + \frac{\dot{U}}{\frac{1}{\mathrm{j}\omega C}} = \left(\frac{1}{R+\mathrm{j}\omega L} + \mathrm{j}\omega C\right)\dot{U}$$

$$= \left[\frac{R}{R^2+(\omega L)^2} - \mathrm{j}\left(\frac{\omega L}{R^2+(\omega L)^2} - \omega C\right)\right]\dot{U} \qquad (2\text{-}96)$$

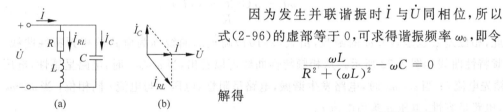

因为发生并联谐振时 $\dot{I}$ 与 $\dot{U}$ 同相位,所以令式(2-96)的虚部等于 0,可求得谐振频率 ω_0,即令

$$\frac{\omega L}{R^2+(\omega L)^2} - \omega C = 0$$

解得

图 2.70 RLC 并联谐振
$$\omega = \omega_0 = \sqrt{\frac{1}{LC} - \frac{R^2}{L^2}} \qquad (2\text{-}97)$$

式中,ω_0 为并联谐振频率,也就是说,当电源频率 $\omega = \omega_0$ 时,电路将产生并联谐振。由此可知,并联谐振频率只与电路的参数有关,但还必须满足一个条件,就是 $\frac{1}{LC} > \left(\frac{R}{L}\right)^2$,即 $\sqrt{\frac{L}{C}} > R$,否则 ω_0 将是虚数,即电路不会发生谐振。

从式(2-96)可知谐振时电路的阻抗为

$$Z = \frac{R^2+(\omega L)^2}{R} \qquad (2\text{-}98)$$

将式(2-97)代入式(2-98),得谐振时电路的阻抗

$$Z = Z_0 = \frac{L}{RC} \tag{2-99}$$

可见,发生并联谐振时,电路的阻抗为纯阻性。

谐振时的输入电流为

$$I_0 = \frac{U}{Z_0} \tag{2-100}$$

电路的阻抗为

$$Z = (R + j\omega L) \,/\!/ \left(-j\frac{1}{\omega C}\right) = \frac{R + j[\omega L - \omega C(R^2 + \omega^2 L^2)]}{(1 - \omega^2 LC)^2 + \omega^2 R^2 C^2} \tag{2-101}$$

由式(2-101)得阻抗的模为

$$|Z| = \frac{\sqrt{R^2 + [\omega L - \omega C(R^2 + \omega^2 L^2)]^2}}{(1 - \omega^2 LC)^2 + \omega^2 R^2 C^2} \tag{2-102}$$

因此,输入电流的有效值为

$$I = \frac{U}{|Z|} = \frac{U[(1 - \omega^2 LC)^2 + \omega^2 R^2 C^2]}{\sqrt{R^2 + [\omega L - \omega C(R^2 + \omega^2 L^2)]^2}} \tag{2-103}$$

由式(2-103)可知,输入电流有效值 I 是频率 ω 的函数,此式确定的曲线就是电路的并联谐振曲线(也称为幅频特性曲线),并联谐振曲线如图 2.71 所示。

电路阻抗的模 $|Z|$ 也是频率 ω 的函数,$|Z|$ 与 ω 的关系曲线与并联谐振曲线画在同一个坐标系中,是为了看出它们随频率的变化关系。

由式(2-101)可求得 $\dot{U}$ 与 $\dot{I}$ 的相位差 φ 为

$$\varphi = \arctan \frac{\omega L - \omega C[R^2 + (\omega L)^2]}{R} \tag{2-104}$$

因此,相位差 φ 也是频率 ω 的函数,由式(2-104)确定的曲线称为电路的相频特性曲线,相频特性曲线如图 2.72 所示。从相频特性曲线可以看出,当 $\omega < \omega_0$ 时,电路呈感性,电压 u 领先电流 i;当 $\omega = \omega_0$ 时,电路发生谐振,电路呈阻性,电压 u 与电流 i 同相位;当 $\omega > \omega_0$ 时,电路呈容性,电压 u 落后电流 i。

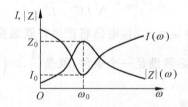

图 2.71　**RLC 并联谐振曲线**

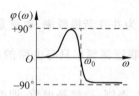

图 2.72　**RLC 并联电路的相频特性曲线**

综上所述,并联谐振具有如下特点:

(1) 并联谐振时输入电压与输入电流同相位,电路的功率因数 $\cos\varphi = 1$;

（2）并联谐振时电路阻抗的模相当于一个电阻，即 $Z_0 = \dfrac{L}{RC}$；

（3）并联谐振时输入电流最小，但两个支路中的电流要比输入电流大许多倍，因此并联谐振又称为电流谐振。当 $X_L = \omega_0 L \gg R$ 时，两个支路电流近似相等，即 $I_C \approx I_{RL}$。将 I_C 或 I_{RL} 与输入电流 I_0 之比称为电路的品质因数 Q，即

$$Q = \frac{I_C}{I_0} = \frac{Z_0}{X_C} = \frac{\omega_0 L}{R} \quad \text{或} \quad Q \approx \frac{I_{RL}}{I_0} \approx \frac{Z_0}{X_L} = \frac{1}{\omega_0 RC}$$

（4）当电感线圈为理想线圈即 $R = 0$ 时，如图 2.73(a) 所示，并联谐振频率为

$$\omega_0 = \frac{1}{\sqrt{LC}} \tag{2-105}$$

理想情况下谐振时的阻抗为 $Z_0 = \infty$，电流 $I_0 = 0$，相量图如图 2.73(b) 所示。理想情况下的并联谐振，只有两个储能元件之间进行能量转换，电路与电源之间没有能量转换。

并联谐振主要应用于无线电广播与通讯的电路中，例如收音机中的选频放大器就是利用并联谐振的原理。

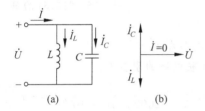

图 2.73　理想情况的并联谐振

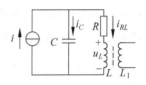

图 2.74　例 2.33 的图

例 2.33　图 2.74 所示电路是收音机中选频电路的等效电路，输入电流信号 i 中有很多频率成分，其中一种频率成分为 465kHz，选频电路的并联谐振频率设计为 465kHz，因此在电感线圈 L 两端的电压只有 465kHz 的信号电压最大，此信号由与 L 耦合的线圈 L_1 输出。设 $R = 2\Omega$，$C = 200\text{pF}$，$I = 1\mu\text{A}$。调节 L 的大小，使电路在频率 $f_0 = 465\text{kHz}$ 时发生并联谐振，求谐振时的 L 值，并求谐振时的 U_L。

解　　　　　　　$\omega_0 = 2\pi f_0 = 2\pi \times 465 \times 10^3 \approx 2.92 \times 10^6 \,(\text{rad/s})$

且并联谐振频率为

$$\omega_0 = \sqrt{\frac{1}{LC} - \left(\frac{R}{L}\right)^2}$$

将数据代入并整理，得

$$L^2 - 0.59 \times 10^{-3}L + 0.47 \times 10^{-12} = 0$$

解得 $L = 0.59\text{mH}$。

谐振时电路的阻抗为

$$Z_0 = \frac{L}{RC} = \frac{0.59 \times 10^{-3}}{2 \times 200 \times 10^{-12}} \approx 1.48 (\text{M}\Omega)$$

$$X_L = \omega_0 L = 2.92 \times 10^6 \times 0.59 \times 10^{-3} \approx 1.72 (\text{k}\Omega)$$

因为 $X_L \gg R$，所以计算 U_L 时可忽略 R，因此

$$U_L \approx U_C = IZ_0 = 1 \times 10^{-6} \times 1.48 \times 10^6 = 1.48 (\text{V})$$

　　叠加原理也适用于一个电路中含有不同频率的电源同时作用的情况。图 2.75 所示电路称为谐振滤波器电路，它是利用串、并联谐振的原理将输入信号中的某一频率成分完全滤除，而完全保留另一频率成分输出。

　　例 2.34　谐振滤波器电路如图 2.75 所示。已知 $u_1 = 10\sin(1000t)\text{V}$，$u_2 = 20\sin(2000t)\text{V}$，$L_1 = 0.1\text{H}$，$L_2 = \dfrac{1}{30}\text{H}$，$C = 10\mu\text{F}$。用叠加原理求输出电压 u_o。

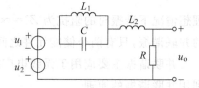

图 2.75　例 2.34 的图

　　解　电源 u_1 单独作用时，$\omega_1 = 1000\text{rad/s}$，因为

$$\frac{1}{\sqrt{L_1 C}} = \frac{1}{\sqrt{0.1 \times 10 \times 10^{-6}}} = 1000 (\text{rad/s})$$

所以 $L_1 C$ 并联电路对电源 u_1 产生并联谐振，$L_1 C$ 并联电路的阻抗无穷大，使 u_1 在输出端的电压等于 0，即 $u_o' = 0$。

　　电源 u_2 单独作用时，$\omega_2 = 2000\text{rad/s}$，$L_1 C$ 并联电路的阻抗为

$$Z_1 = (j\omega_2 L_1) /\!/ \left(-j\frac{1}{\omega_2 C}\right) = (j2000 \times 0.1 L_1) /\!/ \left(-j\frac{1}{2000 \times 10 \times 10^{-6}}\right) = -j\frac{200}{3}(\Omega)$$

此时 L_2 的阻抗为

$$Z_2 = j\omega_2 L_2 = j2000 \times \frac{1}{30} = j\frac{200}{3}(\Omega)$$

　　因为 $Z_1 + Z_2 = 0$，所以输出为 $u_o'' = u_2$。

　　根据叠加原理，有

$$u_o = u_o' + u_o'' = 0 + u_2 = u_2 = 20\sin2000t(\text{V})$$

2.7　电路的频率特性

　　当一个无源二端网络的两个输入端加一个输入电压或电流，称为**激励**，在网络中的某个支路产生的电压或电流，称为**响应**。当激励的幅值不变但频率变化时，由于电感的感抗和电容的容抗都随频率而变，所以电路的响应也随之而变。响应与频率间的关系称为电路的**频率特性**或频率响应。

　　上节已经介绍了 RLC 串联电路和 RLC 并联电路的频率特性，本节将通过传递函数研究一般电路的频率特性，并介绍几种滤波电路。

2.7.1 传递函数与电路的频率特性

如图 2.76 所示,在 RC 串联分压电路的两端加输入电压(激励)$U_i(j\omega)$,将电容两端的电压 $U_o(j\omega)$ 作为输出电压(响应),符号 $U_i(j\omega)$ 和 $U_o(j\omega)$ 表示激励和响应都是随频率变化的电压信号。输出电压 $U_o(j\omega)$ 与输入电压 $U_i(j\omega)$ 之比称为电路的**传递函数**或**转移函数**,用 $T(j\omega)$ 表示,即

$$T(j\omega) = \frac{U_o(j\omega)}{U_i(j\omega)} = \frac{\dfrac{1}{j\omega C}}{R + \dfrac{1}{j\omega C}} = \frac{1}{1 + j\omega RC}$$

$$= \frac{1}{\sqrt{1 + (\omega RC)^2}} \angle - \arctan(\omega RC)$$

$$= |T(j\omega)| \angle \varphi(\omega) \tag{2-106}$$

其中

$$|T(j\omega)| = \frac{|U_o(j\omega)|}{|U_i(j\omega)|} = \frac{1}{\sqrt{1 + (\omega RC)^2}} \tag{2-107}$$

$$\varphi(\omega) = - \arctan(\omega RC) \tag{2-108}$$

$|T(j\omega)|$ 是传递函数 $T(j\omega)$ 的模,也就是输出电压的幅值与输入电压的幅值之比,是频率 ω 的函数,$|T(j\omega)|$ 随 ω 变化的特性称为**幅频特性**。$\varphi(\omega)$ 是传递函数 $T(j\omega)$ 的幅角,也就是输出电压与输入电压的相位差,又称相位移(简称相移)。$\varphi(\omega)$ 也是频率 ω 的函数,$\varphi(\omega)$ 随 ω 变化的特性称为**相频特性**。幅频特性和相频特性合称为电路的**频率特性**。

图 2.76 电路的幅频特性曲线和相频特性曲线分别如图 2.77(a)、(b)所示。在幅频特性曲线上,$|T(j\omega)|$ 的幅值降低到最大值的 $1/\sqrt{2} = 0.707$ 时,对应的频率定义为电路的**截止频率** ω_c。$|T(j\omega)|$ 的幅值降低到最大值的 $1/\sqrt{2}$,也就是输出电压幅度降低到最大值的 $1/\sqrt{2}$,输出功率(假设在输出端接一负载电阻)就降低到最大值的 $1/2$(因为功率与电压的平方成正比),因此截止频率 ω_c 又称为半功率频率。

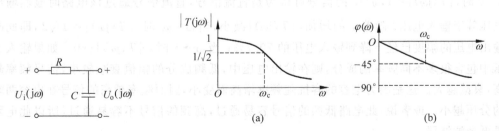

图 2.76 RC 串联分压电路   图 2.77 图 2.76 电路的频率特性

将 $|T(j\omega)| = 1/\sqrt{2}$ 代入式（2-107），即

$$|T(j\omega)| = \frac{1}{\sqrt{1+(\omega RC)^2}} = \frac{1}{\sqrt{2}}$$

解此方程，得到该电路的截止频率为

$$\omega = \omega_c = \frac{1}{RC} \tag{2-109}$$

因此，式（2-107）及式（2-108）可分别写为

$$|T(j\omega)| = \frac{1}{\sqrt{1+\left(\dfrac{\omega}{\omega_c}\right)^2}} \tag{2-110}$$

$$\varphi(\omega) = -\arctan\frac{\omega}{\omega_c} \tag{2-111}$$

2.7.2 滤波器与波特图

1. 滤波器

如果一个电路，某一（或某些）频段的信号容易通过（即幅度衰减较小），而其他频段的信号不容易通过（即幅度衰减较大），这种电路称为滤波电路（或滤波器）。根据电路的幅频特性，滤波电路主要有4种：低通滤波器、高通滤波器、带通滤波器和带阻滤波器。这4种类型的理想滤波器的幅频特性曲线分别如图2.78(a)、(b)、(c)和(d)所示。

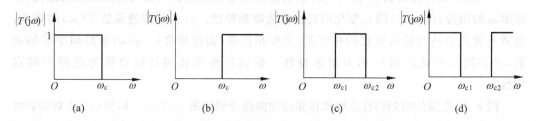

图 2.78 理想滤波器的频率特性

（1）低通滤波器

从图2.76所示电路的频率特性曲线或从式（2-107）可知，该电路的幅频特性是：当 $\omega=0$ 时，$|T(j\omega)|=1$，$\omega=0$ 的信号可认为是直流信号，直流信号通过该电路时显然输出电压等于输入电压；随着 ω 的增加，$|T(j\omega)|$ 减小，当 $\omega=\omega_c$ 时，$|T(j\omega)|=1/\sqrt{2}$，即此时输出电压的幅度已经下降到输入电压的 70.7%；当 $\omega\to\infty$ 时，$|T(j\omega)|\to 0$。如果输入电压中包含很多不同频率的成分，则在输出电压中，低频成分的幅值衰减较小，信号频率越高，衰减越大。这是因为电容的容抗随频率增高而变小，因而频率越高的信号在电容两端的分压越小。或者说，此电路低频的信号容易通过，高频的信号不容易通过，所以此电路是低通滤波器。

在低通滤波器的幅频特性曲线上，以截止频率 ω_c 为界，频率段 $\omega=0\sim\omega_c$ 为**通频带**（简称通带），频率段 $\omega=\omega_c\sim\infty$ 为阻频带（简称阻带），通频带的宽度为**带宽**，该低通滤波器的带宽为 ω_c。

　　根据滤波器的传递函数表达式中 ω 的阶次,滤波器可分为一阶滤波器、二阶滤波器……n 阶滤波器。例如,图 2.76 所示低通滤波器的传递函数为 $T(j\omega)=1/(1+j\omega RC)$,其中 ω 的阶次是一阶,所以此滤波器为一阶低通滤波器。

　　滤波器的阶次越高,越接近理想的滤波器。只由 R,L,C 元件组成的滤波器称为无源滤波器,无源滤波器结构简单,阶次不高,性能也不好(输出阻抗大),常用于要求不太高的场合,例如电源滤波、去耦滤波等。阶次高性能好的有源滤波器将在下册中介绍。

　　例 2.35　设计一个截止频率为 $f_c=1\text{kHz}$ 的一阶 RC 低通滤波器,选定 $R=1\text{k}\Omega$,求 C 的值。若输入电压为 $u_i=10\sqrt{2}\sin100\pi t+10\sqrt{2}\sin10000\pi t\text{V}$,求输出电压 u_o。

　　解　由 $f_c=\dfrac{1}{2\pi RC}$ 得

$$C=\frac{1}{2\pi f_c R}=\frac{1}{2\pi\times1\times10^3\times1\times10^3}=159(\text{nF})$$

用叠加原理求输出电压。

　　对于 $\dot{U}_{i1}=10\angle0°\text{V},\omega_1=10^2\text{rad/s}$,得

$$X_{C1}=\frac{1}{\omega_1 C}=\frac{1}{10^2\times159\times10^{-9}}=62.9(\text{k}\Omega)$$

$$\dot{U}_{o1}=\dot{U}_{i1}\frac{-jX_{C1}}{R-jX_{C1}}=\frac{10\angle0°\times(-j62.9)}{1-j62.9}\approx10\angle0°(\text{V})$$

$$u_{o1}=10\sqrt{2}\sin100\pi t(\text{V})$$

对于 $\dot{U}_{i2}=10\angle0°\text{V},\omega_2=10^4\text{rad/s}$,得

$$X_{C2}=\frac{1}{\omega_2 C}=\frac{1}{10^4\times159\times10^{-9}}=0.63(\text{k}\Omega)$$

$$\dot{U}_{o2}=\dot{U}_{i2}\frac{-jX_{C2}}{R-jX_{C2}}=\frac{10\angle0°\times(-j0.63)}{1-j0.63}\approx5.3\angle-58°(\text{V})$$

$$u_{o2}=5.3\sqrt{2}\sin(10000\pi t-58°)(\text{V})$$

所以

$$u_o=u_{o1}+u_{o2}=10\sqrt{2}\sin100\pi t+5.3\sqrt{2}\sin(10000\pi t-58°)(\text{V})$$

　　由以上计算可知低通滤波器的效果:截止频率为 $f_c=1\text{kHz}$ 的一阶 RC 低通滤波器,当 100Hz 的信号通过时幅度基本没有衰减,当 10kHz 的信号通过时衰减了将近一半。

　　(2)高通滤波器

　　如图 2.79 所示电路称为一阶 RC 高通滤波器电路,其传递函数为

$$T(j\omega)=\frac{U_o(j\omega)}{U_i(j\omega)}=\frac{R}{R+\dfrac{1}{j\omega C}}$$

$$=\frac{1}{1-j\dfrac{1}{\omega RC}}=\frac{1}{1-j\dfrac{\omega_c}{\omega}} \tag{2-112}$$

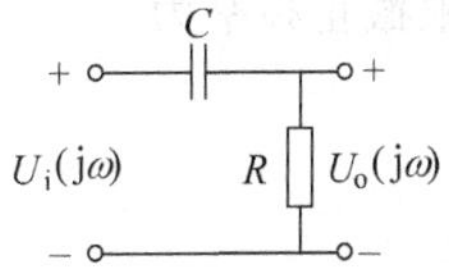

图 2.79　RC 高通滤波器

其中,$\omega=\omega_c=\dfrac{1}{RC}$。传递函数的模为

$$|T(j\omega)| = \frac{1}{\sqrt{1 + \left(\dfrac{\omega_c}{\omega}\right)^2}} \tag{2-113}$$

传递函数的幅角为

$$\varphi(\omega) = \arctan\frac{\omega_c}{\omega} \tag{2-114}$$

一阶 RC 高通滤波器的截止频率为 ω_c，带宽为 $\omega_c \sim \infty$。

图 2.79 所示电路的幅频特性曲线和相频特性曲线分别如图 2.80(a) 和 (b) 所示（用 Multisim 仿真的波特图仪测得[①]，电路参数值为：$R = 1\text{k}\Omega$, $C = 1\mu\text{F}$, $f_c = 159\text{Hz}$）。

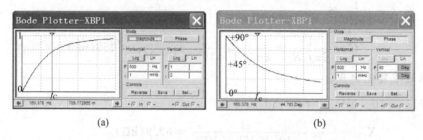

|(a)|(b)|

图 2.80　RC 一阶高通滤波器的频率特性曲线

（3）带通滤波器

图 2.81 所示 RLC 串联电路，如果将 R 两端的电压作为输出电压，则该电路是一个带通滤波器电路。其传递函数为

$$T(j\omega) = \frac{U_o(j\omega)}{U_i(j\omega)} = \frac{R}{R + j\omega L + \dfrac{1}{j\omega C}} = \frac{R}{R + j\left(\omega L - \dfrac{1}{\omega C}\right)} \tag{2-115}$$

传递函数的模为

$$|T(j\omega)| = \frac{R}{\sqrt{R^2 + \left(\omega L - \dfrac{1}{\omega C}\right)^2}} \tag{2-116}$$

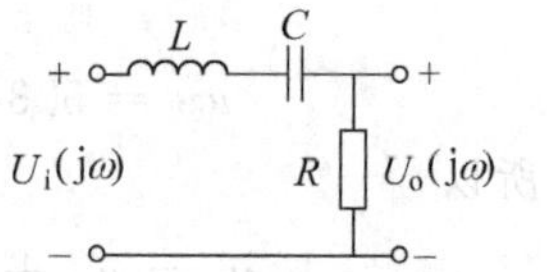

图 2.81　RLC 带通滤波器

传递函数的幅角为

$$\varphi(\omega) = -\arctan\frac{\omega L - \dfrac{1}{\omega C}}{R} \tag{2-117}$$

对应于 $|T(j\omega)|$ 最大值的 ω 称为**中心频率**，即中心频率为

$$\omega_0 = \frac{1}{\sqrt{LC}} \tag{2-118}$$

下限截止频率为

$$\omega_{c1} = -\frac{R}{2L} + \sqrt{\left(\frac{R}{2L}\right)^2 + \frac{1}{LC}}$$

---

① 仿真曲线上的坐标是编者后来添加的，本书余同。

上限截止频率为

$$\omega_{c2} = \frac{R}{2L} + \sqrt{\left(\frac{R}{2L}\right)^2 + \frac{1}{LC}} \tag{2-119}$$

带宽为

$$\text{BW} = \omega_{c2} - \omega_{c1} = \frac{R}{L} \tag{2-120}$$

图 2.81 所示电路是二阶带通滤波器电路,该电路的幅频特性曲线和相频特性曲线分别如图 2.82(a) 和 (b) 所示(用 Multisim 仿真的波特图仪测得,电路参数值为:$R=100\Omega$,$L=10\text{mH}$,$C=1\mu\text{F}$,$f_0=1.59\text{kHz}$)。

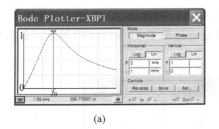 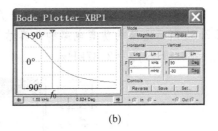

      (a)   (b)

图 2.82 RLC 带通滤波器的频率特性曲线

例 2.36 一个高通滤波器和一个低通滤波器,如果它们的截止频率相互独立(即截止频率至少相差 10 倍),这样两个滤波器级联后可以构成一个带通滤波器。图 2.83 所示电路就是这样的带通滤波器电路,求该电路总的传递函数,计算上、下限截止频率和带宽,并通过仿真方法求上、下限截止频率。

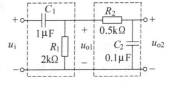

图 2.83 例 2.36 的图

解 第一级为 R_1C_1 构成的高通滤波器,其传递函数为

$$T_1(\text{j}\omega) = \frac{U_{o1}(\text{j}\omega)}{U_i(\text{j}\omega)} = \frac{1}{1 - \text{j}\dfrac{1}{\omega R_1 C_1}}$$

$$= \frac{1}{1 - \text{j}\dfrac{\omega_{c1}}{\omega}}$$

第二级为 R_2C_2 构成的低通滤波器,第一级的输出作为第二级的输入,所以第二级的传递函数为

$$T_2(\text{j}\omega) = \frac{U_{o2}(\text{j}\omega)}{U_{o1}(\text{j}\omega)} = \frac{1}{1 - \text{j}\omega R_2 C_2} = \frac{1}{1 + \text{j}\dfrac{\omega}{\omega_{c2}}}$$

总的传递函数为

$$T(\text{j}\omega) = \frac{U_{o2}(\text{j}\omega)}{U_i(\text{j}\omega)} = \frac{U_{o1}(\text{j}\omega)}{U_i(\text{j}\omega)} \frac{U_{o2}(\text{j}\omega)}{U_{o1}(\text{j}\omega)}$$

$$= T_1(\mathrm{j}\omega)\, T_2(\mathrm{j}\omega) = \frac{1}{\left(1 - \mathrm{j}\,\dfrac{\omega_{\mathrm{c}1}}{\omega}\right)\left(1 + \mathrm{j}\,\dfrac{\omega}{\omega_{\mathrm{c}2}}\right)}$$

下限截止频率为

$$f_{\mathrm{c}1} = \frac{1}{2\pi R_1 C_1} = \frac{1}{2\pi \times 2 \times 10^3 \times 1 \times 10^{-6}} \approx 79.6(\mathrm{Hz})$$

上限截止频率为

$$f_{\mathrm{c}2} = \frac{1}{2\pi R_2 C_2} = \frac{1}{2\pi \times 0.5 \times 10^3 \times 0.1 \times 10^{-6}} \approx 3.18(\mathrm{kHz})$$

带宽为

$$\mathrm{BW} = f_{\mathrm{c}2} - f_{\mathrm{c}1} \approx 3.1(\mathrm{kHz})$$

图 2.83 所示电路的仿真电路和仿真结果分别如图 2.84(a)和(b)所示。仿真测量结果为 $f_{\mathrm{c}1} = 86.8\mathrm{Hz}$，$f_{\mathrm{c}2} = 2.87\mathrm{kHz}$。

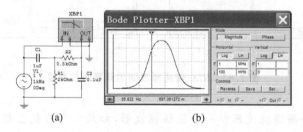

(a)　　　　　　　　(b)

图 2.84　例 2.36 电路的仿真结果

(4) 带阻滤波器

如图 2.85 所示电路是由两个 T 型网络(R-R-$2C$，C-C-$R/2$)组成的双 T 网络。由 R-R-$2C$ 构成的 T 型网络是低通滤波电路，由 C-C-$R/2$ 构成的 T 型网络是高通滤波电路，两者结合起来就组成带阻滤波电路，称为双 T 带阻滤波器电路。该滤波器的传递函数为(推导过程与例 2.36 类似)

$$T(\mathrm{j}\omega) = \frac{U_{\mathrm{o}}(\mathrm{j}\omega)}{U_{\mathrm{i}}(\mathrm{j}\omega)} = \frac{1 - \left(\dfrac{\omega}{\omega_0}\right)^2}{1 - \left(\dfrac{\omega}{\omega_0}\right)^2 + \mathrm{j}4\left(\dfrac{\omega}{\omega_0}\right)} \qquad (2\text{-}121)$$

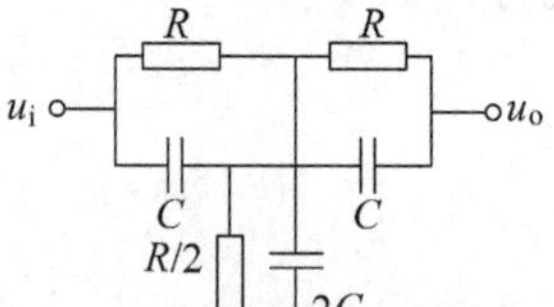

其中 $\omega_0 = \dfrac{1}{RC}$，ω_0 称为中心频率。

图 2.85　双 T 型带阻滤波器

双 T 带阻滤波器的幅频特性曲线和相频特性曲线分别如图 2.86(a)和(b)所示(用 Multisim 仿真的波特图仪测得，电路参数值为：$R = 1\mathrm{k}\Omega$，$C = 3.18\mu\mathrm{F}$，$f_0 = 50\mathrm{Hz}$)。

由式(2-121)可知该电路的频率特性是：当 $\omega = 0$ 时，传递函数的模 $|T(\mathrm{j}\omega)| = 1$；当 $\omega = \omega_0$ 时，$|T(\mathrm{j}\omega)| = 0$，输出电压 $U_{\mathrm{o}}(\mathrm{j}\omega) = 0$。也就是说，该滤波器能将频率为 ω_0 的信号完全滤除。当 $\omega \to \infty$ 时，$|T(\mathrm{j}\omega)| \to 1$。

双 T 带阻滤波器常用于电子线路中滤除 50Hz 工频干扰。

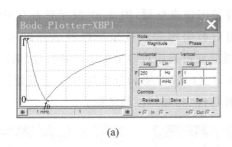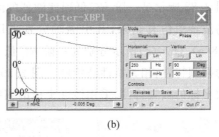

| (a) | (b) |

图 2.86 双 T 带阻滤波器的频率特性曲线

2. 波特图

以上通过手工或仿真绘制的频率特性曲线，横轴和纵轴采用的都是线性坐标。如果频率变化范围很大，为了展宽观察范围，则采用如下方式。

幅频特性曲线：横轴（ω 或 f）采用归一化的对数坐标；纵轴（$|T(\mathrm{j}\omega)|$）可采用线性坐标，也可采用 $20\lg|T(\mathrm{j}\omega)|$ 表示，后者单位为分贝（dB）。这样规定的坐标值如表 2.1 和表 2.2 所示。

表 2.1

ω	$0.01\omega_c$	$0.1\omega_c$	ω_c	$10\omega_c$	$100\omega_c$	$1000\omega_c$	$10000\omega_c$
ω/ω_c	0.01	0.1	1	10	100	1000	10000
$\lg(\omega/\omega_c)$	-2	-1	0	1	2	3	4

表 2.2

$|T(\mathrm{j}\omega)|$	0.001	0.01	0.1	$1/\sqrt{2}$	1	10	100
$20\lg|T(\mathrm{j}\omega)|$	-60dB	-40dB	-20dB	-3dB	0dB	20dB	40dB

相频特性曲线：横轴（ω 或 f）采用归一化的对数坐标，纵轴采用线性坐标，单位为（°）或弧度。

采用以上规定绘制的幅频特性曲线和相频特性曲线称为**波特图**。

图 2.87(a)和(b)所示分别是一阶 RC 低通滤波器幅频特性波特图和相频特性波特图。

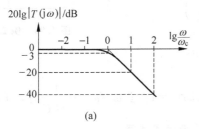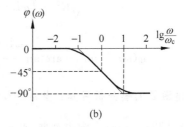

| (a) | (b) |

图 2.87 一阶 RC 低通滤波器的波特图

图 2.88 所示是一阶 *RC* 低通滤波器的波特图仿真结果,图 2.89 所示是双 T 带阻滤波器的波特图仿真结果,其中纵轴分别采用对数坐标和线性坐标两种坐标以示区别。图 2.88(a)、(b)、(c)所示分别为一阶 *RC* 低通滤波器采用对数坐标的幅频特性,采用线性坐标的幅频特性、相频特性波特图。图 2.89(a)、(b)、(c)所示分别为双 T 带通滤波器采用对数坐标的幅频特性,采用线性坐标的幅频特性、相频特性波特图。

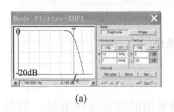 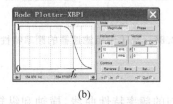 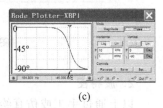

(a)　　　　　　　　　　(b)　　　　　　　　　　(c)

图 2.88　一阶 *RC* 低通滤波器的波特图(仿真结果)

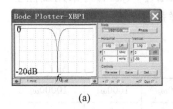 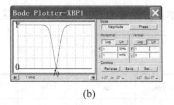 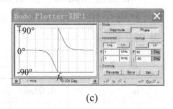

(a)　　　　　　　　　　(b)　　　　　　　　　　(c)

图 2.89　双 T 带阻滤波器的波特图(仿真结果)

从幅频特性的波特图上可知,截止频率对应的纵坐标是 -3dB,表示传递函数的模比最大值 0 衰减了 3dB,因此截止频率又称为 3 分贝频率。

例 2.37　图 2.90 所示电路,求传递函数、传递函数的模及幅角的表达式,通过仿真观察幅频特性波特图,判断是什么类型的滤波器,并测量中心频率和带宽。

解　电路的传递函数为

$$T(j\omega) = \frac{j\left(\omega L - \dfrac{1}{\omega C}\right)}{R + j\left(\omega L - \dfrac{1}{\omega C}\right)}$$

$$|T(j\omega)| = \frac{\omega L - \dfrac{1}{\omega C}}{\sqrt{R^2 + \left(\omega L - \dfrac{1}{\omega C}\right)^2}}$$

$$\varphi(\omega) = 90° - \arctan\frac{\omega L - \dfrac{1}{\omega C}}{R}$$

图 2.90　例 2.37 的图

由传递函数的模分析可知:当 $\omega = 0$,$|T(j\omega)| = 1$;当 $\omega = \omega_0 = \dfrac{1}{\sqrt{LC}}$ 时,$|T(j\omega)| = 0$;当 $\omega \to \infty$ 时,$|T(j\omega)| \to 1$。初步判断,此电路是带阻滤波器。

例 2.37 的仿真电路和仿真波特图分别如图 2.91(a)和(b)所示,从波特图可知这是个带阻滤波器。测得 $f_0=1.593\mathrm{kHz}$(计算值为 $f_0=1.592\mathrm{kHz}$), $f_{c1}=985.7\mathrm{Hz}$, $f_{c2}=2.573\mathrm{kHz}$,因此带宽为 $\mathrm{BW}=f_{c2}-f_{c1}\approx1.587\mathrm{kHz}$。

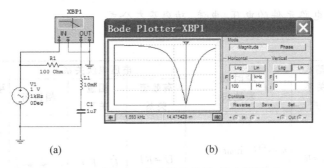

(a) 　　　　　　　　　　　(b)

图 2.91　例 2.37 电路的波特图(仿真结果)

　　例 2.38　图 2.92 所示电路,求传递函数,通过仿真观察幅频特性波特图,判断是什么类型的滤波器,并测量中心频率和带宽。

　　解　电路的传递函数为

$$T(\mathrm{j}\omega)=\frac{(\mathrm{j}\omega\mathrm{L})\,/\!/\left(-\mathrm{j}\,\dfrac{1}{\omega C}\right)}{R+(\mathrm{j}\omega\mathrm{L})\,/\!/\left(-\mathrm{j}\,\dfrac{1}{\omega C}\right)}$$

$$=\frac{1}{1+\mathrm{j}\left(\omega RC-\dfrac{R}{\omega L}\right)}$$

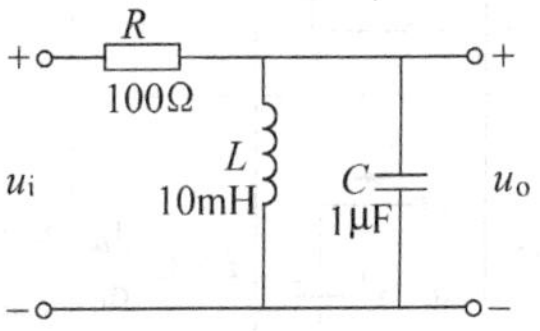

图 2.92　例 2.38 的图

传递函数的模和幅角分别为

$$|\,T(\mathrm{j}\omega)\,|=\frac{1}{\sqrt{1+\left(\omega RC-\dfrac{R}{\omega L}\right)^{2}}},\quad \varphi(\omega)=\arctan\left(\frac{R}{\omega L}-\omega RC\right)$$

　　由传递函数模的表达式的分析可知:当 $\omega=\omega_0=\dfrac{1}{\sqrt{LC}}$ 时, $|\,T(\mathrm{j}\omega)\,|=1$;当 $\omega\to0$ 和 $\omega\to\infty$ 时, $|\,T(\mathrm{j}\omega)\,|\to0$ 。初步判断,此电路是带通滤波器。

　　例 2.38 的仿真电路和仿真波特图分别如图 2.93(a)和(b)所示,从波特图可知此电路是带通滤波器。测得 $f_0=1.578\mathrm{kHz}$(计算值为 $f_0=1.592\mathrm{kHz}$), $f_{c1}=1\mathrm{kHz}$, $f_{c2}=2.48\mathrm{kHz}$,因此带宽为 $\mathrm{BW}=f_{c2}-f_{c1}=1.48\mathrm{kHz}$。

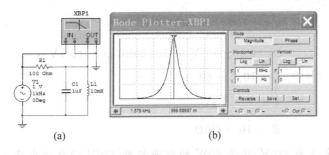

(a) 　　　　　　　　　　　(b)

图 2.93　例 2.38 电路的波特图(仿真结果)

主要公式

（1）R, L, C 电路元件的电压、电流、功率基本公式

电路元件	电路图	基本关系式	瞬时值表达式	电压电流关系			平均功率	无功功率
				有效值关系	相量关系	相量图		
R		$u = Ri$	$u = \sqrt{2}U\sin\omega t$ $i = \sqrt{2}I\sin\omega t$	$U = RI$	$\dot{U} = R\dot{I}$		$P = UI$ $= I^2 R$ $= \dfrac{U^2}{R}$	0
L		$u = L\dfrac{\mathrm{d}i}{\mathrm{d}t}$	$u = \sqrt{2}U\sin(\omega t + 90°)$ $i = \sqrt{2}I\sin\omega t$	$U = X_L I$ $X_L = \omega L$ $\omega = 2\pi f$	$\dot{U} = \mathrm{j}X_L \dot{I}$		0	$Q = UI$ $= I^2 X_L$ $= \dfrac{U^2}{X_L}$
C		$i = C\dfrac{\mathrm{d}u}{\mathrm{d}t}$	$u = \sqrt{2}U\sin(\omega t - 90°)$ $i = \sqrt{2}I\sin\omega t$	$U = X_C I$ $X_C = \dfrac{1}{\omega C}$ $\omega = 2\pi f$	$\dot{U} = -\mathrm{j}X_C \dot{I}$		0	$Q = -UI$ $= -I^2 X_C$ $= -\dfrac{U^2}{X_C}$

（2）周期电压和电流的有效值 $U = \sqrt{\dfrac{1}{T}\displaystyle\int_0^T u^2\,\mathrm{d}t}$，$I = \sqrt{\dfrac{1}{T}\displaystyle\int_0^T i^2\,\mathrm{d}t}$

（3）串联谐振频率 $\omega_0 = \dfrac{1}{\sqrt{LC}}$，阻抗 $Z_0 = R$，品质因数 $Q = \dfrac{X_L}{R} = \dfrac{X_C}{R}$，带宽 $BW = \dfrac{f_0}{Q}$

（4）并联谐振频率 $\omega_0 = \sqrt{\dfrac{1}{LC} - \left(\dfrac{R}{L}\right)^2}$，阻抗 $Z_0 = \dfrac{L}{RC}$

思 考 题

2.1　下列写法是否正确？

$$u_1 = 100\sqrt{2}\sin\omega t\,\mathrm{V} = \dot{U}_1$$

$$\dot{U}_2 = 50\angle 15°\,\mathrm{V} = 50\sqrt{2}\sin(\omega t + 15°)\,\mathrm{V}$$

$$i = 10\angle -60°\,\mathrm{A}$$

$$I = 10\mathrm{e}^{-\mathrm{j}60°}\,\mathrm{A}$$

$$\dot{Z} = 10 + \mathrm{j}20\,\Omega$$

2.2　额定电压为 220V、功率 60W 的灯泡接到 220V 的交流电源上，流过灯泡的电

流是多少? 若将它接于 380V 或 110V 的交流电源上,会出现什么问题?

2.3 RL 串联电路,阻抗为 $Z=3+\mathrm{j}4\Omega$,问该电路的电阻和感抗各是多少? 电路的功率因数是多少? 电压与电流间的相位差是多少?

2.4 一电路的阻抗为 $Z=10-\mathrm{j}10\Omega$,问该电路是感性还是容性? 总电压 u 与总电流 i 间的相位差是多少?

2.5 在正弦交流电路中,用交流电压表测量电压,用交流电流表测量电流,判断下列各条是否正确。

(1) 两个电阻串联,总电压为每个电阻的分电压之和;

(2) 两个电阻并联,总电流为每个电阻的分电流之和;

(3) 两个电容串联,总电压为每个电容的分电压之和;

(4) 两个电感并联,总电流为每个电感的分电流之和;

(5) 一个电阻与一个电容串联,总电压为每个元件的分电压之和;

(6) 一个电阻与一个电感并联,总电流为每个元件的分电流之和。

2.6 图 2.94 所示电路,所加直流电压 $U=12\mathrm{V}$,求每个电阻两端的电压 U_1 和 U_2。

2.7 图 2.95 所示电路,已知 $u_1=10\sqrt{2}\sin\omega t\,\mathrm{V}$,$u_2=4\sqrt{2}\sin\omega t\,\mathrm{V}$。求各电源和电阻消耗的功率。

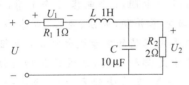

图 2.94 思考题 2.6 的图

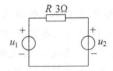

图 2.95 思考题 2.7 的图

2.8 图 2.96(a)、(b)所示电路中,电流表 A_1,A_2,A_3 的读数均为 10A,求电流表 A_0 的读数。

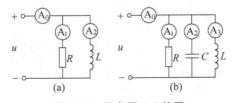

图 2.96 思考题 2.8 的图

2.9 图 2.97(a)、(b)所示电路中,电压表 V_0,V_1,V_3 的读数分别为 50V,40V,30V,求电压表 V_2 的读数。

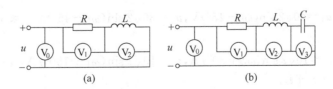

图 2.97 思考题 2.9 的图

2.10　图 2.98 所示电路,已知 $\dot{U}=10\angle0°\mathrm{V}$。求在 $\dot{I}$ 为表 2.3 列出的各种情况下的电源 u 的有功功率 P,将计算结果填入表 2.3 中。说明此时该电源相当于电源还是相当于负载。若将电流 i 的参考方向反过来,$\dot{I}$ 仍为表 2.3 中的数值,计算结果如何?

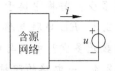

图 2.98　思考题 2.10 的图

表　2.3

$\dot{I}$/A	P/W	说　明
$10\angle0°$		
$10\angle60°$		
$10\angle90°$		
$10\angle120°$		
$10\angle180°$		
$10\angle-60°$		
$10\angle-90°$		
$10\angle-120°$		
$10\angle-180°$		

2.11　有 10 种密封的电路盒子(断路,短路,1 个电阻,1 个电容,1 个电感,电阻与电容串联,电阻与电感串联,电阻与电容并联,电阻与电感并联,电阻、电容、电感串联)分别如图 2.99(a)～(j)所示,各盒子中的电阻值、电感值和电容值的数量级大约是:电阻 20Ω,电容 0.1μF,电感 1mH 左右。用试验的方法判断盒子中是哪种电路,试设计试验方法。仪器仪表有:万用表,示波器,正弦信号发生器,交流毫安表,交流毫伏表,10Ω 电阻一个。

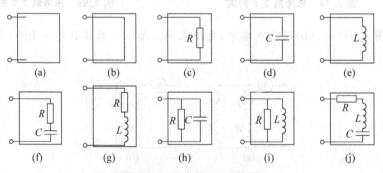

图 2.99　思考题 2.11 的图

习　题

2.1　已知 $u_1=40\sqrt{2}\sin(\omega t+45°)\mathrm{V}$,$u_2=30\sqrt{2}\sin(\omega t-45°)\mathrm{V}$。求 $u=u_1-u_2$,并画出相量图。

2.2　已知 $i_1=10\sqrt{2}\sin(\omega t+30°)\mathrm{A}$,$i_2=10\sqrt{2}\sin(\omega t+150°)\mathrm{A}$,$i_3=10\sqrt{2}\sin(\omega t-90°)\mathrm{A}$。求 $i=i_1+i_2+i_3$。

2.3　图 2.100 所示电路,已知 $u=100\sqrt{2}\sin(50t+60°)\mathrm{V}$,求电流 i。

2.4　图 2.101 所示电路,已知 $u = 100\sqrt{2}\sin(50t + 60°)\text{V}$。求电容 C 为何值时,$I = 1\text{A}$。

图 2.100　习题 2.3 的图　　　　**图 2.101　习题 P2.4 的图**

2.5　图 2.102 所示电路,已知 $u = 100\sqrt{2}\sin(100t + 60°)\text{V}$,$R = 60\Omega$,$L = 0.8\text{H}$。求电流 i、电压 u_R 及 u_L;求功率因数 $\cos\varphi$、平均功率 P、无功功率 Q 及视在功率 S;画出 $\dot{U}$,$\dot{I}$,$\dot{U}_R$,$\dot{U}_L$ 的相量图。

2.6　图 2.103 所示电路,已知 $u = 220\sqrt{2}\sin(314t - 120°)\text{V}$,$R = 50\Omega$。要使电流 $I = 2\text{A}$,求电容量 C;求 $\dot{I}$,$\dot{U}_R$,$\dot{U}_C$、功率因数 $\cos\varphi$、平均功率 P、无功功率 Q 及视在功率 S;画出 $\dot{U}$,$\dot{I}$,$\dot{U}_R$,$\dot{U}_C$ 的相量图。

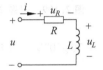　　　　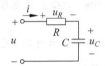

图 2.102　习题 2.5 的图　　　　**图 2.103　习题 2.6 的图**

2.7　图 2.104 所示电路,已知 $u = 60\sqrt{2}\sin 1000t\text{V}$,$R = 30\Omega$,$L = 50\text{mH}$,$C = 50\mu\text{F}$。求 i,u_R,u_L,u_C;画出 $\dot{U}$,$\dot{I}$,$\dot{U}_R$,$\dot{U}_L$,$\dot{U}_C$ 的相量图。

2.8　图 2.105 所示电路,已知 $u = 100\sqrt{2}\sin 1000t\text{V}$,$R = 30\Omega$,$L = 40\text{mH}$,$C = 20\mu\text{F}$。求电流 i,$i_{R\text{-}L}$,i_C;画出 $\dot{U}$,$\dot{I}$,$\dot{I}_{R\text{-}L}$,$\dot{I}_C$ 的相量图。

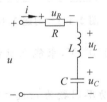　　　　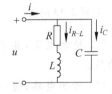

图 2.104　习题 2.7 的图　　　　**图 2.105　习题 2.8 的图**

2.9　图 2.106 所示电路,已知:$\dot{U}_1 = 20\angle 30°\text{V}$,$\dot{U}_2 = 30\angle 90°\text{V}$,$Z_1 = 6\angle 30°\Omega$,$Z_2 = 3\angle 90°\Omega$,$Z_3 = 6\angle -30°\Omega$。用支路电流法求各支路电流 $\dot{I}_1$,$\dot{I}_2$,$\dot{I}_3$。

2.10　图 2.107 所示电路,已知:$\dot{U}_1 = 100\angle 120°\text{V}$,$\dot{U}_2 = 80\angle -90°\text{V}$,$\dot{I}_S = 12\angle 0°\text{A}$,$Z_1 = 10\angle -60°\Omega$,$Z_2 = 10\angle -90°\Omega$,$Z_3 = 10\angle 60°\Omega$。用结点电位法求各电流 $\dot{I}_1$,$\dot{I}_2$,$\dot{I}_3$;求虚线部分电路的功率因数 $\cos\varphi$、视在功率 S、平均功率 P 及无功功率 Q。

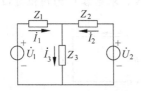

图 2.106　习题 2.9 的图

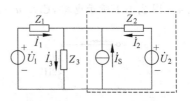

图 2.107　习题 2.10 的图

2.11　图 2.108 所示电路,用电源模型的等效互换法求 $\dot{I}_L$。

2.12　图 2.109 所示电路,已知 $u_S=20\sqrt{2}\sin(10t+90°)\text{V}$,$i_S=2\sqrt{2}\sin 10t\text{A}$。若虚线框内的 RL 支路的有功功率为 2.5W,求电感 L 的值。

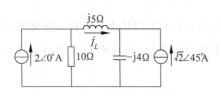

图 2.108　习题 2.11 的图

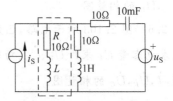

图 2.109　习题 2.12 的图

2.13　图 2.110 所示电路,已知 $\dot{I}_S=2\angle-45°\text{A}$,$\dot{U}_S=10\angle 0°\text{V}$。应用戴维宁定理求电流源两端的电压 $\dot{U}$。

2.14　图 2.111 所示电路,已知:$u=100\sqrt{2}\sin 1000t\text{V}$,$i=10\sqrt{2}\sin(1000t+90°)\text{A}$。求各电源的有功功率和无功功率,说明各电源相当于电源(输出功率)还是相当于负载(吸收功率)。

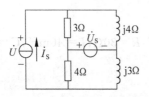

图 2.110　习题 2.13 的图

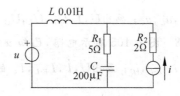

图 2.111　习题 2.14 的图

2.15　图 2.112 所示电路,其中 $u=5\sin(1000t+150°)\text{V}$,求能在负载上获得最大有功功率的 R、L 的值。

2.16　图 2.113 所示电路,有一功率为 $P=40\text{W}$、功率因数为 $\cos\varphi=0.5$ 的负载 Z 接于电压为 $U=220\text{V}$、频率为 $f=50\text{Hz}$ 的电源上,求总电流 I。欲将功率因数提高到0.95,应在 Z 两端并联多大的电容?并联电容后的总电流 I' 为多少?

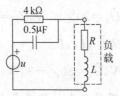

图 2.112　习题 2.15 的图

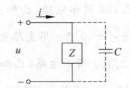

图 2.113　习题 2.16 的图

2.17 有一 RLC 串联谐振电路,已知 $R=10\Omega,L=10\text{mH},C=0.01\mu\text{F}$。求谐振频率 ω_0、品质因数 Q 及带宽 BW。

2.18 设计一个 RLC 串联谐振电路,要求 $\omega_0=1000\text{rad/s},Z(\omega_0)=50\Omega$,带宽 BW$=100\text{rad/s}$。

2.19 图 2.114 所示电路是电感线圈与电容的串联电路,其中 r 是电感线圈的内阻。已知 $U=3\text{V},r=10\Omega$。测得当电源频率 $f=356\text{Hz}$ 时电流 I 最大,此时电容两端的电压 $U_C=33.5\text{V}$。求电感 L 和电容 C 的值。

2.20 图 2.115 所示电路,Z 是一个未知复数阻抗,加一个电压 u,产生电流 i。已知:$u=12\sqrt{2}\sin(1000t+30°)\text{V},i=3\sqrt{2}\sin(1000t-30°)\text{A}$。$Z$ 串联一个什么元件,可使 u 和 i 同相位?求串联元件的参数值。

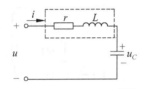

图 2.114　习题 2.19 的图　　　　　图 2.115　习题 2.20 的图

2.21 收音机调谐电路如图 2.116(a)所示,它利用 RLC 串联谐振原理,其等效电路如图 2.116(b)所示,其中 r 是线圈的内阻。已知 $r=2\Omega,L=200\mu\text{H}$。假设在线圈中有 2 个感应电台信号 e_1 和 e_2,幅度都为 $2\mu\text{V}$,频率分别为 820kHz 和 670kHz。若使电路与信号 e_1 发生谐振,调谐电容器 C 应该调到多少?计算这时电流 i 中两种频率成分的幅度,并说明两者相差多少倍。

2.22 收音机选频电路利用 RLC 并联谐振原理将频率为 465kHz 的信号提取出来,其等效电路如图 2.117 所示,其中 r 是电感线圈的内阻。已知 $r=2\Omega,C=200\text{pF}$。假设 i 含有两种频率分量,频率分别为 465kHz 和 1285kHz,幅度都是 $2\mu\text{A}$,即可将 i 表示为

$$i=2\sqrt{2}\sin(2\pi\times465\times10^3 t)+2\sqrt{2}\sin(2\pi\times1285\times10^3 t)\mu\text{A}$$

若使电路与 465kHz 的信号发生并联谐振,电感 L 应该调到多少?计算这时电感线圈两端的电压 u_o 中两种频率成分的幅度,并说明两者相差多少倍。

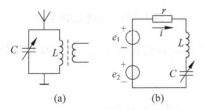

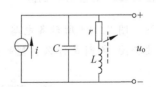

图 2.116　习题 2.21 的图　　　　　图 2.117　习题 2.22 的图

2.23 图 2.118 所示电路,$R=200\Omega,L=0.1\text{H},C=1\mu\text{F},u=20\sqrt{2}\sin2\pi ft\text{V}$。当 f 为何值时电流 i 的幅值最小,求 i 的最小幅值 $I_{\min}$。

2.24 图 2.119 所示电路,调节电容 C 值使电流 i 与 u_C 同相位,此时测得 $I_{R\text{-}L}=5\text{A}$, $I_C=3\text{A},U=220\text{V},U_1=180\text{V},U_C=80\text{V}$。求阻抗 Z。

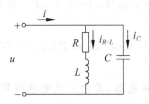

图 2.118 习题 2.23 的图

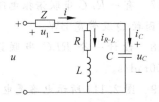

图 2.119 习题 2.24 的图

2.25 图 2.120 所示电路，$R = 10\mathrm{k}\Omega$，当所加电压频率为 $f = 1\mathrm{kHz}$ 时，该电路的等效阻抗 $Z_{\mathrm{ab}} = 100\Omega$。求 L 和 C。

2.26 图 2.121 所示电路，求该电路的谐振频率 f_0。

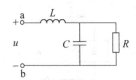

图 2.120 习题 2.25 的图

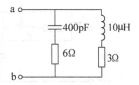

图 2.121 习题 2.26 的图

2.27 图 2.122 所示低通滤波器，$R = 1\mathrm{k}\Omega$，$C = 1\mu\mathrm{F}$。若输入信号 $u_i = 10 + 10\sin 1000t + 10\sin 5000t \mathrm{V}$。求输出电压 u_o，并由输出电压各频率分量的幅度说明低通滤波器的效果。

2.28 图 2.123 所示电路，试证明当 $R_1C_1 = R_2C_2$ 时，有

$$\frac{\dot{U}_o}{\dot{U}_i} = \frac{R_2}{R_1 + R_2} = \frac{C_1}{C_1 + C_2}$$

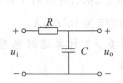

图 2.122 习题 2.27 的图

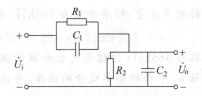

图 2.123 习题 2.28 的图

2.29 图 2.124 所示各电路，求传递函数 $T(\mathrm{j}\omega)$ 和截止频率 ω_c，画出幅频特性和相频特性的波特图，判断是什么类型的滤波器。

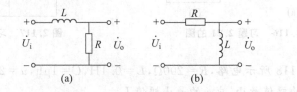

图 2.124 习题 2.29 的图

2.30　图 2.125 所示电路，求其传递函数 $T(\mathrm{j}\omega)$，画出幅频特性曲线和相频特性曲线，判断该电路是什么类型的滤波器。并求当 $\omega=\omega_0=\dfrac{1}{RC}$（此频率称为中心频率）时的 $|T(\mathrm{j}\omega_0)|$ 及相位差 $\varphi(\omega_0)$。

2.31　图 2.126 所示电路，求其传递函数 $T(\mathrm{j}\omega)$，画出幅频特性曲线和相频特性曲线，判断该电路是什么类型的滤波器。并求当 $R=10\Omega,L=5\mathrm{mH},C=20\mathrm{nF}$ 时的中心频率 ω_0、下限截止频率 ω_{c1}、上限截止频率 ω_{c2} 及带宽 BW。

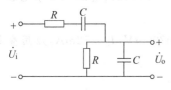

图 2.125　习题 2.30 的图

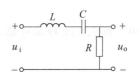

图 2.126　习题 2.31 的图

2.32　图 2.127 所示电路，求其传递函数 $T(\mathrm{j}\omega)$，画出幅频特性曲线和相频特性曲线，判断该电路是什么类型的滤波器。并求当 $R=10\Omega$、$L=0.5\mu\mathrm{H}$、$C=20\mathrm{nF}$ 时的中心频率 ω_0、下限截止频率 ω_{c1}、上限截止频率 ω_{c2} 及带宽 BW。

2.33　图 2.128 所示电路中，$u=10\sqrt{2}\sin(1000t+60°)\mathrm{V}$，在 X 处串联一个电感还是一个电容，可使 u 和 i 同相位，求串联元件的值。

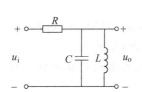

图 2.127　习题 2.32 的图

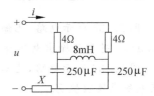

图 2.128　习题 2.33 的图

2.34　图 2.129 所示电路，已知 $i_S=20\sqrt{2}\sin100t\mathrm{A}$，$R_1=10\Omega$，$R_2=15\Omega$，$C=500\mu\mathrm{F}$。求独立电源所提供的平均功率。

2.35　图 2.130 所示电路，已知 $u_S=4\sqrt{2}\sin(4\times10^6t)\mathrm{V}$，求电流 i_R。

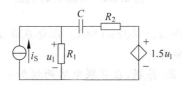

图 2.129　习题 2.34 的图

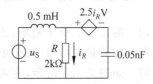

图 2.130　习题 2.35 的图

2.36　图 2.131 所示电路，已知 $u=10\sqrt{2}\sin(8t+90°)\mathrm{V}$，$R_1=R_3=10\Omega$，$R_2=20\Omega$，$C=25\mathrm{mF}$。用结点电位法求电阻 R_2 所消耗的功率。

2.37　图 2.132 所示电路，已知 $u_S=2\sqrt{2}\sin(40t+45°)\mathrm{V}$，$C_1=C_2=12.5\mathrm{mF}$，$L=0.05\mathrm{H}$，$R=2\Omega$。求 i_R。

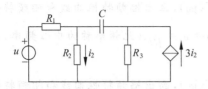

图 2.131   习题 2.36 的图

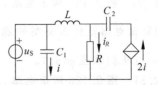

图 2.132   习题 2.37 的图

2.38   图 2.133 所示电路,已知 $u_S=24\sqrt{2}\sin1000t\,V$,应用叠加原理求电容两端的电压 u_C。

2.39   图 2.134 所示电路,已知 $u_S=100\sqrt{2}\sin2000t\,V$,$I_S=12\,mA$,应用叠加原理求电流 i。

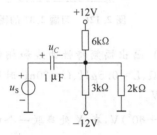

图 2.133   习题 2.38 的图

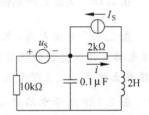

图 2.134   习题 2.39 的图

2.40   图 2.135 所示电路,已知 $u_i=(10\sin\omega_1 t+20\sin\omega_2 t)\,V$,$C_1=10\,\mu F$,$\omega_1=1000\,rad/s$,$\omega_2=2000\,rad/s$。若要使输出电压 $u_o=10\sin\omega_1 t\,V$,求 L 和 C_2 的值。

2.41   图 2.136 所示电路,已知电压表、电流表和功率表的读数分别是 100V、10A 和 600W。求未知感性阻抗 Z。

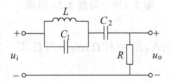

图 2.135   习题 2.40 的图

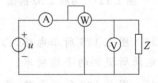

图 2.136   习题 2.41 的图

2.42   图 2.137 所示电路,已知 $u_S=20\sqrt{2}\sin8t\,V$,$i_S=2\sqrt{2}\sin8t\,A$。求电压源 u_S 供给虚线框内电路的视在功率 S、有功功率 P 和无功功率 Q。

2.43   如图 2.138 所示,有两个阻抗负载 Z_1 和 Z_2 并联,在并联电路两端加一个交流电压 u。已知并联电路总的功率因数为 0.6(落后,即总电流落后总电压 u);负载 Z_1 的视在功率为 100V·A,功率因数为 0.8(落后,即 Z_1 中的电流落后总电压 u);负载 Z_2 吸收 40W 的有功功率。求 Z_2 的视在功率和功率因数。

2.44   图 2.139 所示电路,已知 $u_S=200\sin(1000t+45°)\,V$,$i_S=8\sin(1000t+135°)\,A$。求 A、B 之间的电压,并计算电流源 i_S 的 P,Q,S。

2.45(仿真题) 图 2.140 所示滤波器电路,用 Multisim 仿真的方法求幅频特性曲线,说明是什么类型的滤波器,并测量带宽。将 C_1 换为 $L_1 = 1\text{mH}$ 的电感,将 C_2 换为 $L_2 = 1\text{H}$ 的电感,重复上述测量过程。

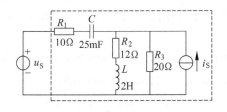

图 2.137 习题 2.42 的图

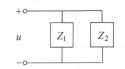

图 2.138 习题 2.43 的图

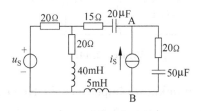

图 2.139 习题 2.44 的图

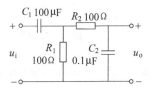

图 2.140 习题 2.45 的图

2.46(仿真题) 图 2.141 所示各滤波器电路,用 Multisim 仿真方法求图(a)～(d)所示滤波器电路的截止频率 f_c,求图(e)～(i)所示滤波器电路的中心频率 f_0 和下、上限截止频率 f_{c1}、f_{c2},并说明是什么类型的滤波器。

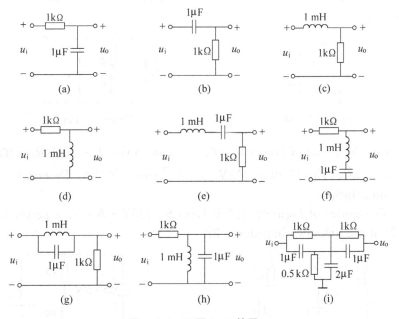

图 2.141 习题 2.46 的图

PROBLEMS

2.1 Find $u_R(t)$ by first replacing the circuit to the left of terminals a-b in Figure 2.142 with its Thevenin equivalent circuit. It is known that $i(t) = 10\cos20t$ A, $R = 5\Omega$, $L = 0.5$H, $C = 2500\mu$F.

2.2 Using Thevenin's theorem, find the voltage $u_{ab}(t)$ between a and b for the circuit of Figure 2.143 when $u_S = 5\sqrt{2}\sin5t$ V and $i_S = 5\sqrt{2}\sin(5t+45°)$ A.

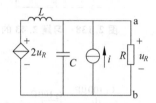

Figure 2.142

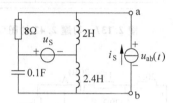

Figure 2.143

2.3 A circuit is shown in Figure 2.144 with an unknown impedance Z. However, it is known that $u = 12\sqrt{2}\sin(1000t-30°)$ V, $i = 3\sqrt{2}\sin(1000t+30°)$ A. Determine the type of element and its magnitude that should be placed across the impedance Z (connected to terminals A-B) so that the voltage $u(t)$ and the current $i(t)$ entering the parallel elements are in phase.

2.4 A parallel resonant RLC circuit shown in Figure 2.145 is driven by a current source $i = 2\sqrt{2}\sin\omega t$ A and shows a maximum response of $U_o = 125$V at $\omega = 600$rad/s. Find L and C.

Figure 2.144

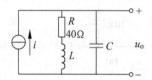

Figure 2.145

2.5 For the circuit of Figure 2.146, it is known that $L = 4$mH, $R_1 = 2\Omega$, $R_2 = 10\Omega$, $C = 500\mu$F, $u = 24\sqrt{2}\sin(1000t+90°)$ V, $i = 6\sqrt{2}\sin(1000t)$ A. Determine $i_C(t)$ using superposition principle.

2.6 The source of Figure 2.147 delivers $S = 125$V·A with a power factor of 0.8 lagging. Find the unknown impedance Z.

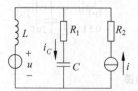

Figure 2.146

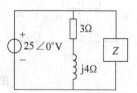

Figure 2.147

第 3 章

三 相 电 路

第 2 章中介绍了单相交流电,本章将要介绍三相交流电。三相交流发电机产生 3 个大小相等、频率相同、相位互相差 120°的单相交流电,将 3 个单相交流电经适当联接就构成三相交流电。由于三相交流电比单相交流电在输送和使用方面都优越,所以工业用电和生活用电都采用三相供电系统,大容量的设备(例如交流电动机、电焊机、电阻炉等)大多采用三相供电。虽然在实验室和家庭中看到的电器设备(例如个人电脑、示波器、电冰箱、电灯等)都是单相供电,但是从宏观上看(从一栋楼的整体来看)仍然是三相供电。

三相负载的联接有星形接法和三角形接法两种,也有对称和非对称之分。本章主要介绍各种情况下的三相电压和三相电流的关系,最后介绍三相功率的计算和测量方法。

关键术语 Key Terms

三相电源/电路 three-phase source/
  circuit
相线(火线)phase line("hot" line)
中线 neutral line
对称负载/电路 balanced load/circuit
  (system)
非对称负载/电路 unbalanced load/
  circuit(system)

星形联接 star connection,Υ-connection
三角形联接 triangular(△-, delta)
  connection
相电压/相电流 phase voltage/current
线电压/线电流 line voltage/line current
三相四线制 three-phase four-wire
  system
三相功率 three-phase power

3.1 三相交流电源

3.1.1 三相交流电源的产生

为了说明三相交流发电机的原理,先举单相交流发电机为例。单相交流发电机原理如图 3.1 所示,在两磁极之间放置一个线圈,当线圈以 ω 的角速度按逆时针方向旋转时,线圈切割磁力线,线圈中就产生一个交变的感应电动势 e_A（感应电动势的方向用右手定则判断）,e_A 的参考方向选定为 X→A。设磁通按正弦规律分布,则 e_A 可写为

$$e_A = \sqrt{2}E\sin\omega t$$

其中 E 是感应电动势的有效值。

如果线圈固定不动而磁极按顺时针方向旋转,线圈中同样会产生感应电动势。三相交流发电机就是采取线圈固定而磁极旋转的方式。

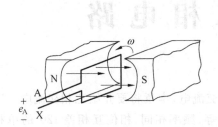

图 3.1　单相交流发电机原理

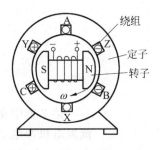

图 3.2　三相交流发电机原理

三相交流发电机的原理如图 3.2 所示,3 个对称绕组 A—X,B—Y,C—Z 镶嵌在定子铁心的线槽中,每个绕组都是由多匝线圈绕成,首端为 A,B,C,末端为 X,Y,Z,3 个首端或 3 个末端在空间都彼此相隔 120°。转子铁心上绕有直流励磁线圈,合理设计磁极形状可使空气隙中的磁感应强度按正弦规律分布。

当转子以 ω 的角速度顺时针方向旋转时,3 个绕组中产生频率相同、幅值相等、相位彼此相差 120°的三相正弦量的感应电动势。若以 A 相为参考相位,则 e_B 落后 e_A 120°,e_C 落后 e_B 120°,e_A 又落后 e_C 120°,因此三相感应电动势的瞬时值表达式可写为

$$e_A = \sqrt{2}E\sin\omega t \tag{3-1}$$

$$e_B = \sqrt{2}E\sin(\omega t - 120°) \tag{3-2}$$

$$e_C = \sqrt{2}E\sin(\omega t + 120°) \tag{3-3}$$

图 3.3(a)、(b)分别是三相电动势的波形图和相量图。

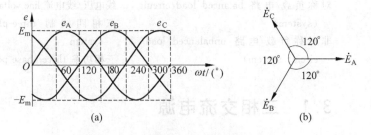

图 3.3　三相电动势波形图和相量图

从图 3.3 所示波形可以看出,e_A 最先出现正的最大值,e_B 其次,e_C 第三,这种顺序称为相序,即此三相电动势的相序为 ABC。

3.1.2 三相交流电源的联接

三相电动势的等效电路及联接方式如图 3.4 所示,每个绕组产生的电动势等效为交流恒压源,并且忽略绕组的等效电阻。将三相绕组的 3 个末端(X,Y,Z)联在一起,称为中性点或零点(N),3 个首端(A,B,C)作为输出端,这种联接方式称为星形联接。从 A,B,C 引出的导线称为相线(俗称火线),从中性点引出的导线称为中线。这样,从三相交流发电机的输出线有 3 条相线和 1 条中线,这称为三相四线制电源。

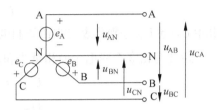

图 3.4　三相四线制电源(星形联接)

实际上,用户的电源不是直接来自于发电厂的发电机,而是来自电源变压器。发电机的输出电压要通过升压变压器将电压升至几十万伏(例如 220kV)后输送到电网上,然后通过各级变电站的降压变压器将电网电压逐级降低,最后输送给用户。电源变压器输出绕组的等效电路及联接方式与图 3.4 相同。

图 3.4 中,相线与中线之间的电压(u_{AN},u_{BN},u_{CN})称为相电压,显然,3 个相电压就等于对应的电动势,即

$$u_{AN} = e_A = \sqrt{2}E\sin\omega t = \sqrt{2}U_P\sin\omega t \tag{3-4}$$

$$u_{BN} = e_B = \sqrt{2}E\sin(\omega t - 120°) = \sqrt{2}U_P\sin(\omega t - 120°) \tag{3-5}$$

$$u_{CN} = e_C = \sqrt{2}E\sin(\omega t + 120°) = \sqrt{2}U_P\sin(\omega t + 120°) \tag{3-6}$$

其中 U_P 称为相电压的有效值,$U_P = E$。

将式(3-4)、式(3-5)、式(3-6)写成相量形式,有

$$\dot{U}_{AN} = U_P\angle 0° \tag{3-7}$$

$$\dot{U}_{BN} = U_P\angle -120° \tag{3-8}$$

$$\dot{U}_{CN} = U_P\angle 120° \tag{3-9}$$

相线与相线之间的电压(u_{AB},u_{BC},u_{CA})称为线电压,由图 3.4 可知 3 个线电压与 3 个相电压的关系为

$$u_{AB} = u_{AN} - u_{BN} \tag{3-10}$$

$$u_{BC} = u_{BN} - u_{CN} \tag{3-11}$$

$$u_{CA} = u_{CN} - u_{AN} \tag{3-12}$$

由式(3-10)、式(3-11)、式(3-12)可知,3 个线电压也是同频率的正弦波,用相量形式表示如下:

$$\dot{U}_{AB} = \dot{U}_{AN} - \dot{U}_{BN} \tag{3-13}$$

$$\dot{U}_{BC} = \dot{U}_{BN} - \dot{U}_{CN} \tag{3-14}$$

$$\dot{U}_{CA} = \dot{U}_{CN} - \dot{U}_{AN} \tag{3-15}$$

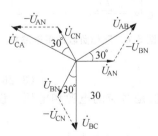

图 3.5　三相四线制电源电压的相量关系

由式(3-13)、式(3-14)、式(3-15)可得出如图 3.5 所示的相量图,由图 3.5 得到

$$\dot{U}_{AB} = \dot{U}_{AN} - \dot{U}_{BN} = \sqrt{3}\,\dot{U}_{AN}\angle 30° \tag{3-16}$$

$$\dot{U}_{BC} = \dot{U}_{BN} - \dot{U}_{CN} = \sqrt{3}\,\dot{U}_{BN}\angle 30° \tag{3-17}$$

$$\dot{U}_{CA} = \dot{U}_{CN} - \dot{U}_{AN} = \sqrt{3}\,\dot{U}_{CN}\angle 30° \tag{3-18}$$

由式(3-16)、式(3-17)、式(3-18)可以看出,三相四线制电源的线电压也是对称的,其大小等于相电压的$\sqrt{3}$倍,相位领先对应的相电压 30°,用通式表示为

$$\dot{U}_{L} = \sqrt{3}\,\dot{U}_{P}\angle 30° \tag{3-19}$$

其中 U_L 和 U_P 分别代表三相四线制电源的线电压和相电压的有效值,且 $U_L = \sqrt{3}U_P$。

由此写出 3 个线电压的相量式和瞬时值表达式如下(以 $\dot{U}_{AN}$ 为参考相量):

$$\dot{U}_{AB} = U_{L}\angle 30° \tag{3-20}$$

$$\dot{U}_{BC} = U_{L}\angle -90° \tag{3-21}$$

$$\dot{U}_{CA} = U_{L}\angle 150° \tag{3-22}$$

$$u_{AB} = \sqrt{2}U_{L}\sin(\omega t + 30°) \tag{3-23}$$

$$u_{BC} = \sqrt{2}U_{L}\sin(\omega t - 90°) \tag{3-24}$$

$$u_{CA} = \sqrt{2}U_{L}\sin(\omega t + 150°) \tag{3-25}$$

我国电力系统提供三相四线制正弦交流电,频率 $f=50\text{Hz}$(此频率称为工业用电频率,简称工频),角频率 $\omega = 2\pi f \approx 314\text{rad/s}$,线电压有效值 $U_L = 380\text{V}$,相电压有效值 $U_P = 220\text{V}$。

3.2 三相电路的负载

3.2.1 三相负载的星形联接

1. 三相负载的星形联接

三相负载的星形联接如图 3.6 所示,Z_A,Z_B,Z_C 为三相负载,A,B,C 表示三相电源的输入端,N 表示中线的接线端,采用三相四线制供电方式。三相四线制是工厂、实验室和生活用电最常用的供电方式。

图 3.6 中,每相负载中的电流称为相电流($\dot{I}_{AP}$,$\dot{I}_{BP}$,$\dot{I}_{CP}$),电源相线中的电流称为线电流($\dot{I}_{AL}$,$\dot{I}_{BL}$,$\dot{I}_{CL}$)。显然,星形联接三相负载的线电流等于相电流,即

$$\dot{I}_{AL} = \dot{I}_{AP}, \quad \dot{I}_{BL} = \dot{I}_{BP}, \quad \dot{I}_{CL} = \dot{I}_{CP}$$

若用 $\dot{I}_L$ 代表 $\dot{I}_{AL}$,$\dot{I}_{BL}$,$\dot{I}_{CL}$,用 $\dot{I}_P$ 代表 $\dot{I}_{AP}$,$\dot{I}_{BP}$,$\dot{I}_{CP}$,则可写出一个通式:

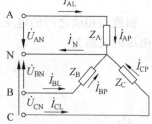

图 3.6 三相负载的星形联接

$$\dot{I}_{L} = \dot{I}_{P} \tag{3-26}$$

由于星形联结的三相负载接有中线,因此每相负载电压就是对应的电源相电压。设三相电源的相电压为

$$\dot{U}_{AN} = U_{P}\angle 0°, \quad \dot{U}_{BN} = U_{P}\angle -120°, \quad \dot{U}_{CN} = U_{P}\angle 120°$$

则每相负载的相电流为

$$\dot{I}_{AP} = \frac{\dot{U}_{AN}}{Z_A} = \frac{U_P \angle 0°}{|Z_A| \angle \varphi_A} = \frac{U_P}{|Z_A|} \angle - \varphi_A \tag{3-27}$$

$$\dot{I}_{BP} = \frac{\dot{U}_{BN}}{Z_B} = \frac{U_P \angle - 120°}{|Z_B| \angle \varphi_B} = \frac{U_P}{|Z_B|} \angle - 120° - \varphi_B \tag{3-28}$$

$$\dot{I}_{CP} = \frac{\dot{U}_{CN}}{Z_C} = \frac{U_P \angle 120°}{|Z_C| \angle \varphi_C} = \frac{U_P}{|Z_C|} \angle 120° - \varphi_C \tag{3-29}$$

中线电流为

$$\dot{I}_N = \dot{I}_{AP} + \dot{I}_{BP} + \dot{I}_{CP} \tag{3-30}$$

2. 星形联接的对称三相负载

图 3.6 中,当 3 个阻抗相等时称为对称三相负载,即

$$Z_A = Z_B = Z_C = Z = |Z| \angle \varphi$$

则式(3-27)、式(3-28)、式(3-29)可以写为

$$\dot{I}_{AP} = \frac{\dot{U}_{AN}}{Z} = \frac{U_P}{|Z|} \angle - \varphi \tag{3-31}$$

$$\dot{I}_{BP} = \frac{\dot{U}_{BN}}{Z} = \frac{U_P}{|Z|} \angle - 120° - \varphi \tag{3-32}$$

$$\dot{I}_{CP} = \frac{\dot{U}_{CN}}{Z} = \frac{U_P}{|Z|} \angle 120° - \varphi \tag{3-33}$$

对称三相负载星形联接的电压、电流相量图如图 3.7 所示(设 Z 为感性负载)。由式(3-31)、式(3-32)、式(3-33)和图 3.7 可以看出,星形联接的对称三相负载的相电流也是对称的,即大小都相等(为 $U_P/|Z|$),相位互相差 120°。

因为星形联接的对称三相负载 3 个相电流是对称的,在计算对称负载的三相电路时,只需计算其中一相即可,其他两相则根据对称关系写出。又因为三相电流对称,所以中线电流等于 0,即

$$\dot{I}_N = \dot{I}_{AP} + \dot{I}_{BP} + \dot{I}_{CP} = 0 \tag{3-34}$$

因此中线就可以去掉,如图 3.8 所示,这称为三相三线制电路。去掉中线后,三相负载的连接点 N′ 与 N 等电位,每相负载电压仍等于对应的电源相电压,每相负载中的电流大小和初相位都不变。三相三线制在实际中应用也很普遍,例如三相感应电动机、三相电阻炉、三相变压器等,它们的三相负载都是对称的,常采用三相三线制。

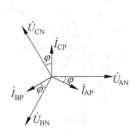

图 3.7　对称负载星形联接时电压和
　　　　电流的相量图

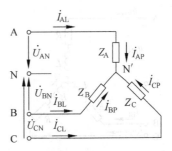

图 3.8　对称星形负载的三相三线制电路

但是,当非对称三相负载星形联接而又无中线时,每相负载电压的大小将不相等,有的会低于电源相电压,有的会高于电源相电压,这种情况在例 3.2 的计算中可以看到。各种电器都规定有额定电压,例如额定电压是 220V 的白炽灯和日光灯,使用时必须保证在 220V 额定电压下工作,照明电路都采用三相四线制而不能采用三相三线制,这样即使每相接入的灯泡数量不相等,即三相负载不对称,各灯泡的工作电压都是 220V,灯泡都能正常工作。所以不对称负载的星形联接不能采用三相三线制,否则会造成电器不能正常工作或被烧坏。

在给负载配电时还要注意三相负载的平衡问题,即使采用三相四线制,也不要将多个单相电器只用同一相电源供电,而是将它们平均分配在三相电源上,尽量使三相负载对称。设计较大容量的电器(例如 10kW 以上的电阻炉)时也要设计成三相供电而不要单相供电。这样,就能保证三相线电流对称或大致对称,使中线电流为 0 或尽量小。三相线电流对称,才能使三相电压对称,这是因为三相电源也有内阻(戴维宁等效阻抗),虽然这个内阻很小,但当三相线电流较大且不对称时,也会引起三相电压的不对称。

例 3.1　图 3.9 所示星形接法的三相三线制的对称电路,已知 $u_{AN} = 220\sqrt{2}\sin 314t\text{V}$,$R = 100\Omega$,$L = 318.5\text{mH}$。求各线电流 i_{AL},i_{BL},i_{CL};画出 3 个线电压、3 个相电压和 3 个线电流的相量图。

解
$$\dot{U}_{AN} = 220\angle 0°(\text{V})$$
$$\dot{U}_{AB} = 380\angle 30°(\text{V})$$
$$Z = R + j\omega L = 100 + j314 \times 0.3185$$
$$\approx 100 + j100 = 100\sqrt{2}\angle 45°(\Omega)$$
$$\dot{I}_{AL} = \frac{\dot{U}_{AN}}{Z} = \frac{220\angle 0°}{100\sqrt{2}\angle 45°} = 1.1\sqrt{2}\angle -45°(\text{A})$$
$$i_{AL} = 2.2\sin(314t - 45°)(\text{A})$$

因为三相负载对称,所以只计算出 i_{AL},而 i_{BL} 和 i_{CL} 根据对称关系写出,即
$$i_{BL} = 2.2\sin(314t - 45° - 120°)$$
$$= 2.2\sin(314t - 165°)(\text{A})$$
$$i_{CL} = 2.2\sin(314t - 45° + 120°) = 2.2\sin(314t + 75°)(\text{A})$$

相量图如图 3.10 所示。

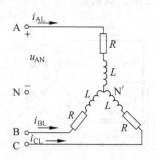

图 3.9　例 3.1 的图

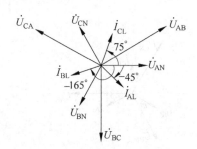

图 3.10　例 3.1 的相量图

例 3.2 图 3.11 所示电路,在三相电源上接入了一组不对称的丫接法电阻负载,已知 $R_1=10\Omega,R_2=20\Omega,R_3=40\Omega$,三相电源相电压 $\dot{U}_{AN}=220\angle0°V$。求:

(1) 各线电流及中线电流。

(2) 若中线 N′—N 因事故而断开(见图 3.12),求中线断开后各相负载电压。

(3) 画出中线断开后,各相负载电压及 N′—N 间的电压的相量图。

解 由 $\dot{U}_{AN}=220\angle0°V$,可写出 $\dot{U}_{BN}=220\angle-120°V,\dot{U}_{CN}=220\angle120°V$

(1) 计算各线电流及中线电流

图 3.11 电路,各线电流及中线电流为

$$\dot{I}_{AL}=\frac{\dot{U}_{AN}}{R_1}=\frac{220\angle0°}{10}=22\angle0°(A)$$

$$\dot{I}_{BL}=\frac{\dot{U}_{BN}}{R_2}=\frac{220\angle-120°}{20}=11\angle-120°(A)$$

$$\dot{I}_{CL}=\frac{\dot{U}_{CN}}{R_3}=\frac{220\angle120°}{40}=5.5\angle120°(A)$$

$$\dot{I}_N=\dot{I}_{AL}+\dot{I}_{BL}+\dot{I}_{CL}=22\angle0°+11\angle-120°+5.5\angle120°$$
$$\approx14.55\angle-19.1°(A)$$

(2) 计算中线断开后的各相负载电压

图 3.12 所示电路,根据结点电位法,有

$$\dot{U}_{N'N}=\frac{\dfrac{\dot{U}_{AN}}{R_1}+\dfrac{\dot{U}_{BN}}{R_2}+\dfrac{\dot{U}_{CN}}{R_3}}{\dfrac{1}{R_1}+\dfrac{1}{R_2}+\dfrac{1}{R_3}}=\frac{\dfrac{220\angle0°}{10}+\dfrac{220\angle-120°}{20}+\dfrac{220\angle120°}{40}}{\dfrac{1}{10}+\dfrac{1}{20}+\dfrac{1}{40}}$$
$$\approx83.1\angle-19.1°V$$

所以

$$\dot{U}_{AN'}=\dot{U}_{AN}-\dot{U}_{N'N}=220\angle0°-83.1\angle-19.1°\approx144\angle10.9°(V)$$

$$\dot{U}_{BN'}=\dot{U}_{BN}-\dot{U}_{N'N}=220\angle-120°-83.1\angle-19.1°\approx249.5\angle-139.1°(V)$$

$$\dot{U}_{CN'}=\dot{U}_{CN}-\dot{U}_{N'N}=220\angle120°-83.1\angle-19.1°$$
$$\approx288\angle130.9°(V)$$

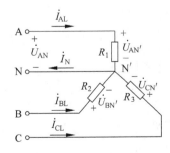

图 3.11 例 3.2 的图

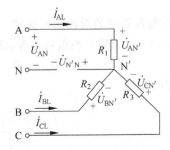

图 3.12 中线断开后的电路图

由以上计算可知,当非对称三相负载星形接法无中线时(三相三线制),每相负载电压不相等,有的低于电源相电压,有的高于电源相电压。

(3) 中线断开后的相量图如图 3.13 所示。

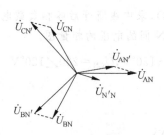

图 3.13　例 3.2 的相量图

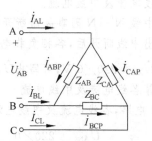

图 3.14　三相负载的三角形联接

3.2.2　三相负载的三角形联接

1. 三相负载的三角形联接

三相负载的三角形联接如图 3.14 所示,三相负载分别为 Z_{AB}, Z_{BC}, Z_{CA}, 3 个相电流分别为 $\dot{I}_{ABP}$, $\dot{I}_{BCP}$, $\dot{I}_{CAP}$, 3 个线电流分别为 $\dot{I}_{AL}$, $\dot{I}_{BL}$, $\dot{I}_{CL}$ (注意图 3.14 中相电流和线电流参考方向的规定)。

设 3 个线电压分别为 $\dot{U}_{AB}=U_L\angle 0°$, $\dot{U}_{BC}=U_L\angle -120°$, $\dot{U}_{CA}=U_L\angle 120°$。显然,当三相负载三角形联接时,每相负载电压就是电源的线电压,所以各相电流为

$$\dot{I}_{ABP}=\frac{\dot{U}_{AB}}{Z_{AB}}=\frac{U_L}{|Z_{AB}|}\angle -\varphi_{AB} \tag{3-35}$$

$$\dot{I}_{BCP}=\frac{\dot{U}_{BC}}{Z_{BC}}=\frac{U_L}{|Z_{BC}|}\angle -\varphi_{BC}-120° \tag{3-36}$$

$$\dot{I}_{CAP}=\frac{\dot{U}_{CA}}{Z_{CA}}=\frac{U_L}{|Z_{CA}|}\angle -\varphi_{CA}+120° \tag{3-37}$$

3 个线电流根据 KCL 求出:

$$\dot{I}_{AL}=\dot{I}_{ABP}-\dot{I}_{CAP} \tag{3-38}$$

$$\dot{I}_{BL}=\dot{I}_{BCP}-\dot{I}_{ABP} \tag{3-39}$$

$$\dot{I}_{AL}=\dot{I}_{ABP}-\dot{I}_{CAP} \tag{3-40}$$

2. 三角形联接的对称三相负载

图 3.14 中,如果三相负载相等,即

$$Z_{AB}=Z_{BC}=Z_{CA}=Z=|Z|\angle\varphi$$

则 3 个相电流为

$$\dot{I}_{ABP}=\frac{\dot{U}_{AB}}{Z}=\frac{U_L}{|Z|}\angle -\varphi \tag{3-41}$$

$$\dot{I}_{BCP}=\frac{\dot{U}_{BC}}{Z}=\frac{U_L}{|Z|}\angle -\varphi-120° \tag{3-42}$$

$$\dot{I}_{CAP} = \frac{\dot{U}_{CA}}{Z} = \frac{U_L}{|Z|} \angle -\varphi + 120° \tag{3-43}$$

从式(3-41)~式(3-43)可以看出,三角形联接对称三相负载的 3 个相电流是对称的。若三个相电流是对称的,则从式(3-38)、式(3-39)、式(3-40)通过计算可知,3 个线电流也是对称的,这个结论也可以用图 3.15 所示的相量图得出。从图 3.15 可得到相电流和线电流之间的关系:

$$\dot{I}_{AL} = \sqrt{3}\,\dot{I}_{ABP} \angle -30° \tag{3-44}$$

$$\dot{I}_{BL} = \sqrt{3}\,\dot{I}_{BCP} \angle -30° \tag{3-45}$$

$$\dot{I}_{CL} = \sqrt{3}\,\dot{I}_{CAP} \angle -30° \tag{3-46}$$

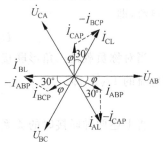

式(3-44)、式(3-45)、式(3-46)表明,在三角形联接的对称三相电路中,3 个相电流是对称的,3 个线电流也是对称的,而且线电流的大小是相电流的$\sqrt{3}$倍,线电流的相位落后对应的相电流30°。这个结论可以用一个通式表示:

$$\dot{I}_L = \sqrt{3}\,\dot{I}_P \angle -30° \tag{3-47}$$

图 3.15　对称负载三角形联接时电压和电流的相量图

在实际中,每相负载额定电压是 380V 的三相设备(例如三相感应电动机、三相电阻炉等)要采用三角形接法。

例 3.3　图 3.16 所示△接法的三相对称电路,负载阻抗 $Z = 6 + j8\Omega$,电源线电压$\dot{U}_{AB} = 380\angle 30°$V。求相电流$\dot{I}_{ABP}$和线电流$\dot{I}_{AL}$;画出电压$\dot{U}_{AB}$和电流$\dot{I}_{ABP}$、$\dot{I}_{AL}$的相量图。

解　$Z = 6 + j8 = 10\angle 53.1°(\Omega)$

$$\dot{I}_{ABP} = \frac{\dot{U}_{AB}}{Z} = \frac{380\angle 30°}{10\angle 53.1°} = 38\angle -23.1°(A)$$

$$\dot{I}_{AL} = \sqrt{3}\dot{I}_{ABP}\angle -30° = \sqrt{3}\times 38\angle -23.1°\angle -30° \approx 65.8\angle -53.1°(A)$$

电压$\dot{U}_{AB}$和电流$\dot{I}_{ABP}$、$\dot{I}_{AL}$的相量图如图 3.17 所示。

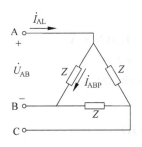

图 3.16　例 3.3 的图

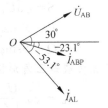

图 3.17　例 3.3 的相量图

3.3　三相电路的功率

3.3.1　三相电路的功率

不论负载是星形联接还是三角形联接,三相电路总有功功率等于各相有功功率之和,即

$$P = P_{AP} + P_{BP} + P_{CP} \tag{3-48}$$

若三相负载是对称的,各相有功功率相等,即 $P_{AP} = P_{BP} = P_{CP} = P_P$,则三相总有功功率为

$$P = 3P_P = 3U_{ZP}I_P\cos\varphi \tag{3-49}$$

式中,U_{ZP}代表每相负载电压;I_P 为每相负载中的电流;$\cos\varphi$ 为每相负载的功率因数,φ 为阻抗角。

当对称负载是星形联接时,每相负载电压就是电源的相电压,每相负载中的电流就是线电流,即

$$U_{ZP} = U_P = U_L/\sqrt{3}, \quad I_P = I_L$$

当对称负载是三角形联接时,每相负载电压就是电源的线电压,每相负载中的电流是线电流的 $1/\sqrt{3}$,即

$$U_{ZP} = U_L, \quad I_P = I_L/\sqrt{3}$$

将上述两种联接时的关系式代入式(3-49),都可以得到:

$$P = \sqrt{3}U_L I_L\cos\varphi \tag{3-50}$$

式中,U_L 是三相电源的线电压;I_L 是三相电源的线电流;$\cos\varphi$ 仍是每相负载的功率因数。

同理,可得到对称三相无功功率和视在功率的公式:

对称三相无功功率　　　　　$Q = \sqrt{3}U_L I_L\sin\varphi \tag{3-51}$

对称三相视在功率　　　　　$S = \sqrt{3}U_L I_L \tag{3-52}$

例 3.4　三相电源线电压 380V,三相对称负载 $Z = 6 + j8\Omega$。求当三相负载分别是星形接法和三角形接法时的三相总 P,Q,S。

解　$Z = 6 + j8 = 10\angle\varphi\,\Omega$,　$\cos\varphi = \dfrac{6}{10} = 0.6$,　$\sin\varphi = \dfrac{8}{10} = 0.8$

(1) 当三相负载是星形接法时

$$I_L = \frac{U_P}{|Z|} = \frac{220}{10} = 22(A)$$

$$S = \sqrt{3}U_L I_L = \sqrt{3} \times 380 \times 22 \approx 14.5(V \cdot A)$$

$$P = S\cos\varphi = 14.48 \times 0.6 \approx 8.7(kW)$$

$$Q = S\sin\varphi = 14.48 \times 0.8 \approx 11.6(kvar)$$

(2) 当三相负载是三角形接法时

$$I_L = \sqrt{3}\,\frac{U_L}{|Z|} = \sqrt{3} \times \frac{380}{10} \approx 65.82(A)$$

$$S = \sqrt{3}U_L I_L = \sqrt{3} \times 380 \times 65.82 \approx 43.3(kV \cdot A)$$

$$P = S\cos\varphi = 43.3 \times 0.6 \approx 26(kW)$$

$$Q = S\sin\varphi = 143.3 \times 0.8 \approx 34.6(kvar)$$

例 3.5　图 3.18 所示电路,在线电压为 $u_{AB} = 380\sqrt{2}\sin(314t + 30°)$V 的三相电源上接有二组三相对称负载:三角形联接的电阻负载,功率 $P_\triangle = 20$kW;星形联接的电感性负载,功率 $P_Y = 10$kW,功率因数 $\cos\varphi_Y = 0.5$。求线电流 $i_{A\triangle}$、i_{AY}、i_{AL}。

解　对于三角形接法的电阻负载,$\cos\varphi_\triangle = 1$,故

$$P_\triangle = \sqrt{3}\, U_{AB} I_{A\triangle} \cos\varphi_\triangle$$

$$I_{A\triangle} = \frac{P_\triangle}{\sqrt{3}\, U_{AB}\cos\varphi_\triangle} = \frac{20000}{\sqrt{3}\times 380\times 1} \approx 30.4(\text{A})$$

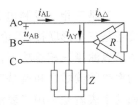

图 3.18　例 3.5 的图

因为 $\dot I_{A\triangle}$ 落后 $\dot I_{AB\triangle}$ 30°,而 $\dot I_{AB\triangle}$ 与 $\dot U_{AB}$ 同相位,所以 $\dot I_{A\triangle}$ 的初相位为 0°,因此

$$\dot I_{A\triangle} = 30.4\angle 0°(\text{A})$$

$$i_{A\triangle} = 30.4\sqrt{2}\sin 314t(\text{A})$$

对于星形接法的电感性负载,$\cos\varphi_Y = 0.5$,$\varphi_Y = 60°$,故

$$I_{AY} = \frac{P_Y}{\sqrt{3}\, U_{AB}\cos\varphi_Y} = \frac{10000}{\sqrt{3}\times 380\times 0.5} \approx 30.4(\text{A})$$

因为 $\dot I_{AY}$ 落后 $\dot U_{AN}$ 60°,而 $\dot U_{AN} = 220\angle 0°\text{V}$,所以 $\dot I_{AY}$ 的初相位为 $-60°$,因此

$$\dot I_{AY} = 30.4\angle -60°(\text{A})$$

$$i_{AY} = 30.4\sqrt{2}\sin(314t - 60°)(\text{A})$$

$$\dot I_{AL} = \dot I_{A\triangle} + \dot I_{AY} = 30.4\angle 0° + 30.4\angle -60° = 52.7\angle -30°(\text{A})$$

$$i_{AL} = 52.7\sqrt{2}\sin(314t - 30°)(\text{A})$$

3.3.2　三相电路的功率测量

1. 单相功率测量

单相功率测量使用单相功率表,接线如图 3.19(a)所示。单相功率表有 4 个接线端,其中,2 个是电流线圈,接线时与负载串联;2 个是电压线圈,接线时与负载并联。注意要将标有同极性端(同名端)符号"*"的两个接线端接在电源的同一端,否则功率表指针会反向偏转。单相功率测量电路如图 3.19(b)所示,功率表读数为

$$P = UI\cos\varphi_L$$

其中 φ_L 是负载阻抗 Z_L 的阻抗角。

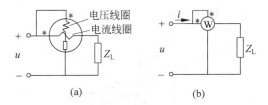

图 3.19　单相功率测量

2. 三相功率测量

三相四线制电路的三相功率测量必须用上述三个单相功率表分别测出每相的功率,然后加起来,就得到三相总功率,称为三表法测三相总功率。

若是三相三线制电路(无中线)，不论负载是星形联接还是三角形联接，不论负载是否对称，一般都采用两个功率表测量三相总功率，称为二表法测三相总功率，两个功率表的读数之和就是三相总功率。三相三线电路用三相功率表就是利用二表法原理制成的。

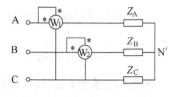

图 3.20　二表法测三相总功率原理图

二表法测三相总功率电路原理如图 3.20 所示。设三相负载为星形联接。三相瞬时功率为

$$p = p_A + p_B + p_C = u_{AN'} i_{AL} + u_{BN'} i_{BL} + u_{CN'} i_{CL} \tag{3-53}$$

因为 $i_{AL} + i_{BL} + i_{CL} = 0$，所以 $i_{CL} = -(i_{AL} + i_{BL})$，代入式(3-53)，得

$$\begin{aligned}
p &= u_{AN'} i_{AL} + u_{BN'} i_{BL} + u_{CN'} (-i_{AL} - i_{BL}) \\
&= (u_{AN'} - u_{CN'}) i_{AL} + (u_{BN'} - u_{CN'}) i_{BL} \\
&= u_{AC} i_{AL} + u_{BC} i_{BL} = p_1 + p_2
\end{aligned} \tag{3-54}$$

式(3-54)表明，三相功率可以用二表法测量。

功率表 W_1 的读数为

$$P_1 = \frac{1}{T} \int_0^T p_1 \, dt = \frac{1}{T} \int_0^T u_{AC} i_{AL} \, dt = U_{AC} I_{AL} \cos\alpha \tag{3-55}$$

其中 α 是 $\dot{U}_{AC}$ 和 $\dot{I}_{AL}$ 的相位差。

功率表 W_2 的读数为

$$P_2 = \frac{1}{T} \int_0^T p_2 \, dt = \frac{1}{T} \int_0^T u_{BC} i_{BL} \, dt = U_{BC} I_{BL} \cos\beta \tag{3-56}$$

其中 β 是 $\dot{U}_{BC}$ 和 $\dot{I}_{BL}$ 的相位差。

三相总功率为两个功率表的读数之和，即

$$\begin{aligned}
P &= \frac{1}{T} \int_0^T p \, dt = \frac{1}{T} \int_0^T (p_1 + p_2) \, dt = P_1 + P_2 \\
&= U_{AC} I_{AL} \cos\alpha + U_{BC} I_{BL} \cos\beta
\end{aligned} \tag{3-57}$$

当负载对称时，由对称星形负载的相量图(见图 3.21)可知：$\alpha = 30° - \varphi$，$\beta = 30° + \varphi$，其中 φ 是每相负载的阻抗角。所以式(3-57)为

$$\begin{aligned}
P &= U_L I_L \cos(30° - \varphi) + U_L I_L \cos(30° + \varphi) \\
&= \sqrt{3} U_L I_L \cos\varphi
\end{aligned} \tag{3-58}$$

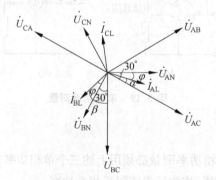

图 3.21　对称星形负载二表法测三相功率的相量图

式(3-58)与3.3.1节中推导的对称三相负载总功率的结果一致。

主要公式

（1）三相电源的线电压和相电压的关系

$$\dot{U}_{\mathrm{L}} = \sqrt{3}\,\dot{U}_{\mathrm{P}}\angle 30°$$

（2）丫接法三相对称负载的线电流和每相负载电流的关系

$$\dot{I}_{\mathrm{L}} = \dot{I}_{\mathrm{P}}$$

（3）△接法三相对称负载的线电流和每相负载电流的关系

$$\dot{I}_{\mathrm{L}} = \sqrt{3}\,\dot{I}_{\mathrm{P}}\angle -30°$$

（4）三相对称负载的功率

总（平均）功率 $\qquad P = \sqrt{3}U_{\mathrm{L}}I_{\mathrm{L}}\cos\varphi$

总无功功率 $\qquad Q = \sqrt{3}U_{\mathrm{L}}I_{\mathrm{L}}\sin\varphi$

总视在功率 $\qquad S = \sqrt{3}U_{\mathrm{L}}I_{\mathrm{L}}$

思 考 题

3.1 欲建造一个12kW的电阻炉，买来6根额定电压为220V、功率为2kW的电阻丝，图3.22中3种设计方案（第1方案：单相，并联；第2方案：三相，丫接法；第3方案：三相，△接法）哪一种正确而且合理？为什么？（三相电源是380/220V系统）

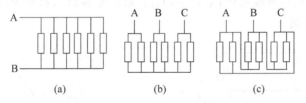

(a)   (b)   (c)

图 3.22 思考题 3.1 的图

3.2 如图3.23所示，有6个220V、60W的灯泡，A相接1个，B相接2个，C相接3个，各灯的亮度是否一样？若中线N因故障断开，灯泡亮度会出现什么现象？用计算说明原因。

3.3 实验室买来一台15kW的三相电阻炉，三角形接法，使用线电压为380V的三相电源（如图3.24所示）。问应装额定电流为多少的三相刀闸QS和熔断器FU？三相刀闸和熔断器的额定电流取线电流的2倍。

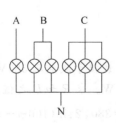

图 3.23 思考题 3.2 的图

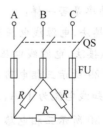

图 3.24 思考题 3.3 的图

3.4 三相电源电压不变,若将一组三角形接法的三相对称负载变成星形接法,线电流将减少到原来的几分之一？三相总平均功率将减少到原来的几分之一？

3.5 室内照明的开关 Q 一定要接在相线上,若误接在中线上(如图 3.25 所示),有什么问题？

3.6 有人将室内配电箱接成图 3.26 所示接线,有什么问题？

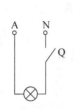

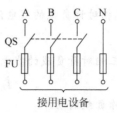

接用电设备

图 3.25 思考题 3.5 的图   图 3.26 思考题 3.6 的图

习　题

3.1 图 3.27 所示三相电路,电源相电压 $u_{AN}=220\sqrt{2}\sin314t$ V,负载阻抗 $Z=8+j6\Omega$。求线电流 i_{AL},i_{BL},i_{CL}；求该电路的三相总 P,Q,S 值；画出相电压和线电流的相量图。

3.2 图 3.28 所示三相电路,电源线电压 $\dot{U}_{AB}=380\angle30°$ V,负载阻抗 $Z=20\angle60°\Omega$。求相电流 $\dot{I}_{ABP},\dot{I}_{BCP},\dot{I}_{CAP}$ 和线电流 $\dot{I}_{AL},\dot{I}_{BL},\dot{I}_{CL}$；求该电路的三相总 P,Q,S 值；画出线电压和线电流的相量图。

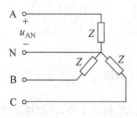

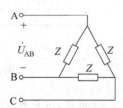

图 3.27 习题 3.1 的图   图 3.28 习题 3.2 的图

3.3 有一台三相异步电动机,其定子的三相绕组是对称的,设每相绕组的等效电阻 $R=40\Omega$,等效感抗 $X_L=64.7\Omega$。以下两种情况下每相绕组中的电流、电源的线电流、电源提供的平均功率是否一样:

(1) 绕组丫接法,电源线电压为 380V；

(2) 绕组△接法,电源线电压为 220V。

3.4 图 3.29 所示三相电路,丫接法的三相对称负载接于线电压 380V、频率 50Hz 的三相电源上,已知线电流为 10A,三相功率 $P=3291$W。求 R 和 L 之值。

3.5 图 3.30 所示三相电路,电源线电压为 $u_{AB}=380\sqrt{2}\sin(100\pi t+30°)$ V。对称负载采用△接法,线电流为 $i_{AL}=38\sqrt{3}\sin(100\pi t-45°)$ A。求 R 和 L 之值。

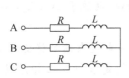

图 3.29　习题 3.4 的图

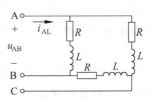

图 3.30　习题 3.5 的图

3.6　图 3.31 所示三相电路,三相电源 $\dot{U}_{AN}=220\angle 0°\text{V}$,$\dot{U}_{BN}=220\angle -120°\text{V}$,$\dot{U}_{CN}=220\angle 120°\text{V}$;三相负载 $Z_A=500\angle 60°\Omega$,$Z_B=Z_C=500\Omega$。求线电流 $\dot{I}_{AL}$、$\dot{I}_{BL}$、$\dot{I}_{CL}$、中线电流 $\dot{I}_N$ 和三相总的有功功率 P。若中线因故障断开,求中线断开后的负载电压 $\dot{U}_{AN'}$,$\dot{U}_{BN'}$,$\dot{U}_{CN'}$。画出电压和电流的相量图。

3.7　图 3.32 所示三相电路,三相电源线电压 $\dot{U}_{AB}=480\angle 30°\text{V}$。求线电流 $\dot{I}_{AL}$、$\dot{I}_{BL}$、$\dot{I}_{CL}$ 及三相总平均功率 P;画出电压和电流的相量图。

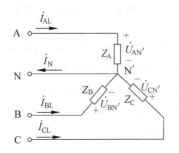

图 3.31　习题 3.6 的图

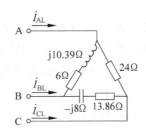

图 3.32　习题 3.7 的图

3.8　图 3.33 所示电路,在线电压为 380V 的三相电源上接有两组三相对称负载:一组是三相电阻炉,星形接法,电阻炉的功率是 20kW;另一组是三角形接法,电感性负载,$\cos\varphi=0.5$,功率 10kW。在 A 相火线上串接一个交流电流表,该电流表的读数应该是多少?

3.9　图 3.34 所示电路,在电源线电压 $u_{AB}=200\sqrt{2}\sin(\omega t+30°)\text{V}$ 三相电源上接有两组三角形接法的三相对称负载,已知 $Z_1=40\angle 30°\Omega$,$Z_2=50\angle -60°\Omega$。求线电流 i_{AL} 和总的平均功率。

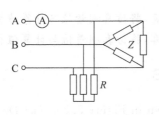

图 3.33　习题 3.8 的图

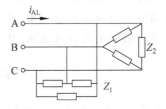

图 3.34　习题 3.9 的图

3.10 图 3.35 所示电路,在线电压为 380V 的三相电源上接有三相电感性负载 Z_1,Z_2,Z_3,当三相负载为△接法时,三相总功率 $P_\triangle = 12540W$,电流表 A_1,A_2,A_3 的读数均为 22A。

(1) 当三相负载为△接法时,若 C 相线因故障断开,各电流表读数将变为多少?

(2) 若将此三相负载变成星形接法,各电流表的读数是多少? 三相总功率 P_Y 为多少? 此时若 C 相断线,各电流表读数又将变为多少?

3.11 如图 3.36 所示电路,一组△接法对称负载连接在三相电源上,已知 $Z_\triangle = 12\angle60°\Omega$,$\dot{U}_{AB} = 200\angle30°V$,每条相线上有 4Ω 的线路电阻。求△接法对称负载的三相总有功功率 $P_\triangle$。(提示:先将△接法的负载转换成Y接法)

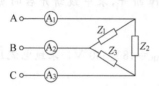

图 3.35 习题 3.10 的图

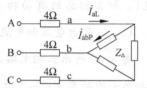

图 3.36 习题 3.11 的图

3.12 图 3.37 所示的电路是用 2 个 220V、60W 的灯泡和 1 个 $2\mu F$ 的电容组成的相序指示器。将相电压 $U_P = 220V$、频率 $f = 50Hz$ 的三相电源 A 相接电容,另两相接灯泡,则灯泡较亮的一相是 B 相,灯泡较暗的一相是 C 相。试用计算说明其原理。

3.13 图 3.38 所示是用二表法测量三相功率的电路,已知三相电源的线电压 $U_L = 380V$,相序为 ABC;W_1 的读数为 $P_1 = 1840W$,W_2 的读数为 $P_2 = 920W$。求△接法对称负载的阻抗 Z。

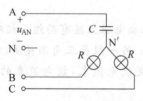

图 3.37 习题 3.12 的图

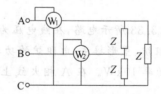

图 3.38 习题 3.13 的图

3.14(仿真题) 例 3.2 中图 3.11 所示Y接法非对称三相电路,已知 $R_1 = 10\Omega$,$R_2 = 20\Omega$,$R_3 = 40\Omega$,$u_{AN} = 311\sin(2\pi\times50t)V$。

(1) 求有中线时的三相总功率,并用三表法仿真,将仿真测量值与计算值相比较;

(2) 求无中线时的三相总功率,并用二表法仿真,将仿真测量值与计算值相比较。

PROBLEMS

3.1 A Y-connected source and load are shown in Figure 3.39. (a) Determine the current i_a. (b) Determine the total average power delivered to the load.

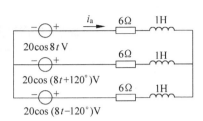

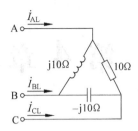

Figure 3.39

Figure 3.40

3.2 An unbalanced △-connected load is connected by three wires(Figure 3.40), $\dot{U}_{AB}=100\angle0°$V. Determine the line currents $\dot{I}_{AL}$, $\dot{I}_{BL}$, $\dot{I}_{CL}$.

3.3 The balanced circuit shown in Figure 3.41 has $\dot{U}_{ab}=245\angle30°$ V rms. Determine the line current and the phase currents in the load when $Z=10+j10\Omega$. Sketch a phasor diagram.

3.4 A three-phase system with a sequence ABC and a line-to-line voltage of 400V rms, witch is shown in Figure 3.42, feeds a Y-connected load with $Z=20\sqrt{2}\angle45°\Omega$. Find the line current I_a. Find the total power P by using two wattmeters connected to lines A and B.

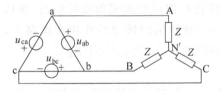

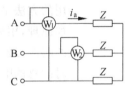

Figure 3.41

Figure 3.42

3.5 For Figure 3.43, $\dot{U}_{AB}=208\angle0°$V, $Z=10-j10\Omega$. Compute the total real, reactive, and apparent power.

3.6 A balanced △ load and a balanced Y load are connected in parallel as in Figure 3.44. $\dot{U}_{AB}=380\angle30°$V, $Z_\triangle=12+j9\Omega,Z_Y=4+j3\Omega,Z_L=1+j1.5\Omega$. Determine the line current $\dot{I}_A$ and the phase currents $\dot{I}_{Ya}$, $\dot{I}_{\triangle ab}$.

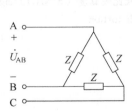

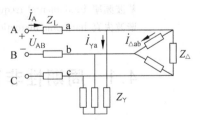

Figure 3.43

Figure 3.44

Chapter 4

周期性非正弦波形

在第 2 章和第 3 章中介绍的都是正弦交流电路,电路中的电压和电流的波形都是正弦波。在电工和电子中还常见到其他一些波形例如脉冲波、方波、三角波等,这些波形都是周期性的,但不是正弦波,称为周期性非正弦波形。

将电源或信号源作用于电路上称为**激励**,在电源或信号源作用下电路中产生的电压和电流称为**响应**。当电路的激励波形为周期性非正弦波形时,如何求电路的响应,是本章要讨论的主要问题。通常采用的方法是:先将周期性非正弦波形分解成傅里叶级数,然后采用叠加原理,用傅里叶级数的每一项作为激励单独作用在电路上,求电路的响应,最后将所有项的响应加起来,就是该周期性非正弦波形激励时的总的响应。

本章主要介绍周期性非正弦波形的傅里叶级数的分解方法,以及如何采用叠加原理求电路的响应。此外还介绍周期性非正弦波形的有效值的计算方法和周期性非正弦电路的平均功率的计算方法。

关键术语 Key Terms

非正弦波形 nonsinusoidal waveform
周期性波形 periodic waveform
傅里叶级数 Fourier series
基波 fundamental
谐波 harmonic
基波频率 fundamental frequency
谐波失真 harmonic distortion

频谱 frequency spectrum
频谱分析 spectrum analysis
频率响应 frequency response
总谐波失真(THD)total harmonic distortion
信噪比失真度(SINAD)signal noise distortion

4.1 周期性非正弦波形

在电工电子中常见到各种周期性非正弦波形,一些常见的周期性非正弦波形如图 4.1 所示。其中图 4.1(a)是数字电路中的多谐振荡器产生的脉冲波,(b)和(c)是模拟电路中波形发生器产生的三角波和锯齿波,(d)是正弦量和直流量共同作用下电路的波形,(e)是方波作用于 RC 电路时电容的充放电波形,(f)是正弦电压经二极管全波整流后的输出波形。

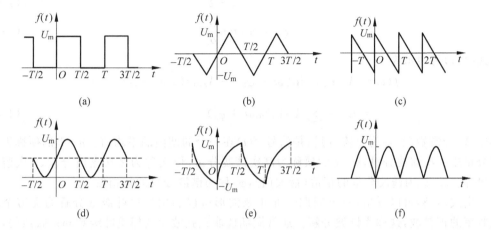

图 4.1　周期性非正弦波形

　　归纳起来,电路中出现周期性非正弦波形的原因主要有以下 4 种。

　　(1)数字电路或模拟电路的自激振荡器产生周期性非正弦波形。

　　(2)线性电路在多个不同频率的正弦量(包括直流量)共同激励下,电路的响应是周期性非正弦波形。

　　(3)线性电路在周期性非正弦量激励下,电路的响应是周期性非正弦波形。

　　(4)电路中有非线性元件,虽然激励是正弦量,但响应会产生周期性非正弦波形。

4.2　傅里叶级数

　　从数学角度,一切满足狄里赫利条件(在一个周期内包含有限个最大值和最小值以及有限个第一类间断点)的周期函数都可以展开为傅里叶级数。而电工电子中的周期性非正弦波形都满足狄里赫利条件,因此周期性非正弦波形都可以用傅里叶级数来表示。

　　周期为 T 的非正弦信号 $f(t)$,其傅里叶级数如下:

$$f(t) = A_0 + a_1\cos\omega t + a_2\cos 2\omega t + \cdots + a_n\cos n\omega t + \cdots$$
$$+ b_1\sin\omega t + b_2\sin 2\omega t + \cdots + b_n\sin n\omega t + \cdots \qquad (4\text{-}1)$$

式中, n 为正整数; ω 称为基波角频率,由原函数 $f(t)$ 的周期 T 决定,即

$$\omega = \frac{2\pi}{T} \qquad (4\text{-}2)$$

每项的系数 A_0、a_n、b_n 称为傅里叶系数,傅里叶系数用 $f(t)$ 在一个周期内的积分求得:

$$A_0 = \frac{1}{T}\int_0^T f(t)\mathrm{d}t \qquad (4\text{-}3)$$

$$a_n = \frac{2}{T}\int_0^T f(t)\cos n\omega t\,\mathrm{d}t \qquad (4\text{-}4)$$

$$b_n = \frac{2}{T}\int_0^T f(t)\sin n\omega t\, dt \tag{4-5}$$

若令

$$A_n = \sqrt{a_n^2 + b_n^2} \tag{4-6}$$

$$\varphi_n = \arctan\frac{a_n}{b_n} \tag{4-7}$$

则式(4-1)可表示为

$$f(t) = A_0 + A_1\sin(\omega t + \varphi_1) + A_2\sin(2\omega t + \varphi_2) + \cdots$$

$$= A_0 + \sum_{n=1}^{\infty} A_n\sin(n\omega t + \varphi_n) \tag{4-8}$$

其中 A_0 为常数项,称为直流分量,是信号 $f(t)$ 在一个周期内的平均值。$n=1$ 的项称为基波分量或一次谐波分量,$n>1$ 的项称为高次谐波分量,依次称为 2 次谐波分量、3 次谐波分量等。A_n 称为谐波分量的幅值(最大值),φ_n 称为谐波分量的初相位。

由式(4-8)可以看出,一个周期性非正弦波形可以利用傅里叶级数分解为无穷个不同频率的正弦波,这称为**谐波分解**。通常周期性非正弦波形的傅里叶级数都是收敛的,谐波频率越高,其幅度越小。因此在谐波分解计算时,一般只取前几项,而将高次谐波忽略不计,当然,这样会产生一定的误差。

由式(4-8)也可以看出,用无穷个或有限个正弦波(包括直流量)的叠加可以合成一个周期性非正弦波形。

例 4.1　求图 4.2 所示周期性脉冲波形的傅里叶级数。

解　$\omega = 2\pi/T$,由图知

$$u(t) = \begin{cases} 2, & 0 < t < T/2 \\ 0, & T/2 < t < T \end{cases}$$

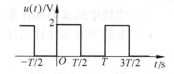

图 4.2　例 4.1 的图

则根据公式(4-4)、式(4-5),

$$A_0 = \frac{1}{T}\int_0^T f(t)\, dt = \frac{1}{T}\int_0^{T/2} 2\, dt = 1$$

$$a_n = \frac{2}{T}\int_0^T f(t)\cos n\omega t\, dt = \frac{4}{T}\int_0^{\frac{T}{2}}\cos n\omega t\, dt$$

$$= \frac{4}{T}\left[\left(\frac{1}{n\omega}\right)\sin n\omega t\right]_0^{\frac{T}{2}} = \frac{2}{n\pi}\sin n\pi = 0$$

$$b_1 = \frac{2}{T}\int_0^T f(t)\sin\omega t\, dt = \frac{4}{T}\int_0^{\frac{T}{2}}\sin\omega t\, dt = \frac{4}{T}\left[-\left(\frac{1}{\omega}\right)\cos\omega t\right]_0^{\frac{T}{2}} = \frac{4}{\pi}$$

$$b_2 = \frac{2}{T}\int_0^T f(t)\sin 2\omega t\, dt = \frac{4}{T}\int_0^{\frac{T}{2}}\sin 2\omega t\, dt = \frac{4}{T}\left[-\left(\frac{1}{2\omega}\right)\cos 2\omega t\right]_0^{\frac{T}{2}} = 0$$

$$b_3 = \frac{2}{T}\int_0^T f(t)\sin 3\omega t\, dt = \frac{4}{T}\int_0^{\frac{T}{2}}\sin 3\omega t\, dt = \frac{4}{T}\left[-\left(\frac{1}{3\omega}\right)\cos 3\omega t\right]_0^{\frac{T}{2}} = \frac{4}{3\pi}$$

由以上计算可知,对于 n 的奇数值,$b_n = 4/n\pi$;而对于 n 的偶数值,$b_n = 0$。所以 $u(t)$ 的傅里叶级数为

$$u(t) = 1 + \frac{4}{\pi}\sum_{n=1}^{\infty}\frac{1}{n}\sin n\omega t, \quad n = 1, 3, 5, \cdots \tag{4-9}$$

一些常见波形的傅里叶级数见表 4.1。

表 4.1 一些常见周期性非正弦波形的傅里叶级数

名称	波 形	傅里叶级数
方波		$f(t) = \dfrac{4U_m}{\pi}\left(\sin\omega t + \dfrac{1}{3}\sin3\omega t + \dfrac{1}{5}\sin5\omega t + \cdots\right)$
矩形脉冲		$f(t) = \dfrac{U_m}{2} + \dfrac{2U_m}{\pi}\left(\cos\omega t - \dfrac{1}{3}\cos3\omega t + \dfrac{1}{5}\cos5\omega t - \cdots\right)$
矩形脉冲		$f(t) = \dfrac{U_m}{2} + \dfrac{2U_m}{\pi}\left(\sin\omega t + \dfrac{1}{3}\sin3\omega t + \dfrac{1}{5}\sin5\omega t + \cdots\right)$
三角波		$f(t) = \dfrac{U_m}{2} - \dfrac{4U_m}{\pi^2}\left(\cos\omega t + \dfrac{1}{3^2}\cos3\omega t + \dfrac{1}{5^2}\cos5\omega t + \cdots\right)$
三角波		$f(t) = \dfrac{U_m}{2} + \dfrac{4U_m}{\pi^2}\left(\cos\omega t + \dfrac{1}{3^2}\cos3\omega t + \dfrac{1}{5^2}\cos5\omega t + \cdots\right)$
锯齿波		$f(t) = \dfrac{U_m}{2} - \dfrac{U_m}{\pi}\left(\sin\omega t + \dfrac{1}{2}\sin2\omega t + \dfrac{1}{3}\sin3\omega t + \cdots\right)$
锯齿波		$u_2(t) = \dfrac{2U}{\pi}\left(\sin\omega t - \dfrac{1}{2}\sin2\omega t + \dfrac{1}{3}\sin3\omega t - \dfrac{1}{4}\sin4\omega t + \cdots\right)$
全波整流		$f(t) = \dfrac{2U_m}{\pi} - \dfrac{4U_m}{\pi}\left(\dfrac{\cos2\omega t}{1\times3} + \dfrac{\cos4\omega t}{3\times5} + \dfrac{\cos6\omega t}{5\times7} + \cdots\right)$
半波整流		$f(t) = \dfrac{U_m}{\pi} + \dfrac{U_m}{2}\sin\omega t - \dfrac{2U_m}{\pi}\left(\dfrac{\cos2\omega t}{1\times3} + \dfrac{\cos4\omega t}{3\times5} + \dfrac{\cos6\omega t}{5\times7} + \cdots\right)$

4.3　傅里叶频谱

由 4.2 节可知,一个周期性非正弦波形 $f(t)$ 可以用傅里叶级数表示:

$$f(t) = A_0 + \sum_{n=1}^{\infty} A_n \sin(n\omega t + \varphi_n)$$

将 $|A_0|$ 和 A_n 对于 $n\omega$ 的函数关系画成如图 4.3(a)所示的图形,称为 $f(t)$ 的**幅度频谱**。将 φ_n 对于 $n\omega$ 的函数关系画成如图 4.3(b)所示的图形,称为 $f(t)$ 的**相位频谱**。幅度频谱和相位频谱统称为 $f(t)$ 的**傅里叶频谱**,傅里叶频谱能够直观地看出一个周期性非正弦信号分解后各次谐波的幅度和初相位随频率的变化情况。

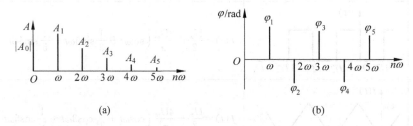

图 4.3　傅里叶频谱图

例 4.2　画出图 4.4 所示周期性脉冲波形的频谱图。

解　查表 4.1 可知,图 4.4 所示波形的傅里叶级数为

$$u(t) = \frac{U_m}{2} + \frac{2U_m}{\pi}\left(\cos\omega t - \frac{1}{3}\cos3\omega t + \frac{1}{5}\cos5\omega t - \cdots\right)$$

图 4.4　例 4.2 的图

代入数据,得

$$u(t) = \frac{10}{2} + \frac{2\times10}{\pi}\left(\cos\omega t - \frac{1}{3}\cos3\omega t + \frac{1}{5}\cos5\omega t - \cdots\right)$$

$$= 5 + 6.4\sin\left(\omega t + \frac{\pi}{2}\right) + 2.1\sin\left(3\omega t - \frac{\pi}{2}\right)$$

$$+ 1.3\sin\left(5\omega t + \frac{\pi}{2}\right) - \cdots (\text{V})$$

由上式,可以画出 $u(t)$ 的幅度频谱和相位频谱,分别如图 4.5 的(a)和(b)所示。

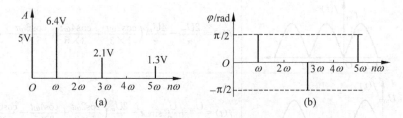

图 4.5　例 4.2 傅里叶频谱图

4.4 周期性非正弦波形的有效值

从第 2 章可知,周期性电压 u 的有效值的定义为

$$U = \sqrt{\frac{1}{T}\int_0^T u^2(t)\,\mathrm{d}t} \tag{4-10}$$

式(4-10)不仅适用于正弦量,也适用于周期性非正弦量。

设周期性非正弦电压 u 的傅里叶级数为

$$u(t) = U_0 + \sum_{n=1}^{\infty} U_{nm}\sin(n\omega t + \varphi_n)$$

则这个电压的有效值为

$$U = \sqrt{\frac{1}{T}\int_0^T \left[U_0 + \sum_{n=1}^{\infty} U_{nm}\sin(n\omega t + \varphi_n)\right]^2 \mathrm{d}t} \tag{4-11}$$

将式(4-11)中的平方式展开,可得到下列 4 种类型的积分项:

① $\dfrac{1}{T}\displaystyle\int_0^T U_0^2\,\mathrm{d}t = U_0^2$

② $\dfrac{1}{T}\displaystyle\int_0^T \sum_{n=1}^{\infty}\left[U_m\sin(n\omega t + \varphi_n)\right]^2\mathrm{d}t = \frac{1}{2}\sum_{n=1}^{\infty} U_{nm}^2$

③ $\dfrac{1}{T}\displaystyle\int_0^T 2U_0\sum_{n=1}^{\infty} U_{nm}\sin(n\omega t + \varphi_n)\,\mathrm{d}t = 0$

④ $\dfrac{1}{T}\displaystyle\int_0^T \sum_{p=1}^{\infty}\sum_{q=1}^{\infty} 2\left[U_{pm}\sin(p\omega t + \varphi_p)\right]\left[U_{qm}\sin(q\omega t + \varphi_q)\right]\mathrm{d}t = 0, \quad p \neq q$

因此式(4-11)可以写为

$$U = \sqrt{U_0^2 + \frac{1}{2}\sum_{n=1}^{\infty} U_{nm}^2} = \sqrt{U_0^2 + \sum_{n=1}^{\infty} U_n^2} = \sqrt{U_0^2 + U_1^2 + U_2^2 + \cdots} \tag{4-12}$$

其中,U_0 为直流分量;$U_1,U_2,\cdots$为各次谐波电压的有效值,且 $U_1 = U_{1m}/\sqrt{2}$,$U_2 = U_{2m}/\sqrt{2}$,$\cdots$

同理可以推导周期性非正弦电流 i 的有效值为

$$I = \sqrt{I_0^2 + I_1^2 + I_2^2 + \cdots} \tag{4-13}$$

其中,I_0 为直流分量;$I_1,I_2,\cdots$为各次谐波电流的有效值。

例 4.3 用傅里叶级数求图 4.6 所示三角波的平均值和有效值。

解 查表 4.1 可知,图 4.6 所示三角波的傅里叶级数为

$$u(t) = \frac{U_m}{2} - \frac{4U_m}{\pi^2}\left(\cos\omega t + \frac{1}{3^2}\cos3\omega t + \frac{1}{5^2}\cos5\omega t + \cdots\right)$$

代入数据,得

$$u(t) = 1 - 0.81\cos\omega t - 0.09\cos3\omega t - 0.03\cos5\omega t + \cdots(\mathrm{V})$$

其平均值为

$$U_{AV} = U_0 = 1(\mathrm{V})$$

其有效值为(只近似计算到 5 次谐波)

$$U = \sqrt{U_0^2 + \frac{1}{2}\sum_{n=1}^{\infty}U_{nm}^2} \approx \sqrt{U_0^2 + \frac{1}{2}(U_{1m}^2 + U_{3m}^2 + U_{5m}^2)}$$

$$= \sqrt{1^2 + \frac{1}{2}(0.81^2 + 0.09^2 + 0.03^2)} \approx 1.15(\text{V})$$

例 4.4　用积分公式求图 4.7 所示半波整流电压的平均值和有效值。

解　由图知，

$$\begin{cases} u(t) = U_m\sin\omega t, & 0 \leqslant t < T/2 \\ u(t) = 0, & T/2 \leqslant t < T \end{cases}$$

平均值为

$$U_{AV} = \frac{1}{T}\int_0^T u(t)\,\mathrm{d}t = \frac{1}{T}\int_0^{T/2} U_m\sin\omega t\,\mathrm{d}t = \frac{U_m}{\pi}$$

有效值为

$$U = \sqrt{\frac{1}{T}\int_0^T u^2(t)\,\mathrm{d}t} = \sqrt{\frac{1}{T}\int_0^{T/2}(U_m\sin\omega t)^2\,\mathrm{d}t} = \frac{U_m}{2}$$

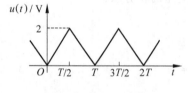

图 4.6　例 4.3 的图

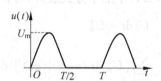

图 4.7　例 4.4 的图

4.5　周期性非正弦电路的计算

因为一个周期性非正弦波形可以分解成傅里叶级数，又可以将傅里叶级数看成是一个直流量和一系列不同频率的正弦量的叠加，因此，当一个线性电路的激励为周期性非正弦信号(电压源或电流源)时，在电路中产生的响应(电压或电流)可以用叠加原理来求。即，首先将周期性非正弦信号分解为傅里叶级数，然后分别求出直流分量和各频率正弦分量的响应，再将这些响应叠加起来，就得到该周期性非正弦信号激励下的总响应。

因为信号的傅里叶级数有无穷项，所以在电路中的响应也有无穷项。通常只计算傅里叶级数的前几项，这样在计算电压和电流的有效值时会带来一定的误差。

例 4.5　图 4.8(a)所示电路是一个 RC 低通滤波器，输入信号 u_i 是全波整流电压(见图 4.8(b))，$T=0.02s$。求输出电压 u_o(要求计算到 4 次谐波)，并用 u_o 的前两项近似画出 u_o 的波形。

解
$$\omega = \frac{2\pi}{T} = \frac{2\pi}{0.02} \approx 314\text{rad/s}$$

查表 4.1 可知，全波整流电压 u_i 的傅里叶级数为

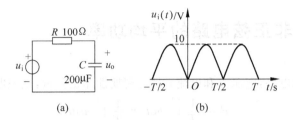

图 4.8　例 4.5 的图

$$u_i(t) = \frac{2 \times 10}{\pi} - \frac{4 \times 10}{\pi}\left(\frac{\cos 2\omega t}{1 \times 3} + \frac{\cos 4\omega t}{3 \times 5} + \cdots\right)$$

$$= 6.37 + 4.24\sin(628t - 90°) + 0.85\sin(1256t - 90°) + \cdots(\text{V})$$

下面分别计算直流分量和各次谐波单独作用时的输出电压。

（1）对于直流分量 $U_0 = 6.37$V

$$u_{o0} = U_0 = 6.37\text{V}$$

（2）对于 2 次谐波 $u_2 = 4.28\sin(628t - 90°)$V

$$X_{C2} = \frac{1}{628 \times 200 \times 10^{-6}} = 7.96\Omega$$

$$\dot{U}_{o2} = \frac{-jX_{C2}}{R - jX_{C2}}\dot{U}_{2m} = \frac{-j7.96}{100 - j7.96} \times 4.28\angle-90° \approx 0.34\angle-175°(\text{V})$$

所以 $u_{o2} = 0.34\sin(628t - 175°)(\text{V})$。

（3）对于 4 次谐波 $u_4 = 0.85\sin(1256t - 90°)(\text{V})$

$$X_{C4} = \frac{1}{1256 \times 200 \times 10^{-6}} = 3.98\Omega$$

$$\dot{U}_{o4} = \frac{-jX_{C4}}{R - jX_{C4}}\dot{U}_{4m} = \frac{-j3.98}{100 - j3.98} \times 0.85\angle-90° \approx 0.03\angle-178°(\text{V})$$

所以 $u_{o4} = 0.03\sin(1256t - 178°)(\text{V})$。

应用叠加原理，输出电压 u_o 为

$$u_o = u_{o0} + u_{o2} + u_{o4} + \cdots$$

$$= 6.37 + 0.34\sin(628t - 175°) + 0.03\sin(1256t - 178°) + \cdots(\text{V})$$

取 u_o 的前两项，则 $u_o \approx 6.37 + 0.34\sin(628t - 175°)$
V，近似画出 u_o 的波形图如图 4.9 所示。由图 4.9 可以
直观地看到低通滤波器的效果，全波整流电压 u_i 是一
个脉动幅度较大的直流电压，经 RC 低通滤波器后，将
u_i 中的高次谐波衰减，得到的输出电压 u_o 是一个脉动
幅度较小的直流电压。

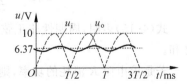

图 4.9　例 4.5 波形图

4.6 周期性非正弦电路的平均功率

如图 4.10 所示电路,电压 u 和电流 i 都是周期性非正弦量,则该电路的平均功率为

$$P = \frac{1}{T}\int_0^T p\mathrm{d}t = \frac{1}{T}\int_0^T ui\,\mathrm{d}t \tag{4-14}$$

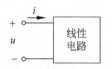

图 4.10 周期性非正弦
电路的功率

其中 p 为该电路的瞬时功率,$p = ui$。

设电压 u 和电流 i 的傅里叶级数分别为

$$u = U_0 + \sum_{n=1}^{\infty} U_{nm}\sin(n\omega t + \varphi_{un})$$

$$i = I_0 + \sum_{n=1}^{\infty} I_{nm}\sin(n\omega t + \varphi_{in})$$

将 u 和 i 代入式(4-14)并展开,可得到下列 5 项积分:

① $\dfrac{1}{T}\displaystyle\int_0^T U_0 I_0 \mathrm{d}t = U_0 I_0$

② $\dfrac{1}{T}\displaystyle\int_0^T U_0 \sum_{n=1}^{\infty} I_{nm}\sin(n\omega t + \varphi_{in})\mathrm{d}t = 0$

③ $\dfrac{1}{T}\displaystyle\int_0^T I_0 \sum_{n=1}^{\infty} U_{nm}\sin(n\omega t + \varphi_{un})\mathrm{d}t = 0$

④ $\dfrac{1}{T}\displaystyle\int_0^T \sum_{p=1}^{\infty}\sum_{q=1}^{\infty} U_{pm}I_{qm}\sin(p\omega t + \varphi_{up})\sin(q\omega t + \varphi_{iq})\mathrm{d}t = 0,(p \neq q)$

⑤ $\dfrac{1}{T}\displaystyle\int_0^T \sum_{n=1}^{\infty} U_{nm}I_{nm}\sin(n\omega t + \varphi_{un})\sin(n\omega t + \varphi_{in})\mathrm{d}t = \sum_{n=1}^{\infty} U_n I_n\cos(\varphi_{un} - \varphi_{in})$

$$= \sum_{n=1}^{\infty} U_n I_n\cos\varphi_n$$

其中,φ_n 为 n 次谐波电压与 n 次谐波电流的相位差。

因此,式(4-14)所表示的平均功率为

$$P = U_0 I_0 + \sum_{n=1}^{\infty} U_n I_n\cos\varphi_n = P_0 + P_1 + P_2 + \cdots \tag{4-15}$$

式(4-15)表明,周期性非正弦电路的功率等于直流分量和各次谐波分量的平均功率之和。

若是求电阻 R 消耗的功率,则可以使用如下公式:

$$P = \frac{U_0^2}{R} + \frac{U_1^2}{R} + \frac{U_2^2}{R} + \cdots = I_0^2 R + I_1^2 R + I_2^2 R + \cdots \tag{4-16}$$

例 4.6 在图 4.10 所示电路中,若 $u = 50 + 10\sin\omega t + 5\sin2\omega t + 2\sin3\omega t\,\mathrm{V}$,$i = 4 +$

$2\sin(\omega t - 30°) + 0.4\sin(2\omega t + 90°) + 0.2\sin(3\omega t - 60°)$A，求该电路的平均功率。

解 $P = U_0 I_0 + \sum\limits_{n=1}^{3} U_n I_n \cos\varphi_n$

$$= 50 \times 4 + \left(\frac{10}{\sqrt{2}}\right)\left(\frac{2}{\sqrt{2}}\right)\cos 30° + \left(\frac{5}{\sqrt{2}}\right)\left(\frac{0.4}{\sqrt{2}}\right)\cos(-90°) + \left(\frac{2}{\sqrt{2}}\right)\left(\frac{0.2}{\sqrt{2}}\right)\cos 60°$$

$$\approx 200 + 8.7 + 0 + 0.1 = 208.8(\text{W})$$

例 4.7 图 4.11 所示交直流混合电路，已知 $u = 20\sqrt{2}\sin 1000 t$V，$U_S = 10$V，$I_S = 0.1$A，$R_1 = R_2 = 100\Omega$，$C = 20\mu$F。求电阻 R_2 中的电流 i_2 及电阻 R_2 消耗的功率 P_{R2}，并画出电流 i_2 的波形图。

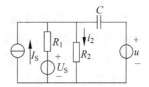

图 4.11 例 4.7 的电路图

解 （1）先画出该电路的直流通道如图 4.12(a)所示，求 i_2 的直流分量 $I_{2(0)}$，

$$I_{2(0)} = \frac{I_S}{2} + \frac{U_S}{R_1 + R_2} = \frac{0.1}{2} + \frac{10}{100 + 100} = 0.1(\text{A})$$

（2）再画出该电路的交流通道如图 4.12(b)所示，求 i_2 的交流分量 $i_{2(1)}$，

$$X_C = \frac{1}{\omega C} = \frac{1}{1000 \times 20 \times 10^{-6}} = 50(\Omega)$$

$$\dot{I}_{2(1)} = \frac{\dot{U}}{R_1 /\!/ R_2 - jX_C} \times \frac{1}{2} = \frac{20\angle 0°}{100 /\!/ 100 - j50} \times \frac{1}{2}$$

$$= 0.1\sqrt{2}\angle 45°(\text{A})$$

$$i_{2(1)} = 0.2\sin(1000t + 45°)(\text{A})$$

应用叠加原理，有

$$i_2 = I_{2(0)} + i_{2(1)} = 0.1 + 0.1\sin(1000t + 45°)(\text{A})$$

所以

$$P_{R2} = I_{2(0)}^2 R_2 + I_{2(1)}^2 R_2 = 0.1^2 \times 100 + \left(\frac{0.1}{\sqrt{2}}\right)^2 \times 100 = 1.5(\text{W})$$

电流 i_2 的波形图如图 4.12(c)所示。

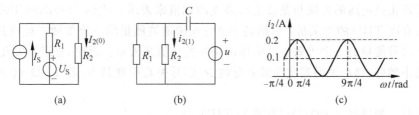

(a)　　　　　　　　　(b)　　　　　　　　　(c)

图 4.12 例 4.7 的解答用图

4.7　失真度

　　Multisim 计算机电路仿真软件中提供虚拟失真分析仪用来测量信号的失真度。失真分为两种类型：(1)谐波失真；(2)交互调制失真。本节只介绍谐波失真。

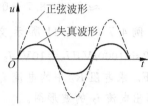

　　当正弦电压信号通过一非线性电路(例如晶体管放大器)后波形可能发生畸变，称为信号失真，失真波形如图 4.13 所示。这种失真信号仍是周期性信号，但不再是单一频率的正弦波，而是含有多种谐波成分的波形，这种失真就称为**谐波失真**。

图 4.13　失真波形示意图

　　信号失真的程度称为**失真度**。谐波失真度有两种定义：**总谐波失真度**和**信噪比失真度**。

　　(1) 总谐波失真度(THD)

　　设失真电压信号 u 的直流分量 $A_0 = 0$。将 u 进行傅里叶级数分解后(Multisim 仿真软件中是采用快速傅里叶变换(FFT)计算出傅里叶级数的各项系数)，可以表示为

$$u = A_1 u_1 + A_2 u_2 + A_3 u_3 + A_4 u_4 + \cdots$$

式中，u_1、u_2、u_3、u_4 是正弦波表达式。其中，u_1 是基波；u_2、u_3、u_4 是高次谐波；A_1、A_2、A_3、A_4 是各次谐波的幅度。

　　总谐波失真度又有两种标准：IEEE 标准的总谐波失真度 THD_{IEEE} 和 ANSI/IEC 标准的总谐波失真度 $\text{THD}_{\text{ANSI/IEC}}$，这两种标准的定义如下。

　　IEEE 标准的总谐波失真度：

$$\text{THD}_{\text{IEEE}} = \frac{\sqrt{A_2^2 + A_3^2 + A_4^2 + \cdots}}{|A_1|} \tag{4-17}$$

　　ANSI/IEC 标准的总谐波失真度：

$$\text{THD}_{\text{ANSI/IEC}} = \frac{\sqrt{A_2^2 + A_3^2 + A_4^2}}{\sqrt{A_1^2 + A_2^2 + A_3^2 + A_4^2 + \cdots}} \tag{4-18}$$

失真度的大小用％或 dB 表示。

　　式(4-17)IEEE 标准的总谐波失真度 THD 的含义是：用相当于总的高次谐波能量的一个等效正弦电压的幅度与基波电压幅度的比值来表示。式(4-18)ANSI/IEC 标准的总谐波失真度 THD 的含义是：用相当于总的高阶谐波能量的一个等效正弦电压的幅度与相当于信号能量的一个等效正弦电压的幅度的比值来表示。因此，总谐波失真度 THD 的数值越小越好，越小说明高次谐波成分越少，信号失真程度越小，若 THD＝0 说明信号不失真。

　　使用时一般选择 ANSI/IEC 标准的 THD。

　　(2) 信噪比失真度(SINAD)

　　信噪比失真度用 ANSI/IEC 标准的 THD 的倒数再求对数表示，即

$$\text{SINAD} = -20\lg\left(\frac{1}{\text{THD}_{\text{ANSI/IEC}}}\right)\text{dB} \tag{4-19}$$

信噪比失真度 SINAD 数值越大越好,越大说明信号不失真或失真程度很小。

例 4.8 设失真电压信号 $u = 10\sin(2\pi \times 1000t) + 10\sin(2\pi \times 2000t)\text{V}$,其仿真波形如图 4.14 所示,认为此信号中 1000Hz 的分量是基波,2000Hz 的分量是 2 次谐波。求 u 的总谐波失真度 $\text{THD}_{\text{ANSI/IEC}}$。

解 $A_1 = 10, A_2 = 10, A_3 = A_4 = \cdots = 0$

$$\text{THD}_{\text{ANSI/IEC}} = \frac{A_2}{\sqrt{A_1^2 + A_2^2}} = \frac{10}{\sqrt{10^2 + 10^2}} \approx 0.707$$

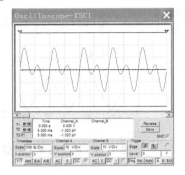

图 4.14 例 4.8 的图

主要公式

(1) 周期为 T 的非正弦波形 $f(t)$ 的傅里叶级数

$$f(t) = A_0 + a_1\cos\omega t + a_2\cos2\omega t + \cdots + a_n\cos n\omega t + \cdots$$
$$+ b_1\sin\omega t + b_2\sin2\omega t + \cdots + b_n\sin n\omega t + \cdots$$

$$A_0 = \frac{1}{T}\int_0^T f(t)\mathrm{d}t$$

$$a_n = \frac{2}{T}\int_0^T f(t)\cos n\omega t\,\mathrm{d}t$$

$$b_n = \frac{2}{T}\int_0^T f(t)\sin n\omega t\,\mathrm{d}t$$

式中,$\omega = 2\pi/T$。

(2) 周期性非正弦电压、电流的有效值

$$U = \sqrt{\frac{1}{T}\int_0^T u^2(t)\mathrm{d}t}, \quad I = \sqrt{\frac{1}{T}\int_0^T i^2(t)\mathrm{d}t}$$

$$U = \sqrt{U_0^2 + U_1^2 + U_2^2 + \cdots}$$

$$I = \sqrt{I_0^2 + I_1^2 + I_2^2 + \cdots}$$

(3) 周期性非正弦电路的平均功率

$$P = P_0 + P_1 + P_2 + \cdots = U_0 I_0 + \sum_{n=1}^{\infty} U_n I_n \cos\varphi_n$$

思 考 题

4.1 如图 4.15 所示的周期性信号 $f(t)$,若其傅里叶级数为 $f(t) = \frac{4U_\mathrm{m}}{\pi^2}\sum_{k=1}^{\infty}\frac{1}{k^2}\cos(k\omega t)$,判断该傅里叶级数是否正确。(提示:用平均值判断)

4.2　图 4.16 所示的周期性信号 $u(t)$，其傅里叶级数为 $u(t)=\dfrac{U_m}{2}+$ $\dfrac{2U_m}{\pi}\left(\cos\omega t-\dfrac{1}{3}\cos3\omega t+\dfrac{1}{5}\cos5\omega t-\dfrac{1}{7}\cos7\omega t+\cdots\right)\mathrm{V}$，画出其幅度频谱图和相位频谱图。

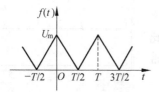

图 4.15　思考题 4.1 的图

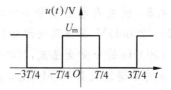

图 4.16　思考题 4.2 的图

4.3　两周期性波形叠加后的波形的傅里叶级数是这两个波形的傅里叶级数的叠加。已知图 4.17(a)、(b) 波形的傅里叶级数分别为

$$u_1(t)=\frac{2U}{\pi}\left(-\sin\omega t-\frac{1}{3}\sin3\omega t-\frac{1}{5}\sin5\omega t-\cdots\right)\mathrm{V}$$

$$u_2(t)=\frac{2U}{\pi}\left(\sin\omega t-\frac{1}{2}\sin2\omega t+\frac{1}{3}\sin3\omega t-\frac{1}{4}\sin4\omega t+\frac{1}{5}\sin5\omega t-\cdots\right)\mathrm{V}$$

设 $u=u_1+u_2$，画出 u 的波形图，写出 u 的傅里叶级数。

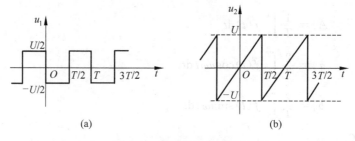

(a)　　　　　　　　　　　　(b)

图 4.17　思考题 4.3 的图

4.4　一电源 $u=5+4\sin\omega t+3\sin2\omega t+2\sin3\omega t\mathrm{V}$，其输出电流为 $i=4+3\sin\omega t+2\sin(2\omega t+53.1°)+\sin(3\omega t-60°)\mathrm{A}$。求电压、电流的有效值。并问如何计算电源的输出平均功率？

习　题

4.1　求如图 4.18 所示的周期性信号 $u(t)$ 的傅里叶级数（只计算到 3 次谐波），并求 $u(t)$ 的平均值和有效值。

4.2　求如图 4.19 所示的周期性信号 $u(t)$ 的傅里叶级数（只计算到 3 次谐波），并求 $u(t)$ 的平均值和有效值。

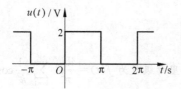

图 4.18　习题 4.1 的图

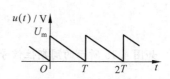

图 4.19　习题 4.2 的图

4.3　如图 4.20 所示波形是正弦电压 $u = 220\sqrt{2}\sin\omega t$ V 经晶闸管全波可控整流后的电压波形，$\omega = 100\pi$ rad/s，控制角 $0 \leqslant \alpha \leqslant \pi$。求该波形的平均值 U_{1AV} 和有效值 U_1。

4.4　如图 4.21 所示电路，已知 $R_1 = R_3 = 6\Omega$，$R_2 = 3\Omega$，$u_1 = 24\sqrt{2}\sin(2\pi \times 100t)$ V，$u_2 = 12\sqrt{2}\sin(2\pi \times 500t)$ V。求各支路电流的有效值 I_1、I_2、I_3，各电阻消耗的功率 P_1、P_2、P_3，各电源的输出功率 P_{u1}、P_{u2}。

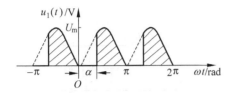

图 4.20　习题 4.3 的图

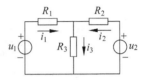

图 4.21　习题 4.4 的图

4.5　图 4.22 所示电路，已知 $u_1 = 10\sin t$ V，$u_2 = 4\sin 2t$ V。当 u_1 单独作用时测得 $i = i_1 = 10\sin t$ A，当 u_2 单独作用时测得 $i = i_2 = 2.22\sin(2t - 56.31°)$ A。求该电路的等效串联 R、L、C 之值。

4.6　利用串联谐振或并联谐振原理滤波的电路称为谐振滤波器。图 4.23 所示谐振滤波电路，已知 $u_i = \sin 100t + 5\sin 200t$ V，$L_1 = 0.5$ H。要求 $u_o = 5\sin 200t$ V。求：(1) C_1；(2) 在 a、b 之间应该接入一个电容还是一个电感？求其值。

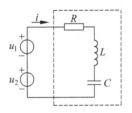

图 4.22　习题 4.5 的图

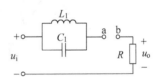

图 4.23　习题 4.6 的图

4.7　图 4.24 所示电路，已知 $u_i = 10\sqrt{2}\sin 1000t$ V，$R_1 = R_2 = 4$kΩ，$R_3 = 2$kΩ，$C = 1\mu$F，$V_1 = 12$V，$V_2 = -8$V。求电阻 R_3 两端的电压 u_3 及其消耗的功率 P_3。

4.8　图 4.25 所示电路，已知 $u_1 = 18\sin 1000t$ V，$U_2 = 12$V，$R_1 = 1$kΩ，$R_2 = R_3 = 2$kΩ，$C_1 = C_2 = 1\mu$F。求电容 C_2 两端的电压 u_{C2}。

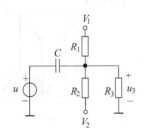

图 4.24　习题 4.7 的图

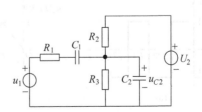

图 4.25　习题 4.8 的图

4.9   图 4.26 所示 RC 高通滤波器，$u_i = 20 + 2\sin t + 2\sin 10t$ V，$R = 1\text{M}\Omega$。若使输出电压 u_o 的基波分量幅度衰减到 $U_{o1m} = \sqrt{2}$ V，求电容 C 的大小，并求此时 u_o 的高次谐波的幅度。用此题的计算结果说明 RC 高通滤波器的效果。

4.10   图 4.27 所示 LC 低通滤波器，$u_i = 10 + 10\sin 1000t + 10\sin 2000t$ V，$R = 100\Omega$，$L = 0.2\text{H}$，$C = 10\mu\text{F}$。求输出电压 u_o 及其有效值 U_o。用此题的计算结果说明 LC 低通滤波器的效果。

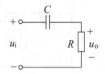

图 4.26   习题 4.9 的图

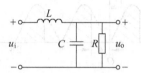

图 4.27   习题 4.10 的图

4.11   图 4.28 所示 RL 低通滤波器，已知 $R = 20\Omega$，$L = 2\text{H}$，输入电压 u_i 是正弦电压 $u = 220\sqrt{2}\sin\omega t$ V 的全波整流电压，$T = 20\text{ms}$。用傅里叶级数求输出电压 u_o（只计算傅里叶级数的前 3 项），并大致画出 u_o 的波形（只画出傅里叶级数的前两项）。

$$\left(\text{提示：}u_i \text{ 的傅里叶级数为 } u_i(t) = \frac{4U_m}{\pi}\left(\frac{1}{2} - \frac{1}{3}\cos 2\omega t - \frac{1}{15}\cos 4\omega t - \frac{1}{35}\cos 6\omega t - \cdots\right)\text{V}\right)$$

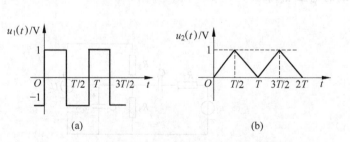

图 4.28   习题 4.11 的图

4.12   已知图 4.29(a) 中 $u_1(t)$ 和图 4.29(b) 中 $u_2(t)$ 的傅里叶级数分别为

$$u_1(t) = \frac{4}{\pi}\sin\omega t + \frac{4}{3\pi}\sin 3\omega t + \frac{4}{5\pi}\sin 5\omega t + \cdots$$

$$u_2(t) = \frac{1}{2} - \frac{4}{\pi^2}\cos\omega t - \frac{4}{(3\pi)^2}\cos 3\omega t - \frac{4}{(5\pi)^2}\cos 5\omega t - \cdots$$

求图 4.29(c) 中 $u_3(t)$ 的傅里叶级数（只计算到 3 次谐波）。

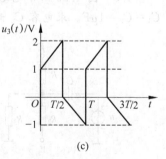

图 4.29   习题 4.12 的图

4.13(仿真题)　图 4.30 所示波形的幅度为 10V、频率为 1000Hz 的脉冲信号 $u(t)$，
(1)用 Multisim 仿真软件中的傅里叶分析功能对此信号
进行分析,根据分析结果写出该信号的傅里叶级数,并
与计算结果相比较；(2)截取傅里叶级数的前 5 项,用
Multisim 仿真来合成一个波形,并将合成的波形与原脉
冲波形相比较。

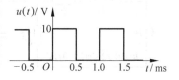

图 **4.30**　习题 **4.13** 的图

4.14（仿真题）　设 $u = 10\sin(2\pi \times 1000t) + 4\sin(2\pi \times 3000t) + 3\sin(2\pi \times 5000t)$V,认为此信号中 1000Hz 的分量是基波,其他分量是
谐波分量。用仿真方法求 u 的总谐波失真度 $\text{THD}_{\text{ANSI/IEC}}$,并与计算值相比较。

PROBLEMS

4.1　Determine the Fourier series for the function of Figure 4.31. The function is
a half-wave rectified sine wave.

4.2　Find the Fourier series for the sawtooth function shown in Figure 4.32. Plot
the series consisting of the fundamental and two harmonics, and compare it to the
original waveform for $-T \leqslant t \leqslant T$.

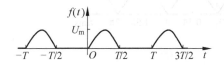

Figure　4.31

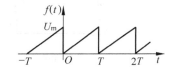

Figure　4.32

4.3　A square wave, as shown in Figure 4.33(a), is applied to the RC circuit of
Figure 4.33(b). Using the Fourier series representation, find the voltage $u_C(t)$.

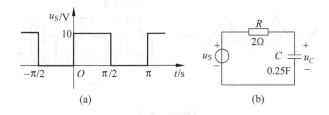

Figure　4.33

4.4　For the circuit of Figure 4.34, determine current $i_3(t)$ and the average power
P_3 absorbed by R_3.

4.5　For the resonant filter of Figure 4.35, find the output voltage $u_o(t)$ if the
input voltage $u_i(t) = 5\sin 10^5 t + 15\sin(4 \times 10^5 t)$V.

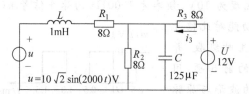
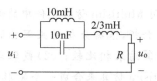

Figure   4.34   Figure   4.35

4.6   Figure 4.36(a) shows an RLC circuit. It is known that $R = 1\Omega, L = 1mH$, $C_1 = \dfrac{2}{9}mF, C_2 = \dfrac{1}{36}mF$ and the voltage, $u(t)$, of the voltage source is the trigonometric wave shown in Figure 4.36(b). Determine the average value and the magnitude of fundamental and two harmonics for $i(t)$.

$$\left(Hint: u(t) = \frac{U_m}{2} - \frac{4U_m}{\pi^2}\left(\cos\omega t + \frac{1}{3^2}\cos3\omega t + \frac{1}{5^2}\cos5\omega t + \cdots\right)V\right)$$

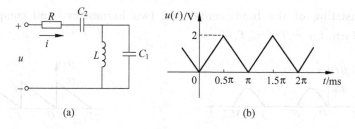

Figure   4.36

4.7   Find the average and the rms value for each of the waveforms shown in Figure 4.37.

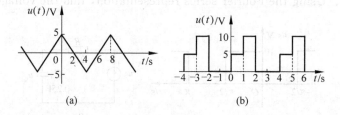

Figure   4.37

第 5 章

电路的暂态分析

以上各章所接触到的电路,不论是直流电路还是交流电路,都称为稳态电路,即认为电源已接通很长时间,电路中各支路中的电流或电压都处于稳定状态。若电路的状态发生改变,如接通或切断电源、电源电压升高或降低、接通或断开电路元件、电路元件的参数发生变化等,称为换路。换路后经过较长时间,电路又处于一个新的稳态。电路从旧稳态到新稳态的变化过程称为**暂态过程**(或过渡过程)。研究电路中电流或电压在暂态过程中的规律性,称为**电路的暂态分析**。

本章主要介绍一阶 RC 电路和 RL 电路的暂态分析方法,有经典法和三要素法。换路定理用来确定换路后电容上的电压和电感中的电流的初始值。此外还介绍脉冲激励下的 RC 电路和含有多个电容的一阶电路暂态过程的分析方法。

关键术语 Key Terms

暂态 transient state

稳态 steady state

激励 energizing

响应 response

充电 charge

放电 discharge

初始条件 initial condition

稳态电压 final(steady state) voltage

稳态电流 final(steady state) current

换路定理 low of switch

一阶电路 first-order circuit

三要素法 three-factor method

时间常数 time constant

5.1 换路定理

对于 RC 电路或 RL 电路,在换路瞬间,电容上的电压不能跃变,电感中的电流不能跃变,这称为**换路定理**。

在图 5.1(a)、(b)所示的 RC 电路和 RL 电路中,在 $t=0$s 时开关 S 闭合。如果用 0_- 表示换路前的瞬间,用 0_+ 表示换路后的瞬间,则换路定理可以表示为

$$u_C(0_+) = u_C(0_-) \tag{5-1}$$

$$i_L(0_+) = i_L(0_-) \tag{5-2}$$

$t=0_+$ 时电路中的电压和电流值称为**初始值**。换路后的电路会达到新的稳态，新稳态($t=\infty$)时的电压和电流值称为**稳态值**，用 $u_C(\infty)$、$i_L(\infty)$ 表示。

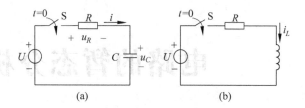

图 5.1 换路定理用图

因为电容是一种储能元件，它存储的电场能量为 $W_C = \dfrac{1}{2}Cu_C^2$。这说明，若 u_C 能跃变，则 W_C 必须能跃变。若 W_C 能跃变，则电源 U 在换路瞬间必须提供无穷大的功率，即电流 i 必须无穷大。但是，由于电阻 R 的作用，电流 i 不可能无穷大，所以，W_C 不能跃变，因此，u_C 也不能跃变。同样，电感也是一种储能元件，它存储的磁场能量为 $W_L = \dfrac{1}{2}Li_L^2$。因为 W_L 不能跃变，所以 i_L 也不能跃变。

RC 电路中若电阻 R 的值为 0，认为电源 U 是理想的电压源，可以输出无穷大的电流，这种情况下则不符合换路定理，而认为在换路瞬间 u_C 可以跃变。但是，实际上没有理想的电压源，任何实际的电压源都有内阻，都不可能输出无穷大的电流。若实际电压源的内阻较小(例如几欧)、输出电流较大(例如几安)，而电容量又较小(例如几微法以下)，此时可以将实际电压源当成理想电压源来对待，这种情况将在 5.6.3 节中进行讨论。

换路定理用于确定 RC 和 RL 电路在换路后的瞬间电容电压的初始值 $u_C(0_+)$ 和电感中的电流的初始值 $i_L(0_+)$。$u_C(0_+)$ 和 $i_L(0_+)$ 确定后，即可求出其他电压和电流的初始值。

例 5.1 图 5.2 所示电路，在开关 S 未闭合之前电路已处于稳定状态。$t=0$s 时开关闭合，求电容两端电压和流经电容电流的初始值 $u_C(0_+)$、$i_C(0_+)$ 和稳态值 $u_C(\infty)$。

解 由于开关 S 未闭合之前电路已处于稳定状态，所以 $u_C(0_-)=0$V。

根据换路定理，有

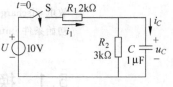

图 5.2 例 5.1 的图

$$u_C(0_+) = u_C(0_-) = 0\text{V}$$

$t=0_+$ 时，电容可等效为电压为 $u_C(0_+)$ 的电压源，因为 $u_C(0_+)=0$V，所以可将电容视为短路，因此 $t=0_+$ 时的等效电路如图 5.3(a)所示。此时，流经 R_2 的电流为 0，所以

$$i_C(0_+) = i_1(0_+) = \frac{U - u_C(0_+)}{R_1} = \frac{10 - 0}{2} = 5(\text{mA})$$

达到新稳态后，电容中已充满电荷，流经电容的电流为 $i_C(\infty)=0$，因此电容相当于开路，此时的等效电路如图 5.3(b)所示，所以电容两端电压与 R_2 两端电压相等，即

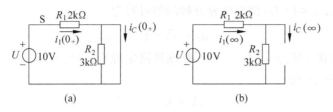

图 5.3 例 5.1 的等效电路

$$u_C(\infty) = u_{R2}(\infty) = U\frac{R_2}{R_1 + R_2} = 10 \times \frac{3}{2+3} = 6(\mathrm{V})$$

例 5.2 图 5.4 所示电路,在开关 S 未打开之前电路已处于稳定状态。$t=0\mathrm{s}$ 时开关打开,求电感中电流的初始值 $i_L(0_+)$ 和电阻 R_2 两端电压的起始值 $u_2(0_+)$。

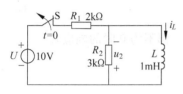

图 5.4 例 5.2 的图

解 由于开关 S 未打开之前电路已处于稳定状态,电感线圈相当于短路,所以

$$i_L(0_-) = \frac{U}{R_1} = \frac{10}{2} = 5(\mathrm{mA})$$

根据换路定理,有 $i_L(0_+) = i_L(0_-) = 5(\mathrm{mA})$

当 $t = 0_+$ 时,R_2 与 L 构成回路,R_2 中的电流为 $i_L(0_+)$,所以

$$u_2(0_+) = i_1(0_+)R_2 = 5 \times 3 = 15(\mathrm{V})$$

5.2 一阶 *RC* 电路的暂态分析

5.2.1 经典法

1. 经典法

将电源加在电路上,称为**激励**。在激励下,电路中产生的电压和电流称为**响应**。

求电路的响应的方法有两种:经典法和三要素法。所谓**经典法**,就是用解微分方程的方法来求电路中的电压或电流的暂态过程,结果用表达式和曲线来表示。

图 5.5 所示电路,当换路后,用 KVL 可得

$$Ri + u_C = U \tag{5-3}$$

将 $i = C\dfrac{\mathrm{d}u_C}{\mathrm{d}t}$ 代入式(5-3),得

$$RC\frac{\mathrm{d}u_C}{\mathrm{d}t} + u_C = U \tag{5-4}$$

式(5-4)是一阶线形非齐次常微分方程,因此图 5.5 所示电路称为一阶电路。

微分方程式(5-4)对应的齐次方程 $RC\dfrac{\mathrm{d}u_C}{\mathrm{d}t} + u_C = 0$ 的通解为 $u_C'' = A\mathrm{e}^{-\frac{t}{RC}}$。将稳态值 $u_C(\infty)$ 作为此微分方程一个特

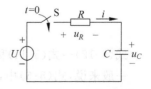

图 5.5 一阶 *RC* 电路的 经典法分析

解,即特解 $u'_C = u_C(\infty) = U$,则此微分方程的解可写为

$$u_C = u'_C + u''_C = U + A e^{-\frac{t}{RC}} \tag{5-5}$$

设换路前电容电压为 $u_C(0_-) = U_0$,根据换路定理有 $u_C(0_+) = u_C(0_-) = U_0$。将 $t = 0$,
$u_C = U_0$ 代入式(5-5),得

$$A = U_0 - U$$

所以,式(5-4)的解为

$$u_C = U + (U_0 - U) e^{-\frac{t}{RC}} \tag{5-6}$$

求出 u_C 后,进而可求出 u_R 和 i,即

$$u_R = U - u_C = (U - U_0) e^{-\frac{t}{RC}} \tag{5-7}$$

$$i = \frac{u_R}{R} = \frac{U - U_0}{R} e^{-\frac{t}{RC}} \tag{5-8}$$

式(5-6)~式(5-8)又称为 RC 电路的**全响应**(U 和 U_0 都不为 0 时的响应)。

2. 电容充电过程

若 $U_0 = 0$,即电容上的初始电压为 0(称为**零状态**),则式(5-6)~式(5-8)分别变为

$$u_C = U - U e^{-\frac{t}{RC}} \tag{5-9}$$

$$u_R = U e^{-\frac{t}{RC}} \tag{5-10}$$

$$i = \frac{U}{R} e^{-\frac{t}{RC}} \tag{5-11}$$

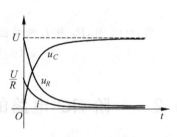

式(5-9)~式(5-11)称为 RC 电路的**零状态响应**,所
表示的过程是电容电压由 0 到 U 的充电过程,u_C、u_R 和
i 的波形如图 5.6 所示。

图 5.6　电容充电过程的波形图

3. 电容放电过程

若电容电压的初始值 $u_C(0_+) = U_0 \neq 0$ 而电源电压 $U = 0$(称为**零输入**),则图 5.5 所
示电路可画成图 5.7 所示电路,该过程是电容电压由 U_0 到 0 的放电过程。将 $U = 0$ 代入
式(5-6)~式(5-8)得到:

$$u_C = U_0 e^{-\frac{t}{RC}} \tag{5-12}$$

$$u_R = -U_0 e^{-\frac{t}{RC}} \tag{5-13}$$

$$i = -\frac{U_0}{R} e^{-\frac{t}{RC}} \tag{5-14}$$

式(5-12)~式(5-14)称为 RC 电路的**零输入响应**,u_C、u_R 和 i 的波形如图 5.8 所示。

一般来说,式(5-6)中,若 $U > U_0$,则表示电容电压由 U_0 到 U 的充电过程;若 $U < U_0$,则表示电容电压由 U_0 到 U 的放电过程。

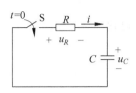

图 5.7 电容的放电过程

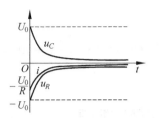

图 5.8 电容放电过程的波形图

5.2.2 时间常数

对于一阶 RC 电路,乘积 RC 定义为时间常数 τ,即

$$\tau = RC \tag{5-15}$$

式中,R 的单位为 Ω,C 的单位为 F,τ 的单位为 s。

时间常数表明一阶 RC 电路电容充电或放电到达稳态值的快慢程度。如果电容值一定,则电阻值越大电容充电或放电的电流越小,电容电压到达稳态值所需时间就越长;如果电阻值一定,则电容值越大电容充电或放电的所需电荷量就越多,因而电容电压到达稳态值所需时间也越长。总之,时间常数 τ 越大,电容电压到达稳态值所需时间越长。

图 5.9 所示的两条曲线为电容充电过程的曲线,其中 $u_{C1} = U - Ue^{-\frac{t}{\tau_1}}$,$u_{C2} = U - Ue^{-\frac{t}{\tau_2}}$,且 $\tau_2 > \tau_1$。由图 5.9 可看出,u_{C2} 到达稳态值所需时间比 u_{C1} 要长。

电容充电过程的 u_C 与 t 的对应关系列于表 5.1 中。由表 5.1 看出,当 $t = 5\tau$ 时,$u_C = 0.993U$,即 u_C 已非常接近稳态值 U。因此,近似认为当 $t = 5\tau$ 时电路已达到稳态。

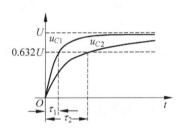

图 5.9 不同时间常数的电容充电的电压波形

表 5.1 U_C 与 t 的关系表

t	0	1τ	2τ	3τ	4τ	5τ	6τ
u_c	0	$0.632U$	$0.865U$	$0.950U$	$0.982U$	$0.993U$	$0.998U$

5.3 一阶 *RL* 电路的暂态分析

1. *RL* 电路的零状态响应

对于一阶 RL 电路的暂态过程,同样也可以用经典法进行分析。对于图 5.10 所示电路,设开关 S 闭合前电路已处于稳态,即 $i_L(0_-) = 0$(称为零状态)。开关 S 在 $t = 0$ 时闭合,由于 $u_R + u_L = U$,而 $u_R = Ri$,$u_L = L\dfrac{di}{dt}$,所以得微分方程

$$Ri_L + L\frac{\mathrm{d}i}{\mathrm{d}t} = U \tag{5-16}$$

利用条件 $i(0_+) = i(0_-) = 0$ 和 $i(\infty) = \dfrac{U}{R}$，解此微分方程可得

$$i = \frac{U}{R}(1 - \mathrm{e}^{-\frac{t}{\tau}}) \tag{5-17}$$

其中，τ 为时间常数，且

$$\tau = \frac{L}{R} \tag{5-18}$$

式中，R 的单位为 Ω，L 的单位为 H，τ 的单位为 s。

$$u_R = Ri = U(1 - \mathrm{e}^{-\frac{t}{\tau}}) \tag{5-19}$$

用 $u_L = L\dfrac{\mathrm{d}i}{\mathrm{d}t}$ 或用 $u_R + u_L = U$ 可求出：

$$u_L = U\mathrm{e}^{-\frac{t}{\tau}} \tag{5-20}$$

i、u_R 和 u_L 随时间变化的曲线如图 5.11 所示。

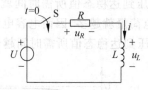

图 5.10　一阶 *RL* 电路的零状态响应

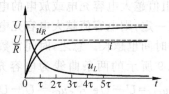

图 5.11　*RL* 电路的零状态响应曲线

2. *RL* 电路的零输入响应

图 5.12 所示电路，换路前开关在位置 1 上，电感中的电流不为 0，即 $i(0_-) = \dfrac{U}{R}$。在 $t = 0$ 时将开关从位置 1 切换到位置 2 上，则根据换路定理，有

$$i(0_+) = i(0_-) = \frac{U}{R}$$

由于换路后 *RL* 电路中没有电源（称为零输入），所以

$$i(\infty) = 0$$

根据基尔霍夫电压定律，列出 $t > 0$ 时的微分方程：

$$Ri + L\frac{\mathrm{d}i}{\mathrm{d}t} = 0 \tag{5-21}$$

解此微分方程，得

$$i = \frac{U}{R}\mathrm{e}^{-\frac{t}{\tau}} \tag{5-22}$$

因此

$$u_R = Ri = U\mathrm{e}^{-\frac{t}{\tau}} \tag{5-23}$$

$$u_L = -u_R = -U\mathrm{e}^{-\frac{t}{\tau}} \tag{5-24}$$

i、u_R 和 u_L 随时间变化的曲线如图 5.13 所示。

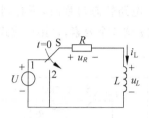

图 5.12　一阶 RL 电路的零输入响应

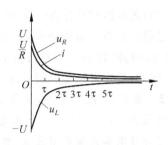

图 5.13　RL 电路的零输入响应曲线

实际的线圈(例如直流电机的电枢线圈、直流继电器的线圈等)都可以等效为 RL 串联电路。RL 串联电路在换路时若直接将电源与 RL 串联电路断开而未将 RL 串联电路短路(如图 5.14(a)所示),则在线圈两端会产生一个高电压,电感量越大,电感中换路前的电流越大,产生的电压就越高,有时会达几千伏乃至上万伏。这个高电压产生的原因是:开关打开时电流的变化率 $\dfrac{\mathrm{d}i}{\mathrm{d}t}$ 很大,致使线圈的自感电动势 $e=-L\dfrac{\mathrm{d}i}{\mathrm{d}t}$ 很大。这个高电压会将触点间的空气击穿形成电弧,不仅会延迟电流的切断,而且会烧坏开关触点。为了避免产生高电压,通常在换路时接入一个低值电阻 r(如图 5.14(b)所示)以使电流逐渐衰减,或者在线圈两端并联一个二极管 D(称为续流二极管,如图 5.14(c)所示)给线圈电流构成回路以使电流逐渐衰减。

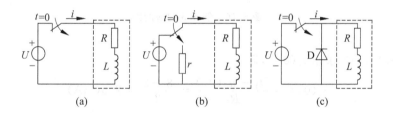

图 5.14　RL 串联电路断开时会产生高电压

5.4　三要素法

观察式(5-6)微分方程的解 $u_C=U+(U_0-U)\mathrm{e}^{-\frac{t}{RC}}$,其中 U 就是稳态值 $u_C(\infty)$,U_0 就是起始值 $u_C(0_+)$,RC 是时间常数 τ,因此,有

$$u_C = u_C(\infty) + [u_C(0_+) - u_C(\infty)]\mathrm{e}^{-\frac{t}{\tau}} \tag{5-25}$$

观察式(5-7)、式(5-8)中 u_R 和 i 的表达式,也可以写成与 u_C 类似的形式,即

$$u_R = u_R(\infty) + [u_R(0_+) - u_R(\infty)]\mathrm{e}^{-\frac{t}{\tau}} \tag{5-26}$$

$$i = i(\infty) + [i(0_+) - i(\infty)]\mathrm{e}^{-\frac{t}{\tau}} \tag{5-27}$$

一般来说,若用 f 代表电路中各支路的电压或电流,则

$$f = f(\infty) + [f(0_+) - f(\infty)]e^{-\frac{t}{\tau}} \tag{5-28}$$

式(5-28)表示的就是分析一阶 RC 电路暂态过程的**三要素法**,此式也适用于一阶 RL 电路暂态过程的分析。也就是说,分析一阶 RC 或 RL 电路暂态过程时,不必列出微分方程,而只要求出初始值 $f(0_+)$、稳态值 $f(\infty)$ 和时间常数 τ 这3个要素,直接写成式(5-28)的形式即可,因此,三要素法是分析一阶电路的简便方法。

例5.3 图5.15所示电路,开关S闭合前电路已处于稳定状态。$t=0$ 时开关S闭合。用三要素法求开关闭合后电容两端的电压 u_C 和电阻 R_1 中的电流 i_1,画出 u_C 和 i_1 随时间变化的曲线。

图5.15 例5.3的图

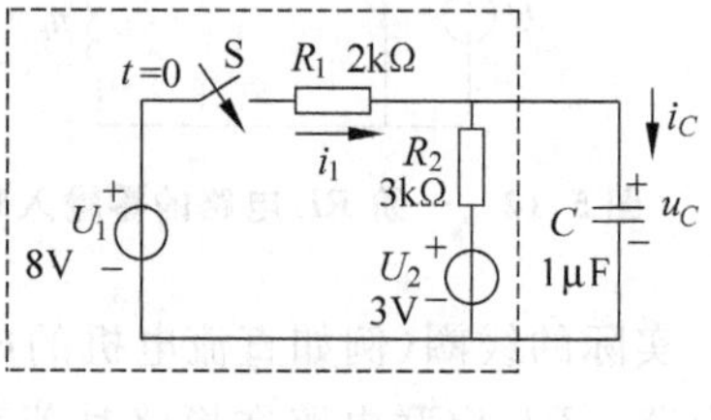

解 因为开关S闭合前电路已处于稳定状态,所以 $u_C(0_-)=3V$。

换路后,根据换路定理,有

$$u_C(0_+) = u_C(0_-) = 3V$$

在 $t=0_+$ 时,可将电容等效为电压为 $u_C(0_+)$ 的电压源,如图5.16(a)所示。

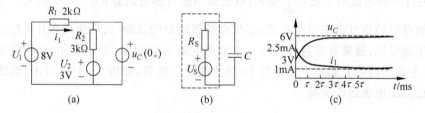

图5.16 例5.3的解的图

由图5.16(a)可求出 $i_1(0_+)$,即

$$i_1(0_+) = \frac{U_1 - u_C(0_+)}{R_1} = \frac{8-3}{2} = 2.5(\text{mA})$$

到达稳态后,$i_C(\infty)=0$,电容相当于开路,所以

$$u_C(\infty) = \frac{U_1 - U_2}{R_1 + R_2}R_2 + U_2 = \frac{8-3}{2+3} \times 3 + 3 = 6(\text{V})$$

$$i_1(\infty) = \frac{U_1 - U_2}{R_1 + R_2} = \frac{8-3}{2+3} = 1(\text{mA})$$

此电路已不是单纯的 RC 串联电路,求时间常数采用如下方法:将图5.15电路中除电容以外的有源二端网络电路(虚线框内的电路)用戴维宁定理化简,化简后的电路如图5.16(b)所示,其中 $R_S = R_1 /\!/ R_2$。因此,可求出时间常数

$$\tau = R_S C = (R_1 /\!/ R_2)C = (2/\!/3) \times 10^3 \times 1 \times 10^{-6}(\text{s}) = 1.2(\text{ms})$$

根据三要素法,得

$$\begin{aligned} u_C &= u_C(\infty) + [u_C(0_+) - u_C(\infty)]e^{-\frac{t}{\tau}} \\ &= 6 + (3-6)e^{-\frac{t}{1.2}} = 6 - 3e^{-\frac{t}{1.2}}(\text{V}) \end{aligned}$$

$$i_1 = i_1(\infty) + [i_1(0_+) - i_1(\infty)]e^{-\frac{t}{\tau}}$$
$$= 1 + (2.5 - 1)e^{-\frac{t}{1.2}} = 1 + 1.5e^{-\frac{t}{1.2}}(\text{V})$$

u_C 和 i_1 的随时间变化的曲线如图 5.16(c)所示。

例 5.4 图 5.17 所示电路,开关 S 在 $t=0\sim20\text{ms}$ 时处于打开状态,且电路已处于稳定状态。在 $t=20\text{ms}$ 时闭合,在 $t=90\text{ms}$ 时又打开。求 $t>0$ 时的电容两端的电压 u_C,并画出 u_C 随时间变化的曲线。

解 将 u_C 的暂态过程分为 3 个时间段进行分析。

(1) 当 $0\text{ms}\leqslant t\leqslant20\text{ms}$ 时

$$u_C = U\frac{R_3}{R_1 + R_2 + R_3} = 12 \times \frac{6}{3 + 15 + 6} = 3(\text{V})$$

即 $u_C(20\text{ms}_-) = 3\text{V}$

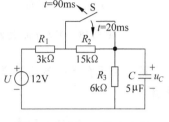

图 5.17 例 5.4 的电路图

(2) 当 $20\text{ms}\leqslant t\leqslant90\text{ms}$ 时

$$u_C(20\text{ms}_+) = u_C(20\text{ms}_-) = 3\text{V}$$

第 2 时间段的稳态值

$$u_{C(2)}(\infty) = U\frac{R_3}{R_1 + R_3} = 12 \times \frac{6}{3 + 6} = 8(\text{V})$$

$$\tau_1 = (R_1 /\!/ R_3)C = (3 /\!/ 6) \times 10^3 \times 5 \times 10^{-6} = 0.01(\text{s}) = 10(\text{ms})$$

$$u_C = u_{C(2)}(\infty) + [u_C(20\text{ms}_+) - u_{C(2)}(\infty)]e^{-\frac{t-20}{\tau_1}} = 8 + (3 - 8)e^{-\frac{t-20}{10}} = 8 - 5e^{-\frac{t-20}{10}}(\text{V})$$

从 20ms 到 90ms,已过了 $7\tau_1$ 时间,在 $t=90\text{ms}$ 时认为第 2 阶段的暂态过程已经结束,u_C 已到达稳态,所以

$$u_C(90\text{ms}_-) \approx u_{C(2)}(\infty) = 8\text{V}$$

(3) 当 $90\text{ms}\leqslant t\leqslant\infty$ 时

$$u_C(90\text{ms}_+) = u_C(90\text{ms}_-) = 8\text{V}$$

第 3 阶段的稳态值

$$u_{C(3)}(\infty) = U\frac{R_3}{R_1 + R_2 + R_3} = 12 \times \frac{6}{3 + 15 + 6} = 3(\text{V})$$

$$\tau_2 = [(R_1 + R_2) /\!/ R_3]C = [(3 + 15) /\!/ 6] \times 10^3 \times 5 \times 10^{-6} = 0.0225(\text{s}) = 22.5(\text{ms})$$

$$u_C = u_{C(3)}(\infty) + [u_C(90\text{ms}_+) - u_{C(3)}(\infty)]e^{-\frac{t-90}{\tau_2}} = 3 + (8 - 3)e^{-\frac{t-90}{22.5}} = 3 + 5e^{-\frac{t-90}{22.5}}(\text{V})$$

最后,归纳为一个表达式:

$$u_C = \begin{cases} 3\text{V}, & 0\text{ms} \leqslant t \leqslant 20\text{ms} \\ 8 - 5e^{-\frac{t-20}{10}}\text{V}, & 20\text{ms} \leqslant t \leqslant 90\text{ms} \\ 3 + 5e^{-\frac{t-90}{22.5}}\text{V}, & 90\text{ms} \leqslant t \leqslant \infty \end{cases}$$

u_C 随时间变化的曲线如图 5.18 所示。

例 5.5 图 5.19 所示电路,在开关 S 闭合前电路已处于稳态。开关 S 在 $t=0$ 时闭合,用三要素法求开关 S 闭合后恒流源 I_S 两端的电压 u_S。

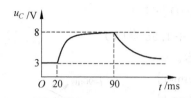

图 5.18　例 5.4 u_C 的曲线

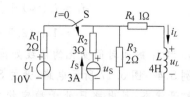

图 5.19　例 5.5 的图

解　由于在开关 S 闭合前电路已处于稳态，故图 5.19 中将电感线圈视为短路，可求得

$$i_L(0_-) = I_S \frac{R_3}{R_3 + R_4} = 3 \times \frac{2}{2+1} = 2(\text{A})$$

$$u_S(0_-) = I_S(R_2 + R_3 /\!/ R_4) = 3 \times (3 + 2 /\!/ 1) = 11(\text{V})$$

$t = 0_+$ 时，根据换路定理，有 $i_L(0_+) = i_L(0_-) = 2\text{A}$。

在 $t = 0_+$ 时的等效电路如图 5.20(a)所示，这时电感等效成一个大小为 $i_L(0_+) = 2\text{A}$ 的恒流源。由图 5.20(a)可求得

$$u_S(0_+) = v_A(0_+) + I_S R_2 = \frac{\dfrac{U_1}{R_1} + I_S - i_L(0_+)}{\dfrac{1}{R_1} + \dfrac{1}{R_3}} + I_S R_2 = \frac{\dfrac{10}{2} + 3 - 2}{\dfrac{1}{2} + \dfrac{1}{2}} + 3 \times 3 = 15(\text{V})$$

$t = \infty$ 时的等效电路如图 5.20(b)所示，由此图可求得

$$u_S(\infty) = v_A(\infty) + I_S R_2 = \frac{\dfrac{U_1}{R_1} + I_S}{\dfrac{1}{R_1} + \dfrac{1}{R_3} + \dfrac{1}{R_4}} + I_S R_2 = \frac{\dfrac{10}{2} + 3}{\dfrac{1}{2} + \dfrac{1}{2} + \dfrac{1}{1}} + 3 \times 3 = 13(\text{V})$$

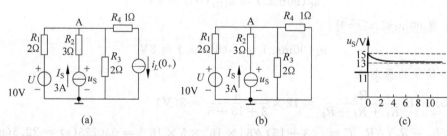

图 5.20　例 5.5 解的图

除去电感后的有源二端网络的戴维宁等效电阻

$$R = R_1 /\!/ R_3 + R_4 = 2 /\!/ 2 + 1 = 2(\Omega)$$

所以

$$\tau = \frac{L}{R} = \frac{4}{2} = 2(\text{s})$$

由三要素法，得

$$u_S = u_S(\infty) + [u_S(0_+) - u_S(\infty)]\text{e}^{-\frac{t}{\tau}}$$

$$=13+(15-13)\mathrm{e}^{-\frac{t}{2}}=13+2\mathrm{e}^{-\frac{t}{2}}(\mathrm{V})$$

u_S 的曲线如图 5.20(c)所示,在 $t=0_+$ 时由 11V 跃变到 15V,然后由 15V 过渡到 13V。

一般来说,用三要素法分析一阶电路暂态过程的步骤如下。

(1) 求换路前的稳态值 $u_C(0_-)$ 或 $i_L(0_-)$。*RC* 电路中将电容视为开路,求 $u_C(0_-)$;*RL* 电路中将电感视为短路,求 $i_L(0_-)$。

(2) 求待求电压或电流的初始值。先用换路定理求换路后电容电压的初始值 $u_C(0_+)$ 或电感电流的初始值 $i_L(0_+)$,即 $u_C(0_+)=u_C(0_-)$ 或 $i_L(0_+)=i_L(0_-)$。根据题目的要求,由 $u_C(0_+)$ 或 $i_L(0_+)$ 进一步求其他电压和电流的初始值。求其他电压或电流的初始值时,*RC* 电路中将电容等效为电压等于 $u_C(0_+)$ 的恒压源来处理,*RL* 电路中将电感等效为电流等于 $i_L(0_+)$ 的恒流源来处理。这样就得到 $f(0_+)$。

(3) 求换路后的稳态值。*RC* 电路中将电容视为开路,*RL* 电路中将电感视为短路,求电压或电流的稳态值 $f(\infty)$。

(4) 求时间常数 τ。*RC* 电路 $\tau=RC$,*RL* 电路 $\tau=\dfrac{L}{R}$。其中,R 为换路后的电路去掉 C 或 L 后的有源二端网络的戴维宁等效电阻。

(5) 用三要素的一般表达式 $f=f(\infty)+[f(0_+)-f(\infty)]\mathrm{e}^{-\frac{t}{\tau}}$ 写出所求电压或电流的表达式,并画出其随时间变化的曲线。

5.5 脉冲激励下的 *RC* 电路

5.5.1 单脉冲激励下的 *RC* 电路

若将一个幅度为 U、宽度为 T 的单脉冲电压 u_i 加于 *RC* 串联电路,如图 5.21 所示,电容电压的起始值为 0,要求分析 u_C 和 u_R 的波形。图 5.21(b)所示电路可以等效成图 5.22 所示电路,脉冲电压 u_i 可以认为是开关在 $t=0$ 时由位置 1 合向位置 2,在 $t=T$ 时又从位置 2 合向位置 1 产生的,因此电容电压 u_C 是由一个充电过程和一个放电过程组成的。

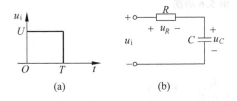

图 5.21 单脉冲激励下的 *RC* 电路

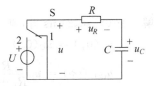

图 5.22 图 5.21 的等效电路

由图 5.22 可得

$$\begin{cases} u_C=U-U\mathrm{e}^{-\frac{t}{RC}}, & 0\leqslant t\leqslant T \\ u_C=(U-U\mathrm{e}^{-\frac{T}{RC}})\mathrm{e}^{-\frac{t-T}{RC}}, & T\leqslant t\leqslant \infty \end{cases}$$

$$\begin{cases} u_R = U\mathrm{e}^{-\frac{t}{RC}}, & 0 \leqslant t \leqslant T \\ u_R = -(U - U\mathrm{e}^{-\frac{T}{RC}})\mathrm{e}^{-\frac{t-T}{RC}}, & T \leqslant t \leqslant \infty \end{cases}$$

注意任何瞬间都有 $u_R + u_C = u_i$。

u_C 和 u_R 的波形分两种情况画出。

（1）当 $T \geqslant 5\tau$ 时，在 $t = T$ 时认为 u_C 已经达到稳态，此种情况下的波形如图 5.23(a) 所示。

（2）当 $T < 5\tau$ 时，在 $t = T$ 时认为暂态过程还没有结束。当 $T = \tau$ 情况下的波形如图 5.23(b) 所示。

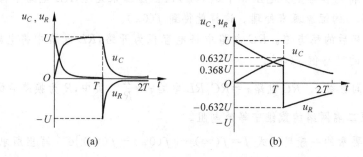

(a) 　　　　　　　　　　　　(b)

图 5.23　单脉冲激励下 RC 电路的波形

例 5.6　图 5.24 所示电路，输入信号 u_i 是一个单脉冲，求电容电压 u_C，并画出波形。设 $u_C(0_-) = 0$。

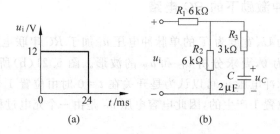

(a) 　　　　　　　　　　　　(b)

图 5.24　例 5.6 的图

解　当 $0 \leqslant t \leqslant 24\mathrm{ms}$ 时，有

$$u_C(0_+) = u_C(0_-) = 0$$

$$u_{C(1)}(\infty) = u_i \frac{R_2}{R_1 + R_2} = 12 \times \frac{6}{6 + 6} = 6(\mathrm{V})$$

$$\tau_1 = (R_1 /\!/ R_2 + R_3)C = (6 /\!/ 6 + 3) \times 10^3 \times 2 \times 10^{-6} = 12(\mathrm{ms})$$

$$u_C = u_{C(1)}(\infty) + [u_C(0_+) - u_{C(1)}(\infty)]\mathrm{e}^{-\frac{t}{\tau_1}}$$

$$= 6 + (0 - 6)\mathrm{e}^{-\frac{t}{12}}$$

$$= 6 - 6\mathrm{e}^{-\frac{t}{12}}\mathrm{V}, \quad 0 \leqslant t \leqslant 24(\mathrm{ms})$$

$$u_C(24\text{ms}_-) = 6 - 6\text{e}^{-\frac{24}{12}} \approx 5.2(\text{V})$$

当 $24\text{ms} \leqslant t \leqslant \infty$ 时,有

$$u_C(24\text{ms}_+) = u_C(24\text{ms}_-) = 5.2(\text{V})$$

$$u_{C(2)}(\infty) = 0(\text{V})$$

$$\tau_2 = \tau_1 = 12(\text{ms})$$

所以根据三要素法,有

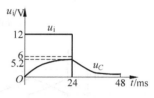

图 5.25　例 5.6 的波形

$$u_C = u_{C(2)}(\infty) + [u_C(24\text{ms}_+) - u_{C(2)}(\infty)]\text{e}^{-\frac{t-24}{\tau_2}}$$

$$= 0 + (5.2 - 0)\text{e}^{-\frac{t-24}{12}}$$

$$= 5.2\text{e}^{-\frac{t-24}{12}}(\text{V}), \quad 24(\text{ms}) \leqslant t \leqslant \infty$$

u_C 的波形图如图 5.25 所示。

5.5.2　序列脉冲激励下的 *RC* 电路

当加在 *RC* 串联电路的输入电压 u_i 是序列脉冲时(如图 5.26(b)所示),设电容电压的初始值为 0,u_C 和 u_R 的波形也分为两种情况进行分析。

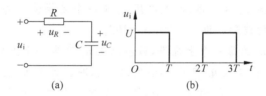

图 5.26　序列脉冲作用下的 *RC* 电路

(1) 当 $T \geqslant 5\tau$ 时,只要将图 5.23 的波形周期性地重复画出即可得此种情况下的波形,如图 5.27(a)所示,u_C 波形是周期性的充、放电过程,而 u_R 波形是周期性正、负尖脉冲。

(2) 当 $T < 5\tau$ 时,此种情况下的波形图比较复杂,必须逐个时间段进行计算后才能画出。图 5.27(b)是 $T = \tau$ 情况下 u_C 和 u_R 的波形,图中标出了各特殊点的横坐标值,注意任何瞬间都有 $u_C + u_R = u_i$。

上述分析的仿真波形参见图 10.45。

从图 5.27(b)可以看出,u_C 波形呈上升趋势而 u_R 波形呈下降趋势。到达稳定状态后的波形如图 5.27(c)所示,其中 u_C 的最大值 U_1、最小值 U_2 和平均值 U_3 可以通过计算(计算过程略)得到:

$$U_1 = \frac{U}{1 + \text{e}^{-\frac{T}{\tau}}} \approx 0.731U$$

$$U_2 = \frac{U\text{e}^{-\frac{T}{\tau}}}{1 + \text{e}^{-\frac{T}{\tau}}} \approx 0.269U$$

$$U_3 = 0.5U$$

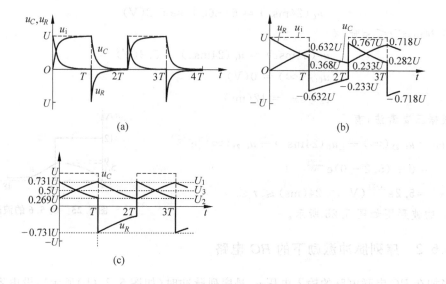

图 5.27　序列脉冲作用下 RC 电路的波形

例 5.7　图 5.28(a)所示电路,输入电压 u_i 是一个阶梯波。将电阻两端的电压作为输出电压 u_o,画出 u_o 的波形。设 $T = 10\tau, \tau = RC$。

解　在输入电压 u_i 的每一个上跳沿,输出电压 u_o 产生一个正的尖脉冲;在输入电压 u_i 的每一个下跳沿,输出电压 u_o 产生一个负的尖脉冲。因为 u_i 上跳或下跳的幅度都是 U,所以尖脉冲的幅度为 U。因为 $T = 10\tau$,所以尖脉冲大约经过 $T/2$ 后变为 0。u_o 波形如图 5.29 所示。

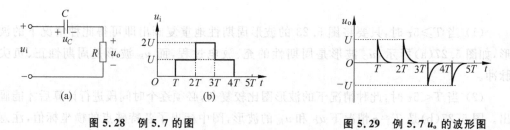

图 5.28　例 5.7 的图　　　　　　　　　　　　　图 5.29　例 5.7 u_o 的波形图

5.6　含有多个电容的一阶电路

5.6.1　多个电容可以等效为一个电容

一般情况下,电路中若含有多个储能元件,所列出的方程就是高阶微分方程,这种电路属于高阶电路。

有的电路虽然含有多个储能元件,但是这多个储能元件可以等效成一个储能元件,这样的电路仍属于一阶电路。图 5.30 所示的电路含有 3 个电容,这 3 个电容可以等效为 1 个电容(如图 5.31 所示),其中

$$C = \frac{C_1(C_2 + C_3)}{C_1 + C_2 + C_3}$$

因此该电路仍属于一阶电路。

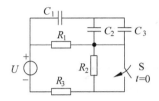

图 5.30 含有多个储能元件的一阶电路

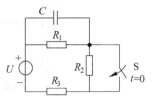

图 5.31 图 5.30 的等效电路

5.6.2 换路后出现电容并联

图 5.32 所示电路,虽然换路前 2 个电容不能等效为 1 个电容,但是换路后 2 个电容并联,可以合并为 1 个电容,因此此电路是一阶电路,可以用三要素法求解。换路后 2 个电容的初始值和稳态值都相等,但是不能用换路定理来求初始值,这是因为换路后 2 个电容并联,电容电压可以跃变,不符合换路定理。换路后的瞬间 2 个电容的电荷量应当守恒,所以要用换路后的瞬间 2 个电容的电荷量守恒来求初始值。

例 5.8 图 5.32 所示电路,$R_1 = 3\text{k}\Omega$,$R_2 = 6\text{k}\Omega$,$C_1 = 2\mu\text{F}$,$C_2 = 3\mu\text{F}$,$I_1 = 2\text{mA}$,$I_2 = 5\text{mA}$。开关闭合前电路已处于稳定状态。$t = 0\text{s}$ 时开关闭合。求开关闭合后电容两端的电压 u_{C1} 和 u_{C2}。

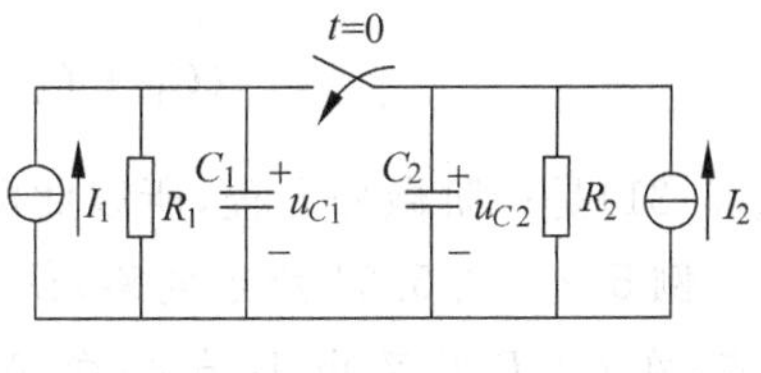

解 $u_{C1}(0_-) = I_1 R_1 = 2 \times 3 = 6(\text{V})$

$u_{C2}(0_-) = I_2 R_2 = 5 \times 6 = 30(\text{V})$

换路后

图 5.32 例 5.8 的图

$$u_{C1}(0_+) = u_{C2}(0_+)$$

换路后 2 个电容并联,电容电压可以跃变,不符合换路定理。但换路后的瞬间 2 个电容的电荷量应当守恒,即

$$C_1[u_{C1}(0_+) - u_{C1}(0_-)] = C_2[u_{C2}(0_-) - u_{C2}(0_+)]$$

解上面两式,得

$$u_{C1}(0_+) = u_{C2}(0_+) = \frac{C_1 u_{C1}(0_-) + C_2 u_{C2}(0_-)}{C_1 + C_2} = \frac{2 \times 6 + 3 \times 30}{2 + 3} = 20.4(\text{V})$$

又因为

$$u_{C1}(\infty) = u_{C2}(\infty) = (I_1 + I_2)(R_1 /\!/ R_2) = (2 + 5)(3 /\!/ 6) = 14(\text{V})$$

$$\tau = (R_1 /\!/ R_2)(C_1 + C_2) = (3 /\!/ 6) \times 10^3 \times (2 + 3) \times 10^{-6} = 0.01(\text{s})$$

根据三要素法,有

$$u_{C1}(t) = u_{C2}(t) = u_{C1}(\infty) + [u_{C1}(0_+) - u_{C1}(\infty)]e^{-\frac{t}{\tau}} = 14 + 6.4e^{-100t}(\text{V})$$

u_{C1} 和 u_{C2} 随时间变化的曲线分别如图 5.33(a)和(b)所示。

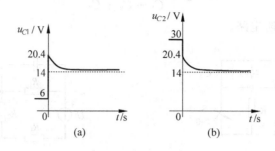

图 5.33　例 5.8 的曲线

5.6.3　换路后恒压源与电容构成回路

图 5.34 所示电路含有 2 个电容,这 2 个电容不能等效成 1 个电容,但是换路后由恒压源 U 与电容 C_1、C_2 构成回路,列出的微分方程是一阶的,这样的电路也属于一阶电路。

分析如下。因为

$$i = \frac{u_{C1}}{R_1} + C_1 \frac{\mathrm{d}u_{C1}}{\mathrm{d}t} = \frac{u_{C2}}{R_2} + C_2 \frac{\mathrm{d}u_{C2}}{\mathrm{d}t} \tag{5-29}$$

$$u_{C1} + u_{C2} = U \tag{5-30}$$

由式(5-29)和式(5-30),得

$$(C_1 + C_2) \frac{\mathrm{d}u_{C1}}{\mathrm{d}t} + \left(\frac{1}{R_1} + \frac{1}{R_2}\right) u_{C1} = \frac{U}{R_2} \tag{5-31}$$

式(5-31)是一阶微分方程,所以此电路是一阶电路。

例 5.9　图 5.34 所示电路,设 $u_{C1}(0_-) = u_{C2}(0_-) = 0$。开关 S 在 $t=0$ 时由 A 点合向 B 点,在 $t=T$ 时又由 B 点合向 A 点,用三要素法求在 $t>0$ 时电容 C_2 的电压 u_{C_2},设 $T \geqslant 5\tau$。

解　分为两个时间段来计算。

(1) 第 1 时间段($0 \leqslant t \leqslant T$)

该电路换路后理想电压源 U 与电容构成回路,所以电容电压可以跃变,这时不符合换路定理,即 $u_{C1}(0_+) \neq u_{C1}(0_-)$,$u_{C2}(0_+) \neq u_{C2}(0_-)$。因此,$u_{C1}(0_+)$ 和 $u_{C2}(0_+)$ 不能用换路定理来求,而用基尔霍夫定律及 2 个电容上电荷的变化量相等来求,即

$$\begin{cases} u_{C1}(0_+) + u_{C2}(0_+) = U \\ C_1 [u_{C1}(0_+) - u_{C1}(0_-)] = C_2 [u_{C2}(0_+) - u_{C2}(0_-)] \end{cases}$$

而 $u_{C1}(0_-) = u_{C2}(0_-) = 0$,解得

$$u_{C1}(0_+) = \frac{C_2}{C_1 + C_2} U$$

$$u_{C2}(0_+) = \frac{C_1}{C_1 + C_2} U$$

时间常数用图 5.35 所示的等效电路来求:

$$\tau = \frac{R_1 R_2}{R_1 + R_2}(C_1 + C_2)$$

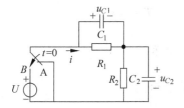

图 5.34 含有多个储能元件的一阶电路

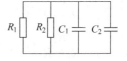

图 5.35 求 τ 的等效电路

第 1 时间段的稳态值为

$$u_{C2(1)}(\infty) = \frac{R_2}{R_1 + R_2} U$$

由三要素法,得

$$u_{C2} = u_{C2(1)}(\infty) + [u_{C2}(0_+) - u_{C2(1)}(\infty)] \mathrm{e}^{-\frac{t}{\tau}}$$
$$= \frac{R_2}{R_1 + R_2} U + \left[\frac{C_1}{C_1 + C_2} - \frac{R_2}{R_1 + R_2}\right] U \mathrm{e}^{-\frac{t}{\tau}}, \quad 0 \leqslant t \leqslant T$$

(2) 第 2 时间段($T \leqslant t \leqslant \infty$)

因为 $T \geqslant 5\tau$,所以可以认为

$$u_{C2}(T_-) = u_{C2(1)}(\infty) = \frac{R_2}{R_1 + R_2} U$$

同理

$$u_{C1}(T_-) = \frac{R_1}{R_1 + R_2} U$$

这时可以列出方程组如下:

$$\begin{cases} u_{C1}(T_+) + u_{C2}(T_+) = 0 \\ C_1[u_{C1}(T_+) - u_{C1}(T_-)] = C_2[u_{C2}(T_+) - u_{C2}(T_-)] \end{cases}$$

解此方程组,得

$$u_{C2}(T_+) = -\left(\frac{C_1}{C_1 + C_2} - \frac{R_2}{R_1 + R_2}\right) U$$

第 2 时间段的稳态值为

$$u_{C2(2)}(\infty) = 0$$
$$\tau = \frac{R_1 R_2}{R_1 + R_2}(C_1 + C_2)$$

由三要素法,得

$$u_{C2} = u_{C2(2)}(\infty) + [u_{C2}(T_+) - u_{C2(2)}(\infty)] \mathrm{e}^{-\frac{t-T}{\tau}}$$
$$= -\left(\frac{C_1}{C_1 + C_2} - \frac{R_2}{R_1 + R_2}\right) U \mathrm{e}^{-\frac{t-T}{\tau}}, \quad T \leqslant t \leqslant \infty$$

将两个阶段的表达式归纳如下:

$$\begin{cases} u_{C2} = \dfrac{R_2}{R_1 + R_2}U + \left(\dfrac{C_1}{C_1 + C_2} - \dfrac{R_2}{R_1 + R_2} \right)U e^{-\frac{t}{\tau}}, & 0 \leqslant t \leqslant T \\[3mm] u_{C2} = -\left(\dfrac{C_1}{C_1 + C_2} - \dfrac{R_2}{R_1 + R_2} \right)U e^{-\frac{t-T}{\tau}}, & T \leqslant t \leqslant \infty \end{cases}$$

当 $\dfrac{C_1}{C_1 + C_2} > \dfrac{R_2}{R_1 + R_2}$ 时 u_{C2} 的波形如图 5.36(a)所示。

当 $\dfrac{C_1}{C_1 + C_2} = \dfrac{R_2}{R_1 + R_2}$ 时 u_{C2} 的波形如图 5.36(b)所示。

当 $\dfrac{C_1}{C_1 + C_2} < \dfrac{R_2}{R_1 + R_2}$ 时 u_{C2} 的波形如图 5.36(c)所示。

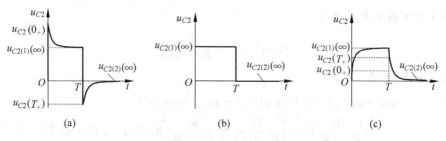

图 5.36　例 5.9 的波形

*5.7　RLC 二阶电路的暂态过程

图 5.37 所示电路,设 $u_C(0_-)=0, i(0_-)=0$。

换路后,根据基尔霍夫定律,有

$$u_R + u_L + u_C = U \tag{5-32}$$

由于

$$i = C\frac{\mathrm{d}u_C}{\mathrm{d}t}, \quad u_R = Ri = RC\frac{\mathrm{d}u_C}{\mathrm{d}t}, \quad u_L = L\frac{\mathrm{d}i}{\mathrm{d}t} = L\frac{\mathrm{d}}{\mathrm{d}t}\left(C\frac{\mathrm{d}u_C}{\mathrm{d}t}\right) = LC\frac{\mathrm{d}^2 u_C}{\mathrm{d}t}$$

所以,式(5-32)可写为

$$LC\frac{\mathrm{d}^2 u_C}{\mathrm{d}t} + RC\frac{\mathrm{d}u_C}{\mathrm{d}t} + u_C = U \tag{5-33}$$

式(5-33)是关于 u_C 的二阶微分方程,所以图 5.37 的电路是二阶电路。设该方程的解为

$$u_C = u_C' + u_C'' \tag{5-34}$$

其中,u_C' 为稳态分量,即

$$u_C' = U \tag{5-35}$$

u_C'' 为暂态分量,即

$$u_C'' = A e^{-pt} \tag{5-36}$$

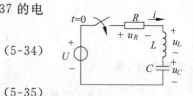

图 5.37　RLC 二阶电路

式(5-36)中 A 为常数，p 称为特征根，特征根由式(5-33)的微分方程对应的齐次方程的特征方程求得。特征方程为

$$LCp^2 + RCp + 1 = 0 \tag{5-37}$$

解此特征方程，得到特征根：

$$p_1 = -\frac{R}{2L} + \sqrt{\left(\frac{R}{2L}\right)^2 - \frac{1}{LC}} \tag{5-38}$$

$$p_2 = -\frac{R}{2L} - \sqrt{\left(\frac{R}{2L}\right)^2 - \frac{1}{LC}} \tag{5-39}$$

当 $\left(\frac{R}{2L}\right)^2 > \frac{1}{LC}$ 即 $R > 2\sqrt{\frac{L}{C}}$ 时，上两式中的平方根值为实数，p_1 和 p_2 是两个负实数；当 $\left(\frac{R}{2L}\right)^2 < \frac{1}{LC}$ 即 $R < 2\sqrt{\frac{L}{C}}$ 时，上两式中的平方根值为虚数，p_1 和 p_2 是一对共轭复数。

下面分两种情况讨论式(5-33)微分方程的解。

(1) 当 $R > 2\sqrt{L/C}$ 时，p_1 和 p_2 是两个负实数的情况

$$u''_C = A_1 e^{p_1 t} + A_2 e^{p_2 t} \tag{5-40}$$

所以

$$u_C = u'_C + u''_C = U + A_1 e^{p_1 t} + A_2 e^{p_2 t} \tag{5-41}$$

$$i = C\frac{du_C}{dt} = C\frac{d(U + A_1 e^{p_1 t} + A_2 e^{p_2 t})}{dt} = C(A_1 p_1 e^{p_1 t} + A_2 p_2 e^{p_2 t}) \tag{5-42}$$

根据换路定理，有

$$u_C(0_+) = u_C(0_-) = 0 \tag{5-43}$$

$$i(0_+) = i(0_-) = 0 \tag{5-44}$$

由式(5-41)和式(5-43)得

$$U + A_1 + A_2 = 0 \tag{5-45}$$

由式(5-42)和式(5-44)得

$$A_1 p_1 + A_2 p_2 = 0 \tag{5-46}$$

解由式(5-45)和式(5-46)组成的方程组，得

$$A_1 = -\frac{p_2}{p_2 - p_1}U \tag{5-47}$$

$$A_2 = \frac{p_1}{p_2 - p_1}U \tag{5-48}$$

将式(5-47)和式(5-48)代入式(5-41)，得到的暂态过程表达式：

$$u_C = U + \frac{U}{p_2 - p_1}(p_1 e^{p_2 t} - p_2 e^{p_1 t}) \tag{5-49}$$

u_C 随时间变化的曲线如图 5.38(a)所示，图 5.38(b)是当 $R=50\Omega$，$L=5\text{mH}$，$C=50\mu\text{F}$，$U=10\text{V}$ 时的仿真结果。

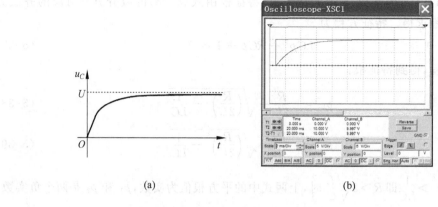

(a)　　　　　　　　　　　　(b)

图 5.38　RLC 二阶电路 u_C 的非周期性充电曲线

（2）当 $R<2\sqrt{L/C}$ 时，p_1 和 p_2 是一对共轭复数的情况

设 $\delta=\dfrac{R}{2L}$，$\omega=\sqrt{\dfrac{1}{LC}-\left(\dfrac{R}{2L}\right)^2}$，则

$$p_1=-\delta+\mathrm{j}\omega,\quad p_2=-\delta-\mathrm{j}\omega$$

$$
\begin{aligned}
u_C &= U+A_1\mathrm{e}^{p_1t}+A_2\mathrm{e}^{p_2t}=U+A_1\mathrm{e}^{(-\delta+\mathrm{j}\omega)t}+A_2\mathrm{e}^{(-\delta-\mathrm{j}\omega)t}\\
&= U+\mathrm{e}^{-\delta t}(A_1\mathrm{e}^{\mathrm{j}\omega t}+A_2\mathrm{e}^{-\mathrm{j}\omega t})
\end{aligned}
\tag{5-50}
$$

其中，$A_1=-\dfrac{p_2}{p_2-p_1}U$，$A_2=\dfrac{p_1}{p_2-p_1}U$。

由欧拉公式

$$\mathrm{e}^{\mathrm{j}\omega t}=\cos\omega t+\mathrm{j}\sin\omega t \tag{5-51}$$

$$\mathrm{e}^{-\mathrm{j}\omega t}=\cos\omega t-\mathrm{j}\sin\omega t \tag{5-52}$$

得

$$u_C=U+\mathrm{e}^{-\delta t}\big[(A_1+A_2)\cos\omega t+\mathrm{j}(A_1-A_2)\sin\omega t\big] \tag{5-53}$$

式中

$$A_1+A_2=\left(-\frac{p_2}{p_2-p_1}U\right)+\left(\frac{p_1}{p_2-p_1}U\right)=-U \tag{5-54}$$

$$A_1-A_2=\left(-\frac{p_2}{p_2-p_1}U\right)-\left(\frac{p_1}{p_2-p_1}U\right)=\frac{p_1+p_2}{p_1-p_2}U=-\frac{\delta}{\mathrm{j}\omega}U \tag{5-55}$$

将式（5-54）和式（5-55）代入式（5-53），得

$$
\begin{aligned}
u_C &= U+\mathrm{e}^{-\delta t}\left(-U\cos\omega t-\frac{\delta}{\omega}U\sin\omega t\right)\\
&= U+A\mathrm{e}^{-\delta t}\sin(\omega t+\varphi)
\end{aligned}
\tag{5-56}
$$

其中

$$A=U\sqrt{1+(\delta/\omega)^2},\quad \varphi=\arctan\left(\frac{\omega}{\delta}\right)-180°,\quad \delta=\frac{R}{2L},\quad \omega=\sqrt{\frac{1}{LC}-\left(\frac{R}{2L}\right)^2}$$

式(5-56)的曲线如图 5.39(a)所示,是一个初始值为 0、稳态值为 U、幅度呈指数衰减的振荡波形。图 5.39(b)是当 $R=5\Omega$, $L=5\mathrm{mH}$, $C=50\mu\mathrm{F}$, $U=10\mathrm{V}$ 时的仿真结果。

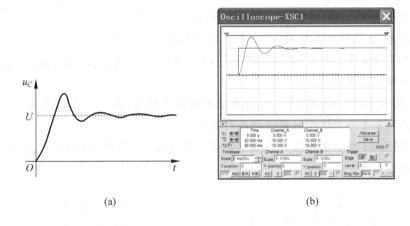

(a)   (b)

图 5.39 RLC 二阶电路 u_C 的周期性充电曲线

思 考 题

5.1 实验室中常用带有微安表头的万用表(例如 500 型万用表)来大致判断一个电解电容的好坏和电容值的大小,测量方法如图 5.40(a)所示,万用表的黑表笔(通万用表内部电池的正极)接电解电容的正极,红表笔(通万用表内部电池的负极)接电解电容的负极,万用表量程选用"×1k"挡。万用表欧姆挡内部电路如图 5.40(b)所示。试分析在以下 4 种情况下万用表的指针应如何偏转。

(1) 电容内部接线断开。

(2) 电容被击穿过,内部短路。

(3) 电容是好的。

(4) 两个电容都是好的,一个电容值较大(例如 $100\mu\mathrm{F}$),另一个电容值较小(例如 $1\mu\mathrm{F}$)。

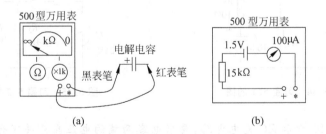

(a)   (b)

图 5.40 思考题 5.1 的图

5.2　如图 5.41 所示,直流电机电枢线圈可以等效为一个电感和一个电阻(阻值很小,约几欧)串联,设电枢线圈的工作电流为 14A。在电枢线圈两端并联一个直流电压表(内阻较大,设为 $100k\Omega$)以监测电枢电压。当拉闸时,电压表两端产生的高压是多少? 拉闸时产生的高压会对设备和人身造成损害,为了防止高压的产生,在电枢线圈两端并联一个二极管 D(称为"续流二极管"),试解释为什么? 二极管能否反过来接?

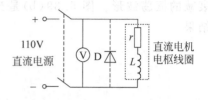

图 5.41　思考题 5.2 的图

5.3　图 5.42 所示电路,开关 S 打开前电路处于稳态,在 $t=0$ 时将开关打开,求开关刚断开一瞬间各支路电流及恒流源两端的电压。

5.4　图 5.43 所示电路在开关 S 闭合前处于稳态。求开关 S 闭合后电感中的电流 i_L 的初始值和稳态值。

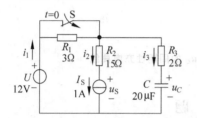

图 5.42　思考题 5.3 的图

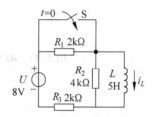

图 5.43　思考题 5.4 的图

习　题

5.1　图 5.44 所示电路,电容上的电压初始值为 0。开关闭合后经过约多长时间电容充电完毕? 开关再打开经过约多长时间电容放电完毕?(注:$t=5\tau$ 时认为达到稳态)

5.2　图 5.45 所示电路,电感中的电流初始值为 0,开关闭合后经过约多长时间电感中的电流升到最大值? 开关再打开经过约多长时间电感中的电流降低到最大值的 36.8%?

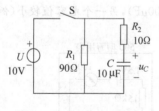

图 5.44　习题 5.1 的图

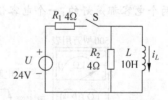

图 5.45　习题 5.2 的图

5.3　图 5.46 所示 RC 充电电路,要求电容两端的电压在开关闭合后最少 1s 最多 10s 到达 10V,求 R_2 的调节范围。设电容上的电压初始值为 0。

5.4　图 5.47 所示电路,开关 S 在 $t=0$ 时闭合,开关闭合后电容两端的电压 $u_C=5+10e^{-2t}$ V。求 I、C 和 $u_C(0_-)$。

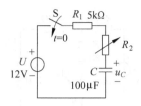

图 5.46 习题 5.3 的图

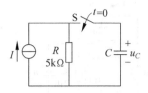

图 5.47 习题 5.4 的图

5.5 图 5.48 所示电路，换路前电路已处于稳定状态。$t=0$ 时开关 S 由位置 D 拨向位置 E。求 $t>0$ 时 A、B 两点之间的电压 u_{AB}，画出 u_{AB} 随时间变化的曲线。

5.6 图 5.49 所示电路，开关 S 闭合前电路已处于稳定状态。$t=0$s 时开关 S 闭合。求开关闭合后恒流源两端的电压 u_S，画出 u_S 随时间变化的曲线。

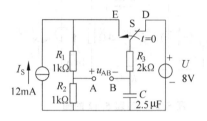

图 5.48 习题 5.5 的图

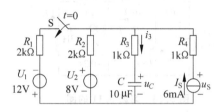

图 5.49 习题 5.6 的图

5.7 图 5.50 所示电路，开关 S 闭合前电路已处于稳定状态。$t=0$ 时开关 S 闭合。求开关闭合后电阻 R_1 两端的电压 u_1，并画出 u_1 随时间变化的曲线。

5.8 图 5.51 所示电路，假设开关 S 在 $t<0$ 时已经闭合了很长时间。开关 S 在 $t=0$ 时打开，求 $t>0$ 时的 R_4 两端的电压 u_4。

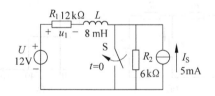

图 5.50 习题 5.7 的图

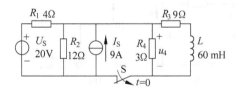

图 5.51 习题 5.8 的图

5.9 图 5.52 所示电路，开关 S 在 $t<0$ 时已处于稳定状态。在 $t=0$ 时开关打开，在 $t=32$ms 时又闭合。求 $t>0$ 时的电容两端的电压 u_C，并画出 u_C 随时间变化的曲线。

5.10 图 5.53 所示电路，在开关 S 闭合之前电路处于稳定状态。开关 S 在 $t=0$ 时闭合，在 $t=1$s 时又打开。求 $t>0$ 时的电感中的电流 i_L，并画出 i_L 随时间变化的曲线。

5.11 图 5.54 所示电路，开关闭合前电路已处于稳定状态，求开关 S_1、S_2 动作之后电阻 R_2 中的电流 i_2。

5.12 图 5.55 所示电路，设开关闭合前电路已处于稳定状态，求开关 S_1、S_2 闭合之后电阻 R_1 中的电流 i_1。

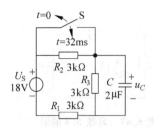

图 5.52 习题 5.9 的图

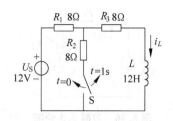

图 5.53 习题 5.10 的图

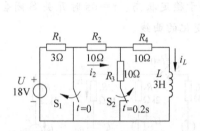

图 5.54 习题 5.11 的图

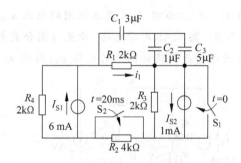

图 5.55 习题 5.12 的图

5.13 图 5.56(a)所示电路,已知 $R=100\Omega$, $L=1\mathrm{H}$,输入信号如图 5.56(b)所示。求 i_L 和 u_L,并画出 i_L 和 u_L 的曲线。

5.14 图 5.57(a)所示电路,已知 $R_1=R_2=4\mathrm{k}\Omega$, $R_3=2\mathrm{k}\Omega$, $C=10\mu\mathrm{F}$,在 $t<0$ 时电容没有充电,输入信号如图 5.57(b)所示。求电容两端的电压 u_C 和 R_2 中的电流 i_2,并画出 u_C 和 i_2 的曲线。

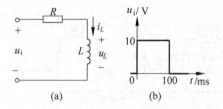

图 5.56 习题 5.13 的图

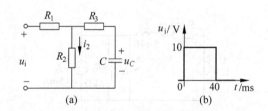

图 5.57 习题 5.14 的图

5.15 图 5.58(a)所示电路, $u_C(0_-)=0\mathrm{V}$,输入信号如图 5.58(b)所示,求电容两端的电压 u_C 和 R_1 中的电流 i_1,并画出 u_C 和 i_1 的曲线。

5.16 图 5.59 所示电路,输入电压为

$$u_i=\begin{cases}0\mathrm{V}, & t\leqslant 0\mathrm{s}\\ 1\mathrm{V}, & 0\mathrm{s}<t\leqslant 2\mathrm{s}\\ -2\mathrm{V}, & 2\mathrm{s}<t\leqslant 3\mathrm{s}\\ 0\mathrm{V}, & 3\mathrm{s}<t\end{cases}$$

画出 u_C 和 u_R 的波形。

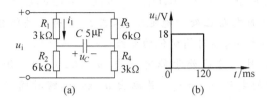
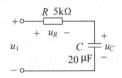

图 5.58 习题 5.15 的图　　　　　图 5.59 习题 5.16 的图

5.17 图 5.60(a)所示电路,输入信号 u_i 如图 5.60(b)所示。与 u_i 用同一个坐标,画出 u_C 和 u_R 的波形。

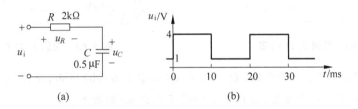

图 5.60 习题 5.17 的图

5.18 图 5.61(a)所示电路,输入信号 u_i 如图 5.61(b)所示。与 u_i 用同一个坐标,画出 u_C 和 u_R 的波形。

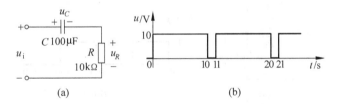

图 5.61 习题 5.18 的图

5.19 图 5.62 所示电路,$U_S = 20V$, $I_S = 1mA$, $C_1 = 20\mu F$, $C_2 = 60\mu F$, $R_1 = 4k\Omega$, $R_2 = 5k\Omega$。开关动作前电路已处于稳态,开关在 $t=0$ 时闭合,求 $t>0$ 时的电压 u_{C1},并画出 u_{C1} 随时间变化的曲线($t=0_- \sim \infty$)。

5.20 图 5.63 所示电路,$U_1 = 20V$, $U_2 = 10V$, $C_1 = 2\mu F$, $C_2 = 3\mu F$, $R_1 = R_2 = 2k\Omega$。开关动作前电路已处于稳态,开关在 $t=0$ 时从 A 端合向 B 端,求开关动作后的电压 u_{C1},并画出 u_{C1} 随时间变化的曲线($t=0_- \sim \infty$)。

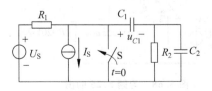
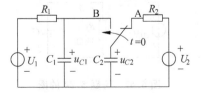

图 5.62 习题 5.19 的图　　　　　图 5.63 习题 5.20 的图

5.21　图 5.64 所示电路,电容电压 $u_{C1}(0_-)=0$, $U_1=15\text{V}$, $U_2=12\text{V}$, $C_1=1\mu\text{F}$, $C_2=2\mu\text{F}$, $R_1=1\text{k}\Omega$, $R_2=3\text{k}\Omega$。在 $t<0$ 时电路已处于稳定状态,在 $t=0$ 时开关闭合,求开关闭合后的电压 u_{C1} 和 u_{C2},并画出 u_{C1} 和 u_{C2} 随时间变化的曲线($t=0_-\sim\infty$)。

5.22　图 5.65 所示电路,在 $t<0$ 时电路已处于稳定状态,$u_{C2}(0_-)=0$。开关在 $t=0$ 时从 A 端切换到 B 端,求 $t>0$ 时的电压 u_{C1} 和 u_{C2},并画出 u_{C1} 和 u_{C2} 随时间变化的曲线。

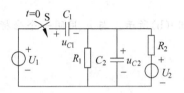

图 5.64　习题 5.21 的图

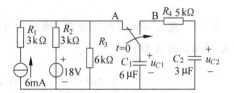

图 5.65　习题 5.22 的图

5.23　图 5.66(a)所示电路,输入信号 u_i(如图 5.66(b)所示)是周期为 100ms 的连续脉冲。与 u_i 用同一个坐标,分以下 3 种情况画出 u_{C2} 的波形。

(1) $R_1=3\text{k}\Omega$, $C_1=2\mu\text{F}$, $R_2=2\text{k}\Omega$, $C_2=3\mu\text{F}$;

(2) $R_1=3\text{k}\Omega$, $C_1=3\mu\text{F}$, $R_2=2\text{k}\Omega$, $C_2=2\mu\text{F}$;

(3) $R_1=2\text{k}\Omega$, $C_1=2\mu\text{F}$, $R_2=3\text{k}\Omega$, $C_2=3\mu\text{F}$。

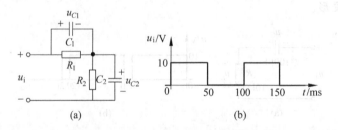

图 5.66　习题 5.23 的图

5.24　图 5.67 所示电路,$u_C(0_-)=0$。$t=0$ 时开关闭合,在 $t>0$ 时,R_1 中的电流 $i_1(t)=2+3e^{-\frac{t}{0.006}}\text{mA}$。求 R_1 和 C 的值。

5.25　图 5.68 所示电路,在 $t<0$ 时电路已处于稳定状态,$t=0$ 时开关由 A 端切换到 B 端。在 $t>0$ 时,电容 C_1 两端的电压 $u_{C1}(t)=4e^{-10t}\text{V}$。求 C_1 和 C_2 的值。

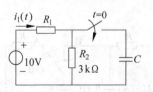

图 5.67　习题 5.24 的图

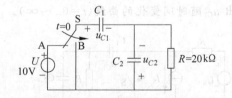

图 5.68　习题 5.25 的图

5.26 图 5.69 所示电路,一个电路盒子中由独立直流电源和电阻组成,测量 a、b 两端的开路电压 $U_o = 20V$(见图 5.69(a)),测量 a、b 两端的短路电流 $I_o = 1mA$(见图 5.69(b))。若在 a、b 两端接一未充电的电容 C(见图 5.69(c)),在 $t=0$ 时开关闭合,要求开关闭合后 10s 电容上的电压达到 10V,求应接入多大的电容。

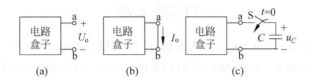

图 5.69 习题 5.26 的图

*5.27 图 5.70 所示电路,开关闭合前电路已处于稳态,$u_C(0_-)=0$,$i(0_-)=0$。开关在 $t=0$ 时闭合,就以下两组参数写出 u_C 在 $t>0$ 时的表达式。

(1) $R=10\Omega$,$L=1H$,$C=1/16F$;

(2) $R=2\Omega$,$L=1H$,$C=1/16F$。

*5.28 图 5.71 所示电路,设在开关未打开之前电路已处于稳态。开关在 $t=0$ 时打开。求 $t>0$ 时的 $u_C(t)$,并画出 $u_C(t)$ 随时间变化的曲线。

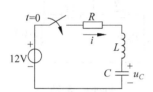

图 5.70 习题 5.27 的图

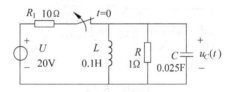

图 5.71 习题 5.28 的图

5.29(仿真题) 图 5.72 所示电路,电路在 $t<0$ 时已处于稳定状态。开关 S 在 $t=0$ 时闭合,在 $t=t_1$ 时打开。$t=0 \sim t_1$ 为第 1 阶段,$t=t_1 \sim \infty$ 为第 2 阶段。分 $t_1<5\tau_1$ 和 $t_1>5\tau_1$ 两种情况进行仿真,用示波器观察 u_{R2} 和 u_C 的波形,测量两个过程的时间常数 τ_1 和 τ_2。

5.30(仿真题) 电感线圈(如直流电机电枢绕组、直流继电器线圈)在断电时,在线圈两端会产生一个高电压。用图 5.73 所示电路仿真这个过程,r 为线圈内阻。

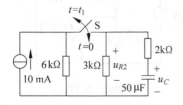

图 5.72 习题 5.29 的图

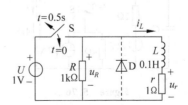

图 5.73 习题 5.30 的图

（1）用示波器同时检测 u_R 和 u_r 的波形，测量当开关断开时 u_R 的最大值。其中 u_r 的波形与 i_L 的波形相似，因此用 u_r 的波形代表 i_L 的波形。

（2）将电阻 R 换为 $10\text{k}\Omega$，重复上述实验。

（3）接入续流二极管 D，再重复上述实验。由此仿真得出什么结论。

PROBLEMS

5.1   The switch in Figure 5.74 has been open for a long time before closing at time $t=0$. Find $u_C(0_+)$ and $i_L(0_+)$, the values of the capacitor voltage and inductor current immediately after the switch closes. Let $u_C(\infty)$ and $i_L(\infty)$ denote the values of the capacitor voltage and inductor current after the switch has been closed for a long time. Find $u_C(\infty)$ and $i_L(\infty)$.

5.2   Design the circuit in Figure 5.75 so that makes the transition from $i(t)=3\text{mA}$ to $i(t)=8\text{mA}$ in 5ms after the switch is closed. Assume that the circuit is at steady state before the switch is closed. Also assume that the transition will be complete after $5\tau(\tau$ is the time constant).

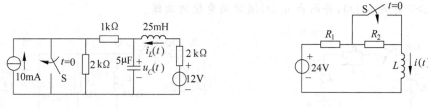

Figure 5.74   **Figure 5.75**

5.3   The switch of the circuit shown in Figure 5.76 is closed at $t=0$. Determine and plot $i(t)$ when $C=0.5\text{F}$. Assume steady state at $t=0_-$.

5.4   The circuit shown in Figure 5.77 is at steady state before the switch closes at time $t=0$. The switch remains closed for 0.1s and then opens. Determine $u_C(t),i(t)$, for $t>0$.

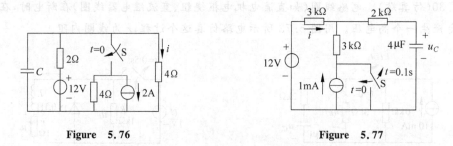

Figure 5.76   **Figure 5.77**

5.5   In Figure 5.78(a),The capacitor is initially uncharged. The switch is moved to the charge position a, then to the discharge position b, yielding the current shown in

Figure 5. 78(b). The capacitor discharges in 2. 5ms. Determine the following U, R_1 and C.

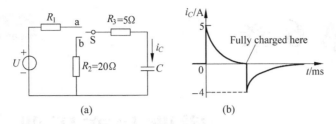

(a)   (b)

Figure 5. 78

* 5. 6(simulation problem)　　Find $u_C(t)$ for $t>0$ for the circuit shown in Figure 5. 79. Assume steady-state conditions exist at $t=0_-$.

* 5. 7(simulation problem)　　An RLC circuit is shown in Figure 5. 80. The switch has been closed for a long time before open at $t=0$. Determine $u_{R2}(t)$ for $t>0$.

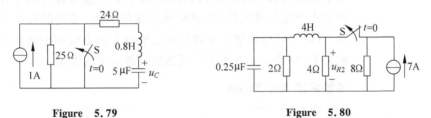

Figure 5. 79　　　　　　　　　　　　**Figure 5. 80**

第 6 章

磁路与变压器

许多电气设备都依赖于磁场和电磁场原理,例如发电机、电动机、变压器、电磁铁、录音机、录像机以及计算机中的磁盘驱动器等。学习和掌握磁场和磁路方面的知识有助于了解这些设备的工作原理。本章重点介绍磁场的原理、磁量和电量的关系、磁路的概念及其分析方法,同时介绍电磁感应原理和交流励磁下铁心线圈的电压电流与磁通的关系,并给出一些关于变压器的具体应用的例子。

关键术语 Key Terms

磁场 magnetic field

电磁场 electromagnetic field

磁路 magnetic circuit

磁链 flux linkage

铁心/线圈 iron core / coil

磁通 (magnetic) flux

磁导率 permeability

磁化曲线 magnetization curves (*B-H* curves)

磁滞 hysteresis

磁滞回线 hysteresis loop

磁感应强度(磁通密度)flux density

磁场强度 magnetizing force

磁通势 magnetomotive force(mmf)

磁力线 flux lines,lines of force

安培环路定律 Ampere's circuital law

电磁感应 electromagnetic induction

变压器 transformer

隔离变压器 isolation transformer

自耦变压器 auto transformer

变比 turns ratio

原边绕组 primary winding

副边绕组 secondary winding

阻抗匹配 impedance matching

映射阻抗 reflected impedance

励磁电流 exciting current

漏磁通 leakage flux

磁畴 domain

磁阻 reluctance

磁通势源 mmf source

磁通势降 mmf drop

剩磁 residual magnetism

矫顽性 retentivity

去磁 demagnetization

法拉第电磁感应定律 Faraday's law

楞次定律 Lenz's law

铜损耗 copper loss

铁损耗 core loss,iron loss

涡流 eddy current

电压变化率 voltage regulation

6.1 磁路

6.1.1 磁场与电磁场

永久磁铁在其周围三维空间中产生**磁场**,通常通过画磁力线的方式来形象地描绘磁场的分布,磁力线的方向是从 N 极指向 S 极,磁力线越密,表明磁场越强。条形磁铁产生的磁场如图 6.1 所示。

通电导体产生的磁场称为**电磁场**。图 6.2 所示是通电直导线的磁场,它的磁力线是环绕导线的同心圆,其方向按右手螺旋定则来判断。图 6.3 所示是通电螺线管的磁场,它的磁力线分布于管内和管外的空间中,关于螺线管中心线对称,其方向也按右手螺旋定则来判断。图 6.4 所示为通电的有铁心线圈的磁场,它的磁力线绝大部分集中于铁心内,在铁心内闭合。

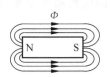

图 6.1　条形磁铁的磁场

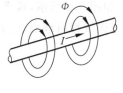

图 6.2　通电导线的磁场

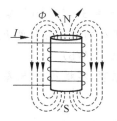

图 6.3　螺线管的磁场

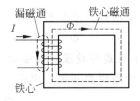

图 6.4　铁心线圈的磁场

磁力线是连续的互相不交叉的闭合曲线。

如果磁场内各处的磁力线的方向一致、密度均匀,则称为均匀磁场。

直流电流产生的磁场是恒定的。交变电流产生的磁场也是交变的。

6.1.2 磁通与磁感应强度

通过某一截面 S 的磁力线总数称为**磁通 Φ**。

磁感应强度 B 是表示磁场强弱和方向的物理量,它是一个矢量。磁场中某一点磁感应强度的大小等于垂直于该处单位面积的磁力线的条数,所以磁感应强度又称为磁通密度。

对于均匀磁场,磁感应强度的大小可以表示为

$$B = \frac{\Phi}{S} \tag{6-1}$$

磁场中某一点磁感应强度的方向是磁力线在该点的切线方向。

在国际电位制(SI)中，磁通 $\varPhi$ 的单位是 Wb；面积 S 的单位是 m^2；磁感应强度 B 的单位为特(斯拉)，T，即

$$1\mathrm{T} = 1\mathrm{Wb/m}^2$$

在厘米-克-秒制(CGS)中，磁通 $\varPhi$ 的单位是麦克斯韦，Mx；磁感应强度 B 的单位是高斯，Gs，$1\mathrm{Gs} = 1\mathrm{Mx/cm}^2$。CGS制与 SI 制的换算关系是

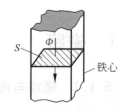

图 6.5　磁通与磁感应强度

$$1\mathrm{Wb} = 10^8\mathrm{Mx}, \quad 1\mathrm{T} = 10^4\mathrm{Gs}$$

从式(6-1)得

$$\varPhi = BS \tag{6-2}$$

对于非均匀磁场，式(6-2)应该写成面积分的形式，即

$$\varPhi = \int_s B \mathrm{d}S \tag{6-3}$$

由于磁力线是闭合的，因此，对于任何封闭面，穿入该封闭面的磁通应该等于穿出该封闭面的磁通，如图 6.6 所示，或者说穿入封闭面的磁通的代数和等于零，这称为**磁通连续性原理**。磁通连续性原理表示为

$$\varPhi = \oint_s B \mathrm{d}S = 0 \tag{6-4}$$

或者

$$\sum \varPhi = 0 \tag{6-5}$$

例 6.1　如图 6.7 所示铁心，横边框处截面面积为 $S_1 = 3 \times 10^{-2}\mathrm{m}^2$，磁感应强度为 $B_1 = 0.6\mathrm{T}$。竖框处截面面积为 $S_2 = 2 \times 10^{-2}\mathrm{m}^2$，求竖边框处的磁感应强度 B_2。

解　$\qquad\qquad \varPhi = B_1 S_1 = 0.6 \times 3 \times 10^{-2} = 1.8 \times 10^{-2}(\mathrm{Wb})$

假设所有磁通都被限制在磁心内，根据磁通连续性原理，在横边框 S_1 截面上和竖边框 S_2 截面上的磁通都相等。因此

$$B_2 = \frac{\varPhi}{S_2} = \frac{1.8 \times 10^{-2}}{2 \times 10^{-2}} = 0.9(\mathrm{T})$$

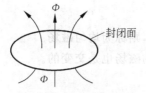

图 6.6　磁通连续性原理

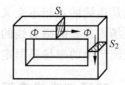

图 6.7　例 6.1 的图

6.1.3　直流励磁下的磁路和磁通势

1. 磁路

软铁、铸铁、硅钢片、铁镍合金等材料都具有良好的导磁性能，这类材料称为磁性材料。将磁性材料制成一定形状(例如棒状、口字形、双口形、圆环形)称为铁心，电流产生的

磁通主要集中在铁心内且沿着铁心形状围成的路径通过,这种磁通集中通过的路径称为
磁路。

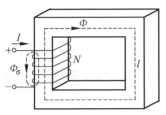

图 6.8 直流励磁下的磁路

图 6.8 所示为具有铁心线圈的磁路,当线圈中通有直流电流 I(称为励磁电流)时,所产生的磁通 Φ 主要集中于铁心内,沿着铁心的形状而闭合,这个分布于铁心内的磁通称为**主磁通**,主磁通通过的路径就是该铁心线圈的磁路。还有很少部分磁通 Φ_σ 分布在线圈周围的空间,在铁心外的空气中闭合,这一部分磁通称为**漏磁通**。

2. 磁通势 F_m

图 6.8 中,电流流过线圈产生磁通,电流 I 越大、线圈的匝数 N 越多,产生的磁通 Φ 就越大。线圈这种产生磁通的能力称为**磁通势**,磁通势 F_m 用电流和线圈匝数的乘积来定义,即

$$F_m = NI \tag{6-6}$$

磁通势的单位为安匝,At(ampere-turns)。

3. 磁阻

磁路的磁通不仅与电流和线圈匝数有关,还与线圈的尺寸以及制成铁心的磁性材料有关。这种由线圈尺寸和磁性材料决定的影响磁通的因素称为**磁阻**。磁阻 R_m 与磁路的平均长度 l 成正比,与铁心的截面积 S 成反比,且

$$R_m = \frac{l}{\mu S} \tag{6-7}$$

式(6-7)中,μ 为磁导率。磁导率是衡量磁性材料导磁能力的物理量,即 μ 越大,导磁性能越好。磁导率 μ 的单位为亨/米,H/m;长度 l 的单位为 m;面积 S 的单位为 m^2;磁阻 R_m 的单位为 1/H 或 At/Wb。

4. 磁路欧姆定律

磁通 Φ、磁通势 F_m 和磁阻 R_m 三者的关系是

$$\Phi = \frac{F_m}{R_m} \quad 或 \quad F_m = R_m \Phi \tag{6-8}$$

式(6-8)在形式上与欧姆定律相似,因此也可以将磁路画成图 6.9 所示的电路模型来模拟,磁通势相当于电源的电动势或端电压,磁通相当于电流。式(6-8)称为磁路欧姆定律。通过式(6-8)可知,在磁阻一定时,磁通势加大,磁通也加大。在磁通势一定时,磁路路径 l 增加或截面积 S 减小,磁阻 R_m 增加,磁通减小;用磁导率 μ 高的铁磁材料磁阻减小,磁通增加。

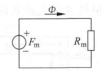

图 6.9 磁路欧姆定律的电路模型

式(6-8)只是形式上与欧姆定律相似,欧姆定律中的电阻是常数,这里的磁导率 μ 不

是常数,它随励磁电流而变(见6.1.4节),因此式(6-7)和式(6-8)不能用于磁路的计算,只能用于定性分析。

6.1.4 磁场强度

为了进行磁路计算,引入**磁场强度** H。磁场强度定义为单位长度下的磁通势,其大小为

$$H = \frac{F_m}{l} = \frac{NI}{l} \tag{6-9}$$

单位是 At/m。

磁场强度 H 也是矢量,它与磁感应强度 B 的方向一致。

图 6.10 Hl 的电路模型

从式(6-9)可得

$$NI = Hl \tag{6-10}$$

用图6.10的电路模型来模拟式(6-10),将 NI 看作磁通势源,相当于电路中的一个电压源,将 Hl 看作磁通势降,相当于电路中电阻上的电压降。式(6-10)很重要,基于此式和实验,可以得到安培环路定律。

6.1.5 安培环路定律

磁路理论中一个重要定律是**安培环路定律**,又称为全电流定律。

安培环路定律指出:沿磁路的任一闭合回路,线圈电流所产生的磁通势源的代数和等于磁路中磁通势降之和。即

$$\sum NI = \sum Hl \quad 或 \quad \sum NI - \sum Hl = 0 \tag{6-11}$$

应用式(6-11)时,先规定回路的绕行方向,然后确定 NI 和 Hl 的符号。NI 的符号确定方法是:若电流的参考方向与回路绕行方向符合右手螺旋定则,则 NI 的符号为正,否则为负。Hl 的符号确定方法是:若磁场强度 H 的参考方向与回路绕行方向一致,则 Hl 的符号为正,否则为负。

例如,图6.11所示磁路有两个励磁线圈,匝数分别是 N_1 和 N_2,励磁电流分别为 I_1 和 I_2;磁路由两段不同磁性材料的铁心组成:a-b-c-d 段和 d-e-f-a 段,平均长度分别为 l_1 和 l_2,磁场强度分别为 H_1 和 H_2。设回路绕行方向与磁通 Φ 的方向一致,根据安培环路定律,可写出如下关系式:

$$N_1 I_1 - N_2 I_2 = H_1 l_1 + H_2 l_2$$

如果将这个关系式用一个电路模型来模拟,则此电路模型如图6.12所示。

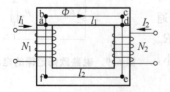

图 6.11 安培环路定律

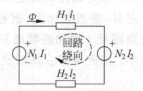

图 6.12 安培环路定律的电路模型

6.1.6 磁性材料的特性、磁导率和磁化曲线

1. 高导磁性,磁导率 μ

磁性材料有很高的导磁性,导磁性用磁导率 μ 这个物理量来衡量。

磁性材料的高导磁性与它的原子结构有关。由于运动的电子产生一个原子量级的电流,电流又产生磁场,因此物质的每一个原子都产生一个原子量级的微小磁场。对于非磁性材料,这些微小磁场随机排列互相抵消;而对于磁性材料,在一个小的区域内磁场不会互相抵消,这些小区域称为磁畴(如图 6.13(a)所示)。如果这些磁畴的磁场排列整齐,就说此磁性材料被磁化了(如图 6.13(b)所示)。

由于磁性材料良好的导磁性,所以通电线圈加有用磁性材料制成的铁心后可使磁场大大加强。

磁导率是衡量物质导磁能力的物理量。物质按导磁能力可分为磁性材料和非磁性材料。铁、钴、镍及其合金都是磁性材料,其他如铜、铝、塑料、空气等都是非磁性材料。

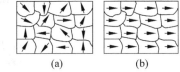

图 6.13　磁畴及磁性材料的磁化示意图

由实验测得,真空的磁导率是一个常数,其大小为

$$\mu_0 = 4\pi \times 10^{-7} \text{ H/m}$$

各种材料的磁导率 μ 与真空的磁导率 μ_0 之比称为相对磁导率 μ_r,即

$$\mu_r = \frac{\mu}{\mu_0} \tag{6-12}$$

非磁性材料的磁导率与真空的磁导率相差很小,工程计算时视为二者相等,即非磁性材料的磁导率 $\mu \approx \mu_0$,因此非磁性材料的相对磁导率 $\mu_r \approx 1$。

磁性材料的磁导率比真空的磁导率大几百倍～几万倍,例如铸铁的相对磁导率为 200,硅钢片的相对磁导率为 8000～10000。磁性材料的磁导率不是常数,它随磁场强度 H 而变。

2. 磁饱和性,磁化曲线(B-H 曲线)

由 6.1.3 节知道,磁场强度 $H(H = NI/l)$ 是通电线圈产生磁通能力的量度,而磁感应强度 B 又取决于磁通 $\Phi(B = \Phi/S)$,所以磁感应强度 B 与磁场强度 H 是关联的,它们之间的关系是

$$B = \mu H \tag{6-13}$$

对于非磁性材料,因为磁导率是常数,所以 B 与 H 是线性关系。

对于磁性材料,因为磁导率不是常数,所以 B 与 H 是非线性关系。在磁性材料被磁化时,励磁电流 I 增加,磁场强度 H 随之成正比地增加,磁感应强度 B 也增加,但磁感应强度 B 与磁场强度 H 不是成正比的关系,而且磁场强度 H 增加到一定程度,磁感应强度 B 不再增加,即达到饱和,磁性材料的这一特性称为磁饱和性。

磁性材料的磁饱和性用它的磁化曲线来描述。图 6.14(a)所示电路为磁化曲线测试电路,在一个磁环上均匀地绕有 N 匝线圈,在线圈中通以电流 I,并通过电阻器 R 调节 I 的大小,每一个电流值对应一组 H 值和 B 值,并通过 $\mu = B/H$ 计算出 μ 值,即可获得磁

性材料的 $B\text{-}H$ 关系曲线和 $\mu\text{-}H$ 关系曲线,如图 6.14(b)所示,$B\text{-}H$ 关系曲线称为磁性材料的磁化曲线。几种磁性材料的磁化曲线如图 6.15 所示。

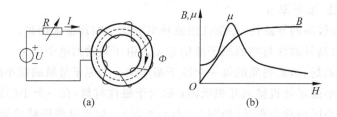

图 6.14　磁化曲线测试

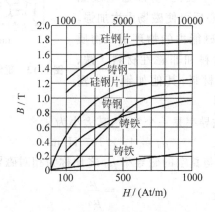

图 6.15　几种铁磁材料的磁化曲线

3. 磁滞性,磁滞回线

在图 6.16 所示磁化曲线中,在磁性材料被磁化后(a 点),如果将电流减小到零,会发现磁感应强度 B 并不减小到零,而是还剩下一部分 B_r(b 点),这称为**剩磁**。这时如果将电流反向,并逐步加大电流,磁性材料又被反向磁化(b-c-d 段)。再将电流减小到零,则获得 d-e 段曲线(e 点对应剩磁的大小)。若再将电流正向,则获得 e-f-a 段曲线。这样,就得到 $B\text{-}H$ 关系的闭合曲线,这闭合曲线称为**磁滞回线**。从磁滞回线上可以看出,磁感应强度 B 总是滞后于磁场强度 H 的变化,磁性材料的这种特性称为**磁滞性**。从磁滞回线上还可以看出,如果要使剩磁消失,必须反向磁化,这种特性称为磁性材料的矫顽性。反向磁化使磁感应强度 B 为零,这称为去磁。反向磁化使磁感应强度 B 为零的 H 值称为矫顽磁力 H_c。

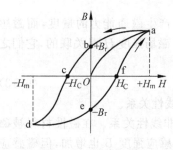

图 6.16　磁滞回线

磁性材料按其磁滞回线的形状可分为两类:软磁材料和硬磁材料。软磁材料的磁滞回线包围的面积较小,容易磁化(即达到临界饱和时的 H_m 较小),剩磁小,容易去磁(即矫顽磁力 H_c 较小)。软磁材料有电工软铁(用于制造直流电磁铁)、硅钢片(用于制造交流电机及变压器铁心)、铁镍合金(用于电子设备作脉冲变压器的铁心)以及铁氧体(用于电子设备中作磁心、磁鼓、磁带)。硬磁材料的磁滞回线包围的面积较大(即达到临界饱和时的 H_m 较大),剩磁大,不容易去磁(即矫顽磁力 H_C 较大)。硬磁材料有碳钢、铁钴镍铝合金等,这类材料一旦被磁化就会保留很强的磁性,硬磁材料用来制造永久磁铁,用于永磁式直流电机、扬声器以及磁电式仪表的恒定磁场。

6.1.7 直流励磁下的磁路计算

1. 串联磁路(给定 Φ,求 NI)

磁路由多段不同的材料组成一个回路,中间无分叉,这样的磁路称为串联磁路。根据磁通的连续性原理,串联磁路中各段的磁通 Φ 都相同。

对于串联磁路,如果给定磁通 Φ,要求计算线圈的电流和匝数,则步骤如下。

(1)用公式 $B=\Phi/S$ 计算每段的磁感应强度 B。

(2)从 B-H 曲线上,查每段的 B 对应的磁场强度 H。对于空气隙的磁场强度 H_0,应用公式 $H_0=B_0/\mu_0$ 计算。

(3)用安培环路定律计算所需磁通势 NI。

(4)用计算出的磁通势 NI 再求所需要的线圈电流或线圈匝数。

上述计算忽略了漏磁通,而且通过查 B-H 曲线获得 H,因此所得结果是近似的。

例 6.2 图 6.17 所示线圈的铁心由铸铁组成,截面积 $S=0.3\times10^{-3}\,\mathrm{m}^2$,$\Phi=0.12\times10^{-3}\,\mathrm{Wb}$,线圈匝数 $N=500$,磁路平均长度(abcda)$l=0.2\mathrm{m}$。求励磁电流 I;若线圈的电阻为 10Ω,求励磁电压 U。

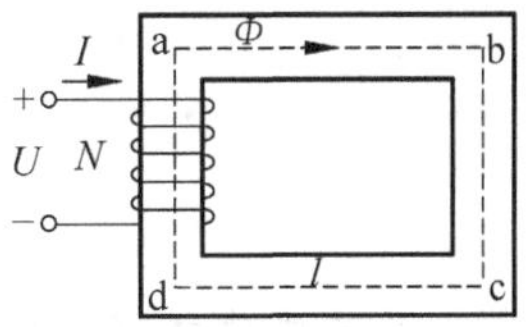

图 6.17 例 6.2 的图

解 因为铁心只由一种磁性材料组成,所以磁感应强度为

$$B=\frac{\Phi}{S}=\frac{0.12\times10^{-3}}{0.3\times10^{-3}}=0.4(\mathrm{T})$$

从图 6.15 给出的 B-H 曲线查得 $H=1300(\mathrm{At/m})$。

应用安培环路定律,得

$$NI=Hl=1300\times0.2=260(\mathrm{At})$$

所以励磁电流为

$$I=\frac{NI}{N}=\frac{260}{500}=0.52(\mathrm{A})$$

励磁电压为

$$U=RI=10\times0.52=5.2(\mathrm{V})$$

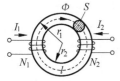

图 6.18 例 6.3 的图

例 6.3 图 6.18 所示圆环形铁心由铸钢组成,外径 $r_1=5\mathrm{cm}$,内径 $r_2=4\mathrm{cm}$,截面为圆形。两个励磁线圈的匝数分别为 $N_1=200$ 匝,$N_2=180$ 匝。已知 $I_1=1\mathrm{A}$,$\Phi=0.1\times10^{-3}\,\mathrm{Wb}$。求 I_2。

解 磁路截面积为

$$S = \pi \left(\frac{0.05 - 0.04}{2} \right)^2 \approx 7.85 \times 10^{-5} (\text{m}^2)$$

磁路平均长度为

$$l = 2\pi \left(\frac{0.05 + 0.04}{2} \right) \approx 0.28 (\text{m})$$

磁感应强度为

$$B = \frac{\Phi}{S} = \frac{0.1 \times 10^{-3}}{7.85 \times 10^{-5}} = 1.27 (\text{T})$$

从图 6.15 给出的 B-H 曲线查得 $H = 2000\text{At/m}$。

由安培环路定律，有 $N_1 I_1 + N_2 I_2 = Hl$，即

$$200 \times 1 + 180 I_2 = 2000 \times 0.28$$

因此得 $I_2 = 2\text{A}$。

例 6.4 图 6.19 所示口字形铁心的磁路共有两段，一段为铸钢 (abcd)，一段为硅钢片 (defa)。铁心外边缘尺寸为 8cm×6cm，每段的截面尺寸都相等，为 1cm×2cm，线圈匝数 $N = 200$。

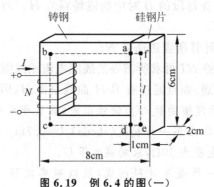

图 6.19 例 6.4 的图(一)

(1) 若要建立 $\Phi = 1.6 \times 10^{-4} \text{Wb}$ 的磁通，求励磁电流 I。计算时忽略漏磁通。

(2) 在该铁心的铸钢部分开一个宽度 $l_0 = 0.5\text{cm}$ 的空气隙(如图 6.20 所示)，若要求磁通仍为 $\Phi = 1.6 \times 10^{-4} \text{Wb}$，电流 I 应该多大?

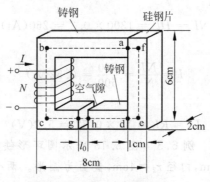

图 6.20 例 6.4 的图(二)

解 (1) 因为每段的截面积相等，磁通相等，所以每段的磁感应强度也相等，即为

$$B = \frac{\Phi}{S} = \frac{1.6 \times 10^{-4}}{1 \times 10^{-2} \times 2 \times 10^{-2}} = 0.8 (\text{T})$$

查图 6.15 的磁化曲线,得每段铁心磁路的磁场强度:

$$铸钢段的磁场强度为 H_1 = 380\text{At/m}$$

$$硅钢片段的磁场强度为 H_2 = 220\text{At/m}$$

而每段铁心磁路的平均长度分别为:

$$铸钢段 \quad l_1 = l_{abcd} = 5 + 6.5 \times 2 = 18\text{cm} = 18 \times 10^{-2}(\text{m})$$

$$硅钢片段 \quad l_2 = l_{defg} = 5 + 0.5 \times 2 = 6\text{cm} = 6 \times 10^{-2}(\text{m})$$

根据安培环路定律,有 $NI = H_1 l_1 + H_2 l_2$,所以

$$I = \frac{H_1 l_1 + H_2 l_2}{N} = \frac{380 \times 18 \times 10^{-2} + 220 \times 6 \times 10^{-2}}{200} \approx 0.41(\text{A})$$

(2) 开有空气隙后,铸钢段的平均长度变为

$$l_1 = 18 - 0.5 = 17.5\text{cm} = 17.5 \times 10^{-2}(\text{m})$$

空气隙的磁场强度为

$$H_0 = \frac{B}{\mu_0} = \frac{0.8}{4\pi \times 10^{-7}} \approx 6.4 \times 10^5(\text{At/m})$$

根据安培环路定律,有 $NI = H_1 l_1 + H_2 l_2 + H_0 l_0$,所以

$$I = \frac{H_1 l_1 + H_2 l_2 + H_0 l_0}{N}$$

$$= \frac{380 \times 17.5 \times 10^{-2} + 220 \times 6 \times 10^{-2} + 6.4 \times 10^5 \times 0.5 \times 10^{-2}}{200} \approx 16.4(\text{A})$$

由此题的计算结果可知,如果磁路中有空气隙,磁阻会增加,要得到同样大的磁通,需要大大增加励磁电流。

2. 串联磁路(给定 NI,求 Φ)

已知 NI 求 Φ 有两种情况。一种特殊的情况就是只有一个线圈、一种材料,此时可以直接将 Φ 求出,如例 6.5。另一种常见的情况是磁路中含有两种以上的材料,这类题目比较难解,常用"试凑法"来解,如例 6.6。

例 6.5 图 6.21 所示电路,铁心由铸钢组成,平均长度 $l = 0.3\text{m}$,截面积 $S = 0.01\text{m}^2$,已知线圈匝数 $N = 240$,励磁电流 $I = 2\text{A}$。求磁通 Φ。

解
$$H = \frac{NI}{l} = \frac{240 \times 2}{0.3} = 1600(\text{At/m})$$

查图 6.15 的磁化曲线,得 $B = 1.2\text{T}$。因此

$$\Phi = BS = 1.2 \times 0.01 = 1.2 \times 10^{-2}(\text{Wb})$$

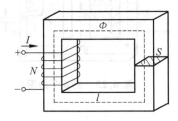

图 6.21 例 6.5 的图

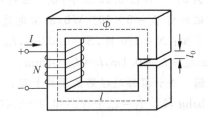

图 6.22 例 6.6 的图

例6.6　图6.22所示电路,铁心由铸钢组成,平均长度 $l=0.248\mathrm{m}$,每处的截面积都是 $S=0.01\mathrm{m}^2$,气隙长度 $l_0=0.002\mathrm{m}$。已知磁通势 $NI=1200\mathrm{At}$。求磁通 Φ。

解　此题必须采用"试凑法"解,即先假设一个 Φ 值,计算产生这个 Φ 值所需的磁通势 NI,然后与给定的磁通势进行比较,若相差不大(误差在 $\pm5\%$ 以内),则认为所假设的 Φ 值就是所求值,若相差较大,则再修改假设的 Φ 值,重复以上计算,直到误差符合要求为止。

从例6.4的计算可知,气隙处的磁通势要占全部磁通势的 90% 以上,据此,不妨假设气隙处的磁通势占全部磁通势的 95%,即

$$H_0 l_0 = 0.95NI$$

而 $H_0=\dfrac{B_0}{\mu_0}=\dfrac{\Phi_0}{S\mu_0}=\dfrac{\Phi}{S\mu_0}$,所以 $\dfrac{\Phi}{S\mu_0}l_0=0.95NI$,即

$$\Phi = \frac{0.95NIS\mu_0}{l_0} = \frac{0.95\times1200\times0.01\times4\pi\times10^{-7}}{0.002} \approx 7.2\times10^{-3}(\mathrm{Wb})$$

下面验算产生这个 Φ 值所需的磁通势 NI' 是否与给定值相差不大。

铸钢中的磁感应强度为

$$B = \frac{\Phi}{S} = \frac{7.2\times10^{-3}}{0.01} = 0.72(\mathrm{T})$$

查图6.15的磁化曲线,得铸钢中的磁场强度 $H=460\mathrm{At/m}$。

气隙中的磁感应强度为

$$B_0 = B = 0.72(\mathrm{T})$$

气隙中的磁场强度为

$$H_0 = \frac{B_0}{\mu_0} = \frac{0.72}{4\pi\times10^{-7}} \approx 5.7\times10^5(\mathrm{At/m})$$

应用安培环路定律,计算产生这个 Φ 值所需的磁通势 NI',即

$$NI' = Hl + H_0 l_0 = 460\times0.248 + 5.7\times10^5\times0.002 \approx 114 + 1140 = 1254(\mathrm{At})$$

NI' 与给定磁通势值 $NI=1200\mathrm{At}$ 的误差在 5% 以内,所以,认为所求磁通为

$$\Phi = 7.2\times10^{-3}(\mathrm{Wb})$$

3. 串并联磁路(给定 Φ,求 NI)

如图6.23所示,磁路在 b 处有分叉,分为一个支路 bg 和另一支路 bcdefg,这两个支路是并联关系,称为并联磁路。串、并联磁路的计算要利用磁通的连续性原理和安培环路定律。

例6.7　如图6.23所示,铁心由铸钢组成,若使气隙磁通为 $\Phi_0=5\times10^{-3}\mathrm{Wb}$,励磁电流 I 应该为多大? 已知: $N=250$ 匝, $S=0.02\mathrm{m}^2$, $l_{ah}=l_{bg}=l_{cf}=0.2\mathrm{m}$, $l_{ab}=l_{bc}=0.1\mathrm{m}$, $l_0=l_{de}=1\mathrm{mm}$。

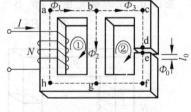

图6.23　例6.7的图

解　先计算每段磁路的平均长度:

bahg 段　$l_1 = l_{ah} + 2l_{ab} = 0.2 + 2\times0.1 = 0.4(\mathrm{m})$

bg 段　$l_2 = l_{bg} = 0.2(\mathrm{m})$

bcd 段和 efg 段　$l_3 = 2l_{bc} + l_{cf} - l_0 = 2\times0.1 + 0.2 - 0.001 = 0.399(\mathrm{m})$

再计算每段磁路的磁场强度。

对于空气隙,有

$$B_0 = \frac{\Phi_0}{S} = \frac{5 \times 10^{-3}}{0.02} = 0.25(\text{T})$$

$$H_0 = \frac{B_0}{\mu_0} = \frac{0.25}{4\pi \times 10^{-7}} \approx 2 \times 10^5 (\text{At/m})$$

对于 bcd 段和 efg 段,因为 $\Phi_3 = \Phi_0$,所以

$$B_3 = B_0 = 0.25(\text{T})$$

查图 6.15 的磁化曲线,得 $H_3 = 220\text{At/m}$。

对于回路②:回路②中的磁通势为 0,根据安培环路定律,有

$$0 = -H_2 l_2 + H_3 l_3 + H_0 l_0$$

即

$$0 = -0.2H_2 + 220 \times 0.399 + 2 \times 10^5 \times 0.001$$

解得 $H_2 \approx 1439\text{At/m}$,查图 6.15 的磁化曲线,得 $B_2 = 1.25\text{T}$。所以

$$\Phi_2 = B_2 S = 1.25 \times 0.02 = 2.5 \times 10^{-2}(\text{Wb})$$

根据磁通的连续性原理,有

$$\Phi_1 = \Phi_2 + \Phi_3 = 2.5 \times 10^{-2} + 5 \times 10^{-3} = 3 \times 10^{-2}(\text{Wb})$$

$$B_1 = \frac{\Phi_1}{S} = \frac{3 \times 10^{-2}}{0.02} = 1.5(\text{T})$$

查磁化曲线,得 $H_1 = 2800\text{At/m}$。

对于回路①:根据安培环路定律,有

$$NI = H_1 l_1 + H_2 l_2 = 2800 \times 0.4 + 1439 \times 0.2 \approx 1408(\text{At})$$

所以 $I = 1408/250 = 5.63\text{A}$。

6.1.8 铁心线圈的电感

图 6.24 所示磁路,线圈通有电流 I,N 匝线圈所产生的磁链 Ψ 与电流 I 的比值称为电感 L,即

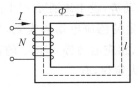

图 6.24 铁心线圈的电感

$$L = \frac{\Psi}{I} = \frac{N\Phi}{I} \tag{6-14}$$

因为 $NI = Hl = \dfrac{B}{\mu}l = \dfrac{\Phi}{\mu S}l$,所以

$$\Phi = \frac{\mu NIS}{l} \tag{6-15}$$

将式(6-15)代入式(6-14),得

$$L = \frac{\mu N^2 S}{l} \tag{6-16}$$

式(6-16)表明,铁心线圈的电感 L 与线圈匝数的平方成正比,与铁心截面积成正比,与磁路长度成反比,还与铁心材料的磁导率 μ 有关。因为铁心材料的磁导率 μ 不是常数,所以铁心线圈的电感也不是常数。铁心线圈的电感 L 一般不用式(6-16)计算,而用

式(6-14)计算。

如果线圈中没有铁心,称为空心线圈。对于空心线圈(如图 6.25 所示),若其长度 $l \geqslant$ 直径 d 时,则其电感用下式计算:

$$L = \frac{\mu_0 N^2 S}{l} \qquad (6\text{-}17)$$

式中,μ_0 为真空的磁导率;S 为线圈的截面积;l 为线圈的长度。若 $l > 10d$,由式(6-17)计算的结果误差小于 4%。

图 6.25　空心线圈的电感

可见,空心线圈的电感是一个常数。而且,因为磁性材料的磁导率 μ 比真空的磁导率 μ_0 大得多,所以在同等条件下,铁心线圈的电感比空心线圈的电感大得多。

当铁心线圈的铁心中有空气隙时,由 6.1.7 节的计算可知,空气隙的磁通势降 $H_0 l_0$ 要占整个磁通势 NI 的绝大部分(90% 以上),可认为 $NI \approx H_0 l_0$,因此可推导出有空气隙的铁心线圈电感的近似计算公式:

$$L \approx \frac{\mu_0 N^2 S_0}{l_0} \qquad (6\text{-}18)$$

式中,μ_0 为真空的磁导率;S_0 为空气隙的截面积;l_0 为空气隙的长度。

6.2　交流励磁下的铁心线圈

6.2.1　电压、电流与磁通的关系

(1) 电压与磁通的关系

图 6.26 所示磁路,设线圈的导线电阻为 R,匝数为 N。在线圈两端加交流电压 u,线圈中的电流 i 是交变的,因此铁心中的磁通也是交变的。

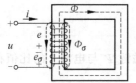

产生的磁通分两部分:主磁通 Φ 和漏磁通 Φ_σ。主磁通 Φ 通过铁心闭合,漏磁通通过铁心之外的空气闭合。

交变的磁通会产生感应电动势,设主磁通 Φ 产生的感应电动势为 e,漏磁通 Φ_σ 产生的感应电动势为 e_σ,外

图 6.26　交流励磁下的铁心线圈

加电压 u、电流 i,磁通 Φ 和 Φ_σ、感应电动势 e 和 e_σ 的正方向的规定都符合右手螺旋定则,如图 6.26 所示。根据基尔霍夫定律,有

$$u = Ri + (-e) + (-e_\sigma) \qquad (6\text{-}19)$$

一般铁心线圈的漏磁通也很小,故由漏磁通产生的感应电动势可以忽略不计;若线圈的导线电阻很小,则由线圈导线电阻产生的电压降也可忽略不计;因此

$$u \approx -e \qquad (6\text{-}20)$$

由法拉第电磁感应定律和楞次定律,有

$$e = -N \frac{\mathrm{d}\Phi}{\mathrm{d}t} \qquad (6\text{-}21)$$

因此

$$u \approx -e = N \frac{\mathrm{d}\Phi}{\mathrm{d}t} \tag{6-22}$$

式(6-22)表明,若所加电压 u 是正弦波,主磁通 Φ 也是正弦波。设

$$\Phi = \Phi_{\mathrm{m}} \sin\omega t$$

则

$$u \approx -e = N \frac{\mathrm{d}\Phi}{\mathrm{d}t} = \Phi_{\mathrm{m}} N\omega \sin(\omega t + 90°)$$

故电压 u 和感应电动势的有效值为

$$U \approx E = \frac{\Phi_{\mathrm{m}} N\omega}{\sqrt{2}} = \frac{\Phi_{\mathrm{m}} N(2\pi f)}{\sqrt{2}} \approx 4.44\Phi_{\mathrm{m}} Nf \tag{6-23}$$

从式(6-23)得

$$\Phi_{\mathrm{m}} = \frac{U}{4.44Nf} \tag{6-24}$$

式(6-24)表明,在正弦交流电压励磁下,铁心线圈内产生的磁通最大值 Φ_{m} 与所加正弦电压的有效值成正比。

(2)电流与磁通的关系

铁心线圈的磁化曲线是 B 与 H 的关系曲线,而 $B = \Phi/S$, $H = NI$,其中截面积 S 和线圈匝数 N 都是常数,因此磁化曲线也就是 Φ 与 I 的关系曲线。因此,可以在磁化曲线上通过画波形图的方法得到电流 i 与磁通 Φ 的关系。

设磁通 Φ 的波形是正弦波,最大值为 Φ_{m}。如果不考虑铁心线圈的磁滞性,则在磁化曲线上画出的电流 i 的波形如图 6.27 所示。从图 6.27 可知,当磁通为正弦波时,励磁电流是非正弦波。也就是说,当励磁电压 u 为正弦波时,励磁电流 i 是非正弦波,励磁电压 u 与励磁电流 i 不是线性关系,这也说明铁心线圈是非线性元件。如果考虑磁滞性,电流 i 波形的畸变还更严重。

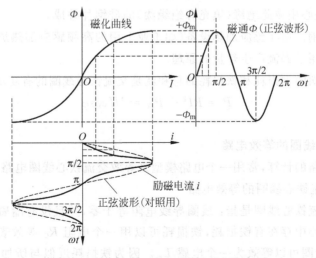

图 6.27 磁通为正弦波时的励磁电流波形

6.2.2 功率损耗和等效电路

由 6.2.1 节可知,当激励电压 u 为正弦波时,交流铁心线圈中的电流 i 是周期性非正弦波。实际上,在交流铁心线圈的电路计算中,用一个等效的正弦电流代替了这个周期性非正弦电流,即仍将电流 i 作为正弦波来处理(例如电压的计算、功率的计算都直接引用正弦交流电路的计算公式)。

1. 交流铁心线圈的功率损耗

交流励磁下的铁心线圈有两种功率损耗:铜损耗和铁损耗。

(1)铜损耗

线圈导线电阻 R 上的功率损耗,称为铜损耗 P_{Cu},且 $P_{Cu}=RI^2$。

(2)铁损耗

铁损耗 P_{Fe} 又有两部分:磁滞损耗 P_h 和涡流损耗 P_e,且 $P_{Fe}=P_h+P_e$。磁滞损耗 P_h 和涡流损耗 P_e 都大约与铁心中的磁感应强度 B_m 的平方成正比。

① 磁滞损耗。如果线圈中通有交流电流,则磁性材料将被交变磁化。磁性材料在交变磁化时由于磁滞现象会发生能量损耗,称为**磁滞损耗**。磁滞损耗将变成热能使磁心发热。在一个交变磁化的周期内,磁滞损耗的大小与磁滞回线所包围的面积成正比。硅钢片的磁滞回线所包围的面积较小,因此磁滞损耗较小,所以常用于交流电机和变压器的铁心。

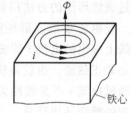

图 6.28 涡流损耗

② 涡流损耗。当磁性材料被交变磁化时将产生交变的磁通,交变的磁通会在垂直于磁力线方向的铁心截面上感应出闭合的交变电流,称为涡流,如图 6.28 所示。涡流会使铁心发热而产生能量损耗,称为涡流损耗。在交流电机和变压器中,为了减少涡流损耗,铁心用彼此绝缘(填充有绝缘漆)的硅钢片叠成,而不用整块的磁钢。但在感应加热设备(如工业上用的高频感应加热炉)和电器(家用电磁炉)中,又是利用了涡流产生热量的原理。

交流铁心线圈的铜损耗和铁损耗的总和就是交流铁心线圈的有功功率,即

$$P = RI^2 + P_{Fe} = UI\cos\varphi \tag{6-25}$$

2. 交流铁心线圈的等效电路

为了简化磁路的计算,常用一个电路模型来等效交流铁心线圈电路。

(1)理想交流铁心线圈的等效电路

所谓理想交流铁心线圈是指:线圈导线电阻等于零,并且没有漏磁通。因为理想交流铁心线圈的铁心中存在有铁损耗,铁损耗可以用一个电阻 R_C 等效表示。线圈与电源存在能量交换,线圈可以等效为一个电感 L_m。因为铁损耗近似与所加电源电压 U 的平方成正比,所以,理想交流铁心线圈电路等效为一个等效电阻 R_C 和一个等效电感 L_m 的并联电路,如图 6.29 所示。其中,

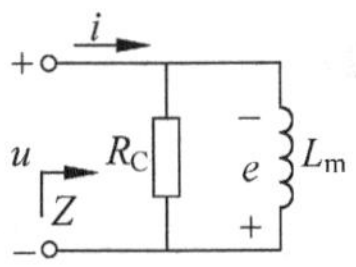

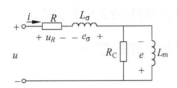

$$R_C = \frac{U^2}{P_{Fe}} \tag{6-26}$$

L_m 的值由方程 $|Z| = |R_C//(j\omega L_m)| = \dfrac{U}{I}$ 解得：

**图6.29 理想交流铁心线
圈的等效电路**

$$L_m = \frac{U}{\omega \sqrt{I^2 - \left(\dfrac{U}{R_C}\right)^2}} \tag{6-27}$$

可见，R_C 和 L_m 都是非线性的，但 R_C 在电源电压 U 不变的情况下近似为一个常数。

（2）非理想交流铁心线圈的等效电路

如果考虑线圈导线的电阻和漏磁通，则其等效电路如图 6.30 所示。其中，R 为线圈导线电阻，L_σ 为漏磁通引起的等效电感。

图6.30 非理想交流铁心线圈的等效电路

例6.8 一个铁心线圈由硅钢片叠成，铁心截面积 $S = 2cm^2$，磁路平均长度 $l = 15cm$。线圈匝数 $N = 200$。励磁电压为正弦交流电压，$f = 50Hz$，$U = 12V$。

（1）求励磁电流 I；

（2）若用一块功率表测得该铁心线圈的功率消耗为 $P = 1.5W$，求铁心线圈的功率因数和等效电路模型的参数 R_0 和 X_0。（忽略线圈导线电阻和漏磁通）

解 （1）$\Phi_m = \dfrac{U}{4.44Nf} = \dfrac{12}{4.44 \times 200 \times 50} = 2.7 \times 10^{-4} (Wb)$

$$B_m = \frac{\Phi_m}{S} = \frac{2.7 \times 10^{-4}}{2 \times 10^{-4}} = 1.3 (T)$$

查图 5.16 中硅钢片的磁化曲线，得 $H_m = 1200At$。所以

$$I = \frac{H_m l}{N} \frac{1}{\sqrt{2}} = \frac{1200 \times 0.15}{200\sqrt{2}} \approx 0.64 (A)$$

（2）铁心线圈电路的功率因数为

$$\cos\varphi = \frac{P}{UI} = \frac{1.5}{12 \times 0.64} \approx 0.195$$

阻抗的模为

$$|Z_0| = \frac{U}{I} = \frac{12}{0.64} = 18.75 (\Omega)$$

等效电阻为

$$R_0 = \frac{P}{I^2} = \frac{1.5}{0.64^2} \approx 3.7 (\Omega)$$

等效感抗为

$$X_0 = \sqrt{|Z_0|^2 - R_0^2} = \sqrt{18.8^2 - 3.7^2} = 18.4(\Omega)$$

6.3　变压器

　　变压器是一种常见的电气设备,用途广泛。例如,输配电系统中,输电过程用升压变压器将电压升高,以便减小线路损耗;到用户区,用降压变压器将电压降低,以便适合用户的电压等级。在各种电子仪器包括计算机和家用电器中,都使用电源变压器将 220V 的交流电压降压并可得到多种大小不同的输出电压,以供给仪器内部的电能需要。在电子线路中,变压器还具有传递信号、隔离作用或阻抗变换作用。另外还有许多特殊用途的变压器,例如电焊变压器、电流互感器、钳式电流表等。

6.3.1　变压器的结构与工作原理

1. 变压器的结构

　　一种单相变压器的结构示意图和电路符号如图 6.31(a)、(b)所示。它主要由闭合铁心和绕组组成。铁心一般用硅钢片叠成,片间浸有绝缘漆。绕组分为原边绕组(又称一次绕组或初级绕组)和副边绕组(又称二次绕组或次级绕组)。原边绕组和副边绕组的匝数分别为 N_1 和 N_2。原边绕组接交流输入电压,副边绕组接负载。

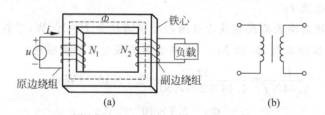

图 6.31　单相铁心变压器结构示意图及符号

　　一种三相变压器的结构示意图及电路符号如图 6.32(a)、(b)所示。

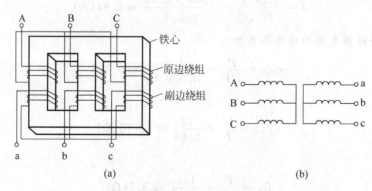

图 6.32　三相铁心变压器结构示意图及符号(Y/Y联接)

2．变压器的工作原理

（1）变压器空载

当变压器空载时（即副边绕组不接负载，如图 6.33 所示），若在变压器的原边绕组加上交流电压 u_1，则原边绕组中就产生励磁电流 i_{10}。励磁电流 i_{10} 产生的磁通绝大部分通过铁心而闭合，称为主磁通 Φ；只有少部分磁通通过空气闭合，称为漏磁通 $\Phi_{\sigma1}$。由于主磁通 Φ 的作用，在变压器原、副边绕组中分别产生感应电动势 e_1 和 e_2。电流、磁通及电动势（i_{10},Φ,e_1,e_2）按右手螺旋定则规定正方向。

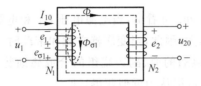

图 6.33　变压器的工作原理（空载时）

变压器空载的情况相当于 6.2 节中所讲的交流励磁下的铁心线圈。若忽略漏磁通、铁损耗和绕组电阻的影响，则有

$$e_1 = -N_1 \frac{d\Phi}{dt}, \quad e_2 = -N_2 \frac{d\Phi}{dt}$$

故

$$\frac{e_1}{e_2} = \frac{N_1}{N_2} = k \tag{6-28}$$

其中，k 称为变压器的变比，即变压器的原、副边绕组的匝数比。

若将 e_1 和 e_2 用有效值表示，有

$$E_1 = 4.44 f N_1 \Phi_m, \quad E_2 = 4.44 f N_2 \Phi_m$$

则

$$\frac{E_1}{E_2} = \frac{4.44 f N_1 \Phi_m}{4.44 f N_2 \Phi_m} = \frac{N_1}{N_2} = k \tag{6-29}$$

理想变压器的原边开路电压 u_1 与原边感应电动势 e_1 的关系是 $u_1 \approx -e_1$，相量表达式为 $\dot{U}_1 \approx -\dot{E}_1$，有效值之间的关系是 $U_1 \approx E_1$。变压器的副边开路电压 u_{20} 与副边感应电动势 e_2 的关系是 $u_{20} = e_2$，相量表达式为 $\dot{U}_{20} = \dot{E}_2$，有效值之间的关系是 $U_{20} = E_2$。因此有

$$\frac{U_1}{U_{20}} \approx \frac{E_1}{E_2} = \frac{N_1}{N_2} = k \tag{6-30}$$

式(6-30)表明了变压器的电压变换原理，即，变压器原、副边电压与原、副边绕组的匝数成正比。当变压器原边所加电源电压 U_1 一定时，只要改变变比 k，就可以得到不同的输出电压 U_{20}。若 $k<1$，则为升压变压器，若 $k>1$，则为降压变压器。

（2）变压器带载

当变压器带载时（即副边绕组接有负载，如图 6.34 所示），副边绕组中就有电流 i_2 通过，原边绕组中电流由 i_{10} 变为 i_1。i_1 产生的磁通和 i_2 产生的磁通合成主磁通 Φ，主磁通 Φ

在原边绕组和副边绕组分别感应出电动势 e_1 和 e_2。此外,原、副边电流还分别产生漏磁通 $\Phi_{\sigma 1}$ 和 $\Phi_{\sigma 2}$。

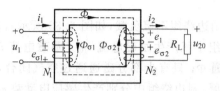

图 6.34　变压器的工作原理(带载时)

由式 $U_1 \approx E_1 = 4.44 f N_1 \Phi_{\mathrm{m}}$ 可看出,当电源电压 U_1 和电源频率 f 不变时,铁心中主磁通 Φ 的最大值 Φ_{m} 变化不大,因此,当变压器空载和带载时,可以认为 Φ_{m} 近似是常数。所以,变压器带载时产生主磁通的原、副边绕组的合成磁通势 $N_1 i_1 + N_2 i_2$ 和空载时励磁电流 i_{10} 产生的磁通势 $N_1 i_{10}$ 可以认为近似相等,即

$$F_{\mathrm{m}} = N_1 i_1 + N_2 i_2 \approx N_1 i_{10} \tag{6-31}$$

由于铁心的磁导率很高,空载时励磁电流 i_{10} 很小(i_{10} 的有效值只有原边绕组额定电流 $i_{1\mathrm{N}}$ 有效值的 $2\% \sim 10\%$),$N_1 i_{10}$ 与 $N_1 i_1$ 相比也可忽略,因此式(6-31)可以写为

$$F_{\mathrm{m}} = N_1 i_1 + N_2 i_2 = N_1 i_{10} \approx 0 \tag{6-32}$$

即

$$N_1 i_1 = - N_2 i_2 \tag{6-33}$$

将式(6-33)写成相量形式,有

$$N_1 \dot{I}_1 = - N_2 \dot{I}_2 \tag{6-34}$$

将式(6-33)写成有效值关系,有 $N_1 I_1 = N_2 I_2$,故

$$\frac{I_1}{I_2} = \frac{N_2}{N_1} = \frac{1}{k} \tag{6-35}$$

式(6-35)表明,变压器原、副边绕组的电流比与匝数成反比,或者,电流比等于变比的倒数。这就是变压器的电流变换原理。

理想变压器带载后,如果再忽略铁损耗和产生主磁通所需要的电流,那么有

$$u_1 \approx - e_1, \quad \dot{U}_1 \approx - \dot{E}_1, \quad U_1 \approx E_1$$

$$u_2 = u_{20} = e_2, \quad \dot{U}_2 = \dot{U}_{20} = \dot{E}_2, \quad U_2 = U_{20} = E_2$$

可以从功率传输的角度理解变压器进行电压和电流变换的原理:对于理想变压器,输入功率 P_1 应该等于输出功率 P_2,即 $P_1 = P_2$,而 $P_1 = U_1 I_1$,$P_2 = U_2 I_2$。所以 $U_1 I_1 = U_2 I_2$,即

$$\frac{U_1}{U_2} = \frac{I_2}{I_1} = \frac{N_1}{N_2} = k \tag{6-36}$$

6.3.2　变压器绕组的极性

变压器的两个绕组在同一瞬间产生的感应电动势具有相同极性的两端称为同极性端。如图 6.35 所示,因为原边绕组中的感应电动势 e_1 的上端为负,副边绕组中的感应电

动势 e_2 的下端为负,因此这两端称为同极性端,用黑点作为同极性端的标记。同理,e_1 的正端与 e_2 的正端也是同极性端。

同极性端的输入、输出波形是同相的。如图 6.36(a)所示,若规定输入电压 u_1 在原边绕组同极性端的极性为正,而规定输出电压 u_{20} 在副边绕组同极性端的极性为负,而规定 u'_{20} 在同极性端的极性为正,则 u_{20} 与 u_1 反相,u'_{20} 与 u_1 同相,波形如图 6.36(b)所示。

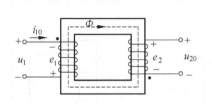

图 6.35 变压器绕组的同极性端

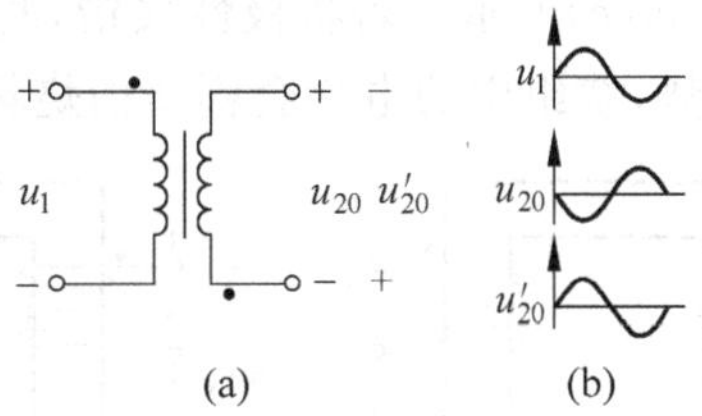

图 6.36 同极性端的输入输出波形

在同一个铁心上有两个或多个绕组时,绕向相同的一端为同极性端。例如,图 6.37(a)中,1 和 3 两端应为同极性端,图(b)中,1 和 4 两端应为同极性端。

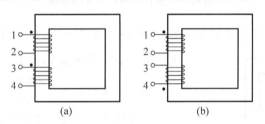

图 6.37 绕组绕向相同的两端为同极性端

但是,实际的变压器很难看清楚绕组的绕向,则可通过图 6.38 所示的实验方法判断绕组的同极性端。图 6.38 中,原边绕组通过开关 S 接直流电源 U,副边绕组接一个直流电压表,当开关 S 闭合后的瞬间,若电压表指针正向偏转,则副边绕组接电压表正接线柱的 4 端与原边绕组接直流电源正极的 1 端为同极性端。这是因为,开关闭合后的瞬间,原边电流是增加的,铁心中产生的磁通 Φ 是增加的,因此原边绕组中的感应电动势 e_1 的实际正方向为 1 端正 2 端负(如图 6.38 所示)。因为铁心中的磁通是增加的,根据楞次定律,副边绕组中的感应电动势 e_2 的实际正方向为 3 端负 4 端正,电压表的指针才能正向偏转。所以,原边绕组的 1 端和副边绕组的 4 端为同极性端。另外,用双踪示波器同屏观察输入、输出波形的方法也可以判断变压器的同极性端。

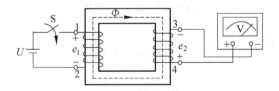

图 6.38 变压器同极性端实验判断法

若变压器的原边或副边有多个绕组时,接线时要注意每个绕组的额定电压值和同极性端。例如,图 6.39(a)所示变压器,原边有两个绕组,每个绕组的额定输入电压是110V,副边有两个绕组,每个绕组的额定输出电压是 6V。若电源电压是 220V,并要求输出 12V 的电压,则原边两个绕组串联,副边两个绕组串联,接线如图 6.39(b)所示。若电源电压是 110V,仍要求输出 12V 的电压,则原边两个绕组并联,副边两个绕组串联,接线如图 6.39(c)所示。若将极性接错,两个绕组的磁通势将互相抵消,两个绕组中不产生感应电动势,绕组中的电流会剧增而烧坏变压器。

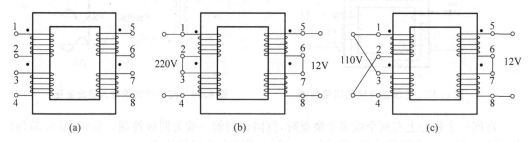

(a)　　　　　　　　　　(b)　　　　　　　　　　(c)

图 6.39　变压器绕组的正确联接

例 6.9 图 6.40 所示理想变压器,原边绕组有 800 匝,副边绕组有 400 匝。若原边电压 $u_1 = 220\sqrt{2}\sin\omega t$ V,求副边电压 u_2。

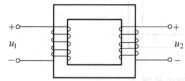

图 6.40　例 6.9 的图

解 变压器变比 $k = \dfrac{800}{400} = 2$。

原边绕组的上端与副边绕组的上端绕向相同,为同极性端。对于理想变压器,有 $u_2 = u_{20} = e_2$,所以

$$u_2 = \frac{u_1}{k} = \frac{220\sqrt{2}\sin\omega t}{2} = 110\sqrt{2}\sin\omega t \text{ V}$$

例 6.10 对于图 6.41(a)、(b)所示理想变压器,若原边电压和负载阻抗均为 $\dot{U}_1 = 48\angle 0°$V,$Z_L = 4\angle 60°\,\Omega$,分别求副边电流 $\dot{I}_2$ 及变压器的输入功率 P_1。

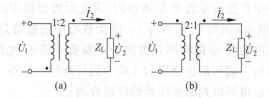

(a)　　　　　　　　(b)

图 6.41　例 6.10 的图

解 (1) $\dot{U}_2 = -\dfrac{\dot{U}_1}{k} = -\dfrac{48\angle 0°}{1/2} = 96\angle 180°$(V)

$$\dot{I}_2 = \frac{\dot{U}_2}{Z_L} = \frac{96\angle 180°}{4\angle 60°} = 24\angle 120° \text{(V)}$$

$$P_2 = U_2 I_2 \cos\varphi_2 = 96 \times 24 \times \cos 60° = 1152(\text{W})$$

$$P_1 = P_2 = 1152(\text{W})$$

(2) $\dot{U}_2 = \dfrac{\dot{U}_1}{k} = \dfrac{48\angle 0°}{2} = 24\angle 0°(\text{V})$

$$\dot{I}_2 = \frac{\dot{U}_2}{Z_L} = \frac{24\angle 0°}{4\angle 60°} = 6\angle -60°(\text{V})$$

$$P_2 = U_2 I_2 \cos\varphi_2 = 24 \times 6 \times \cos 60° = 72(\text{W})$$

$$P_1 = P_2 = 72(\text{W})$$

6.3.3 映射阻抗

图 6.42(a)所示电路中，一个变比为 k 的理想变压器联接在电源 $\dot{U}_1$ 和负载 Z_L 之间，则从变压器原边看进去的等效阻抗为

$$Z_e = \frac{\dot{U}_1}{\dot{I}_1}$$

而 $\dot{U}_1 = k\dot{U}_2$，$\dot{I}_1 = \dfrac{\dot{I}_2}{k}$，所以

$$Z_e = \frac{\dot{U}_1}{\dot{I}_1} = \frac{k\dot{U}_2}{\dfrac{\dot{I}_2}{k}} = k^2 \frac{\dot{U}_2}{\dot{I}_2} = k^2 Z_L \tag{6-37}$$

因此，可以认为图 6.42(a)电路等效于将阻抗 $Z_e = k^2 Z_L$ 直接接在电源上，故得到图 6.42(b)所示的等效电路。这个等效阻抗 $Z_e = k^2 Z_L$ 称为负载的映射阻抗。

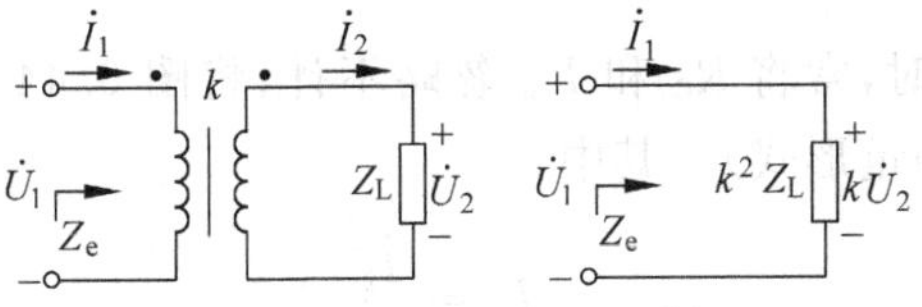

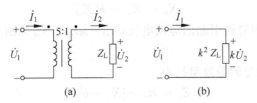

(a)   (b)

图 6.42 映射阻抗

例 6.11 图 6.43(a)所示电路，已知：$\dot{U}_1 = 220\angle 0°\text{V}$，$Z_L = 4\angle 30°\,\Omega$，变压器变比

(a)   (b)

图 6.43 例 6.11 的图

$k=5$。用映射阻抗的概念求原边电流 $\dot{I}_1$、副边电流 $\dot{I}_2$ 和负载电压 $\dot{U}_2$。

解
$$Z_e = k^2 Z_L = 5^2 \times 4\angle 30^\circ = 100\angle 30^\circ (\Omega)$$

$$\dot{I}_1 = \frac{\dot{U}_1}{Z_e} = \frac{220\angle 0^\circ}{100\angle 30^\circ} = 2.2\angle -30^\circ (A)$$

$$\dot{I}_2 = k\dot{I}_1 = 5 \times 2.2\angle -30^\circ = 11\angle -30^\circ (A)$$

$$\dot{U}_2 = \frac{\dot{U}_1}{k} = \frac{220\angle 0^\circ}{5} = 44\angle 0^\circ (V)$$

6.3.4 实际铁心变压器的等效模型

实际铁心变压器的等效模型如图 6.44 所示,其中 T 是一个理想变压器,R_1 为原边绕组电阻,$L_{\sigma 1}$ 为原边绕组漏磁通引起的等效电感,R_C 为铁损耗的等效电阻,L_m 为主磁通引起的等效电感,R_2 为副边绕组电阻,$L_{\sigma 2}$ 为副边绕组漏磁通引起的等效电感。在这个模型中,

$$u_1 = u_{R1} + (-e_{\sigma 1}) + (-e_1) \tag{6-38}$$

$$u_2 = e_{\sigma 2} + e_2 - u_{R2} \tag{6-39}$$

$$\frac{e_1}{e_2} = \frac{N_1}{N_2} = k \tag{6-40}$$

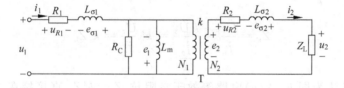

图 6.44 实际变压器的等效模型

对实际变压器分析时,常将 R_C 和 L_m 忽略不计,将图 6.44 的模型简化成图 6.45 的模型(各物理量已写出相量形式)。其中,

$$\dot{I}_1 = \frac{\dot{I}_2}{k} \tag{6-41}$$

应用映射阻抗的概念,将副边阻抗映射到原边,则得到图 6.46 中更为简化的电路模型。其中

$$R_e = R_1 + k^2 R_2 \tag{6-42}$$

$$X_e = X_{\sigma 1} + k^2 X_{\sigma 2} \tag{6-43}$$

式中,$X_{\sigma 1}$ 为原边绕组漏磁通引起的等效电抗,$X_{\sigma 1} = \omega L_{\sigma 1}$;$X_{\sigma 2}$ 为副边绕组漏磁通引起的等效电抗,$X_{\sigma 2} = \omega L_{\sigma 2}$。

因此,变压器原边总的等效阻抗为

$$Z_e = R_e + jX_e + k^2 Z_L \tag{6-44}$$

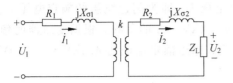

图 6.45 实际变压器的简化等效模型 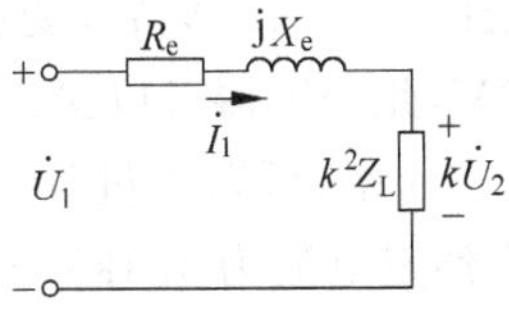　　　图 6.46 阻抗映射后的简化等效模型

例 6.12 图 6.47(a)所示变压器等效电路，如果 $\dot{U}_2 = 100\angle 0°\text{V}$，$\dot{I}_2 = 10\angle 0°\text{A}$，求电源电压 $\dot{U}_1$。若将负载去除，变压器的空载输出电压 U_{20} 是多少？

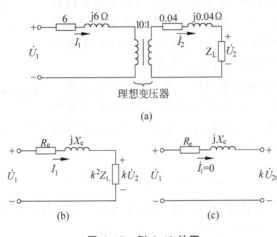

图 6.47 例 6.12 的图

解　将图 6.47(a)的电路用映射阻抗的概念等效成图 6.47(b)的电路，其中

$$R_e = R_1 + k^2 R_2 = 6 + 10^2 \times 0.04 = 10(\Omega)$$

$$X_e = X_{\sigma1} + k^2 X_{\sigma2} = 6 + 10^2 \times 0.04 = 10(\Omega)$$

$$k\dot{U}_2 = 10 \times 100\angle 0° = 1000\angle 0°(\text{V})$$

$$\dot{I}_1 = \frac{\dot{I}_2}{k} = \frac{10\angle 0°}{10} = 1\angle 0°(\text{A})$$

所以

$$\dot{U}_1 = \dot{I}_1(R_e + jX_e) + k\dot{U}_2 = 1\angle 0° \times (10 + j10) + 1000\angle 0° \approx 1010\angle 0.57°(\text{V})$$

变压器空载时的等效电路如图 6.47(c)所示，因此，空载输出电压为

$$U_{20} = \frac{U_1}{k} = \frac{1010}{10} = 101(\text{V})$$

6.3.5 变压器的额定参数、外特性及效率

1. 变压器的额定参数

变压器的主要参数中一般只给出额定电压和额定功率（指视在功率）。例如，变压器的额定电压 220V/110V，额定功率 4.4kV·A，则其含义是：当变压器的原边绕组接入额

定输入电压 $U_{1N}=220V$ 后,变压器的开路输出电压 U_{20} 即为副边绕组的额定电压 U_{2N},$U_{2N}=110V$,此变压器可以接入一个视在功率为 $4.4kV \cdot A$ 的负载。根据变压器的额定电压和额定功率,可以通过计算得出其额定电流:原边额定电流为 $4.4kV \cdot A/220V=20A$,副边额定电流为 $4.4kV \cdot A/110V=40A$。

2. 变压器的外特性

变压器原边接入额定电压 U_{1N} 后,变压器空载输出电压为 $U_{20}=U_{2N}$。当变压器接入负载后,副边绕组就有输出电流 I_2,由于原、副边绕组电阻和漏电抗的影响,变压器的输出电压将变为 U_2,对于电阻性负载和电感性负载,$U_2 < U_{2N}$。当输入电压 U_{1N} 和负载的功率因数 $\cos\varphi_2$ 为常数时,输出电压 U_2 与输出电流 I_2 的关系曲线称为变压器的外特性曲线,如图 6.48 所示。

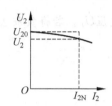

图 6.48　变压器的外特性曲线

如果逐渐加大负载(若是电阻性负载则将电阻值减小),输出电流 I_2 就会逐渐变大,使输出电流 I_2 等于额定电流 I_{2N} 的负载即为额定负载。变压器由空载到额定负载,输出电压 U_2 变化的程度用电压变化率 $\Delta U_2\%$ 表示,即

$$\Delta U_2\% = \frac{U_{20} - U_2}{U_{20}} \times 100\% \qquad (6\text{-}45)$$

一个变压器的电压变化率越小越好,一般电力变压器的电压变化率在 5% 左右。

例 6.13　求例 6.12 中变压器的电压变化率 $\Delta U_2\%$。

解　　　$\Delta U_2\% = \dfrac{U_{20} - U_2}{U_{20}} \times 100\% = \dfrac{101 - 100}{101} \times 100\% = 0.99\%$

3. 变压器的效率

变压器的效率 η 定义为输出功率 P_2 与输入功率 P_1 之比,即

$$\eta = \frac{P_2}{P_1} \times 100\% \qquad (6\text{-}46)$$

式中,

$$P_1 = P_2 + P_{Cu} + P_{Fe} \qquad (6\text{-}47)$$

$$P_2 = U_2 I_2 \cos\varphi_2 \qquad (6\text{-}48)$$

其中,P_{Cu} 为铜损耗;P_{Fe} 为铁损耗;φ_2 为 $\dot{U}_2$ 与 $\dot{I}_2$ 的相位差,由负载 Z_L 决定,$Z_L = |Z_L| \angle\varphi_2$。

所以式(6-46)可以写为

$$\eta = \frac{P_2}{P_2 + P_{Cu} + P_{Fe}} \times 100\% \qquad (6\text{-}49)$$

铜损耗等于原、副边绕组的电阻消耗功率之和,即

$$P_{Cu} = R_1 I_1^2 + R_2 I_2^2 \qquad (6\text{-}50)$$

其中 R_1、R_2 分别为原、副边绕组电阻。

铁损耗等于铁心的磁滞损耗 P_h 与涡流损耗 P_e 之和,即

$$P_{Fe} = P_h + P_e \tag{6-51}$$

铜损耗和铁损耗可以通过实验测定(测量方法见习题 6.18)。

大功率变压器的效率较高,一般在 98%~99%,小功率变压器的效率一般也在 95% 左右。

例 6.14 某变压器原边额定电压 $U_{1N} = 220V$,当负载 $R_L = 6\Omega$ 时,副边电流达额定值 $I_{2N} = 4A$,此时 $U_2 = 24V$,$I_1 = 0.45A$。测得原边绕组电阻 $R_1 = 4\Omega$,副边绕组电阻 $R_2 = 0.05\Omega$,变压器的铁损耗 $P_{Fe} = 2W$。求该变压器的效率 η。

解　$P_{Cu} = R_1 I_{1N}^2 + R_2 I_{2N}^2 = 4 \times 0.45^2 + 0.05 \times 4^2 = 1.61(W)$

$P_2 = U_2 I_2 \cos\varphi_2 = 24 \times 4 \times 1 = 96(W)$

$$\eta = \frac{P_2}{P_2 + P_{Cu} + P_{Fe}} \times 100\% = \frac{96}{96 + 1.61 + 2} \times 100\% = 96.4\%$$

6.3.6　变压器的应用

1. 电力变压器

电力变压器广泛应用于电力系统中。在发电厂(包括水电站和核电站),要用升压变压器将电压升高(例如升至 220kV 或 500kV),通过输电线路输送到用户区。在用户区的变电站再用降压变压器将高电压降低到适合用户使用的低电压。由于输电线路较长,线路电阻上就有能量损耗。当输送功率 P 和功率因数 $\cos\varphi$ 一定时,根据 $P = \sqrt{3}\,U_L I_L \cos\varphi$,输送电压 U_L 越高,线路电流 I_L 就越小,因此线路损耗就越小。因此,高压输电比较经济。

2. 电源变压器

在计算机、家用电器和电子仪器的内部,一般都使用电源变压器。通常,电源变压器的原边绕组有一个,输入 220V 交流电源,为了满足内部电路各种电压等级的需要,副边绕组可以有多个(如图 6.49(a)所示),或者副边绕组有多个中间抽头(如图 6.50 所示)。

图 6.49(a)所示变压器的原、副边绕组电压、电流的关系如下:

$$\frac{\dot{U}_1}{\dot{U}_2} = \frac{N_1}{N_2} = k_2, \quad \frac{\dot{U}_1}{\dot{U}_3} = \frac{N_1}{N_3} = k_3$$

其等效电路如图 6.49(b)所示,两个负载等效到原边后的等效阻抗 Z_{e2} 和 Z_{e3} 是并联的关系,且

$$Z_{e2} = k_2^2 Z_{L2}, \quad Z_{e3} = k_3^2 Z_{L3}$$

故

$$\dot{I}_2' = \frac{\dot{U}_1}{Z_{e2}} = \frac{\dot{I}_2}{k_2}, \quad \dot{I}_3' = \frac{\dot{U}_1}{Z_{e3}} = \frac{\dot{I}_3}{k_3}$$

所以

$$\dot{I}_1 = \dot{I}_2' + \dot{I}_3' = \frac{\dot{I}_2}{k_2} + \frac{\dot{I}_3}{k_3}$$

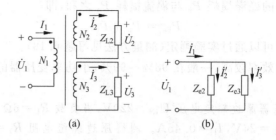

图 6.49 副边有两个绕组的变压器及其等效电路

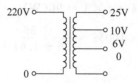

图 6.50 副边有中间抽头的变压器

有时,为了适合不同电源电压的需要,电源变压器的原边绕组有两个或有中间抽头,如图 6.51 和图 6.52 所示。

图 6.51 原边有两个绕组的变压器　　　　**图 6.52 原边有中间抽头的变压器**

例 6.15 在图 6.53(a) 所示电路中,若 $k_2=2$, $k_3=5$, $Z_{L2}=5\Omega$, $Z_{L3}=-j2\Omega$, $\dot{U}_1=220\angle0°\text{V}$。求原边电流 $\dot{I}_1$ 和变压器输入的有功功率、无功功率及视在功率。

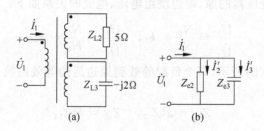

图 6.53 例 6.15 的图

解
$$Z_{e2}=k_2^2 Z_{L2}=2^2\times5=20(\Omega)$$
$$Z_{e3}=k_3^2 Z_{L3}=5^2\times(-j2)=50\angle-90°(\Omega)$$

$$\dot{I}_1 = \frac{\dot{U}_1}{Z_{e2}} + \frac{\dot{U}_1}{Z_{e3}} = \frac{220\angle 0°}{20} + \frac{220\angle 0°}{50\angle -90°} = 11 + j4.4 \approx 11.85\angle 21.8°(\text{A})$$

$$S_{in} = U_1 I_1 = 220 \times 11.85 = 2607(\text{V} \cdot \text{A})$$

$$P_{in} = S_{in}\cos\varphi = 2607\cos(-21.8°) \approx 2421(\text{W})$$

$$Q_{in} = S_{in}\sin\varphi = 2607\sin(-21.8°) \approx -968(\text{var})$$

3. 变压器用于阻抗匹配

变压器可以用来阻抗匹配。根据映射阻抗的原理,对于理想变压器,变压器的原边等效阻抗 $Z_e = k^2 Z_L$。因此,可以选择适当的变压器变比 k,将负载阻抗变换为需要的数值,这称为阻抗匹配。

变压器阻抗匹配常用于收音机、扩音机、音响等设备中。例如,图 6.54(a)所示电路中,虚线框内为放大器的戴维宁等效电路,设负载电阻 $R_L \neq R_S$。为了在负载上获得最大功率,在放大器和负载之间接入一个变压器,变压器原边等效电阻为 $R_e = k^2 R_L$,则图 6.54(a)所示电路可以等效为图 6.54(b)所示电路。适当选择变压器的变比 k,使 $R_e = R_S$,根据负载获得最大功率的条件,则在 R_e 上可获得最大功率 $P_{Re(\max)} = \dfrac{U_S^2}{4R_e}$。若忽略变压器的损耗,则负载 R_L 获得的最大功率为 $P_{L(\max)} = P_{Re(\max)}$。

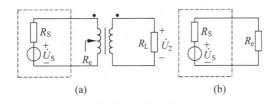

图 6.54 阻抗匹配

例 6.16 图 6.54 所示电路,信号电压有效值为 $U_S = 24\text{V}$,内阻为 $R_S = 100\Omega$。负载是 $R_L = 4\Omega$ 的喇叭,喇叭基本上可视为电阻性负载。欲在负载上获得最大功率,求变压器的变比应该为多少?负载获得的最大功率是多少?若不接变压器而将喇叭直接接在放大器输出端,负载获得的功率是多少?

解 设变压器为理想变压器,根据负载获得最大功率的条件,当变压器原边的等效电阻 $R_e = R_S = 100\Omega$ 时,负载可获得最大功率。由 $R_e = k^2 R_L$,所以

$$k = \sqrt{\frac{R_e}{R_L}} = \sqrt{\frac{100}{4}} = 5$$

R_e 获得的最大功率为

$$P_{Re(\max)} = \frac{U_S^2}{4R_e} = \frac{24^2}{4 \times 100} = 1.44(\text{W})$$

若忽略变压器的功率损耗,$P_{Re(\max)}$ 即为负载获得的最大功率,即

$$P_{L(\max)} = P_{Re(\max)} = 1.44(\text{W})$$

若不用变压器而将喇叭直接接于放大器上,则负载获得的功率为

$$P'_{\rm L} = \left(\frac{24}{100+4}\right)^2 \times 4 \approx 0.21({\rm W})$$

4.变压器用于隔离

为了安全或其他目的,变压器可以用于隔离电气设备。如图 6.55(a)所示,为了防止电气设备漏电,常将设备外壳保护接地,但如果误将电源接反(将电源火线接到了设备外壳上),如图 6.55(b)所示,反而会带来危险。因此,可以用一个变压器将设备与电源隔离,如图 6.55(c)所示,这样就保证设备外壳不会接到电源火线上。

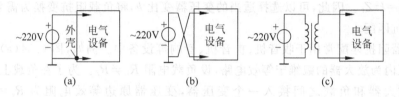

图 6.55 变压器用于隔离设备

在医疗设备中,为了人身安全,也采用特殊设计的原边和副边绝缘性能很好的隔离变压器,为与人体接触的电路供电(如图 6.56 所示),以防止原边电压窜入副边对人体造成伤害。

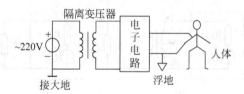

图 6.56 医疗设备中用隔离变压器保护人体安全

6.3.7 其他类型变压器

1.自耦变压器

图 6.57 所示是一种单相自耦变压器,在一个环形铁心上绕制原边绕组 AD,B 端为中

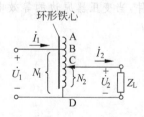

图 6.57 单相自耦变压器

间抽头,BD 端接电源 $\dot{U}_1$($U_1=220{\rm V}$),C 为滑动端(碳刷),CD 端接负载。当滑动端从 D 端滑动到 A 端时,输出电压 U_2 可从 0V 调到 250V。因为自耦变压器的副边绕组是原边绕组的一部分,所以称为自耦变压器,自耦变压器输出电压可调,所以又称为自耦调压器。

自耦变压器输入、输出电压、电流之间的关系是:

$$\frac{U_1}{U_2} = \frac{N_1}{N_2} = k, \qquad \frac{I_1}{I_2} = \frac{N_2}{N_1} = \frac{1}{k}$$

另外,自耦变压器还有三相的,三相自耦变压器由 3 个单相自耦变压器组成,3 个碳刷联动可同时调节三相输出电压。

2．感应调压器

感应调压器采用手动或电机拖动调节副边绕组和原边绕组耦合的程度，从而调节输出电压的大小，使输出电压从 0V 到某一电压值连续可调。

3．仪用互感器

（1）电压互感器

电压互感器用于测量高电压。电压互感器利用了变压器的电压变换原理，它实际上是一种降压变压器，其原理接线如图 6.58 所示。使用时其原边绕组接被测高电压，副边绕组接满量程为 100V 的电压表，这样将高电压降低为低电压进行测量能保证安全。如果被测电压为 6000V，则选用变换系数（变比）为 $K_u=6000/100=60$ 的电压互感器。因为电压表的内阻很大，所以电压互感器在工作时相当于变压器空载运行。

为了防止原边绕组漏电，电压互感器的铁心及副边绕组的一端必须可靠接地，而且副边绕组在使用时严防短路。若副边绕组短路，在原边等效为一个很小的电阻，会造成被测电源短路事故。

（2）电流互感器

电流互感器用于测量大电流。电流互感器利用了变压器的电流变换原理，其原理接线及符号分别如图 6.59(a)、(b)所示。电流互感器的原边绕组匝数很少（只有一二匝），副边绕组匝数很多，所以电流互感器相当于一个升压变压器。使用时其原边绕组串接在被测电路中，副边绕组接满量程为 5A（或 1A）的电流表。如果被测电流为 1000A，电流表量程为 5A，则选用变换系数为 $K_i=1000/5=200$ 的电流互感器。因为电流表的内阻很小，所以电流互感器工作时相当于变压器副边短路运行。

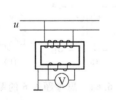

图 6.58　电压互感器原理

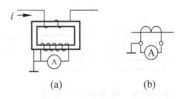

图 6.59　电流互感器

为了安全起见，电流互感器的铁心及副边绕组的一端必须可靠接地，而且副边绕组在使用时严防开路，否则副边绕组将产生高电压。

主要公式

（1）磁感应强度（磁通密度）与磁通的关系：$B=\Phi/S$

（2）磁通势：$F_m=NI$

（3）安培环路定律：$\sum NI = \sum Hl$

（4）磁感应强度与磁场强度的关系（磁化曲线）：$B=\mu H$

（5）交流铁心线圈的磁通最大值与电压有效值的关系：$\Phi_m = \dfrac{U}{4.44Nf}$

（6）变压器变比（对于理想变压器）：$\dfrac{U_1}{U_2} = \dfrac{I_2}{I_1} = \dfrac{N_1}{N_2} = k$

（7）变压器的电压变化率：$\Delta U_2\% = \dfrac{U_{20}-U_2}{U_{20}} \times 100\%$

（8）变压器的效率：$\eta = \dfrac{P_2}{P_1} \times 100\% = \dfrac{P_2}{P_2+P_{Fe}+P_{Cu}} \times 100\%$

思 考 题

6.1　一个闭合铁心线圈通一直流励磁电流，若在这个铁心磁路上开一个气隙，并通入同样大小的直流励磁电流，则铁心中的磁通是增大还是减小？为什么？

6.2　将一个空心线圈接在交流电源 u 上，若将这个线圈插入闭合铁心后再接到 u 上，则线圈中的电流是增大还是减小？为什么？

6.3　一个铁心线圈由交流电源（U 一定，$f=50\text{Hz}$）供电，若磁路分有气隙和无气隙两种情况，则哪种情况下铁心中的磁通 Φ_m 较大？为什么？

6.4　一个 100 匝的线圈放于磁场中，若磁场以 3Wb/s 的速率变化，线圈两端的感应电压是多少？

6.5　图 6.60 所示变压器，已知 $u_S = 12\sin\omega t\,\text{V}$，写出 u_2 和 u_3 的表达式。

6.6　变压器副边绕组允许开路，这时称变压器空载运行，如图 6.61(a)所示。但电流互感器副边绕组不允许开路，如图 6.61(b)所示，若要拆掉电流表 A，必须将副边绕组 a、b 两端短接。这是为什么？

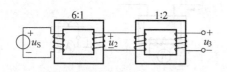

图 6.60　思考题 6.5 的图

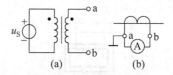

图 6.61　思考题 6.6 的图

6.7　图 6.62(a)、(b)、(c)所示各电路中，负载电阻两端的电压是多少？

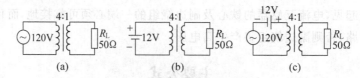

图 6.62　思考题 6.7 的图

习 题

6.8 图 6.63 所示变压器,两个原边绕组额定电压都是 110V。

(1) 若电源电压是 220V,这两个原边绕组应如何联接?

(2) 若电源电压是 110V,这两个原边绕组又应如何联接?

(3) 以上两种情况下,副边绕组电压有无改变? 两原边绕组中的电流有无改变?

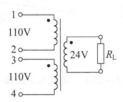

图 6.63 思考题 6.8 的图

习 题

6.1 图 6.64(a)所示磁路,铁心由铸钢制成且分为两段:第一段截面积 $S_1 = 2.5\text{cm} \times 2.5\text{cm}$,平均长度 $l_1 = 0.2\text{m}$;第二段截面积 $S_2 = 2.5\text{cm} \times 2\text{cm}$,平均长度 $l_2 = 0.1\text{m}$。励磁电流 $I = 3\text{A}$,要使 $\Phi = 5 \times 10^{-4}\text{Wb}$,求线圈匝数 N。(计算时忽略气隙处磁通的边缘扩散,铸钢的 $B\text{-}H$ 曲线如图 6.64(b)所示)

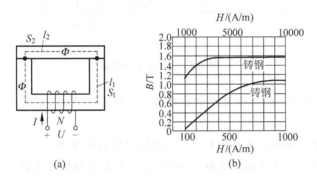

图 6.64 习题 6.1 的图

6.2 图 6.65 所示磁路,铁心由铸钢制成,尺寸为:$S_1 = 2.5\text{cm} \times 2.5\text{cm}$,$l_1 = 0.2\text{m}$,$S_2 = 2.5\text{cm} \times 2\text{cm}$,$l_2 = 0.1\text{m}$,空气隙长度 $l_0 = 4\text{mm}$。励磁电流 $I = 3\text{A}$,要使 $\Phi = 5 \times 10^{-4}\text{Wb}$,求线圈匝数 N。(计算时忽略气隙处磁通的边缘扩散)

6.3 图 6.66 所示的对称磁路,铁心由铸铁制成,尺寸为:截面积 $S = 1\text{cm} \times 1\text{cm}$,各段磁路的平均长度 $l_{ab} = l_{bc} = l_{cd} = 4\text{cm}$,$l_{eg} = 3\text{cm}$,气隙宽度 $l_0 = 5\text{mm}$。已知 $N = 500$ 匝,$\Phi_3 = 40\mu\text{Wb}$,求励磁电流 I。若没有气隙,其他条件不变,励磁电流 I 应该多大?(计算时忽略气隙处磁通的边缘扩散)

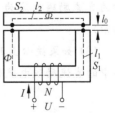

图 6.65 习题 6.2 的图

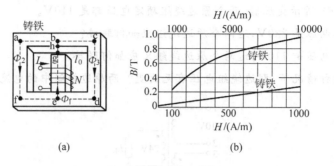

图 6.66 习题 6.3 的图

6.4 图 6.67(a)所示磁路由某种硅钢片叠成，其平均长度 $l = 50\text{cm}$，截面积 $S = 25\text{cm}^2$。线圈 $N = 100$ 匝，线圈电阻 $r = 2\Omega$，所加直流励磁电压 $U = 5\text{V}$。求铁心中的磁通 Φ。（所用硅钢片的 B-H 曲线如图 6.67(b)所示）

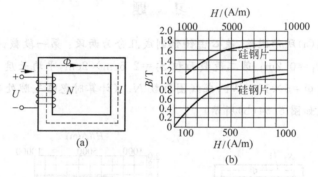

图 6.67 习题 6.4 的图

6.5 如果习题 6.4 的铁心有一个长度为 $l_0 = 0.2\text{cm}$ 气隙（如图 6.68 所示），其他条件不变。

(1) 若所加直流励磁电压仍为 $U = 5\text{V}$，求铁心中的磁通 Φ。

(2) 若要使铁心中的磁通与习题 6.4 相同，应加多大的励磁电压？（忽略气隙处磁通的边缘扩散）

6.6 图 6.69(a)所示线圈，已知线圈长度 $l = 5\text{cm}$，截面积 $S = 4\text{cm}^2$，$N = 200$ 匝。

(1) 求线圈电感 L。

(2) 如果该线圈插入长度为 $l_1 = 20\text{cm}$、截面积为 $S = 4\text{cm}^2$ 的铸钢材料的铁心，线圈中的直流励磁电流为 $I = 1\text{A}$，求这时的线圈电感 L。（铸钢的 B-H 曲线如图 6.64(b)所示）

(3) 如果铁心上开有一长度 $l_0 = 1\text{mm}$、截面积 $S = 4\text{cm}^2$ 且与铁心柱垂直的空气隙，线圈中的直流励磁电流仍为 $I = 1\text{A}$，求这时的线圈电感 L。

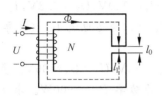

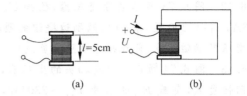

图 6.68　习题 6.5 的图　　　　　　　　图 6.69　习题 6.6 的图

6.7　一交流铁心线圈，铁心由硅钢片叠成。若线圈的匝数 $N=500$，铁心截面积 $S=20\text{cm}^2$，磁路平均长度 $l=50\text{cm}$，求励磁电流 I 的大小。（已知电源电压 $U=220\text{V}$，频率 $f=50\text{Hz}$。所用硅钢片的 $B\text{-}H$ 曲线如图 6.67(b)所示）

6.8　图 6.70 所示变压器，变比 $k=2$。已知电源电压 $U_S=220\text{V}$，频率 $f=50\text{Hz}$，$R_S=2\Omega$，$R_L=100\Omega$。求原边电流 I_1 和副边电压 U_2。（计算 I_1 时忽略变压器励磁电流）

6.9　图 6.71 所示变压器，其原边绕组 $N_1=500$ 匝，电源内阻 $R_S=10\Omega$，负载电阻 $R_L=640\Omega$。为使负载 R_L 获得最大功率，变压器副边绕组 N_2 应该有多少匝？

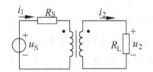

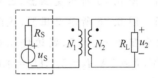

图 6.70　习题 6.8 的图　　　　　　　图 6.71　习题 6.9 的图

6.10　信号源电压 $U_S=2\text{V}$，内阻 $R_S=1\text{k}\Omega$，负载电阻 $R_L=10\Omega$。

（1）若将负载直接接在信号源上，求信号源的输出电流、负载的功率和信号源的输出功率。

（2）若在信号源和负载之间接入一个变比为 $k=5$ 的变压器，信号源的输出电流变为多少？负载的功率和信号源的输出功率变为多少？

（3）若要使负载获得最大功率，变压器的变比应该是多少？这时信号源的输出电流、负载的功率和信号源的输出功率又变为多少？

6.11　图 6.72(a)是副边有中间抽头的变压器，图 6.72(b)是自耦调压器。确定图 6.72(a)、(b)中未知电压的大小。

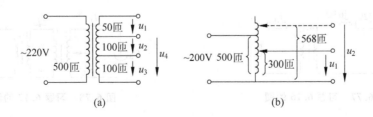

图 6.72　习题 6.11 的图

6.12   图 6.73 所示电源变压器，已知 $U_1 = 220\mathrm{V}, U_2 = 110\mathrm{V}, U_3 = 6.3\mathrm{V}, I_2 = 1\mathrm{A}$，$I_3 = 3\mathrm{A}, N_1 = 2200$ 匝，求：(1)两副边绕组的匝数 N_2、N_3；(2)原边电流 I_1。(计算 I_1 时忽略变压器励磁电流，负载都为电阻性负载)

6.13   图 6.74 所示有中间抽头的变压器，已知 $U_1 = 220\mathrm{V}, U_2 = U_3 = 36\mathrm{V}$。负载都为电阻性负载，负载 R_{L1} 的功率 $P_{L1} = 2304\mathrm{W}$，负载 R_{L2} 的功率 $P_{L2} = 900\mathrm{W}$。求 I_1, I_2，I_3, I_4。

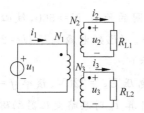

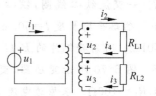

图 6.73   习题 6.12 的图   图 6.74   习题 6.13 的图

6.14   图 6.75 所示变压器，已知变比 $k = 2, \dot{U}_S = 400\angle 45°\mathrm{V}$。求 $Z'_L, \dot{I}_1, \dot{I}_2$。

6.15   图 6.76 所示变压器，虚线框内是变压器等效电路(忽略了绕组的等效感抗)，原边绕组电阻为 $r_1 = 4\Omega$，副边绕组电阻 $r_2 = 0.4\Omega$。负载为电阻性负载，$\cos\varphi = 1$。测得 $U_S = 220\mathrm{V}, I_1 = 1\mathrm{A}, I_2 = 5\mathrm{A}, U_L = 40\mathrm{V}$。另外测得变压器铁损耗 $P_{Fe} = 6\mathrm{W}$。求变压器的效率 η。

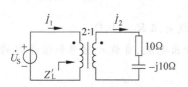

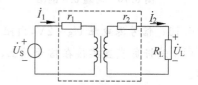

图 6.75   习题 6.14 的图   图 6.76   习题 6.15 的图

6.16   图 6.77 所示电路，已知变压器的变比 $k = 4, u_S = 100\sqrt{2}\,(\sin 200t + 60°)\mathrm{V}$。若要在负载电阻 R_L 上获得最大功率，则 R_L 应串联一个电感还是电容？求 R_L 和串联元件之值。

6.17   图 6.78 所示电路，已知 $U_S = 100\mathrm{V}$，求 R'_L, I_1, I_2, I_3。

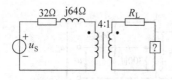

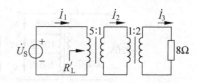

图 6.77   习题 6.16 的图   图 6.78   习题 6.17 的图

6.18   图 6.79(a)所示为一个测试变压器的铜损的电路，将变压器副边短路，在原边加一个较小的电压使变压器的原边电流达到额定电流，则功率表的读数就是变压器的铜损 P_{Cu} (此法称为"铜损短路测量法")。图 6.79(b)所示为一个测试变压器的铁损的电路，将变压器副边开路,在原边加额定电压,则电流表和功率表的读数分别被认为是变压器的励磁电流和铁损 P_{Fe}(此法称为"铁损开路测量法")。试分析上述测试的原理。如果变压器额定功率为 4.4kV·A,额定电压为 220/110V。图 6.79(a)中,$U_S=12V$,电流表读数 20A,功率表读数 150W;图 6.79(b)中,功率表读数 90W。求变压器的等效阻抗 Z_1 和工作在额定状态下的效率 η(设负载为电阻性负载)。

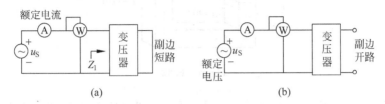

图 6.79 习题 6.18 的图

6.19 图 6.80 所示电路是一个低压大电流加热设备的电路,变压器额定功率6kV·A,输入输出额定电压 220V/6V。

(1)若使变压器不超载运行,负载电阻的最小值是多少?

(2)若使变压器在额定功率下运行,电流表量程为 10A,电流互感器的电流变换系数选多大较为合适?

6.20 一个额定容量为 20kV·A、额定变比为 6000V/380V 的三相变压器,采用 丫/丫联接方式,且副边有中线。

(1)若负载是 220V、40W 的白炽灯,变压器在额定情况下运行时,可接入多少盏灯?

(2)若负载是 220V、40W、$\cos\varphi=0.5$ 的日光灯,变压器在额定情况下运行时,可接入多少盏灯?

(3)若在日光灯两端并联电容将其功率因数提高到 0.9,变压器在额定情况下运行时,可接入多少盏灯?

6.21 三相变压器原、副边绕组如图 6.81 所示,(1)若要求联接方式为丫/丫,画出接线图,并求 $\dot{U}_{AB}$ 与 $\dot{U}_{ab}$ 的相位差;(2)若要求联接方式为丫/△,画出接线图,并求 $\dot{U}_{AB}$ 与 $\dot{U}_{ab}$ 的相位差。

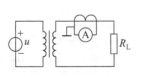

图 6.80 习题 6.19 的图

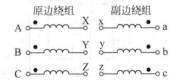

图 6.81 习题 6.21 的图

PROBLEMS

6.1 Determine the magnetomotive force F_m in a 100 turn coil of wire when there are 2.5 A of current through it. If the length of the core is 40cm, What is the magnetizing force H?

6.2　In Figure 6.82, find(1)the magnetizing fore H; (2)the flux density B; (3)the flux Φ.

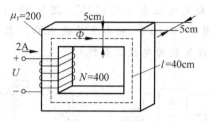

Figure　6.82

6.3　Determine the exciting current I in Figure 6.83(a), if $\Phi=2.4\times10^{-4}$ Wb. The $B\text{-}H$ curves of cast steel and cast iron are shown in Figure 6.83(b).

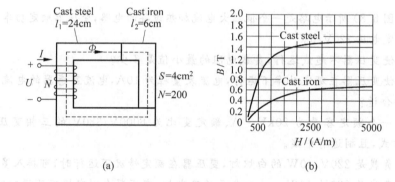

Figure　6.83

6.4　The core of Figure 6.84 is cast steel. Find the current I if $\Phi_3=1.2\times 10^{-4}$ Wb.

6.5　For the circuit with a ideal transformer in Figure 6.85, find the turns ratio required to deliver maximum power to the 8Ω speaker. What is the maximum power?

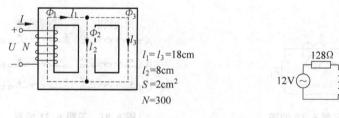

Figure　6.84　　　　　　　　　　　　**Figure　6.85**

6.6　A circuit with a ideal transformer is shown in Figure 6.86. (1)Determine the turns ratio. (2)Determine the value of R_{ab}. (3)Determine the current I_s supplied by the voltage source.

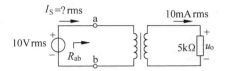

Figure 6.86

6.7 A equivalent model for a practical transformer is shown in Figure 6.87. It has a 10 : 1 ideal transformer and primary and secondary resistance and reactance of $2+j2\Omega$ and $0.02+j0.02\Omega$. If $\dot{E}_g=220\angle0°$V and $\dot{U}_L=21.2\angle0°$ V, what is the load current $\dot{I}_L$?

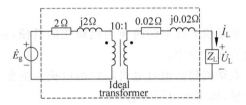

Figure 6.87

6.8 The circuit of Figure 6.88 is operating at 1000rad/s. Determine the inductance L and the turns ratio k to achieve maximum power transfer to the load.

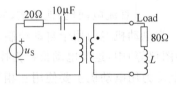

Figure 6.88

6.9 Find the Thevenin equivalent at terminals A-B for the circuit of Figure 6.89 when $u_S=24\sqrt{2}\sin10t$V.

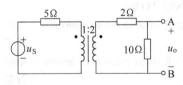

Figure 6.89

第 7 章

电 动 机

电动机是将电能转换为机械能的机械,它广泛应用于生产部门、实验室和家庭中。

电动机包括动力电机和控制电机。主要为生产机械提供动力的电动机,称为动力用电动机。

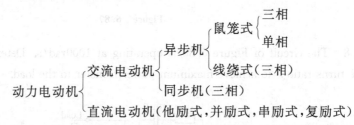

还有一类电动机专门用于自动控制装置和计算机附属设备(例如打印机、绘图仪等)中,这类电动机称为控制电机。

工业上动力用电动机主要使用三相异步电动机,其中鼠笼式三相异步电动机使用最为广泛。一些容量较大而转速要求恒定的设备使用同步电动机。家用电器(例如电风扇、洗衣机、电冰箱等)中主要使用单相异步电动机。某些机械(例如电力机车、电车、汽车、磁盘驱动器以及需要无级调速的机械等)中使用直流电动机。

关键术语 Key Terms

三相异步电动机 three-phase asynchronous motor

单相异步电动机 single-phase asynchronous motor

同步电动机 synchronous motor

直流电动机 dc motor

直流发电机 dc genterator

伺服电机 serve motor

步进电机 stepper motor

旋转磁场 rotating magnetic field

定子 stator

转子 rotor

电枢 armature

转差 slip

转差率 percent slip

转矩 torque

机械特性 mechanical characteristic

鼠笼式 squirrel-cage

线绕式 wire-wound

过载 over load

满载 full load

空载 no load

分相式单相异步电动机 split-phase motor

电容分相单相异步电动机 capacitor-start motor

励磁绕组 field winding

罩极式单相异步电动机 shaded-pole motor

磁通移动效应 flux-sweeping effect

电枢 armature

电枢绕组 armature winding

换向器 commutator

步进电机 stepper motor

电脉冲 step pulse

7.1 三相异步电动机

7.1.1 三相异步电动机的结构和转动原理

1. 三相异步电动机的结构

三相异步电动机由两部分组成：定子和转子。图7.1(a)、(b)、(c)所示分别是一种小型鼠笼式三相异步电动机的外形、定子绕组、鼠笼转子。

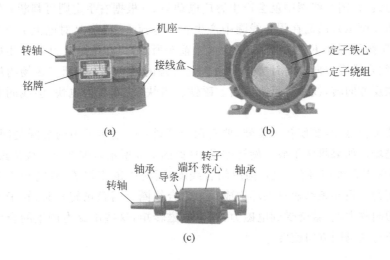

图7.1 小型鼠笼式三相异步电动机

一种三相异步电动机的结构示意图(横向截面图)如图7.2所示。其定子由机座和定子铁心组成,定子铁心呈圆筒状,由彼此绝缘的硅钢片叠成,内侧纵向冲有线槽,线槽内镶嵌有对称的三相绕组 $U_1 U_2$，$V_1 V_2$，$W_1 W_2$，三相绕组的三个始端(U_1，V_1，W_1)或三个末端(U_2，V_2，W_2)在空间互相差120°。三相绕组的6个端点引到接线盒中的接线端子上,以便用户使用时联接成星形或三角形。

三相异步电动机的转子根据结构的不同又分为两种：鼠笼式和线绕式。转子铁心呈圆柱状,也由彼此绝缘的硅钢片叠成,外圆周纵向冲有线槽。转子中心装有转轴,转轴的一端装有散热用的风扇叶片。鼠笼式转子的线槽中镶嵌导条(铜条或铸铝条),导条端点用端环相连,如图7.3所示。线绕式转子的线槽中镶嵌三相转子绕组,转子绕组星形联接,三个出线端引到固定在转轴上的三个滑环上,滑环上装有碳制电刷,电刷由导线引到接线盒中的接线端子上,以便用于在转子绕组中串接起动电阻。

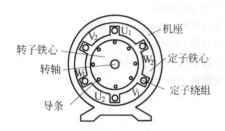

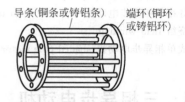

图7.2 三相异步电动机结构示意图   图7.3 鼠笼转子中的导条结构示意图

2.三相异步电动机的转动原理

（1）三相异步电动机的转动原理

为了理解三相异步电动机的转动原理,可以用图7.4所示的演示实验装置来说明。当手动顺时针方向旋转永久磁铁时,便产生**旋转磁场**,放置在磁场中支架上的闭合线圈就会切割磁力线,在闭合线圈中就会产生感应电动势 e（根据右手定则可判断 e 的正方向如图7.4中箭头所示）,因而在闭合线圈中产生感应电流 i。磁场又对电流 i 产生**电磁力 F**（根据左手定则可判断 F 的方向,如图7.4中箭头所示）。在由电磁力 F 产生的**电磁转矩**的作用下,闭合线圈也向顺时针方向旋转。此实验的结果是:线圈与磁场的旋转方向相同。若磁铁反方向转,线圈也反方向转。磁铁转得快,线圈转得也快,但线圈总比磁场的转速慢。

从上述实验可知,要使转子旋转,要有两个条件:一是转子中的线圈是闭合的,二是要有旋转磁场。如果将转子放于旋转磁场中（如图7.5所示）,那么对于线绕式转子,它的3个绕组出线端在外部接在一起,构成闭合线圈,而对于鼠笼转子,鼠笼转子中的任一根导条和对侧的一根导条都通过端环构成一个闭合线圈。当磁场旋转时,转子的某些闭合线圈能够切割磁力线,就会受到电磁力,产生电磁转矩,这些电磁力产生的合成电磁转矩将驱使转子与磁场同方向旋转。

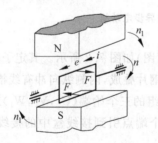

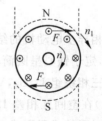

图7.4 异步电动机原理演示实验   图7.5 转子在旋转磁场中

（2）旋转磁场的产生

下面分析在三相异步电动机的定子中为什么会产生旋转磁场。

设三相绕组联接成星形,分别接于三相电源如图7.6(a)所示,绕组中的电流波形如图7.6(b)所示,则三相电流产生的旋转磁场如图7.7所示。当 $\omega t=0°$ 时（图7.7(a)）,

$i_A=0$,i_C 为正,i_B 为负,因此 U_1U_2 绕组中无电流,V_1V_2 绕组中电流由 V_2 端流入(用符号×表示流入),由 V_1 端流出(用符号·表示流出),W_1W_2 绕组中电流由 W_1 端流入,由 W_2 端流出,应用右手螺旋定则可判断,三相绕组电流共同作用产生的磁场如图 7.7(a)中虚线所示,该磁场有两个磁极(或称一对磁极),上方为 N 极,下方为 S 极。当 $\omega t=60°$时(图 7.7(b)),$i_C=0$,i_A 为正,i_B 为负,这时,三相电流产生的磁场仍形成一对磁极,但其位置相对于 $\omega t=0°$时已顺时针方向旋转了 60°。当 $\omega t=120°$时(图 7.7(c)),$i_B=0$,i_A 为正,i_C 为负,这时,磁场旋转了 120°。当 $\omega t=180°$时(图 7.7(d)),$i_A=0$,i_B 为正,i_C 为负,这时,磁场旋转了 180°。同理,当 $\omega t=360°$时,磁场旋转了一周。

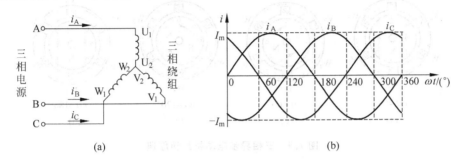

图 7.6 定子三相绕组联接及三相电流波形

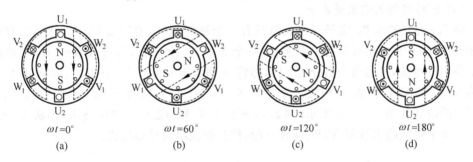

图 7.7 三相电流产生的旋转磁场

通过上述分析可知,在定子绕组产生的磁场只有一对磁极的情况下,电流经过一个周期时,磁场在空间正好旋转了一周。电动机转子在定子绕组产生的旋转磁场的作用下,也顺时针方向旋转。

定子绕组产生的旋转磁场通过定子铁心和转子铁心而闭合,在转子绕组(或导条)中产生感应电动势和感应电流,因而产生电磁转矩,驱动转子与旋转磁场同方向旋转。

(3) 旋转磁场的反转

如果将三相绕组的电源相序改变,任意对调其中两相,例如对调 B,C 两相,如图 7.8(a)所示,则三相绕组中的电流相序也随之改变,如图 7.8(b)所示。此时三相电流产生的旋转磁场如图 7.9 所示。由图 7.9 分析可知,此时磁场将向逆时针方向旋转,转子也将向逆时针方向旋转。因此,欲改变电动机的转向,只要对调任意两相电源接线即可。

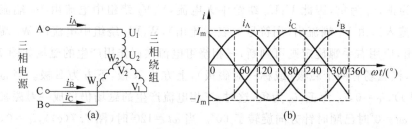

图 7.8　交换 BC 两相电源后的三相电流波形

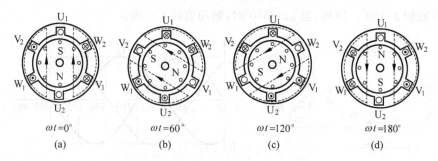

图 7.9　三相异步电动机反转原理

（4）旋转磁场的磁极对数 p

图 7.6 中的电动机，定子每相绕组只有一个线圈，绕组的始端 U_1，V_1，W_1 之间在空间相差 120°，产生的磁场只有一对磁极（一个 N 极，一个 S 极，极对数 $p=1$）。如果改变定子绕组的绕法，将每相绕组分成 2 段，即将 A 相绕组分为 U_1U_2 和 $U_1'U_2'$ 串联，B 相绕组分为 V_1V_2 和 $V_1'V_2'$ 串联，C 相绕组分为 W_1W_2 和 $W_1'W_2'$ 串联，如图 7.10(a)所示。绕组在定子中的绕法如图 7.10(b)所示，例如 A 相绕组从 U_1 端入，从 U_2 端出，再从 U_1' 入，从 U_2' 出。3 个绕组的末端 $U_2'V_2'W_2'$ 接在一起，使三相绕组为星形接法。

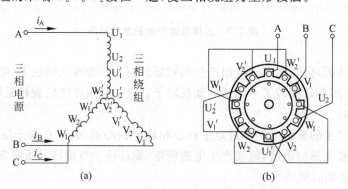

图 7.10　产生磁极对数 $p=2$ 的三相绕组

图 7.10 中绕组的分布，使绕组始端之间在空间相差 60°(120°/2)，绕组中电流波形如图 7.11(a)所示，则三相电流产生的旋转磁场如图 7.11(b)、(c)所示。通过对图 7.11 的分析可知，此时将产生 2 对磁极（$p=2$），而且当电流从 $\omega t=0°$ 到 $\omega t=60°$ 后，磁场向顺时针

方向转过了 30°。依此类推,当电流经过一个周期($\omega t = 360°$时)后,磁场转过了 180°(即半周)。

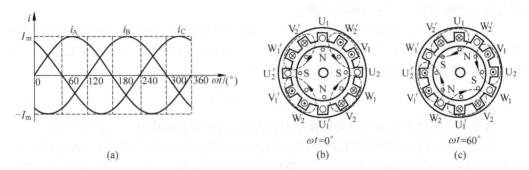

图 7.11 三相绕组产生的旋转磁场($p=2$)

同样,若改变电流的相序,磁场将反方向旋转。

以此类推,如果将每相绕组平均分成 3 段串联,而且绕组始端之间在空间相差 40°($120°/3$),则产生 3 对磁极($p=3$)。如果将每相绕组平均分成 4 段串联,而且绕组始端之间在空间相差 30°($120°/4$),则产生 4 对磁极($p=4$)。

(5)旋转磁场的转速 n_1

旋转磁场的转速 n_1 与电流频率 f_1 有关,与旋转磁场的磁极对数 p 有关。当 $p=1$ 时,在电流一个周期 T_1($T_1 = 1/f_1$)内磁场转过了一周,则磁场的转速为 $1/T_1$ 或 f_1(单位:转/秒,r/s),或 $60f_1$(单位:转/分,r/min);当 $p=2$ 时,在电流一个周期 T_1 秒内磁场转过了半周,则磁场的转速为 $\frac{1}{2T_1}$ 或 $\frac{f_1}{2}$(单位:r/s),或 $\frac{60f_1}{2}$(单位:r/min);……由此推知,当旋转磁场的磁极对数为 p 时,磁场转速 n_1 为

$$n_1 = \frac{60f_1}{p}(\text{r/min}) \tag{7-1}$$

在我国,三相异步电动机一般都使用工频电源供电,$f_1 = 50\,\text{Hz}$。对于一台电动机,磁极对数 p 是一定的,所以旋转磁场的转速 n_1 是一个常数,如表 7.1 所示。

表 7.1

极对数 p	1	2	3	4	5
同步转速 n_1/(r/min)	3000	1500	1000	750	600

(6)转差率 s

异步电动机工作时,转子与磁场的旋转方向相同,但转子的转速 n 总比磁场的转速 n_1 要慢,即 $n < n_1$。这是因为,如果转子的转速接近或等于磁场的转速,那么转子与旋转磁场之间的相对运动就减少或没有,因而转子导条切割磁力线的运动就变弱或没有,转子导条中的感应电动势和感应电流就变小或等于 0,产生的电磁转矩就变小或等于 0,因此转子的转速就会下降。转子的转速下降后,转子与旋转磁场之间的相对运动又加大,因而

感应电动势和感应电流又变大,产生的电磁转矩又变大,转子的转速又上升。这也就是说,转子的转速一定会小于磁场的转速,且处于动态平衡中,这称为异步,异步电动机由此而得名。磁场的转速又称为**同步转速**。

转子的转速与磁场的转速相差不大。例如,一台具有 3 对磁极的三相异步电机,其磁场转速为 1000r/min,而其转子的额定转速为 980r/min。磁场转速与转子转速之差 n_1-n 称为**转差**,转差与磁场转速之比称为**转差率** s,即

$$s = \frac{n_1 - n}{n_1} \times 100\% \tag{7-2}$$

转差率反映转子转速与磁场转速相差的程度,是异步电动机的一个重要参数。

当一台异步电动机刚合闸起动时,磁场转速 n_1 立即建立,但转子转速 $n=0$,这时 $s=1$。随着转子转速的升高,转差率变小。极端情况下当 $n=n_1$ 时,$s=0$。所以,异步电动机转差率的变化范围是 $0 < s \leqslant 1$。异步电动机在额定负载下的转差率一般在 $0.01 \sim 0.09$ 之间。

已知电动机的磁场转速 n_1、转子转速 n 及极对数 p,就可以求出转子感应电动势和感应电流的频率 f_2。从式(7-1)得 $f_1 = \frac{n_1}{60}p$,故

$$f_2 = \frac{n_1 - n}{60}p = \frac{n_1 - n}{n_1} \times \frac{n_1}{60}p = sf_1 \tag{7-3}$$

例 7.1 一台异步电动机,额定转速为 $n_N = 1460$r/min。求该电动机的磁极对数 p、额定转速时的转差率 s_N 及转子感应电动势的频率 f_2(电源频率 $f_1 = 50$Hz)。

解 由于异步电动机的转速略小于同步转速,而 1460r/min 最接近的同步转速是 $n_1 = 1500$r/min。查表 7.1 可知,同步转速 1500r/min 对应的极对数是 $p=2$。因此,额定转速时的转差率为

$$s_N = \frac{n_1 - n_N}{n_1} = \frac{1500 - 1460}{1500} = 0.027$$

转子感应电动势的频率为

$$f_2 = s_N f_1 = 0.027 \times 50 = 1.35(\text{Hz})$$

7.1.2 三相异步电动机的转矩和机械特性

1. 三相异步电动机的电磁关系

由以上的分析可知,电动机的转矩是由磁通 Φ 与转子电流 I_2 的作用而产生的。异步电动机的定子与转子的电磁关系与变压器类似,电动机定子绕组相当于变压器的原边绕组,而电动机转子绕组相当于变压器的副边绕组,每相定子绕组和每相转子绕组的等效电路图(忽略定子绕组和转子绕组的漏磁通)如图 7.12 所示。

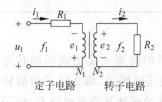

图 7.12 三相异步电动机的每相等效电路

图 7.12 中,当定子绕组接通三相电源后,每相定子绕组的相电压为 u_1,相电流为 i_1,频率为 f_1。三相定子电流产生的旋转磁场在转子绕组(或导条)中产生感应电动势 e_2 和感应电流 i_2,而 e_2 和 i_2 的频率为 f_2。

定子绕组产生的磁通最大值 Φ_m 由下式决定(推导过程参考式(6-24)):

$$\Phi_m \approx \frac{U_1}{4.44N_1 f_1} \tag{7-4}$$

式中，U_1 为定子绕组相电压有效值；N_1 为每相定子绕组的匝数；f_1 为 u_1 的频率。

转子绕组(对于鼠笼式转子，每根导条相当于一相绕组)产生的感应电动势有效值为

$$E_2 = 4.44N_2 f_2 \Phi_m \tag{7-5}$$

式中，N_2 为每相转子绕组的匝数；f_2 为转子绕组感应电动势的频率。

因为 $f_2 = sf_1$，所以

$$E_2 = 4.44N_2 sf_1 \Phi_m = sE_{20} \tag{7-6}$$

式中，E_{20} 是 $s=1$ 时(电动机刚起动时)的 E_2，因此 E_{20} 是 E_2 的最大值，且

$$E_{20} = 4.44N_2 f_1 \Phi_m \tag{7-7}$$

每相转子绕组中的电流有效值为

$$I_2 = \frac{E_2}{\sqrt{R_2^2 + X_2^2}} \tag{7-8}$$

式中，R_2 和 X_2 分别为每相转子绕组的电阻和感抗。若每相转子绕组的电感为 L_2，则

$$X_2 = 2\pi f_2 L_2 \tag{7-9}$$

因为 $f_2 = sf_1$，所以

$$X_2 = 2\pi f_2 L_2 = 2\pi sf_1 L_2 = sX_{20} \tag{7-10}$$

式中，X_{20} 是 $s=1$ 时(电动机刚起动时)的 X_2，因此 X_{20} 是 X_2 的最大值，且式(7-10)说明转子感抗与转差率有关。

$$X_{20} = 2\pi f_1 L_2 \tag{7-11}$$

每相转子绕组中的电流有效值可写为

$$I_2 = \frac{sE_{20}}{\sqrt{R_2^2 + (sX_{20})^2}} \tag{7-12}$$

上式表明，每相转子绕组中的电流有效值也与转差率 s 有关。当 $s=1$ 时

$$I_{20} = \frac{E_{20}}{\sqrt{R_2^2 + X_{20}^2}} \tag{7-13}$$

转子电路的功率因数为

$$\cos\varphi_2 = \frac{R_2}{\sqrt{R_2^2 + X_2^2}} = \frac{R_2}{\sqrt{R_2^2 + (sX_{20})^2}} \tag{7-14}$$

式(7-14)表明，转子电路的功率因数 $\cos\varphi_2$ 也与转差率 s 有关。

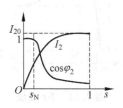

图7.13 I_2、$\cos\varphi_2$ 与 s 的关系曲线

I_2、$\cos\varphi_2$ 与 s 的关系曲线如图 7.13 所示。从曲线上可以看出，当电动机刚起动时，$n=0$，$s=1$，转子绕组切割磁力线的运动最大，因而感应电流 I_2 最大(为 I_{20})，此时转子绕组的感抗最大(为 X_{20})，因此此时功率因数 $\cos\varphi_2$ 最小。一般三相异步电动机在起动时转子电流 I_{20} 能达到额定转速($s=0.01\sim0.09$)时转子电流的 4~7 倍。

因为电动机的定子绕组和转子绕组相当于变压器的

原边绕组和副边绕组的关系,因此当电动机起动时,定子绕组的电流(称为电动机的**起动电流** I_{st})也会达到额定转速时定子电流的4~7倍。在电动机的技术数据中,不是给出起动电流 I_{st} 的值而是给出起动电流 I_{st} 与额定电流 I_N 的比值 I_{st}/I_N。

当电动机起动后,转子转速 n 变大,转差率 s 变小,转子电流 I_2 变小,转子电路功率因数 $\cos\varphi_2$ 变大。当转子转速 n 接近同步转速 n_1 时,s 接近于 0,$\cos\varphi_2$ 接近于 1。

2. 三相异步电动机的转矩

三相异步电动机的转矩公式为

$$T = K_T \Phi_m I_2 \cos\varphi_2 \tag{7-15}$$

式中转矩的单位为牛(顿)·米,N·m;磁通

$$\Phi_m \approx \frac{U_1}{4.44 f_1 N_1}$$

转子电流

$$I_2 = \frac{sE_{20}}{\sqrt{R_2^2 + (sX_{20})^2}}$$

转子电路的功率因数

$$\cos\varphi_2 = \frac{R_2}{\sqrt{R_2^2 + (sX_{20})^2}}$$

又由式(7-7)得

$$E_{20} \approx 4.44 f_1 N_2 \Phi_m \approx 4.44 f_1 N_2 \frac{U_1}{4.44 f_1 N_1} = \frac{N_2}{N_1} U_1$$

进一步,三相异步电动机的转矩公式变为:

$$T = K_T \frac{U_1}{4.44 f_1 N_1} \frac{s\dfrac{N_2}{N_1}U_1}{\sqrt{R_2^2 + (sX_{20})^2}} \frac{R_2}{\sqrt{R_2^2 + (sX_{20})^2}}$$

$$= \frac{K_T N_2}{4.44 f_1 N_1^2} \frac{sR_2}{R_2^2 + (sX_{20})^2} U_1^2$$

令 $K = \dfrac{K_T N_2}{4.44 f_1 N_1^2}$,得

$$T = K \frac{sR_2}{R_2^2 + (sX_{20})^2} U_1^2 \tag{7-16}$$

从式(7-16)可以看出,转矩 T 与定子电压 U_1 的平方成比例。当定子电压 U_1 一定时,转矩 T 是转差率 s 的函数。另外,转矩 T 还与转子电阻 R_2 有关。

T 随 s 变化的函数曲线 $T = f(s)$ 称为 $T\text{-}s$ 曲线,如图7.14所示。如果用公式 $s = \dfrac{n_1 - n}{n_1}$ 将横坐标变换为 n,则 $T\text{-}s$ 曲线就变换成 T 与 n 的关系曲线。

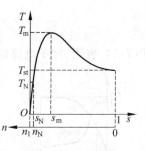

图7.14　T-s 曲线

3. 三相异步电动机的机械特性

转差率与转矩的关系曲线 $s=f(T)$ 或转速与转矩的关系曲线 $n=f(T)$ 称为三相异步电动机的机械特性曲线。将图 7.14 的 $T=f(n)$ 曲线顺时针旋转 90°，就得到 $n=f(T)$ 曲线，如图 7.15 所示。

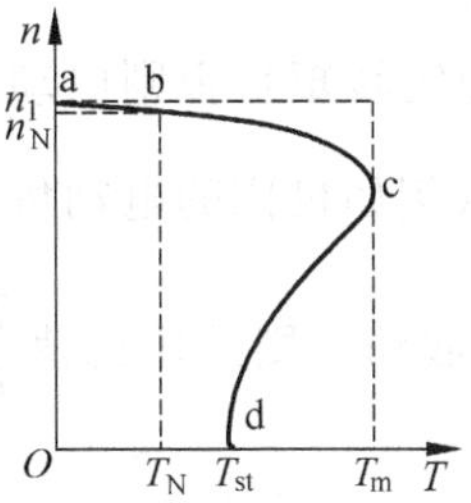

在图 7.15 的 $n=f(T)$ 曲线上，有 3 个特定转矩：额定转矩 T_N，最大转矩 T_m，起动转矩 T_{st}。

(1) 额定转矩 T_N

图 7.15　$n=f(T)$ 曲线

额定转矩 T_N 是在额定电压 U_{1N} 和额定负载下的转矩，此时电动机的转速为额定转速 n_N，电动机输出功率为额定输出功率 P_N。

额定转矩 T_N 可以根据电动机铭牌上给出的额定功率 P_N 和额定转速 n_N 计算得到，即

$$T_N = 9550 \frac{P_N}{n_N} (N \cdot m) \tag{7-17}$$

式中，P_N 的单位是 kW；n_N 的单位是 r/min。

注意：电动机铭牌上给出的额定功率 P_N 是电动机转轴输出的机械功率，而不是电动机的电功率。

(2) 最大转矩 T_m

$n=f(T)$ 曲线上转矩的最大值，即 c 点对应的转矩值，称为最大转矩。对应于最大转矩 T_m 的转差率为 s_m，s_m 可以用式(7-16)求得，即令 $\frac{\partial T}{\partial s}=0$，得

$$s_m = \frac{R_2}{X_{20}} \tag{7-18}$$

将式(7-18)代入式(7-16)，可求得 T_m，即

$$T_m = K \frac{U_1^2}{2X_{20}} \tag{7-19}$$

式(7-19)表明，三相异步电动机的最大转矩 T_m 与转子电阻 R_2 无关，只与定子绕组相电压 U_1 的平方成正比。若 U_1 固定，则 T_m 是一个固定值。

在电动机的技术数据中，不是给出最大转矩 T_m 的值，而是给出最大转矩 T_m 与额定转矩 T_N 的比值 λ（λ 称为**过载系数**），即

$$\lambda = \frac{T_m}{T_N} \tag{7-20}$$

过载系数 λ 是电动机的一个重要参数，表明一台电动机短时过载的能力。对于三相异步电动机，过载系数 λ 一般在 1.8~2.2 之间。

(3) 起动转矩 T_{st}

电动机刚起动时的转矩称为**起动转矩**。电动机刚起动时，$n=0$，$s=1$，因此将 $s=1$ 代入式(7-16)就得到起动转矩 T_{st}，即

$$T_{st} = K \frac{R_2}{R_2^2 + X_{20}^2} U_1^2 \tag{7-21}$$

从式(7-21)可以看出,起动转矩 T_{st} 与 U_1 的平方成正比,与转子电阻 R_2 有关。

在电动机的技术数据中,不是给出起动转矩 T_{st} 的值而是给出起动转矩 T_{st} 与额定转矩 T_N 的比值 $\dfrac{T_{st}}{T_N}$,比值 $\dfrac{T_{st}}{T_N}$ 称为电动机的**起动能力**。对于鼠笼式异步电动机,这个比值在 $1\sim2.2$ 之间。起动转矩 T_{st} 一定要不小于负载转矩(负载转矩≤额定转矩),否则电动机就不能起动。对于比值 $\dfrac{T_{st}}{T_N}$ 较小的电动机,常采用空载起动的方法(例如机床的电动机需要空载起动)。如果需要满载起动(例如起重机的电动机需要满载起动),则采用比值 $\dfrac{T_{st}}{T_N}$ 较大的电动机。

例 7.2　Y250M-4 型三相异步电动机,额定功率 $P_N=55\mathrm{kW}$,额定转速 $n_N=1480\mathrm{r/min}$,起动能力 $T_{st}/T_N=2$,过载系数 $\lambda=2.2$。求该电动机的额定转矩 T_N、起动转矩 T_{st} 和最大转矩 T_m。

解　电动机的额定转矩为

$$T_N = 9550\,\frac{P_N}{n_N} = 9550 \times \frac{55}{1480} \approx 354.9(\mathrm{N \cdot m})$$

起动转矩为

$$T_{st} = 2T_N = 2 \times 354.9 = 709.8(\mathrm{N \cdot m})$$

最大转矩为

$$T_m = \lambda T_N = 2.2 \times 354.9 \approx 780.8(\mathrm{N \cdot m})$$

由式(7-16) $T = K\,\dfrac{sR_2}{R_2^2+(sX_{20})^2}\,U_1^2$ 可知,转矩 T 与定子电压 U_1 的平方成正比,从而可画出定子绕组电压 U_1 变化(转子电阻 R_2 为常数)时对 $n=f(T)$ 曲线的影响,如图 7.16 所示。可以看出,当定子电压 U_1 变小时(变为 U_1'),电动机的最大转矩 T_m 和起动转矩 T_{st} 都随之变小(变为 T_m' 和 T_{st}')。

用式(7-16)也可画出转子电阻 R_2 变化(定子绕组电压 U_1 为常数)时对 $n=f(T)$ 曲线的影响,如图 7.17 所示。可以看出,当转子电阻 R_2 变大时(变为 R_2' 时),电动机的最大转矩 T_m 不变但起动转矩 T_{st} 随之变大(变为 T_{st}')。在一定范围内 R_2 增大会使起动转矩增加,线绕式异步电动机起动时,通常在转子绕组中串接电阻(称为起动电阻),从而提高起动转矩,同时也能降低起动电流。

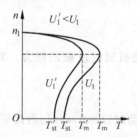

图 7.16　U_1 变化时(R_2＝常数)对
$n＝f(T)$ 曲线的影响

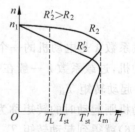

图 7.17　R_2 变化时(U_1＝常数)对
$n＝f(T)$ 曲线的影响

图 7.17 所示的两种特性曲线中,对于转子电阻小的一种,当负载转矩 T_L 变化时,转子转速变化不大,这种特性曲线称为**硬特性**;而对于转子电阻大的一种,当负载转矩 T_L 变化时,转子转速变化较大,这种特性曲线称为**软特性**。

电动机在带动负载工作时,电动机的转矩能够根据负载转矩的大小而自动调整,这称为电动机的**自适应负载能力**。

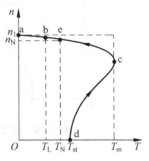

图 7.18 起动段

电动机起动过程的 $n=f(T)$ 曲线如图 7.18 所示。当电动机接通电源时,电动机转矩 $T=T_{st}$,若起动转矩 $T_{st}>$ 负载转矩 T_L,电动机就转动起来,其转速和转矩沿着 $n=f(T)$ 曲线上的 d-c 段变化,转速上升,转矩增大,到达 c 点时转矩达到最大转矩 $T=T_m$。之后,电动机的转速和转矩沿着 c-b 段变化,转速继续上升,但转矩减小。当到达 b 点后,电动机转矩 $T=$ 负载转矩 T_L,这时电动机的转速不再继续升高,而是稳定在某一转速 n 下等速运行。

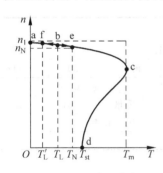

图 7.19 正常工作段

电动机进入正常工作后的 $n=f(T)$ 曲线如图 7.19 所示。以转速 n 等速运行的电动机,如果负载转矩 T_L 变小了,变成 T'_L,此时电动机的转矩还没变,仍为 T,因为 $T>T'_L$,所以电动机的转速就会升高,沿着 b-a 段变化。转速升高,转差率就会减小,转子电流就会减小,从而导致转矩减小,直到电动机转矩与新的负载转矩 T'_L 平衡为止,这时电动机将在一个新的转速下运行(f 点位置)。反之,如果负载转矩 T_L 变大了但是未超过电动机的额定转矩 T_N,此时电动机的转速和转矩将沿着 b-e 段变化(e 点是额定转矩 T_N 对应的点)。

电动机过载运行的 $n=f(T)$ 曲线如图 7.20 所示。在 b 点附近正常工作的电动机,如果负载转矩 T_L 变得超过了电动机的额定转矩 T_N,这称为过载。这时电动机的转速和转矩就沿着 e-c 段变化。此时电动机转速降低,转差率增大,转子电流增大,转矩增加,电动机还能暂时带动负载。如果是短时过载,电动机的转速和转矩仍能回到正常工作点 b。但是过载时定子电流会增大,时间长了定子绕组会过热而导致烧坏,所以电动机不允许长时间过载,如果长时间过载,要通过继电器自动控制系统及时将电源切断。

电动机严重过载运行时的 $n=f(T)$ 曲线如图 7.21 所示。如果负载转矩 T_L 变得超过了电动机的最大转矩 T_m,电动机的转速和转矩就沿着 c-d 段变化,这时电动机就带不动负载了而导致停机事故。停机后,电动机的定子电流会急剧上升(达到额定电流的六七倍),导致烧坏电动机。此时,要通过继电器自动控制系统立即将电源切断(这一技术将在第 8 章介绍)。

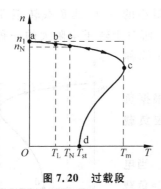

图 7.20　过载段

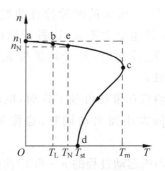

图 7.21　严重过载停机段

7.1.3　三相异步电动机的铭牌和技术数据

电动机的外壳上贴有铭牌,铭牌上标出了该电动机的主要技术数据,这些技术数据都是额定数据,必须按照铭牌规定的技术数据使用电动机。

电动机的铭牌举例如下:

三相异步电动机						
型号	Y100L-6		功率	1.5		kW
电压	380	V	电流	4	A	频率	50	Hz
转速	940	r/min	接法　丫	防护等级　IP44		cosφ　0.74	
绝缘等级	B	级	工作制　S1		重量	31	kg
标准			编号		出厂日期		
生产厂家						

（1）型号

电动机的型号由三部分组成:产品代号,规格代号,环境代号。

异步电动机的产品代号:Y—异步电动机,YR—线绕式,YB—防爆型,YQ—高起动转矩型。

异步电动机的规格代号:L—长机座,M—中机座,S—短机座。

异步电动机的环境代号表示在特殊环境中使用的电动机,如:W—户外专用,F—化工防腐专用,TH—湿热带专用等等。无特殊环境要求的铭牌中不写。

电动机型号的各种代号可查阅有关电机产品手册。

例如,电动机的型号 Y100L-6 的含义是:异步电动机,中心高度 100mm,长机座,6 极。

（2）铭牌上的技术数据

电压:额定电压 U_N。例如,铭牌标出额定电压为 380V,是指电动机定子绕组所接三相电源的线电压值,即 $U_N = 380V$。又因为铭牌标出定子绕组的联接方式为丫接法,所以,定子绕组的相电压 U_1 就是 220V。

电流:额定电流 I_N。例如,铭牌标出额定电流为 4A,是指当电源电压为额定电压 380V,负载为额定负载,电动机转轴上输出额定功率 P_N 时的三相电源的线电流值,即 $I_N = 4A$。

功率：额定功率 P_N。例如，铭牌标出额定功率为 1.5kW，是指电源电压为额定电压 380V，定子绕组联接方式为丫接法，负载为额定负载时，电动机转轴上输出的机械功率，即 $P_N=1.5kW$。

频率：电源频率 f_1。例如，铭牌标出为 50Hz，即 $f_1=50Hz$。

转速：额定转速 n_N。例如，铭牌标出额定转速为 940r/min，是指电源电压为额定电压 380V，负载为额定负载，电动机转轴上输出额定功率 P_N 时的转子转速，即 $n_N=940r/min$。

接法：给出电动机在额定电压下三相定子绕组的接线方式，有丫接法和△接法两种方式。图 7.22(a)、(b)、(c)、(d)所示分别为丫接法电路、接线盒丫接法、△接法电路、接线盒△接法。一般 4kW 以上的三相异步电动机都是 380V，△接法。

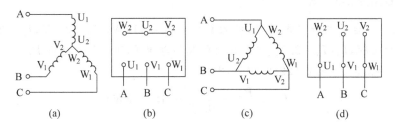

图 7.22　三相异步电动机定子绕组的接线方法

$\cos\varphi$：是指定子绕组的功率因数，$\cos\varphi=\dfrac{R_1}{\sqrt{R_1^2+X_1^2}}$，其中 R_1 为每相定子绕组的电阻，X_1 为每相定子绕组的感抗(不是常数)，φ 为每相定子绕组的相电压与相电流的相位差。三相异步电动机的 $\cos\varphi$ 不是常数，在电动机空载时为 0.2～0.3，在电动机满载时为 0.7～0.9。电动机铭牌中给出的 $\cos\varphi$ 是满载(额定负载)时的功率因数。

绝缘等级：是指电动机绕组所用的绝缘材料的绝缘等级。绝缘等级不一样。使用时允许的绕组温度上限就不一样。电动机分为 A，E，B，F，H 等几个绝缘等级，温度上限分别为 105℃，120℃，130℃，155℃，180℃。

防护等级：IP 表示电动机外壳防护标志；第一位数字代表外壳防固体进入内部的防护等级，分 0～6 共 7 级，0 级表示没有专门的防护；第二位数字代表外壳防水进入内部的防护等级，分 0～8 共 9 级，0 级表示没有专门的防护。例如，IP44，第一位数字"4"表示此电动机外壳能防止大于直径 1mm 的固体异物进入机壳内；第二位数字"4"表示此电动机外壳能防止任何方向的溅水进入机壳内。

工作制：电动机的工作制国家标准规定有 S1～S8 共 8 种。例如，S1 代表连续工作制。

电动机的各种技术数据的规定可查阅有关电机技术手册。

(3) 未列入铭牌的技术数据

电动机的一些技术数据还未列入铭牌，只能在电动机的数据手册上查到，这些数据对电动机的使用也很重要。例如：

① 效率 η 是指电动机的额定功率 P_N 与电动机的电功率（或称为输入功率）P_1 之比,即

$$\eta = \frac{P_N}{P_1} \times 100\% \tag{7-22}$$

其中

$$P_1 = \sqrt{3} U_L I_L \cos\varphi = \sqrt{3} U_N I_N \cos\varphi \tag{7-23}$$

② 起动电流/额定电流值,即 $\dfrac{I_{st}}{I_N}$

③ 起动能力 $\dfrac{T_{st}}{T_N}$

④ 过载系数 λ,$\lambda = \dfrac{T_m}{T_N}$

例 7.3 一台三相异步电动机,技术数据:$P_N = 11\text{kW}$,$U_N = 380\text{V}$,$I_N = 22.6\text{A}$,$\eta = 88\%$,$\cos\varphi = 0.84$,$I_{st}/I_N = 2.2$。求电动机的起动电流 I_{st} 和输入电功率 P_1。

解 $I_{st} = 2.2 I_N = 2.2 \times 22.6 = 49.72(\text{A})$

$$P_1 = \frac{P_N}{\eta} = \frac{11}{0.88} = 12.5(\text{kW})$$

或

$$P_1 = \sqrt{3} U_N I_N \cos\varphi = \sqrt{3} \times 380 \times 22.6 \times 0.84 \approx 12.5(\text{kW})$$

7.1.4 三相异步电动机的使用

1. 三相异步电动机的起动

在电动机起动前,必须先将电动机的定子绕组按照铭牌上规定的额定电压和接法接成丫形或△形,然后才能合闸通电。当电动机的定子绕组通电后,若起动转矩 T_{st} 大于负载转矩 T_L,则电动机的转子从静止状态开始运转,转速逐渐升高,一直到稳速运行,这个过程称为起动。中小型电动机起动所需时间为零点几秒到几秒,大型电动机起动所需时间为十几秒到几十秒。

电动机起动时,起动电流 I_{st} 通常为额定电流 I_N 的 4~7 倍。例如,一台 $P_N = 22\text{kW}$,$U_N = 380\text{V}$,$I_N = 42\text{A}$ 的鼠笼式三相异步电动机,起动电流可达 294A。过大的起动电流会给供电电网造成瞬间的电压降,影响在同一电网上其他负载的正常工作。为了降低起动电流,电动机有各种起动方法。对于鼠笼式三相异步电动机,则采用降压起动方法,对于线绕式三相异步电动机,则采用转子绕组串电阻的起动方法。

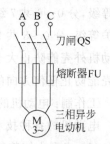

图 7.23 三相异步电动机的直接起动电路图

（1）直接起动

对于中小功率的鼠笼式异步电动机,只要不是频繁起动,常采用直接起动的方法。起动时直接将电动机通过刀闸或接触器接到额定电压的电源上（如图 7.23 所示）,称为直接起动。但是为了不给电网电压造成冲击,一些地区也有一定规定:如

果用独立的变压器向电动机供电,只要电动机容量不大于变压器容量的20%,允许频繁直接起动;如果不是频繁起动,电动机容量不大于变压器容量的30%,允许直接起动。如果电动机没有独立的变压器,则规定电动机直接起动时给电网造成的电压降不得超过电网电压额定值的5%。

(2)降压起动

在鼠笼式三相异步电动机起动时,可以降低加在定子绕组上的电压,以减小起动电流,起动后,再将定子绕组电压转换成额定电压,这种方法称为降压起动。降压起动又有丫-△降压起动和自耦降压起动两种方法。

首先介绍丫-△降压起动。

丫-△降压起动方法只适用于工作时定子绕组△接法的鼠笼式三相异步电动机。起动时将定子绕组接成丫形,起动后,再接成△形正常运行。用一个三刀双掷刀闸 QS_2(铁壳开关)就可以实现丫-△降压起动,如图 7.24 所示。

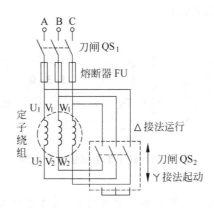

图 7.24 丫-△降压起动

丫-△降压起动的原理是:若额定电压为 U_N、△接法的电动机,每相定子绕组的相电压为 U_N。当接成丫形时,每相定子绕组的相电压为 $U_N/\sqrt{3}$。若 $U_N=380\text{V}$,接成丫形时,每相定子绕组的相电压为 220V,这就实现了降压起动。因为△接法时,三相电源线电流为 $I_{L\triangle}=\sqrt{3}\dfrac{U_N}{|Z|}$,其中 Z 为每相定子绕组的阻抗。丫接法时,三相电源线电流为 $I_{LY}=\dfrac{U_N}{\sqrt{3}\,|Z|}$。所以 $\dfrac{I_{LY}}{I_{L\triangle}}=\dfrac{1}{3}$,此式说明丫接法时的起动电流要减小到△接法时直接起动电流的 1/3。

采用丫-△降压起动时,起动电流降低到直接起动时的 1/3,起动转矩也降低到直接起动时的 1/3。这是因为转矩与每相定子绕组相电压的平方成正比,采用丫-△降压起动时,定子绕组的相电压降低到直接起动时的 $1/\sqrt{3}$,因此起动转矩降低到直接起动时的 1/3。这时,起动转矩可能会小于负载转矩,因此不能满载起动,而常采取空载起动,待电动机起动后再加入负载。

其次介绍自耦降压起动。

自耦降压起动方法适用于容量较大或工作时定子绕组丫接法的鼠笼式三相异步电动机。采用自耦变压器,起动时定子绕组接低电压,待起动后,再换接成额定电压。自耦降压起动电路图如图7.25所示,用一个三刀双掷刀闸就可以实现电压的转换。通常自耦变压器有多个抽头,便于选择合适的起动电压。

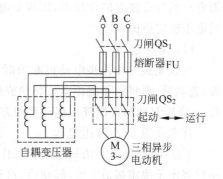

图7.25　自耦降压起动

(3)转子绕组串电阻起动

转子绕组串电阻起动方法适用于线绕式三相异步电动机。起动时转子绕组中串入适当的电阻,起动后再将电阻短接,电路图如图7.26所示。转子绕组串电阻的起动方法既可以降低起动电流(其原理可用式(7-8)说明,即 $R_2 \uparrow \rightarrow I_2 \downarrow \rightarrow I_1 \downarrow$),又可以提高起动转矩(其原理可用图7.17说明,即随着 R_2 变化,$n = f(T)$ 曲线随之变化)。

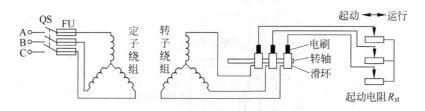

图7.26　转子串电阻起动电路图

例7.4　型号为 Y200L1-2 的三相异步电动机,技术数据如下:

功率/kW	电压/V	接法	电流/A	转速/(r/min)	效率/%	$\cos\varphi$	I_{st}/I_N	T_{st}/T_N	T_m/T_N
30	380	△	56.9	2950	90	0.89	7.0	2.0	2.2

(1)若采用丫-△降压起动,求起动电流和起动转矩;

(2)当负载转矩为额定转矩的50%时,能否采用丫-△降压起动?

解　(1)额定转矩为

$$T_N = 9550 \frac{P_N}{n_N} = 9550 \times \frac{30}{2950} \approx 97.12 (\text{N} \cdot \text{m})$$

丫接法时的起动电流为

$$I_{st\curlyvee} = \frac{I_{st\triangle}}{3} = \frac{7 I_N}{3} = \frac{7 \times 56.9}{3} \approx 132.8 (\text{A})$$

丫接法时的起动转矩为

$$T_{st\curlyvee} = \frac{T_{st\triangle}}{3} = \frac{2 T_N}{3} = \frac{2 \times 97.12}{3} \approx 64.75 (\text{N} \cdot \text{m})$$

(2) $T_L = T_N \times 50\% = 97.12 \times 50\% = 48.56 \text{N} \cdot \text{m} < T_{st\curlyvee} = 64.75 \text{N} \cdot \text{m}$,因此,可以采

用丫-△降压起动。

例7.5 型号为 Y280M-6 的三相异步电动机,技术数据如下:

功率 /kW	电压 /V	接法	电流 /A	转速 /(r/min)	效率 /%	$\cos\varphi$	I_{st}/I_N	T_{st}/T_N	T_m/T_N
55	380	△	104.9	980	91.6	0.87	6.5	1.8	2.0

(1) 若采用自耦降压起动,使起动电压降低到额定电压的 73%,求三相电源在电动机起动时的线电流。

(2) 此时若带载起动,负载转矩应不超过多少?

解 (1) 电动机直接起动时的起动电流为

$$I_{st} = 6.5I_N = 6.5 \times 104.9 \approx 681.9(\text{A})$$

因为使用自耦变压器将起动电压降低到额定值的 73%,所以电动机定子绕组的起动电流 I'_{st} 也降低到直接起动时 I_{st} 的 73%,即

$$I'_{st} = I_{st} \times 73\% = 681.9 \times 73\% \approx 497.8(\text{A})$$

电动机定子绕组的电流也就是自耦变压器的副边电流。因为自耦变压器副边电压与原边电压之比为 73%,所以自耦变压器原边电流与副边电流之比也为 73%,即起动时自耦变压器原边电流 I''_{st} 为

$$I''_{st} = I'_{st} \times 73\% = 497.8 \times 73\% \approx 363.4(\text{A})$$

三相电源的线电流也就是自耦变压器的原边电流,即起动时三相电源的线电流为 363.4A。

(2) 直接起动时的起动转矩为

$$T_{st} = 1.8T_N = 1.8 \times 9550 \frac{P_N}{n_N} = 1.8 \times 9550 \times \frac{55}{980} \approx 965(\text{N} \cdot \text{m})$$

降压起动时的起动转矩为

$$T'_{st} = T_{st} \times 0.73^2 = 965 \times 0.73^2 \approx 514(\text{N} \cdot \text{m})$$

所以负载转矩应该为 $T_L < T'_{st} = 514\text{N} \cdot \text{m}$。

2. 三相异步电动机的反转

从 7.1.1 节的分析可知,如果将三相电源的任意两相交换相序,则旋转磁场的旋转方向也换向,即电动机反转。

在机床、电动葫芦、起重机、电梯等机械中,都需要电动机既能正转又能反转。但在很多场合下,需要电动机只按一个方向转动,例如鼓风机、离心式水泵、台钻等。接线时并不知道三相电源的相序,不妨先不分相序任意接线,然后合闸使电动机空载转动,若电动机转向正确,则说明相序正确,若电动机转向不正确,则调换任意两相电源线即可。

3. 三相异步电动机的调速

由式(7-1)和式(7-2)可推导出三相异步电动机的转速

$$n = (1 - s) \frac{60f_1}{p} \tag{7-24}$$

由式(7-24)可知,三相异步电动机的调速有以下 3 种方法。

(1) 改变磁极对数 p 调速——变极调速

一般三相异步电动机磁极对数 p 是固定的,不能改变。有一类专门生产的三相异步电动机,将定子绕组各段的端点都引到机壳外,通过不同联接方式就可改变电动机的磁极对数,从而达到调速的目的。这种调速方法简单,但只能有几种转速。

(2) 改变转差率 s 调速——变转差率调速

对于线绕式异步电动机可采用在转子绕组中串电阻改变转差率来调速的方法。从图 7.17 可知,转子绕组电阻 R_2 变化时,$n=f(T)$ 曲线的位置就随之变化,因而电动机在同一负载转矩下会有不同的转速,此时电动机的同步转速 n_1 没变,只是转差率 s 变了。这种调速方法线路简单,但转子绕组中串入的电阻要消耗电能。

(3) 改变电源频率 f_1 调速——变频调速

由式(7-24)可知,三相异步电动机的转速 n 与电源频率 f_1 成正比,因此改变电源频率 f_1,可实现电动机的无级调速。

供给三相异步电动机变频调速用的电源叫做逆变电源,逆变电源是将 50 Hz 的三相电经整流器变成直流电后,再经逆变器变成频率和幅度都可调的三相交流电源。

在从额定转速向低速调节时(即 $f_1 < f_{1N}$),如果只改变电源频率 f_1 而保持定子绕组电压 U_1 不变,根据式(7-4)和式(7-15)可知,电动机的转矩 T 会发生变化。如果希望转矩保持不变,则在改变 f_1 的同时,也要保持比值 $U_1/f_1 =$ 常数,这样 Φ_m 和 T 都近似不变。因此在 $f_1 < f_{1N}$ 时的变频调速称为**恒转矩调速**。

在从额定转速向高速调节时(即 $f_1 > f_{1N}$),不能再保持 $U_1/f_1 =$ 常数,因为 U_1 不能超过额定值 U_{1N},这时要保持 $U_1 = U_{1N}$ 不变。因此当 f_1 增大时,电动机的转速 n 增大而 Φ_m 和转矩 T 将减小,根据 $T = 9550 \dfrac{P}{n}$ 可知,电动机的输出功率 P 近似不变。因此在 $f_1 > f_{1N}$ 时的变频调速称为**恒功率调速**。

4. 三相异步电动机的制动

正在运转的电动机在切断电源后,由于机械惯性电动机还要继续转动一段时间才停下来。有时需要电动机快速停机,就需要对电动机进行制动。

制动方法又有电气制动方法和机械制动方法两类。常用的电气制动方法有以下 3 种。

(1) 能耗制动

当电动机在切断交流电源后,立即将定子绕组接入直流电源,在电动机停止后,再将直流电源立即切断,如图 7.27(a)所示。这样,定子绕组产生的磁场是静止的,电动机的转子由于惯性仍然向原方向转动,转子绕组(或导条)切割磁力线,产生感应电动势和感应电流,这个感应电流在磁场中又产生电磁转矩,如图 7.27(b)所示,这个电磁转矩阻止转子的转动,起到制动作用。因为这种制动方法是将动能转换为电能消耗在转子绕组的电阻上,因此称为能耗制动。

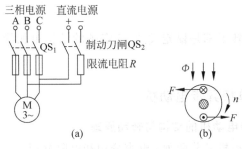

图 7.27 能耗制动

（2）反接制动

正在正转的电动机在按下停止按钮切断正转电源后，立即按下反转按钮接通反转电源（将三相电源的其中任意两相电源相序交换），在电动机停止后再迅速按下停止按钮切断反转电源，这称为反接制动。因为在接通反转电源后，作用在转子上的转矩与转子的转动方向相反（如图 7.28 所示），成为制动转矩，起了制动作用。反接制动方法在操作车床时常用。

图 7.28 反接制动   **图 7.29 发电反馈制动**

（3）发电反馈制动

发电反馈制动只出现于电动机转子转速 n 大于磁场转速 n_1 的时候，例如当起重机下放重物时，由于重物的拖动作用，使 $n > n_1$，使转子与磁场的相对运动反向，这时转子绕组产生的电磁转矩与转子的转动方向相反，如图 7.29 所示，从而起到制动作用而使重物等速下降。

常用的机械制动方法就是抱闸（或刹车片）。当电动机运行时，抱闸松开，当停机时，由手动或自动装置使抱闸抱紧转轴，使电动机快速停机。

5. 三相异步电动机的单相运行

如果三相异步电动机运行中三相电源线由于某种原因断了一相（例如接线端子松脱），称为单相运行，电动机就变成了单相电动机。这时如果合闸，则只有两相绕组通电，不能产生旋转磁场，因此电动机不能起动，只听到嗡嗡声，电流很大，应立即拉闸断电，否则时间长了会烧坏定子绕组。第 8 章中将要介绍的继电器控制系统中具有失压保护功能，以防止电动机的单相运行。而且，还应该在电动机的三相电源线中安装电流表，随时检测电源的线电流。

7.2 单相异步电动机

单相异步电动机使用单相 220V 电源供电，功率较小（只有几十瓦），一般制成小型电动机，广泛应用于家用电器（例如洗衣机、电冰箱、电风扇、吸尘器等）、电动工具（如手电钻)和自动化仪表中。

　　单相异步电动机的转子都是鼠笼式的,按定子的结构单相异步电动机可分为分相式和罩极式两类。

7.2.1　分相式单相异步电动机

1. 分相式单相异步电动机的结构与转动原理

　　分相式单相异步电动机又分两种:电容分相和电阻分相。

　　分相式单相异步电动机的定子结构如图 7.30 所示,它的定子有工作绕组(或称主绕组)AX 和起动绕组(或称副绕组)A′X′,两个绕组在空间相差 90°。

　　电容分相单相异步电动机的绕组接线图如图 7.31 所示,起动绕组中串联一个电容 C。当合闸通电时,电压、电流的相量图如图 7.32 所示,由于绕组导线电阻的影响,工作绕组中的电流 $\dot{I}_A$ 要落后电压 u 一个角度 φ_A,由于串联电容的影响$(X_C > X_L)$,起动绕组的电流 $\dot{I}_{A'}$ 要领先电压 u 一个角度 $\varphi_{A'}$,适当选择电容值的大小,使这两相电流在相位上相差接近 90°(即,$\varphi_A + \varphi_{A'} \approx 90°$),这称为**分相**。

　　在空间相差 90°的两个绕组产生的在相位上相差 90°的两个电流,也能产生旋转磁场。设工作绕组的电流为 $i_A = I_m \sin\omega t$,起动绕组的电流 $i_{A'}$ 领先 i_A 90°,即 $i_{A'} = I_m \sin(\omega t + 90°)$,它们的波形如图 7.33 所示。这两相电流产生的合成磁场如图 7.34 所示,旋转磁场沿顺时针方向旋转,而且当电流经过一个周期时,磁场旋转了一周。在这个旋转磁场的作用下,转子上产生电磁转矩,驱动转子也沿顺时针方向旋转。

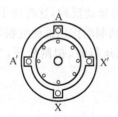

图 7.30　电容分相单相异步电动机
定子绕组结构示意图

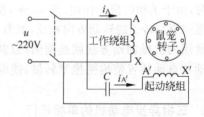

图 7.31　电容分相单相异步电动机接线图

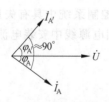

图 7.32　两相电流的相量图

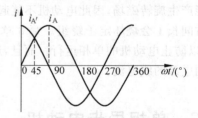

图 7.33　两相电流的相位关系

　　除用电容分相外,还可以用电阻分相。电阻分相单相异步电动机的工作绕组做得电阻小但电感大,而起动绕组的电阻大但电感小,也能达到分相的目的。

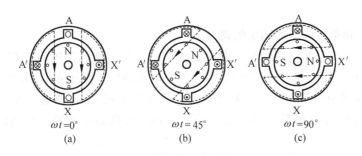

ωt=0°　　　ωt=45°　　　ωt=90°
(a)　　　　　(b)　　　　　(c)

图 7.34　两相电流产生的旋转磁场

　　有的电容分相单相异步电动机在转轴上装有一个离心式开关,其常闭触点 S_C 串联在起动绕组中,如图 7.35 所示,当转子的转速达到同步转速的 50%～70%时,离心式开关的常闭触点打开,自动将起动绕组与电源切断。之后,只有工作绕组通电,这样电动机在工作绕组单相电流所产生的脉动磁场的作用下仍能继续运转。

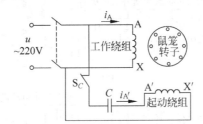

图 7.35　起动绕组中串接离心式开关

　　但是,很多应用电容分相单相异步电动机的电器(例如电风扇)在电动机正常运转时并不切断分相电容,而是工作绕组和起动绕组都通电工作。

2. 电容分相单相异步电动机的反转

　　改变分相式单相异步电动机的转动方向有两种方法。一是用一个单刀双掷开关来改变电容器的串接位置,即将原来的工作绕组变成起动绕组,而将原来的起动绕组变成工作绕组,如图 7.36 所示电路,就可以改变旋转磁场的方向,从而实现了电动机的反转。洗衣机中的单相异步电动机就是用这种方式控制正反转的。二是用一个双刀双掷开关将工作绕组(或起动绕组)的电源接线端交换,如图 7.37 所示电路,也能改变旋转磁场的方向。

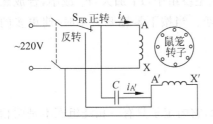

图 7.36　单相异步电动机的正反转控制(法 1)

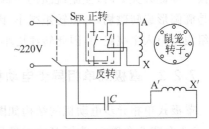

图 7.37　单相异步电动机的正反转控制(法 2)

3. 电容分相单相异步电动机的调速

在电风扇中,常采用在电路中串联具有抽头的电抗器来调节电容分相式单相异步电动机的转速。由于电抗器有一定的电压降,使电动机的输入电压降低,则使电动机的转速降低(单相异步电动机的 $n = f(T)$ 曲线与三相异步电动机类似,调速原理可参照图 7.16 进行分析)。当然,电动机的输入电压也不能太低。否则起动转矩太小而使电动机不能起动。

一般电风扇只设几挡转速,例如快、中、慢三挡转速(台扇)或五挡转速(吊扇)。串电抗器的电风扇调速电路如图 7.38(a)所示,按下琴键开关 3 时,未接入电抗器,电动机转速为快速;按下琴键开关 2 时,接入一半的电抗器线圈,电动机转速为中速,按下琴键开关 1 时,接入全部的电抗器线圈,电动机转速为慢速。

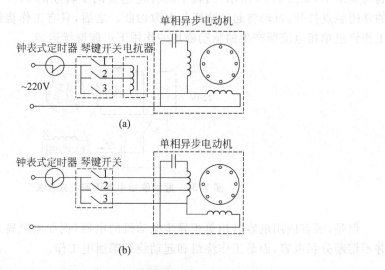

图 7.38　电风扇调速电路

有的电风扇调速电路不串联电抗器,而是将副绕组引出若干抽头(如图 7.38(b)所示),通过琴键开关选择不同的抽头加电来实现有级调速。这种绕组抽头调速的原理是:当按下琴键开关 3 时,主、副绕组产生的磁通势相等(即主绕组磁通势 $F_1 = N_1 I_1$ 等于副绕组磁通势 $F_2 = N_2 I_2$),合成磁通势是圆形旋转磁场,电磁转矩最大,因此电机转速最高。当按下琴键开关 2 时,使副绕组的一部分线匝串入主绕组中,F_1 加大,F_2 减小,合成磁通势是椭圆形旋转磁场,电磁转矩减小,因此转速减小。当按下琴键开关 1 时,使更多的副绕组线匝串入主绕组中,因此转速更小。

7.2.2　罩极式单相异步电动机

罩极式单相异步电动机的结构如图 7.39 所示,它的定子只有一相绕组而不是两相绕组,有 4 个或 6 个磁极,为了简化起见只画出 2 个磁极。其磁极的结构如图 7.40 所示,在磁极的一部分套有一个铜环,称为短路环。在定子绕组通入电流后,磁极产生两部分磁通

Φ_1 和 Φ_2，Φ_1 是绕组电流产生的磁通，Φ_2 是穿过短路环的磁通。因为绕组电流产生磁通的其中一部分穿过短路环，在短路环中产生感应电动势和感应电流，由于感应电流的作用，使 Φ_2 的相位滞后 Φ_1 的相位，这称为**磁通移动效应**。由于 Φ_1 和 Φ_2 存在着相位差，从而形成了一个朝着短路环一边的移动磁场，这个移动磁场使鼠笼转子产生转矩而起动。

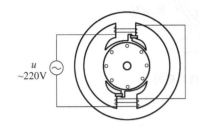

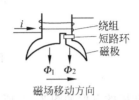

图 7.39 罩极式单相异步电动机　　　　图 7.40 罩极式单相异步电动机的
　　　　结构示意图（横截面）　　　　　　　　　磁极结构及移动磁场

罩极式单相异步电动机的容量小、转矩小、效率较低，但结构简单、价格低廉，因此被广泛应用于起动转矩较小的电器中，例如计算机和仪表中的散热风扇、吹风机等。

7.3 直流电机

直流电机可以一机两用，既可以用作直流发电机，也可以用作直流电动机。用作直流发电机时，它将机械能转换为电能，用作直流电动机时，它将电能转换为机械能。

直流电动机比异步电动机结构复杂，但其调速性能好，起动转矩大，所以应用也较广。例如，工业生产中的电力机车、无轨电车、汽车、轧钢机、龙门刨床等，还有家庭中的电动自行车、电动剃须刀、电动玩具等用的也是直流电动机。

直流电机的分类如下：

$$直流电机\begin{cases} 电励磁式（他励式，并励式，串励式，复励式） \\ 永磁式（传统永磁电机，转子无铁心式永磁电机） \\ 电子换向式（无刷电机，步进电机） \end{cases}$$

7.3.1 直流电机的结构和工作原理

1. 直流电机的结构

直流电机的结构如图 7.41 所示，可分为定子和转子两部分。

定子部分由机座、磁极及绕组、电刷等组成。绕组通入直流电流后产生固定磁场，所以这类电机称为电励磁式直流电机。磁极及绕组分为两组：主磁极和励磁绕组，换向磁极和换向绕组（图中 7.41 画有两个换向磁极，有的直流电机只有一个换向磁极）。绕组的末端引到接线盒中，以便接入励磁电源。小型直流电机用永久磁铁作为磁极，称为永磁直流电机。

直流电机的转子又称为电枢，由电枢铁心、电枢绕组和换向器组成。一种小型永磁式

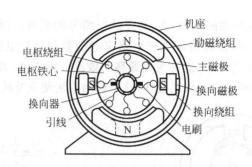

图 7.41 直流电机结构示意图

直流电动机的电枢如图 7.42 所示。

换向器的结构(横剖面图)如图 7.43 所示,它由楔形铜片(称为换向片)组成,铜片与铜片之间及铜片与转轴之间用绝缘物充填,电枢绕组的末端按一定规则焊接在铜片上。在换向器的两侧安装碳制电刷,电刷由弹簧压紧,在电刷上焊接导线引到接线盒中,以便输出(对于发电机)或输入(对于电动机)直流电压。

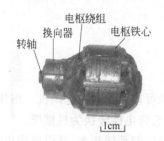

图 7.42 直流电动机电枢照片

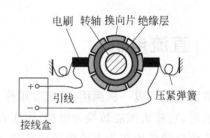

图 7.43 换向器结构示意图

2.直流电动机的分类及符号

直流电动机根据励磁绕组和电枢绕组联接方式的不同分为:

(1)他励电动机——励磁绕组和电枢绕组分别由两个直流电源供电。

(2)并励电动机——励磁绕组和电枢绕组并联后由一个直流电源供电。

(3)串励电动机——励磁绕组和电枢绕组串联后由一个直流电源供电。

(4)复励电动机——这种电机既有并励绕组又有串励绕组,串励绕组与电枢绕组串联后,再与并励绕组并联,并联后由一个直流电源供电。

各种直流电动机的符号如图 7.44 所示。

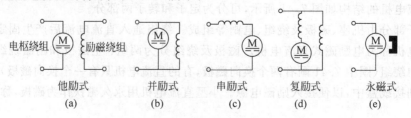

图 7.44 直流电动机的符号

3. 直流发电机的工作原理

直流发电机原理模型如图 7.45(a)所示。在永久磁铁的磁场中放置一个线圈作为电枢绕组,线圈的两端分别联在换向器的两个铜片上,铜片上压有电刷,由导线将电刷与外部负载相联。

直流发电机的电枢由原动机(如三相异步电动机、柴油机)驱动在磁场内旋转,电枢绕组的两条侧边(ab 边和 cd 边)切割磁力线,便产生感应电动势 e_a,感应电动势的正方向用右手定则判断。对于每条侧边,感应电动势 e_a 是交变的,电枢每旋转 $180°$, e_a 的方向变化一次。e_a 的大小与线圈平面的位置 θ 角有关(θ 角的定义如图 7.45(b)所示),在 $0°$ 和 $180°$ 的位置上 e_a 的大小为 0,在 $90°$(即图 7.45(a)所示位置)和 $270°$ 位置上达到最大值。由于换向器的作用,发电机的输出电压即负载两端的电压 u_o 却方向不变,其波形图如图 7.45(c)所示。因为电枢绕组只有一个线圈,所以 u_o 是脉动的直流电压。实际的直流电机电枢绕组分为多个(每个绕组有很多匝),镶嵌在电枢铁心圆周上的线槽中,在电枢铁心圆周上呈对称分布(如图 7.41 所示),因此其输出电压近于直流电压。

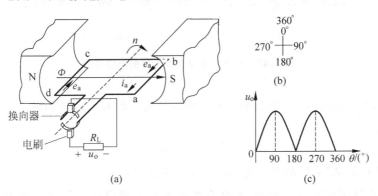

图 7.45 直流发电机原理

4. 直流电动机的工作原理

直流电动机的原理模型如图 7.46(a)所示。在直流电机的两电刷间加入直流电压(称为电枢电压)U_a,便产生电枢电流 I_a,电枢绕组线圈的两侧边(ab 边和 cd 边)产生电磁力 F(F 的正方向用左手定则判断),因此电枢上产生电磁转矩 T。在这个转矩的驱动下,电枢按顺时针方向转动,电枢绕组平面位置如图 7.46(b)所示。当电枢旋转 $180°$ 后,由于换向器的换向作用,使电枢绕组电流改变了方向,但是电磁转矩的方向不变,仍驱动电枢顺时针方向转动。因为绕组线圈只有一匝,所以电磁转矩的大小呈脉动状,如图 7.46(c)所示。实际直流电动机的电枢绕组有多个,且在电枢铁心圆周上呈对称分布,所以实际直流电动机的电磁转矩近于恒定值。只有两个电枢绕组时产生的电磁转矩的方向及其与电枢绕组位置的关系如图 7.47(a)、(b)所示。

如果改变电枢电压 U_a 的极性,或者交换两个磁极的极性,则电枢上产生的电磁转矩也将改变方向,使电枢逆时针方向转动。

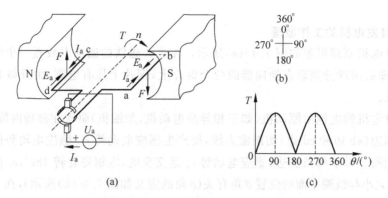

图7.46 直流电动机原理

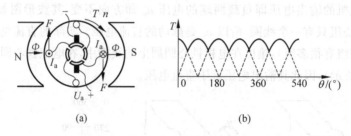

图7.47 只有两个电枢绕组时的电磁转矩

直流电动机电磁转矩 T 的大小与电动机的结构参数 K_T、磁场的磁通 Φ 和电枢绕组电流 I_a 有关,即

$$T = K_T \Phi I_a \tag{7-25}$$

式中,Φ 的单位为 Wb;I_a 的单位为 A;T 的单位为 N·m。

由于通电线圈在磁场内转动,又会在线圈中产生感应电动势 E_a。根据右手定则可知,E_a 的方向与电枢电流 I_a 的方向相反,因此 E_a 称为反电动势。E_a 的大小为

$$E_a = K_E \Phi n \tag{7-26}$$

式中,K_E 是与电枢绕组结构有关的常数;Φ 的单位为 Wb;n 是电枢转速,单位为 r/min;E_a 的单位为 V。

外加直流电压 U_a 与反电动势 E_a、电枢电流 I_a 的关系为

$$U_a = E_a + I_a R_a \tag{7-27}$$

式中,R_a 为电枢绕组的电阻。

式(7-27)称为直流电动机的电压平衡方程式。

7.3.2 直流电动机的机械特性

1. 直流电动机的转矩平衡

电动机的电磁转矩 T 就是电动机的驱动转矩,在电动机稳定运行时,电动机的电磁转矩 T 必须与外加负载转矩 T_L 和电动机的空载转矩 T_0 相平衡,即

$$T = T_L + T_0 \tag{7-28}$$

式(7-28)称为直流电动机的转矩平衡方程式。

当负载转矩 T_L 发生变化时,通过电动机的转速 n、反电动势 E_a 和电枢电流 I_a 的变化,电磁转矩 T 会自动调整,以实现新的平衡。例如当 T_L 增加时,因 $T_L > T$,所以转速 n 下降,根据 $E_a = K_E \Phi n$,反电动势 E_a 会减小(设 Φ 为常数),根据 $I_a = \dfrac{U_a - E_a}{R_a}$,电枢电流 I_a 会增大,根据 $T = K_T \Phi I_a$,电动机的电磁转矩 T 会增加,直到达到新的平衡 $T = T_L + T_0$ 为止。

2. 直流电动机的机械特性

直流电动机的转速与转矩的关系曲线 $n = f(T)$ 称为直流电动机的机械特性。下面以他励(包括并励)和串励直流电动机为例说明。

(1) 他励(并励)直流电动机的机械特性

他励与并励直流电动机的机械特性一样,只是内部联接不同。他励直流电动机的外部接线如图 7.48 所示。

根据

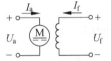

图 7.48　他励直流电动机的外部接线

$$U_a = E_a + I_a R_a$$
$$E_a = K_E \Phi n$$
$$T = K_T \Phi I_a$$

可推导出他励直流电动机的转速与转矩的关系为

$$n = \frac{U_a}{K_E \Phi} - \frac{R_a}{K_E K_T \Phi^2} T \tag{7-29}$$

其中,磁通 Φ 与励磁电流 I_f 有关,即

$$\Phi = K_\Phi I_f \tag{7-30}$$

式中,K_Φ 是与电机结构有关的常数。

当电枢电压 U_a、电枢绕组电阻 R_a 和励磁电流 I_f 一定时,磁场磁通 Φ 也一定,即 $\Phi = $ 常数,式(7-29)中 $\dfrac{U_a}{K_E \Phi}$ 和 $\dfrac{R_a}{K_E K_T \Phi^2}$ 也都是常数。设

$$n_0 = \frac{U_a}{K_E \Phi} \tag{7-31}$$

式中,n_0 称为电动机的理想空载转速,即在转矩 $T = 0$ 时的转速。实际上,因为存在着空载转矩 T_0,所以电动机的转矩 T 不会为 0。再设电动机转速随转矩的变化量

$$\Delta n = \frac{R_a}{K_E K_T \Phi^2} T \tag{7-32}$$

则式(7-29)可写为

$$n = n_0 - \Delta n \tag{7-33}$$

式(7-33)表明,转速 n 随转矩 T 的增加会下降,转速的变化量是 Δn。由于电枢绕组的电阻 R_a 很小,因此 Δn 很小。这就是说,在负载转矩变化时,转速的变化很小,因此,他励和并励电动机具有硬的机械特性。

由式(7-29)画出的他励电动机的机械特性曲线如图 7.49 所示。

例 7.6　有一并励直流电动机,已知:额定输入
电压 $U_N = 220V$,额定输入电流 $I_N = 7.73A$,额定转
速 $n_N = 1480 r/min$;电枢绕组电阻 $R_a = 2.8\Omega$,励磁绕
组电阻 $R_f = 153\Omega$;电动机工作时输入电压不变。求
当负载转矩变为 $T_L = 0.8T_N$ 时电动机的转速 n 及此
时电动机的电枢电流 I_a。

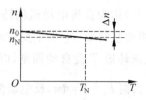

图 7.49　他励电动机的机械特性曲线

解　对于并励直流电动机

$$U_{aN} = U_{fN} = U_N = 220(V)$$

$$I_{fN} = \frac{U_{fN}}{R_f} = \frac{220}{153} \approx 1.43(A)$$

$$I_{aN} = I_N - I_{fN} = 7.73 - 1.43 = 6.3(A)$$

$$E_a = U_{aN} - I_{aN}R_a = 220 - 6.3 \times 2.8 = 202.36(V)$$

由 $E_a = K_E\Phi_N n_N$,得

$$K_E\Phi_N = \frac{E_a}{n_N} = \frac{202.36}{1480} \approx 0.137 V \cdot (r/min)^{-1}$$

由 $n_N = \dfrac{U_{aN}}{K_E\Phi_N} - \dfrac{R_a}{(K_E\Phi_N)(K_T\Phi_N)}T_N$ 即 $1480 = \dfrac{220}{0.137} - \dfrac{2.8}{0.137 K_T\Phi_N}T_N$,得

$$\frac{T_N}{K_T\Phi_N} \approx 6.165$$

所以,当 $T_L = 0.8T_N$ 时电动机的转速为

$$n = \frac{U_{aN}}{K_E\Phi_N} - \frac{R_a}{(K_E\Phi_N)(K_T\Phi_N)}(0.8T_N) = \frac{220}{0.137} - \frac{2.8}{0.137 K_T\Phi_N}(0.8T_N)$$

$$= \frac{220}{0.137} - \frac{2.8 \times 0.8 \times 6.615}{0.137} \approx 1505(r/min)$$

此时反电动势为

$$E_a = K_E\Phi_N n = 0.137 \times 1505 \approx 206.19(V)$$

所以,此时电动机的电枢电流为

$$I_a = \frac{U_{aN} - E_a}{R_a} = \frac{220 - 206.19}{2.8} \approx 4.93(A)$$

(2) 串励直流电动机的机械特性

串励直流电动机的外部接线如图 7.50 所示。励磁电流和电枢电流都是同一个电
流,即

$$I_f = I_a \tag{7-34}$$

因此磁通为

$$\Phi = K_\Phi I_f = K_\Phi I_a \tag{7-35}$$

根据

$$U_a = E_a + I_a R_a$$

$$E_a = K_E\Phi n = K_E K_\Phi I_a n$$

$$T = K_T \Phi I_a = K_T K_\Phi I_a^2$$

可推导出串励直流电动机的转速与转矩的关系为

$$n = \frac{\sqrt{K_T} U_a}{K_E \sqrt{K_\Phi T}} - \frac{R_a}{K_E K_\Phi} \tag{7-36}$$

由式(7-36)画出的串励直流电动机的机械特性曲线如图 7.51 所示。

图 7.50　串励电动机的外部接线

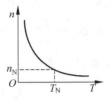

图 7.51　串励电动机的机械特性曲线

由串励直流电动机的机械特性曲线可看出：当 $T=0$ 时，$n \to \infty$，因为负载转矩不会为 0，因此电机不会工作在 $T=0$ 的状态。但是，当电机空载时，$T=T_0$ 很小，因此 n 很高。所以，串励直流电动机不允许空载运行，以防转速过高，造成事故。

由串励直流电动机的机械特性曲线还可看出：转矩增加时，转速下降很快。所以，称串励直流电动机具有软的机械特性。

7.3.3　直流电动机的调速

与异步电动机相比，直流电动机结构复杂、价格高、维护不方便，但它的最大优点就是调速性能好。直流电动机调速均匀平滑，可以无级调速，调速范围大。

下面以他励直流电动机的调速为例说明直流电动机的调速方法。

根据 $n = \dfrac{U_a}{K_E \Phi} - \dfrac{R_a}{K_E K_T \Phi^2} T$ 可知，改变电枢电压 U_a、磁通 Φ 或电枢电阻都可以改变电动机的转速 n。

1. 改变电枢电压 U_a 调速

改变电枢电压调速时，要保持励磁电流为额定值 I_{fN}，亦即保持磁通 Φ 为常数。因为改变 U_a 时，只是 $n_0 = \dfrac{U_a}{K_E \Phi}$ 改变，电动机的机械特性曲线的斜率 $\dfrac{R_a}{K_E K_T \Phi^2}$ 不变，所以电动机的调速特性曲线是一组平行线，如图 7.52 所示。

改变电枢电压调速可得到平滑的无级调速，而且调速幅度大，调速比可达 $6 \sim 10$（调速比＝最大转速/最小转速）。调节 U_a 时只能从 U_{aN} 往下调（即 $U_a < U_{aN}$）。对于他励直流电动机，改变电枢电压调速方法是最常用的方法。

例 7.7　一台他励直流电动机，已知：$P_N = 22kW$，$U_{aN} = U_{fN} = 110V$，$I_{aN} = 234A$，$R_a = 0.05\Omega$，

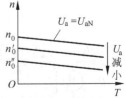

图 7.52　电枢回路中串联电阻调速特性曲线

$n_N = 1000 \text{r/min}$。电动机工作时励磁电压 $U_{fN} = 110\text{V}$ 不变,负载转矩为额定转矩。若采用调节电枢电压来调速,转速调节范围为 $500 \sim 1000 \text{r/min}$,求电枢电压的调节范围。

解 此电动机的额定转矩为

$$T_N = 9550 \frac{P_N}{n_N} = 9550 \times \frac{22}{1000} = 210.1(\text{N} \cdot \text{m})$$

由 $E_a = K_E \Phi_N n_N$ 和 $U_{aN} = E_a + I_{aN} R_a$,得

$$K_E \Phi_N = \frac{E_a}{n_N} = \frac{U_{aN} - I_{aN} R_a}{n_N} = \frac{110 - 234 \times 0.05}{1000} \approx 0.0983$$

由 $T_N = K_T \Phi_N I_{aN}$,得

$$K_T \Phi_N = \frac{T_N}{I_{aN}} = \frac{210.1}{234} \approx 0.898$$

由 $n = \dfrac{U_a}{(K_E \Phi_N)} - \dfrac{R_a}{(K_E \Phi_N)(K_T \Phi_N)} T_N$,得

$$U_a = (K_E \Phi_N)n + \frac{R_a}{(K_T \Phi_N)} T_N = 0.0983n + \frac{0.05}{0.898} \times 210.1 = 0.0983n + 11.7$$

当 $n = 500 \text{r/min}$ 时,$U_a = 60.85\text{V}$;当 $n = 1000 \text{r/min}$ 时,$U_a = 110\text{V}$。所以,电枢电压的调节范围为 $60.85 \sim 110\text{V}$。

2．改变磁通 Φ 调速

改变磁通 Φ 调速时,要保持电枢电压为额定值 U_{aN}。因为 $\Phi = K_\Phi I_f$,所以改变励磁电流 I_f,就可以改变磁通 Φ。在励磁回路中串接电阻 R_f,如图 7.53 所示,调节 R_f 就可以改变 I_f,从而改变 Φ。

Φ 的调节有两种情况。

(1) Φ 增大(即 $\Phi > \Phi_N$),$R_f \downarrow \to I_f \uparrow \to \Phi \uparrow \to n \downarrow$。在额定条件下,磁通 Φ 已接近饱和,I_f 再增加,对 Φ 影响不大。因此,这种增加磁通的调速方法一般不用。

(2) Φ 减弱(即 $\Phi < \Phi_N$),$R_f \uparrow \to I_f \downarrow \to \Phi \downarrow \to n \uparrow$。因此,改变磁通 Φ 调速只能采用减弱磁通的调速方法。减弱磁通调速的特性曲线如图 7.54 所示。减弱磁通调速方法调速平滑,可做到无级调速,但调速范围有限,只能将转速从额定转速往上调(即 $n > n_N$)。由于受电动机机械强度的限制,转速也不能太高,调速比只能到 $1.5 \sim 2$,因此这种调速方法的应用场合很局限。

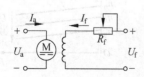

图 7.53 励磁回路中串联电阻改变 I_f

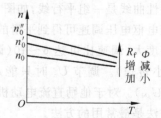

图 7.54 减弱磁通调速特性曲线

例 7.8 一台他励直流电动机,已知:$P_N=2.2\text{kW}$,$U_{aN}=220\text{V}$,$I_{aN}=12.5\text{A}$,$R_a=0.5\Omega$,$n_N=750\text{r/min}$。电动机工作时负载转矩为额定转矩。采用调节励磁电流 I_f 的方法来调速,当励磁电流下降到额定值的 90% 时,转速为多少?

解 此电动机的额定转矩为

$$T_N=9550\frac{P_N}{n_N}=9550\times\frac{2.2}{750}\approx28.01(\text{N}\cdot\text{m})$$

由 $E_a=K_E\Phi_N n_N$ 和 $U_{aN}=E_a+I_{aN}R_a$,得

$$K_E\Phi_N=\frac{E_a}{n_N}=\frac{U_{aN}-I_{aN}R_a}{n_N}=\frac{220-12.5\times0.25}{750}\approx0.289\text{V}\cdot(\text{r/min})^{-1}$$

由 $T_N=K_T\Phi_N I_{aN}$,得

$$K_T\Phi_N=\frac{T_N}{I_{aN}}=\frac{28.01}{12.5}\approx2.24(\text{N}\cdot\text{m/A})$$

励磁电流下降到额定值的 90% 时,磁通也下降到额定值的 90%,即 $\Phi=0.9\Phi_N$。所以

$$n=\frac{U_{aN}}{(K_E\Phi)}-\frac{R_a}{(K_E\Phi)(K_T\Phi)}T_N=\frac{U_{aN}}{(0.9K_E\Phi_N)}-\frac{R_a}{(0.9K_E\Phi_N)(0.9K_T\Phi_N)}T_N$$

$$=\frac{220}{0.9\times0.289}-\frac{0.5}{0.9^2\times0.289\times2.24}\times28.01$$

$$\approx833(\text{r/min})$$

3. 改变电枢电阻调速

在电枢回路中串入可变电阻 R 也可以调速,电路图如图 7.55 所示。

电枢回路中串入电阻 R 后,电动机的 $n=f(T)$ 关系变为

$$n=\frac{U_a}{K_E\Phi}-\frac{R_a+R}{K_E K_T\Phi^2}T \tag{7-37}$$

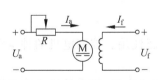

图 7.55 电枢回路中串联电阻调速

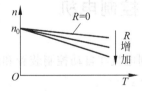

图 7.56 减弱磁通调速特性曲线

电枢回路串电阻的调速特性曲线如图 7.56 所示。若增大 R,n_0 不变,只有 Δn 变大,特性曲线变陡,在相同负载时,电动机的转速 n 减小。

因为这种调速方法耗能较大,所以只用于小型直流电动机的调速。

7.3.4 直流电动机的使用

1. 起动与运行

直流电动机起动时,要先接入额定励磁电压 U_{fN}。由于起动时转速 $n=0$,根据 $E_a=K_E\Phi_N n$,则感应电动势 $E_a=0$。起动时若电枢接入额定电压 U_{aN},根据 $I_a=(U_{aN}-E_a)/$

$R_a = U_{aN}/R_a$,则起动电流 I_{ast} 会很大,会高出额定电流 I_{aN} 数倍。太大的起动电流会使换向器因产生严重的火花而烧坏。因此,一般要限制起动电流 $I_{ast} < (2 \sim 2.5)I_{aN}$。限制起动电流 I_{ast} 的措施是起动时在电枢回路中串接起动电阻,或者起动时降低电枢电压。

直流电动机在起动时,励磁电路一定要接通,而且在起动时一定要满励磁,即励磁绕组电压为额定电压 U_{fN},励磁回路中不串电阻,使励磁电流为额定值 I_{fN}。否则,若无励磁,磁路中只有很少剩磁(Φ 很小),根据 $T = K_T \Phi I_a$,则起动转矩 T 很小,电动机将不能起动。此时,反电动势 E_a 为0,电枢电流 I_a 会很大,电枢绕组有被烧坏的危险。

直流电动机在带载运行时,若励磁回路因事故而断开(称为失磁),则导致 $\Phi \downarrow\downarrow$,$E_a \downarrow\downarrow$,$T \downarrow\downarrow$,因此导致电动机减速或停机,也使 $I_a \uparrow\uparrow$,因此也有烧坏电枢绕组的危险。直流电动机在空载运行时,若励磁回路因事故而断开,会因为 $T \gg T_0$ 而使电动机转速无限上升,可能造成"飞车"事故。所以,失磁对于直流电动机是非常危险的,一定要有失磁保护。对于他励直流电动机在励磁绕组加电压继电器或电流继电器,当励磁失压或欠流时,自动切断电枢电源。

2. 反转

改变直流电动机的转动方向有两种方法:

(1) 改变励磁电流的方向,即改变励磁电压的极性;

(2) 改变电枢电流的方向,即改变电枢电压的极性,这种方法常用。

3. 制动

直流电动机的制动方法与异步电动机的制动方法类似,有能耗制动、反接制动和发电反馈制动几种。

7.4 控制电机

控制电机在自动控制装置和计算机附属设备中广泛使用。控制电机的种类很多,其分类如下:

控制电机 {
步进电机(反应式步进电机,永磁转子步进电机,磁盘转子步进电机)
伺服电机(交流伺服电机,直流伺服电机)
测速发电机(直流测速发电机,交流测速发电机)
自整角机(控制式自整角机,力矩式自整角机)
}

本节只介绍反应式步进电机和伺服电机。

7.4.1 步进电机

步进电机是一种直流电动机,但它没有电刷和换向器,而是利用电脉冲控制转速或转角,其转速与电脉冲的速率成正比,或其转角与电脉冲的拍数成正比。

步进电机用于数控机床中精确控制位移或转角,还用于记录仪、打印机及 X—Y 绘图仪中精确控制走纸速度或绘图笔位置。

步进电机的转子无绕组,步进电机根据转子的形式不同分为以下几种类型:转子用硅钢片叠成的称为反应式步进电机(又称为可变磁阻步进电机),转子用凸形永久磁铁做成的称为永磁转子步进电机,转子用盘式永久磁铁做成的称为磁盘转子步进电机。步进电机又可按照定子绕组相数的不同,分为三相、四相、五相等。

本节只介绍反应式步进电机的结构及工作原理。

1. 步进电机的结构

一种反应式步进电机的结构示意图如图 7.57 所示,分为定子和转子两部分。在定子上具有均匀分布的 6 个磁极,磁极上绕有绕组。两个相对的绕组组成一相,共有三相绕组(绕组 A 与 A′组成一相,B 与 B′组成一相,C 与 C′组成一相)。当电子开关 S_A,S_B,S_C 闭合时,对应的一相绕组通电。转子是由无绕组的硅钢片叠成,转子上有 4 个齿(实际的步进电机有几十个齿)。转子齿与齿之间的夹角称为**齿距角**,转子为 4 个齿的齿距角为 $360°/4=90°$。

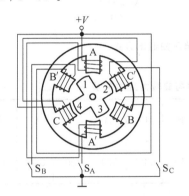

图 7.57　三相反应式步进电机结构示意图

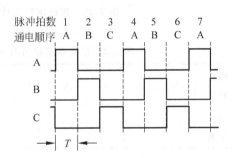

图 7.58　三相单三拍电脉冲波形

2. 步进电机的工作原理

步进电机的转动受电脉冲信号的控制。电脉冲信号由步进电机控制器的数字集成电路产生。

一种电脉冲信号的波形如图 7.58 所示。由 A,B,C 三相信号分别控制电子开关 S_A,S_B,S_C,当信号为高电平时电子开关闭合,低电平时电子开关断开。这样,使绕组通电的顺序是 A→B→C→A→B→C→…,每变换一次称为一拍或一步,每一拍只有一相绕组通电,这种通电方式称为三相单三拍通电方式。T 为脉冲宽度(即每步的持续时间),每秒的步数 f 称为步进速率,f 与 T 互为倒数。

在三相单三拍通电方式下,第 1 拍只有 A 相绕组通电,产生 A′—A 轴线方向的磁通(A′为 N 极,A 为 S 极),并通过转子形成闭合回路,如图 7.59(a)所示。因为转子总是要转到磁阻最小的位置,也就是磁路上总的空气隙最小的位置,所以在该磁场的作用下,使转子的 1、3 齿分别与定子的 A、A′磁极对齐,使转子位于起始位置。第 2 拍只有 B 相绕组通电,产生 B′—B 轴线方向的磁通(B′为 N 极,B 为 S 极),同理使转子的 2、4 齿分别与定子的 B、B′磁极对齐,如图 7.59(b)所示,这样转子按顺时针方向旋转了 30°。第 3 拍只有 C 相绕组通电,产生 C′—C 轴线方向的磁通(C′为 N 极,C 为 S 极),使转子的 1、3 齿分别与定子的 C′、C 磁极对齐,如图 7.59(c)所示,这样转子又按顺时针方向旋转了 30°。接下来第 4 拍仍是 A 相通电,使转子的 4、2 齿分别与定子的 A、A′磁极对齐,又使转子前进了 30°。因此,这种三相单三拍通电方式,每拍脉冲可使转子旋转 30°或称为前进一步,一步的转角称为**步距角**。每 3 拍转过一个齿距角,每 12 拍旋转一周。三相单三拍通电方式时通电顺序与旋转角度的关系如表 7.2 所示。

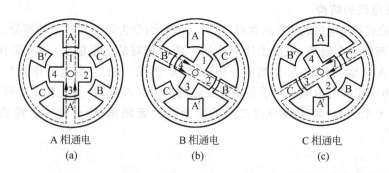

图 7.59　步进电机的转动原理(三相单三拍通电方式)

表 7.2　三相单三拍通电方式时通电顺序与旋转角度的关系

通电顺序	A	B	C	A	B	C	A	B	C	A	B	C	A
旋转角度	0°	30°	60°	90°	120°	150°	180°	210°	240°	270°	300°	330°	360°

若改变电脉冲的相序,使绕组的通电顺序为 A→C→B→A→C→B→…,则电机转子将按逆时针方向旋转,步距角仍为 30°。

若电脉冲信号的波形如图 7.60 所示,第 1 拍只有 A 相通电,第 2 拍 A、B 两相同时通电,第 3 拍只有 B 相通电,第 4 拍 B、C 两相同时通电,依此类推。这样,定子绕组的通电顺序为 A→AB→B→BC→C→AC→A→…,这种通电方式称为三相六拍通电方式。

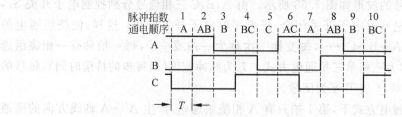

图 7.60　三相六拍电脉冲波形

在三相六拍通电方式下步进电机的转动原理如图 7.61 所示。第 1 拍 A 相单独通电,转子 1、3 齿分别与定子的 A、A′磁极对齐,使转子位于起始位置(图 7.61(a))。第 2

拍 A、B 两相同时通电,由于两相绕组合成磁场的磁通如图 7.61(b)中虚线所示,A、A′、B、B′四个磁极都对转子产生磁作用力,使转子齿位于 A、B 两相的中间位置,达到受力平衡,这样转子按顺时针方向转过 15°(六分之一齿距角)。第 3 拍 B 相单独通电,转子 2、4 齿与定子 B、B′磁极对齐,使转子按顺时针方向又转过 15°(图 7.61(c))。第 4 拍 B、C 两相同时通电,转子前进 15°(图 7.61(d))。因此,这种三相六拍通电方式,步距角为 15°,每 6 拍转过一个齿距角,每 24 拍旋转一周。三相六拍通电方式的通电顺序与旋转角度的关系如表 7.3 所示。

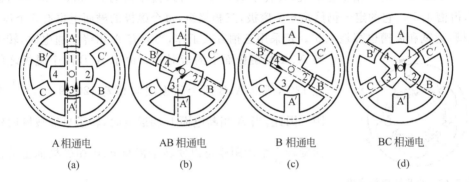

A 相通电	AB 相通电	B 相通电	BC 相通电
(a)	(b)	(c)	(d)

图 7.61 步进电机的转动原理(三相六拍通电方式)

表 7.3 三相六拍通电方式时通电顺序与旋转角度的关系

通电顺序	A	AB	B	BC	C	AC	A	AB	B	BC	C	AC	A
旋转角度	0°	15°	30°	45°	60°	75°	90°	105°	120°	135°	150°	175°	180°

若改变电脉冲的相序,使绕组的通电顺序为 A→AC→C→BC→B→AB→A→…,则电机转子将按逆时针方向旋转,步距角仍为 15°。

如果通电顺序为 AB→BC→AC→AB→…,称为三相双三拍通电方式。这种双三拍通电方式电机转子将按顺时针方向旋转,步距角也为 30°。

一般来说,若步进电机的转子齿数为 Z_R,则一个齿距角为 $360°/Z_R$。步进电机按三拍方式工作时,每 3 拍转 1 个齿距角。按六拍方式工作时,每 6 拍转 1 个齿距角。若步进电机每 m 拍转过一个齿距角,则转子转过一圈需要的拍数为 $Z_R m$。因此,步距角为

$$\theta = \frac{360°}{Z_R m} \tag{7-38}$$

若每步的时间为 T,步进速率为 $f=1/T$,转子转过一周所需时间为 $Z_R m T$,则步进电机的转速为

$$n = \frac{1}{Z_R m T} \text{r/s} = \frac{60}{Z_R m T} \text{r/min} = \frac{60 f}{Z_R m} \text{r/min} \tag{7-39}$$

将式(7-38)代入式(7-39),则步进电机的转速也可以写为

$$n = \frac{60\theta f}{360°} \text{r/min} \tag{7-40}$$

例 7.9 具有三相绕组、转子有四个齿的步进电机,采用六拍通电方式,若电脉冲的速率为 200 步/秒,求电机的转速。

解
$$n = \frac{60f}{Z_\text{R}m} = \frac{60 \times 200}{4 \times 6} = 500(\text{r/min})$$

为了提高步进电机的控制精度,通常采用较小的步距角,因此就需要增加转子的齿数。图 7.62 所示的三相步进电机,其转子具有 40 个齿,齿距角为 $\theta = 360°/40 = 9°$,齿宽 $4.5°$、齿槽 $4.5°$。它的定子仍然是 6 个磁极,三相绕组,每个磁极的磁面上也有 5 个齿和 4 个齿槽,齿宽和齿槽也都是 $4.5°$。若采用三拍方式工作,当只有 A 相绕组通电时,转子齿与 A、A′相磁极面上的齿对齐。由于 A、B 两个磁极之间相差 $120°$,所以 A、B 两个磁极之间相差 $120°/9° = 13\frac{1}{3}$ 个齿距。因此,当 A 相断电而 B 相通电时,转子只需按顺时针方向旋转 $\frac{1}{3}$ 个齿距就可以使转子齿与 B、B′相磁极面上的齿对齐。此时,B、C 两个磁极之间也相差 $13\frac{1}{3}$ 个齿距,因此当 B 相断电而 C 相通电时,转子又按顺时针方向旋转 $\frac{1}{3}$ 个齿

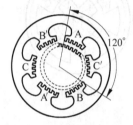

图 7.62　小步距角的步进电机结构示意图

距。通过以上分析可知,采用三拍方式工作时,步距角为 $9° \times \frac{1}{3} = 3°$。同理可分析,若采用六拍方式工作时,则步距角为 $1.5°$。

例 7.10 图 7.62 所示为小步距角的步进电机结构示意图,采用三相六拍方式工作,欲使其转速为 200r/min,电脉冲速率应为多少?

解 步距角

$$\theta = \frac{360°}{Z_\text{R}m} = \frac{360°}{40 \times 6} = 1.5°$$

$$f = \frac{360°n}{60\theta} = \frac{360° \times 200}{60 \times 1.5°} = 800(\text{s}^{-1})$$

7.4.2　伺服电机

伺服电机用于自动控制系统中,其转速和转动方向受控制电压的控制以驱动被控对象。伺服电机分为交流伺服电机和直流伺服电机两类。

1. 交流伺服电机

交流伺服电机又称为两相异步电动机,它的定子结构与单相异步电机类似,有励磁绕组和控制绕组两个绕组,两个绕组在空间上相差 $90°$。它的转子也是鼠笼式的,只是做得比较细长,这是为了减小转动惯量。

交流伺服电机的输出功率较小，一般在几十瓦以内。

交流伺服电机的原理如图 7.63 所示，它的励磁绕组和控制绕组分别由两个电源 u_1 和 u_2 供电，其中，u_1 电压幅度固定，u_2 的频率与 u_1 相同，但幅度可调（由电子电路控制）。在励磁绕组回路中串接电容 C 用于分相，使励磁绕组电流 i_1 与控制绕组电流 i_2 的相位差近于 $90°$，以产生旋转磁场。

当负载一定时，交流伺服电机的转速与控制电压 u_2 的大小成比例，若控制电压反相，则电机反转。在运行时若控制电压突然变为 0，电机立即停转，这是因为转子转动惯量小的缘故，这也是控制电机所要求的特性。

交流伺服电机在不同大小控制电压下的机械特性曲线如图 7.64 所示。由图可见，当负载一定时，控制电压 U_2 越大转速越高；在 U_2 一定时，负载增加，转矩加大。

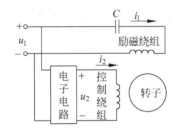

图 7.63　交流伺服电机原理图

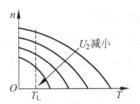

图 7.64　交流伺服电机的机械特性曲线

2. 直流伺服电机

直流伺服电机的结构与普通直流电机类似，只是为了减小转动惯量而做得细长。

直流伺服电机也分为电励磁式和永磁式两种。电励磁式直流伺服电机的功率较大，一般为几百瓦，永磁式直流伺服电机的功率较小，一般在几十瓦以内。

电励磁式直流伺服电机的励磁绕组和电枢绕组分别由两个直流电源 U_1 和 U_2 供电，如图 7.65 所示，其中励磁电压 U_1 固定，控制电压 U_2 可调（由电子电路控制）。

当负载一定时，直流伺服电机的转速与控制电压的大小成比例，若控制电压极性改变，则电机反转。在运行时若控制电压突然变为 0，电机立即停转。

直流伺服电机在不同大小控制电压下的机械特性曲线如图 7.66 所示。由图可见，当负载一定时，控制电压 U_2 越大转速越高；在 U_2 一定时，负载增加，转矩加大，转速降低。直流伺服电机机械特性比交流伺服电机的硬。

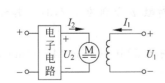

图 7.65　直流伺服电机原理图

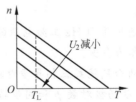

图 7.66　直流伺服电机的机械特性曲线

主要公式

（1）三相异步电动机

同步转速 $n_1 = \dfrac{60 f_1}{p}$

转差率 $s = \dfrac{n_1 - n}{n_1}$

转子转速 $n = (1 - s)\dfrac{60 f_1}{p}$

转矩 $T = K \dfrac{s R_2}{R_2^2 + (s X_{20})^2} U_1^2$

（2）电动机额定转矩与额定输出功率及额定转速的关系 $T_N = 9550 \dfrac{P_N(\text{kW})}{n_N(\text{r/min})}$

（3）直流电动机

电枢绕组感应电动势 $E_a = K_E \Phi n$

励磁绕组产生的磁通 $\Phi = K_\Phi I_f$

电枢电压平衡方程 $E_a = U_a - I_a R_a$

转矩 $T = K_T \Phi I_a$，额定转矩 $T_N = K_T \Phi_N I_{aN}$

转速 $n = \dfrac{U_a}{K_E \Phi} - \dfrac{R_a}{K_E K_T \Phi^2} T$，额定转速 $n_N = \dfrac{U_{aN}}{K_E \Phi_N} - \dfrac{R_a}{K_E K_T \Phi_N^2} T_N$

（4）步进电动机

步距角 $\theta = \dfrac{360°}{Z_R m}$

转速 $n = \dfrac{60}{Z_R m T} = \dfrac{60 f}{Z_R m} = \dfrac{60 \theta f}{360°}\text{r/min}$

思 考 题

7.1　三相异步电机为什么交换任意两根电源线就能反转？用一对磁极（$p = 1$）的三相异步电机接线如图 7.67(a) 所示，三相电流波形如图 7.67(b) 所示。

（1）通过分析在图 7.67(c) 中画出正转旋转磁场的示意图；

（2）将 AB 两相电源交换后，画出三相电流的波形并在图 7.67(d) 中画出反转旋转磁场的示意图。

7.2　适用于 50Hz 工频电源的三相异步电机的极对数 p 分别为 1，2，3，4，其旋转磁场转速 n_1 各为多少？

7.3　两台鼠笼式三相异步电机的额定转速 n_N 分别为 585r/min 和 1450r/min，试问它们的旋转磁场极对数 p 和同步转速 n_1 各为多少？

7.4　一台鼓风机由三相异步电机带动，风机叶片被卡住而不能转动，这时若接通电机的电源，会发生什么问题？

7.5　由三相异步电机带动的水泵、风扇、台钻等机械，要求转向只朝一个方向，电机接线时应注意什么问题？

7.6　三相异步电机采用变频调速技术进行无级调速,其原理是什么？直流电机采用调节电枢电压进行调速,其原理是什么？

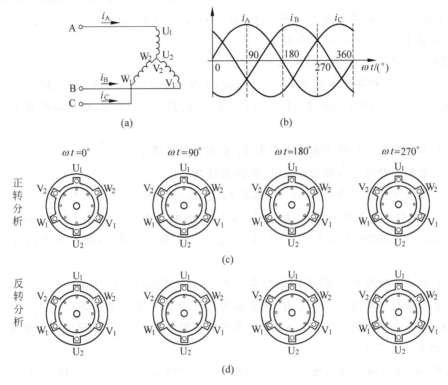

(a)　　　　　　　　　　　　　(b)

$\omega t=0°$　　　$\omega t=90°$　　　$\omega t=180°$　　　$\omega t=270°$

正转分析

(c)

反转分析

(d)

图 7.67　思考题 7.1 的图

7.7　三相异步电机运行时若有一相电源断开,会发生什么问题？直流电机运行时若励磁电源断开,会发生什么问题？

7.8　洗衣机中使用电容分相式单相异步电机,若要求能改变电机的转动方向,应如何改变？

7.9　三相异步电机的铭牌标有：额定电压 380/220V,接线方式丫/△。当电源线电压为 380V 时,采用哪种方式接线？此种情况下能否采用丫-△方式起动？当电源线电压为 220V 时,采用哪种方式接线？此种情况下能否采用丫-△方式起动？

7.10　对于图 7.57 所示步进电机,画出以三相双三拍通电方式时转子旋转的示意图。

习　题

7.1　一台 4 极三相异步电动机,$f_1 = 50\text{Hz}$。求：

(1) 同步转速 n_1；

(2) 当 $n=0$ 和 $n=1460\text{r/min}$ 时,转差率 s 各是多少？

7.2　一台三相异步电动机,$f_1 = 50\text{Hz}$,同步转速 $n_1 = 1000\text{r/min}$。

(1) 这台电机是几极的?

(2) 当 $n=0$ 和 $n=960\mathrm{r/min}$ 时,转子频率 f_2 各是多少?

7.3 一台三相异步电动机,额定 $P_N=45\mathrm{kW}$,额定电压 $U_N=380\mathrm{V}$,△联结,额定转速 $n_N=585\mathrm{r/min}$,额定电流 $I_N=98\mathrm{A}$,$I_{st}/I_N=6.5$,$T_{st}/T_N=1.4$。

(1) 求直接起动时的电流和转矩;

(2) 求采用丫-△起动时的电流和转矩。

7.4 一台三相异步电动机,$P_N=15\mathrm{kW}$,定子电压 $U_N=380\mathrm{V}$,$f_1=50\mathrm{Hz}$,△联结,$I_N=30.3\mathrm{A}$,$n_N=1460\mathrm{r/min}$,$I_{st}/I_N=7$,$T_{st}/T_N=2$,$T_m/T_N=2.2$,额定功率因数 $\cos\varphi=0.85$。

(1) 求其额定运行时的输入电功率 P_1 和电动机效率 η。

(2) 求额定转矩 T_N,起动转矩 T_{st} 和最大转矩 T_m。

(3) 当定子电压下降到 340V 时,求转矩 T',起动转矩 T'_{st} 和最大转矩 T'_m。

7.5 一台三相异步电动机,$P_N=7.5\mathrm{kW}$,定子电压 $U_N=380\mathrm{V}$,$f_1=50\mathrm{Hz}$,△联结,$I_N=15\mathrm{A}$,$n_N=2900\mathrm{r/min}$,$I_{st}/I_N=7$,$T_{st}/T_N=2$,效率 $\eta=86\%$,额定功率因数 $\cos\varphi=0.88$。

(1) 当负载转矩为 $0.25\,T_N$ 时,能否采用丫-△方式起动?为什么?

(2) 当负载转矩为 $0.75\,T_N$ 时,能否采用丫-△方式起动?为什么?

(3) 当负载转矩为 $0.75\,T_N$ 时,采用自耦变压器降压起动,最小起动电压是多少?此时的起动电流是多少?

7.6 一台三相异步电动机,定子电压 $U_N=380\mathrm{V}$,$f_1=50\mathrm{Hz}$,△联结,$I_N=3.2\mathrm{A}$,$n_N=910\mathrm{r/min}$,$T_m/T_N=2.2$,效率 $\eta=73.5\%$,额定功率因数 $\cos\varphi=0.72$。

(1) 求此电机的额定输出功率 P_N。

(2) 当 $T_L=18\mathrm{N\cdot m}$ 时,电动机是否过载?此时电动机是否还在运转?

7.7 一台三相异步电动机,$P_N=5.5\mathrm{kW}$,定子电压 $U_N=380\mathrm{V}$,$f_1=50\mathrm{Hz}$,△联结,$I_N=11.6\mathrm{A}$,$n_N=1440\mathrm{r/min}$,$I_{st}/I_N=7$,$T_{st}/T_N=2.2$。已知 $T_L=25\mathrm{N\cdot m}$,要求带载起动且起动电流不允许超过 $2.5I_N$,此电机能否采用:(1)直接起动;(2)变比为 $2:1$ 的三相自耦变压器降压起动;(3)丫-△起动。

7.8 一台他励直流电动机,$P_N=2.2\mathrm{kW}$,$U_{aN}=U_{fN}=110\mathrm{V}$,$I_{aN}=25\mathrm{A}$,$R_a=0.5\Omega$,$R_f=0.5\Omega$,$n_N=1500\mathrm{r/min}$。电动机工作时励磁电压不变,负载转矩为额定转矩 $T_L=T_N$。若采用调节电枢电压来调速,求当电枢电压为 $U_a=90\mathrm{V}$,$60\mathrm{V}$,$30\mathrm{V}$ 时的电机转速 n。

7.9 习题 7.8 中的直流电动机,电动机工作时励磁电压不变,负载转矩为额定转矩 $T_L=T_N$。若采用在电枢绕组回路中串接电阻的方法来调速,求当串接电阻为 $R=0.5\Omega$,1Ω,1.5Ω 时的电机转速 n。

7.10 习题 7.8 中的直流电动机,电动机工作时电枢电压不变,负载转矩为额定转矩 $T_L=T_N$。若采用调节励磁电压或保持励磁电压不变而在励磁绕组中串接电阻(即调节励磁电流)的方法来调速,求当励磁电流下降为 $0.9I_{fN}$ 和 $0.8I_{fN}$ 时的电机转速 n 和电枢电流

I_a,并说明电枢电流是否超过额定值 I_{aN}。在调节电机转速时,若励磁电流的调节范围是 $I_{fN}\sim0.8\,I_{fN}$,为使电枢电流不超过额定值,必须限制负载转矩不超过多少?

7.11 一台他励直流电动机,$P_N=10\text{kW}$,$U_{aN}=U_{fN}=220\text{V}$,$I_{aN}=54\text{A}$,$R_a=0.4\Omega$,$n_N=1000\text{r/min}$。电动机工作时电枢电压和励磁电压不变。

(1) 求额定工作状态下的输入功率 P_1 和额定转矩 T_N;

(2) 求当负载转矩 $T_L=0.9T_N$ 和 $T_L=1.1T_N$ 时的电机转速 n、电枢电流 I_a 和输入功率 P_1。

7.12 习题 7.11 中的直流电动机,在该电动机空载起动时,限制起动电流不大于 $2I_{aN}$。

(1) 若采用电枢串电阻的方法限流,应串接多大的限流电阻;

(2) 若采用降压起动(降低起动时的电枢电压)方法限流,起动时应加多大的电枢电压。

7.13 习题 7.11 中的直流电动机,求:

(1) 当 $T_L=0.5T_N$,且又在电枢中串入 2Ω 电阻时,转速 $n=?$

(2) 当 $T_L=0.5T_N$,且又将励磁电流减弱为 $0.9\,I_{fN}$ 时,转速 $n=?$

7.14 一台三相步进电动机,转子齿数为 60,采用三相六拍通电方式,若要求转速为 200r/min,电脉冲的速率应为多少?

7.15 一台四相步进电动机,转子齿数为 50,电脉冲的速率为 1000 步/秒,通电方式有四相四拍和四相八拍两种,两种方式下电机转速各为多少?

7.16 图 7.68 所示结构的步进电机,该步进电机具有 4 个起动磁极绕组和 6 个永久磁铁的转子磁齿,开关 S_A,S_B,S_C,S_D 均是电子开关。当电子开关 S_A,S_B,S_C,S_D 闭合时,对应的绕组通电。

(1) 如果通电顺序是 A→B→C→D→A→…,试确定转子的旋转方向以及转子转过一个齿距的运行拍数 m。若步进速率为 200 步/秒,求步进电机的转速。

(2) 如果通电顺序是 A→D→C→B→A→…,若步进速率为 200 步/秒,试确定步进电机的转速和方向。

(3) 如果采用 A→CD→B→AD→C→AB→D→BC→A→…的通电方式,试确定步进电机的旋转方向。若要求步进电机的转速为 800r/min,步进速率应该是多少?

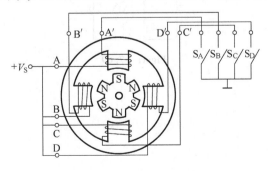

图 7.68

PROBLEMS

7.1 Find the synchronous speed n_1 of the rotating magnetic field for an eight-pole three-phase squirrel-cage induction motor when $f=50\mathrm{Hz}$. If the rotor's speed $n=735\mathrm{r/min}$ when running with no torque load, find its percent slip s. If the motor has a full-load percent slip 6%, find its actual shaft speed when delivering full-load torque.

7.2 For a three-phase squirrel-cage induction motor with star-connected windings, suppose the power source's line voltage $U_L=380\mathrm{V}$ and the line current $I_L=22\mathrm{A}$, when the motor operates at full load. Its power factor at full load is $\cos\varphi=0.8$.

(1) Find the motor's total apparent power, S.

(2) Find its total true power, P.

(3) What is the effective impedance Z_P of one individual phase winding, with the motor at full-load condition?

7.3 For the motor circuit of problem 7.2, suppose the motor has a full-load efficiency $\eta=90\%$. Calculate the motor's shaft output power, in units kilowatts.

7.4 For the motor circuit of problems 7.2 and 7.3, suppose the full-load shaft speed is 1440r/min. Calculate the motor's full-load torque T, in H·m.

7.5 A dc motor is illustrated schematically in Figure 7.69. The field winding is connected to the dc voltage supply U_S and the armature winding is connected to U_a. It is known that $P_N=1.6\mathrm{kW}$, $U_S=U_a=220\mathrm{V}$, $I_{SN}=1.5\mathrm{A}$, $I_{aN}=6.3\mathrm{A}$, $R_a=3\Omega$, $n_N=2400\mathrm{r/min}$.

(1) Suppose that the field current I_S is reduced to 1.35A, using a series rheostat. If the flux Φ is proportional to I_S, calculate the motor's new speed n_{new1}.

(2) Suppose the mechanical load changed and the new torque is 5.5N·m. Find the motor's new speed n_{new2} and the armature's new current I_{anew}.

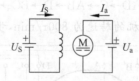

Figure 7.69

第 8 章

继电器控制

电器的种类繁多,分为高压电器和低压电器,高压电器专用于输变电系统,低压电器用于配电系统。本章主要介绍低压电器及其构成的继电器-接触器控制系统。

低压电器分为手动电器和自动电器两类。刀开关、按钮等需要操作者操纵的属于手动电器;接触器、继电器、行程开关等这些电器不需要操作者操纵,而是根据指令、电信号或其他物理信号自动动作,这类电器属于自动电器。

继电器、接触器是利用电磁铁原理的自动电器,通过电磁铁的吸合和释放,带动触点的接通和断开,从而接通和断开电路,实现对生产设备的自动控制。

本章还针对三相异步电动机的控制介绍了几种基本的继电器-接触器控制电路。

关键术语 Key Terms

按钮 press button(PB)	中间继电器 intermediate relay
熔断器 fuse	起动停止控制 start-stop control
行程开关 travel switch	正转 forward
继电器 relay	反转 reverse
接触器 contactor	互锁 interlock
常开触点 normally open contact	过载保护 overload protection
常闭触点 normally closed contact	主电路 power circuit
时间继电器 time relay	控制电路 control circuit
热继电器 thermal overload relay	

8.1 低压电器

8.1.1 开关

刀开关起隔离电源的作用。

刀开关的种类有许多,常用的是胶盖刀开关,其结构示意图如

图 8.1(a)所示(胶盖未画出),胶盖可阻断拉闸时产生的电弧。常用的刀开关有三极的和二极的,其电路图形符号如图 8.1(b)所示,文字符号为 QS。刀开关的主要技术指标是额定电压和额定电流,选用时注意要符合电路要求。例如,三相 380V 的电路,要选择额定电压是 380V 的三极刀开关,额定电流要大于线路电流。

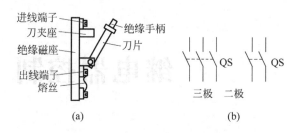

进线端子
刀夹座
绝缘磁座
出线端子
熔丝
绝缘手柄
刀片

(a)　　　　　　　　　　　(b)

图 8.1　刀开关结构原理图及符号

8.1.2　熔断器

电源的两条火线碰在一起或火线与中线(地线)碰在一起时线路中的电流很大,如不及时将电源切断会引起火灾。

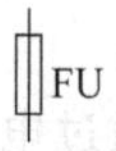

熔断器是最常用的短路保护电器,有瓷插式、管式、螺旋管式等多种类型,其图形符号如图 8.2 所示,其文字符号为 FU。

一般熔断器中的熔丝或熔片是用电阻率较高且熔点较低的合金(如铅锡合金)制成,仪器中常使用的玻璃管式熔断器的熔丝由铜丝制成,可控硅整流器中使用的快速熔断器的熔丝由银丝制成。熔丝在额定电流下工作时不会熔断,当发生短路时才快速熔断,超出额定电流越大,熔断时间越短。

图 8.2　熔断器的电路符号

熔丝(或熔片)的额定电流有 0.5A、1A、5A、10A、…以致到几百安多种规格,选用的方法如下。

(1) 白炽灯和日光灯照明电路:熔丝额定电流≥线路电流;

(2) 单台电动机:熔丝额定电流=(1.5~2.5)倍电动机额定电流;

(3) 多台电动机同时运转但不是同时起动:熔丝额定电流=(1.5~2.5)倍功率最大的一台电动机的额定电流+其他电动机的额定电流。

8.1.3　自动空气开关

自动空气开关不仅能起到隔离电源的作用,还能起到短路和过载保护作用。

一种自动空气开关(C45N 型)的外形如图 8.3(a)所示,每极开关的内部结构如图 8.3(b)所示。这种自动空气开关采取积木式结构,每极开关可单独使用,又可以组合成二极、三极和多极开关。当合闸后,主触点保持闭合状态,电磁铁的电流线圈和双金属片都串联在电路中。双金属片又是发热体,当发生过载时,双金属片发热弯曲,触动联动脱扣机构,使主触点断开,同时使与其组合的其他触点也被切断。当发生短路时,电磁铁动作,与电磁铁联动的拉杆将主触点切断,同时电磁铁又触动联动脱扣机构,同样切断其他触点。这种自动空气开关体积小、重量轻,没有更换熔丝的繁琐,现已普遍使用,已逐步代替了老式的胶盖刀开关和瓷插式熔断器。

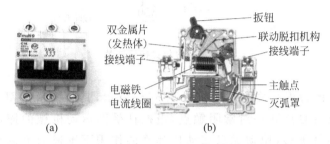

图 8.3   自动空气开关外形照片及内部结构

8.1.4   按钮

按钮是一种手动操作的电器,用于接通或断开电路。图 8.4(a)所示为一种按钮的结构示意图,它有一对常开触点和一对常闭触点。所谓常开、常闭,是指在正常状态(没有按下)时触点处于断开状态和闭合状态。当按下按钮后,常闭触点打开(称为动断),同时常开触点闭合(称为动合)。当松开按钮后,在复位弹簧的作用力下触点回复原来状态(常开触点打开,常闭触点闭合),这称为复位。

单按钮的图形符号如图 8.4(b)所示,复合按钮符号如图 8.4(c)所示,按钮的文字符号为 SB。复合按钮是由两个单按钮组合而成,通过同轴结构联动(图 8.4(c)中用虚线表示)。

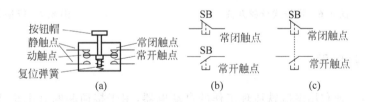

图 8.4   按钮的结构示意图及符号

8.1.5   行程开关

行程开关用来检测运动机械的位置,对运动机械进行行程控制。

行程开关的种类有很多,有机械式、电磁式、光电式等。其中机械式的又有推杆式、拨轮式等。

一种拨轮式行程开关的外形如图 8.5(a)所示,其结构示意图如图 8.5(b)所示。当运动机械推动拨轮时,拨轮杠杆向上压推杆,推杆使动作弹簧动作,从而将常闭触点断开,将常开触点闭合。当外力消失后，动作弹簧又回复原位。

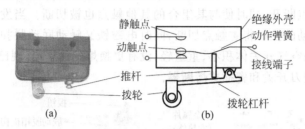

图 8.5　拨轮式行程开关

　　一种推杆式的行程开关的外形如图 8.6(a)所示,其结构示意图如图 8.6(b)所示。它有一对常开触点和一对常闭触点,当推杆受到运动机械的撞击时向下运动,推杆又推动塑料杆下移,使动触点在动作弹簧的作用下迅速向上运动,从而将常闭触点断开,将常开触点闭合。当外力消失后,在复位弹簧的作用下,塑料杆和推杆又恢复原位。

　　行程开关的图形符号如图 8.7 所示,文字符号为 ST。

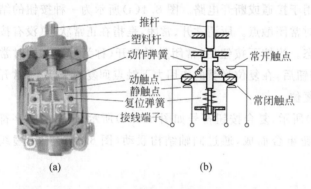

图 8.6　推杆式行程开关

图 8.7　行程开关电路符号

8.1.6　接触器

　　接触器是一种利用电磁铁原理工作的自动电器,用于接通和断开电机或其他电气设备的电源。根据电磁铁励磁形式不同,接触器又分为直流接触器(直流励磁)和交流接触器(交流励磁)。

　　一种交流接触器(CJX1 型)的外形和结构示意图分别如图 8.8(a)和(b)所示。接触器主要由电磁铁和触点组成。电磁铁由定铁心、动铁心和线圈组成。当线圈通电时产生磁力,动铁心被吸合,动铁心拉动连杆,使固定于连杆上的触点动作(常开触点闭合,常闭触点断开)。触点分为主触点和辅助触点,主触点有 3 对,触点容量(额定电流)大,都是常开触点,用于接通电机电源;辅助触点有 4 对,2 对常开,2 对常闭,触点容量小,用于控制。当线圈断电时磁力消失,动铁心在释放弹簧的作用下被释放,动铁心又推动连杆,使触点复位(常开触点又断开,常闭触点又闭合)。

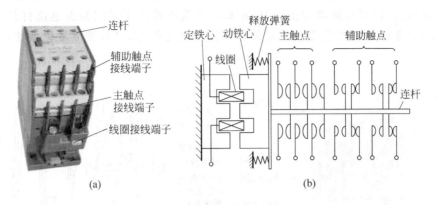

图 8.8 交流接触器外形、结构示意图

接触器的图形符号如图 8.9 所示,文字符号为 KM。

图 8.9 接触器电路符号

当主触点断开时会在其间产生电弧,电弧会烧坏触点,因此接触器中采取一些灭弧措施,如将触点做成桥式,在大电流(20A 以上)的接触器中还设有灭弧罩。

交流接触器的主要技术指标有:线圈的额定电压、主触点的额定电压和额定电流。线圈的额定电压通常有 220V 和 380V,使用时要注意一定使线圈工作在额定电压下,如果将额定电压 380V 的线圈误接在 220V 的电源上或额定电压 220V 的线圈误接在 380V 的电源上,都将烧坏线圈。主触点的额定电压常用 380V,额定电流有 5A、10A、20A、40A、60A、100A、150A 等多种规格。

8.1.7 热继电器

热继电器用于电动机的过载保护。

电动机运转时可能由于某种原因(例如负载过大、抱闸等)过载,过载时绕组中的电流会超过额定电流,电动机过载后不会使熔断器熔断,但时间长了会烧坏绕组,因此要及时检测电动机的过载,如发生过载,应及时将电动机电源切断,这称为过载保护。

热继电器是利用电流的热效应而工作的。图 8.10(a)是一种热继电器(JR36-20 型)的外形,图 8.10(b)是其结构示意图。热继电器的主要组成部分是发热元件、双金属片、动作机构、整定机构和触点。发热元件是三片电阻较小的金属电阻片,使用时接在电动机的主电路中。双金属片是由两种不同热膨胀系数的金属碾压而成(图中每个双金属片的右片热膨胀系数大于左片),当发热元件中的电流超过整定电流(过载)一定时间

后,发热元件发热使双金属片受热变形向左弯曲,推动胶木推杆 1 向左运动,胶木推杆
1 又推动杠杆,杠杆又推动动作弹簧,在动作弹簧的作用下常闭触点迅速打开,常闭动
触点又推动胶木推杆 2 使常开触点闭合。待发热元件冷却后,按下复位按钮可使触点
复位。

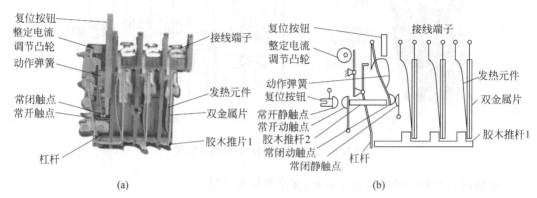

(a)

(b)

图 8.10　热继电器

热继电器的图形符号如图 8.11 所示,文字符号为 FR。

热继电器的主要技术指标是整定电流。对
整定电流的定义是:当发热元件的电流超过整
定电流 20% 时,热继电器要在 20min 以内动作。
通过整定电流调节凸轮可以调节整定电流的大
小。在发生短路时,由于发热元件的热惯性,热
继电器不会立即动作,所以热继电器不能作短

发热元件　　常闭触点　　常开触点

图 8.11　热继电器的电路符号

路保护用。在电动机起动和短时过载时,热继电器也不会动作,这也避免了不必要的
停车。

目前又出现了一些新型的过载保护装置,例如电子式的和智能式(用单片机控制)的
过载保护装置,这些过载保护装置不是用电流的热效应而是用电子检测方法实现其保护
作用,所以它检测灵敏度高,动作快捷。

8.1.8　时间继电器

时间继电器是一种能使触点延时接通或断开的控制电器。时间继电器有多种类型,
有空气阻尼式、钟表式、电动式和电子式等。时间继电器又分通电延时型和断电延时型两
种类型。

1. 通电延时型的时间继电器

空气阻尼式时间继电器也是利用的电磁铁原理而工作的。一种空气阻尼式的时间
继电器(JS7-A 型)的外形和结构示意图分别如图 8.12(a)和(b)所示,它由电磁铁、空
气室和微动开关三部分组成。当电磁铁线圈通电时,动铁心克服复位弹簧的弹力向上

运动,与定铁心吸合,活塞杆在释放弹簧的作用下向上运动,推动杠杆,使微动开关动作(常闭触点断开,常开触点闭合)。由于空气是通过进气孔缓慢进入空气室的,有阻尼作用,所以活塞杆的运动也是缓慢的,致使从线圈通电到微动开关动作有一定时间的延时。通过调节螺钉调节进气孔的大小可调节延时时间(调节范围有 0.4~60s 和 0.4~180s 两种)。

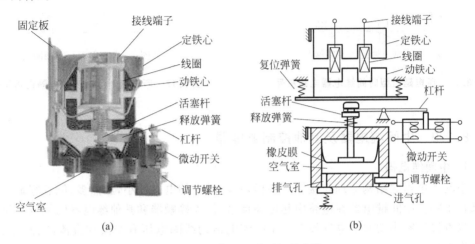

图 8.12　空气阻尼式时间继电器

上述的时间继电器称为通电延时的时间继电器,即线圈通电后触点不立即动作,而是经过一定时间后触点才动作(常闭触点断开,常开触点闭合),当线圈断电时触点立即复位(常开触点断开,常闭触点闭合)。

目前,电子式时间继电器使用越来越普遍,一种电子式时间继电器(AH-3 型)外形如图 8.13(a)所示。它的基本原理是:利用 RC 积分电路来延时使电子开关导通,电子开关的导通又使微型继电器吸合。通过调节 R 的大小来调节延时时间,它的延时调节精度比空气阻尼式的高。电子式时间继电器的电路原理框图如图 8.13(b)所示。

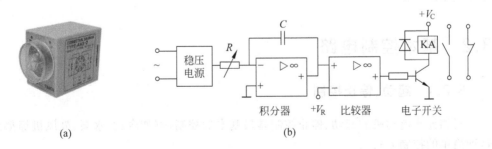

图 8.13　电子式时间继电器

通电延时型继电器的图形符号如图 8.14 所示,文字符号为 KT。

2. 断电延时型的时间继电器

断电延时的时间继电器在线圈通电后,触点立即动作(常闭触点断开,常开触点闭合),在线圈断电后,经过一定时间才复位(常开触点断开,常闭触点闭合)。

断电延时时间继电器的图形符号如图 8.15 所示,文字符号为 KT。

图 8.14　通电延时型时间继电器电路符号 　　　图 8.15　断电延时型时间继电器电路符号

8.1.9　中间继电器及其他控制继电器

1. 中间继电器

中间继电器的结构原理与接触器一样,只不过它的电磁铁小,触点多,触点容量小(一般都是 1A)。中间继电器在电路中起传递信号、扩大接触器和其他继电器的触点的作用,也可以直接控制小功率的电气设备。中间继电器的线圈电压有交流和直流两种,电压规格有许多种。

2. 电压继电器

当电压继电器的线圈电压小于一定值时,继电器释放。电压继电器用于失压保护和欠压保护。

3. 电流继电器

当电流继电器的线圈电流大于一定值时,继电器吸合。电流继电器用于过载和短路保护,也用于直流电机的失磁保护。

另外还有速度继电器、压力继电器、温度继电器、液位继电器等,在电子电路中还经常使用微型继电器。

8.2　基本控制电路

8.2.1　起动、停止控制

三相异步电动机的起动、停止控制是最基本的控制,例如台钻、水泵、鼓风机等都采用这种简单的控制方式。

继电器控制线路都画成电气原理图的形式,电气原理图是由电器的图形符号连成并标注上文字符号的电路图,属于同一个电器的线圈和触点都要标注同一个文字符号,同一种电器有多个时,则使用数字或字母下标给予编号。电路图中所有线圈均按不通电、触点和按钮均按未动作的正常状态画出。电器符号都要使用国家标准(见表 8.1)。

表 8.1 电动机和常用电器符号

名　称	符　号	名　称		符　号
刀开关(三极)QS		接触器 KM	线圈	
			主触点(动合)	
刀开关(二极)QS			辅助常开触点(动合)	
			辅助常闭触点(动断)	
熔断器 FR		通电延时时间继电器 KT	线圈	
按钮 SB　常开(动合)			常开触点(通电延时合,断电立即开)	
常闭(动断)			常闭触点(通电延时开,断电立即合)	
指示灯 L		断电延时时间继电器 KT	线圈	
三相鼠笼式异步电动机			常开触点(通电立即合,断电延时开)	
			常闭触点(通电立即开,断电延时合)	
三相线绕式异步电动机		热继电器 FR	发热元件	
			常开触点(动合)	
			常闭触点(动断)	
直流电动机		中间继电器 KA	线圈	
			常开触点(动合)	
			常闭触点(动断)	
单相变压器		行程开关 ST	常开触点(动合)	
			常闭触点(动断)	

　　三相异步电动机的起动、停止控制电路图如图 8.16 所示,分为主电路和控制电路两部分。

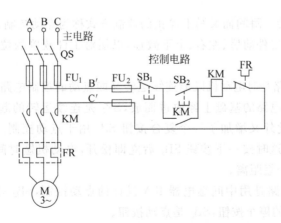

图 8.16　三相异步电动机的起动停止控制

（1）主电路

主电路是三相电源与电动机定子绕组的联接电路。首先,根据电动机铭牌的接线要求将电动机定子绕组进行丫形联接或△联接,然后依次将刀闸 QS、熔断器 FU、接触器 KM、热继电器的发热元件 FR 和电动机绕组联接起来。其中,刀闸起隔离电源的作用,熔断器起短路保护作用,接触器主触点起接通和断开电机电源的作用,热继电器起过载保护作用。

（2）控制电路

控制电路用于控制接触器线圈的通电、断电以控制电动机的起动、停止。其控制原理是：按下起动按钮 SB_2,接触器线圈通电,接触器主触点闭合接通电机电源,电动机起动;主触点闭合的同时,与起动按钮并联的辅助常开触点也闭合,这样,当松开起动按钮后,接触器线圈仍然通电,电机保持运转,因此将此辅助触点的作用称为自保持(或自锁);此时,若按下停止按钮 SB_1,则接触器线圈断电,主触点断开,使电机断电而停止运转。由于自保持辅助触点也断开,因此在松开停止按钮后,电机不会再自行起动。

热继电器过载保护作用的原理是：当电动机过载后,主电路中的电流会急剧变大,超过热继电器的整定电流致使热继电器动作,其常闭触点断开,切断了接触器线圈电源,接触器主触点断开,从而切断了电机电源,保护电机绕组不被烧坏。

此外,控制电路还起到欠压和失压保护作用。当电源电压过低时(称为欠压),接触器的衔铁也会释放,主触点断开,电动机停止运转,对电动机起到保护作用。当电源电压突然消失时(称为失压),接触器因断电释放,电动机停止运转。如果又突然来电时,由于接触器线圈的电路已断开,所以电动机也不会再自行起动,这样就避免了人身或设备事故的发生。

控制电路接线时,一定要注意接触器线圈的额定电压。设图 8.16 中所用接触器线圈的额定电压为 380V,所以控制电路的两电源输入端(B' 和 C')都接到电源相线上。注意 B' 和 C' 一定接在熔断器 FU_1 之后,这样当 B 相或 C 相上的熔断器熔断时,还起到失压保护作用。

8.2.2　点动控制

使电动机只运转一瞬间而又马上停止的控制方式称为点动控制。在机械车间用吊车吊运工件时,需要使工件前后、左右、上下微移,以便对工件放置的位置精确定位,这就需要点动控制。

图 8.17 所示电路是对电动机既能连续运转又能点动的控制电路(主电路同图 8.16)。它是在图 8.16 控制电路的基础上经改进而成,SB_2 是连续运转的起动按钮,SB_1 是连续运转的停止按钮。此外又增加了一个复合按钮 SB_3 用于点动控制。点动操作时电动机必须处于停止状态,这时按一下按钮 SB_3 后立即松开,电动机短时间运转后又立即停止从而使机械移动一个短距离。

图 8.18 所示电路是用中间继电器 KA 设计的点动控制,SB_2 是连续运转的起动按钮,SB_1 是连续运转的停止按钮,SB_3 是点动按钮。

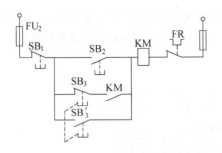

图 8.17 用复合按钮的点动控制

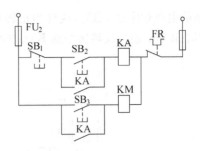

图 8.18 用中间继电器的点动控制

8.2.3 两地控制

在生产实际中,可能要求一台电动机既能在控制室控制,又能在现场控制,像这样能在两地控制一台电动机的控制方式称为两地控制。

三相异步电动机的两地控制电路如图 8.19 所示。若所用接触器线圈的额定电压是 220V,则控制电路部分的两电源接线端的一端接相线 C′,另一端接中线 N。

两地控制要用两组按钮:甲地起动按钮 SB₂ 与乙地起动按钮 SB₄ 并联,甲地停止按钮 SB₁ 与乙地停止按钮 SB₃ 串联,这样就可以在甲、乙两地都能控制电动机的起动和停止。同理,也可以设计出多地点控制电路。

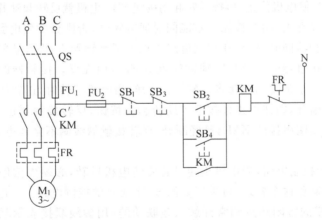

图 8.19 三相异步电机的两地控制

8.2.4 正、反转控制

控制电动机既能正向运转又能反向运转称为正、反转控制。车床、吊车等生产机械需要电动机正、反转运转。

正、反转控制的主电路和控制电路分别如图 8.20(a)和(b)所示(主电路和控制电路可以分别画出),它需要两个接触器,一个接触器 KM_F 控制电动机正转,另一个接触器 KM_R 控制电动机反转。在主电路中,两接触器主触点 KM_F 和 KM_R 的接线要颠倒任意两条相线的顺序(通过接触器主触点 KM_F 接通的电源相序是 ABC,而通过接触器主触点 KM_R

接通的电源相序是 CBA），这样当正转接触器 KM_F 的线圈通电时，其主触点 KM_F 闭合，电动机就正转；而当反转接触器 KM_R 的线圈通电时，其主触点 KM_R 闭合，电动机就反转。

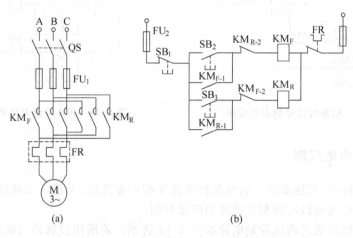

图 8.20　三相异步电机的正、反转控制

按正转起动按钮 SB_2 时，正转接触器的线圈通电，其主触点 KM_F 闭合，电机正转起动，同时其自保持触点 KM_{F-1} 也闭合，使电机保持继续正转运行。此时，若要使电机反转，则要先按停止按钮 SB_1 使电机停止，再按反转起动按钮 SB_3，电机就反转起动并保持运转。

从主电路可以看出，两个接触器不能同时通电吸合，否则会发生电源短路。为了防止误操作使两个接触器同时吸合，在控制电路中加入了互锁触点，即在正转接触器的线圈回路中串联了反转接触器的一个常闭辅助触点 KM_{R-2}，而在反转接触器的线圈回路中串联了正转接触器的一个常闭辅助触点 KM_{F-2}。这样，当电机正转时，正转接触器的常开触点闭合而常闭触点断开，即使误操作按下了反转起动按钮，反转接触器也不会通电吸合，因为与反转接触器线圈串接的 KM_{F-2} 已经断开，反转接触器线圈不会通电，因此起到了互锁保护的作用。

图 8.20 所示控制电路，当电机正转时若要使电机反转，必须先按停止按钮再按反转起动按钮。为了避免这个繁琐，可采用如图 8.21 所示的控制电路。该电路采用了两个复合按钮，复合按钮的常闭触点和常开触点是联动的（用虚线联接表示联动），当按下按钮时，其常闭触点先断开而常开触点后接通。所以，此电路在电机正转时若要使电机反转则可以直接按下反转按钮而不需要先按停止按钮。

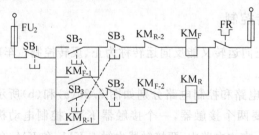

图 8.21　使用复合按钮的正、反转控制电路

8.2.5 行程控制

将机械运动控制在某一位置或某一段行程之内,称为行程控制。例如机械车间的吊车、矿山的运料小车、机床的工作台等都需要行程控制。

行程控制分为限位控制和自动往复运动控制两种类型。

1. 限位行程控制

限位行程控制要求运动机械到达限定位置时自动停止。

吊车的限位行程控制示意图如图 8.22 所示。其作用是:当吊车运行到车间两头时,
即使没有按下停止按钮,装于车间两头的行程开关 ST_A
和 ST_B 也会使吊车自动停车,以免吊车撞击到墙体。吊
车行程主电路和控制电路分别如图 8.23(a)和(b)所示,
其控制原理是:当电动机正转使吊车到达 B 点位置时,
B 点的行程开关 ST_B 被撞击,其常闭触点 ST_B 打开,切
断了正转接触器的线圈回路,从而使电动机自动停车。
同理,吊车到达 A 点位置时也会自动停车。

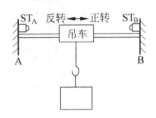

图 8.22 吊车限位行程控制示意图

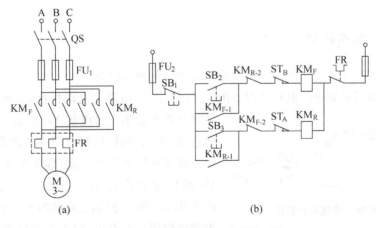

图 8.23 吊车的限位行程控制电路图

2. 自动往复行程控制

自动往复行程控制要求运动机械在两个行程开关限定的行程内自动往复运动。

机床工作台的自动往复行程控制示意图如图 8.24 所示,其主电路和控制电路图分别
如图 8.25(a)和(b)所示。其控制原理是:当电机正转
使工作台到达 B 点时,撞击行程开关 ST_B,使行程开关
的常闭触点 ST_{B-1} 打开,同时常开触点 ST_{B-2} 闭合。行
程开关的常闭触点 ST_{B-1} 的打开切断了正转接触器的
线圈回路,从而使电动机停车,工作台停止运动;而行

图 8.24 机床工作台示意图

程开关常开触点 ST_{B-2} 的闭合又接通反转接触器的线圈回路,使反转接触器通电吸合,起动电机反转,使工作台向相反方向运动。当工作台脱离行程开关 ST_B 后,ST_B 行程开关的触点复位,反转接触器的线圈由自保持触点 KM_{R-1} 保持通电状态,使工作台继续向 A 点运行。同理,工作台到达 A 点后也自动停车且反转运行。这样,工作台就在 A、B 之间自动往复运动。

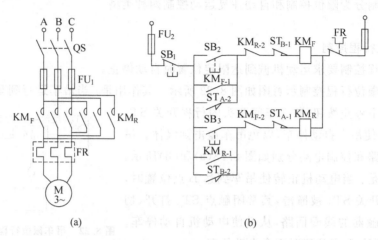

(a)   (b)

图 8.25   机床工作台的自动往复行程控制

8.2.6   顺序控制

顺序控制就是使多台电动机按照规定的顺序起动和停止。

物料传送带的顺序控制示意图如图 8.26 所示,它由两台电动机拖动,起动时的顺序必须是先起动第 1 台电机 M_1 然后才能起动第 2

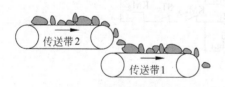

图 8.26   传送带示意图

台电机 M_2,否则物料有可能在传送带 1 上堆积;停止时的顺序则必须相反,即先停止第 2 台电机 M_2 然后才能停止第 1 台电机 M_1。主电路如图 8.27(a)所示,控制电路如图 8.27(b)所示。从控制电路图可以看出,两台电机的控制仍然是简单的起动、停止控制,只做了两处改动。

(1) 在 KM_2 的线圈回路中串联了 KM_1 的常开触点 KM_{1-2},这样当起动时,只有在 KM_1 通电 KM_{1-2} 闭合后,按 KM_2 的起动按钮 SB_4 才能将 M_2 起动,否则 KM_2 不能起动。

(2) 在 KM_1 的线圈回路中的停止按钮两端 SB_1 并联了 KM_2 的常开触点 KM_{2-2},当停止时,如果先按 KM_1 的停止按钮 SB_1 则无效,因为这时与 SB_1 并联的 KM_{2-2} 仍处于闭合状态,只有先按 M_2 的停止按钮 SB_3 将 M_2 停止后,KM_{2-2} 断开,再按 M_1 的停止按钮 SB_1 才能将 M_1 停止。

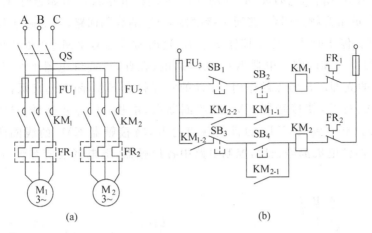

图 8.27 两台三相异步电机的顺序控制

8.2.7 时间控制

采用时间继电器进行延时控制称为时间控制。

对热处理电炉的控制为时间控制。热处理电炉要求通电加热后,经一定时间能自动停止加热。其主电路如图 8.28(a)所示,控制电路如图 8.28(b)所示,当按下起动按钮 SB_2 后,接触器 KM 通电吸合,电炉开始加热,同时时间继电器 KT 也通电开始延时,当延时时间到时,时间继电器的常闭触点 KT 断开,将接触器的线圈回路切断,接触器的触点复位,电炉停止加热。按下停止按钮 SB_1 也可以随时停止加热。

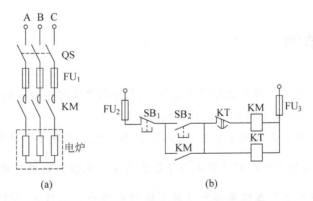

图 8.28 热处理电炉的自动加热延时控制

有些设备的控制方式是在顺序控制中要求时间控制,称为顺序延时控制。例如,在图 8.26 所示的传送带控制中,如果要求电动机 M_1 起动 10s 后电动机 M_2 自动起动,停止时先手动停止 M_2,在 M_2 停止 30s 后 M_1 自动停止,那么就需要时间控制。传送带顺序延时控制电路如图 8.29 所示。其控制原理是:按下起动按钮 SB_1 后,接触器 KM_1 线圈通电,其主触点 KM$_1$ 闭合,电动机 M$_1$ 起动,同时时间继电器 KT$_1$ 开始延时,KT$_1$ 延时时间
(10s)到,KT$_1$ 的常开触点闭合,接通了接触器 KM$_2$ 的线圈回路,其主触点 KM$_2$ 闭合,使
电机 M$_2$ 起动。停止时按下停止按钮 SB$_2$ 后,这时常开触点 KM$_{1-2}$ 仍处于闭合状态,所
以中间继电器 KA 和时间继电器 KT$_2$ 同时通电(在此,中间继电器 KA 只起增加时间
继电器 KT$_2$ 的立即动作触点的作用),KA 的常开触点 KA$_{-1}$ 闭合起自保持作用,KA 的
常闭触点 KA$_{-2}$ 打开,使接触器 KM$_2$ 的线圈断电,电机 M$_2$ 停止运转;当时间继电器
KT$_2$ 延时时间(30s)到时,KT$_2$ 的常闭触点打开,将接触器 KM$_1$ 的线圈断电,使电机
M$_1$ 停止。当两台电机都停止后,控制电路中各接触器、继电器及所有触点都回复到起
动前的状态。

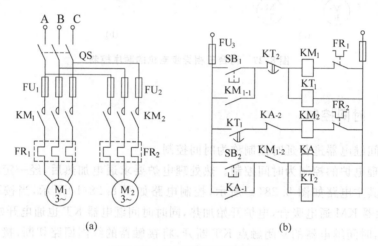

图 8.29 传送带顺序延时控制

8.3 应用举例

在 8.2 节中介绍了一些典型的控制电路,本节举两个实际控制的例子。

例 8.1 三相异步电动机的 丫-△ 降压起动控制

在第 7 章中介绍了绕组额定电压为 380V、△接法的三相异步电动机如果采用丫接法
起动,绕组电压降低到 220V,起动电流会降低到△接法直接起动电流的 $\frac{1}{3}$。丫-△ 降压起
动的优点是可以减轻对电器的损坏和减轻对电网的冲击。一般地,10kW 以上的三相异
步电动机都需要采用丫-△ 降压起动。

三相异步电动机的丫-△ 降压起动控制的主电路如图 8.30(a)所示,图中使用了 3 个
接触器:KM 是主接触器,其作用是接通三相电源;KM$_丫$ 是丫接法接触器,其作用是将电
动机的绕组丫形联接;KM$_△$ 是△接法接触器,其作用是将电动机的绕组△联接。控制要
求是:当起动时,KM 和 KM$_丫$ 同时闭合,电动机绕组丫接法起动。电动机起动后经过一定
时间,当电动机转速接近额定转速时,KM$_丫$ 自动断开而 KM$_△$ 自动闭合,使电动机转入△

形接法的正常运行状态。

　　丫-△降压起动的控制电路如图 8.30(b)所示。其控制原理是：当按下起动按钮 SB_2 后，KM 和 $KM_丫$ 同时通电，使电动机丫接法起动。同时，时间继电器 KT 也通电延时，延时时间到时，KT 的常闭触点 KT_{-1} 打开，将 $KM_丫$ 线圈断电，而 KT 的常开触点 KT_{-2} 闭合，将 $KM_△$ 线圈通电，使电动机转入△接法运行。在电动机△接法运行后，时间继电器已没有必要继续通电，所以用 $KM_△$ 的常闭触点 $KM_{△-1}$ 将其断电。因为 $KM_丫$ 和 $KM_△$ 不能同时闭合，否则会发生电源短路，所以在控制电路中要有互锁保护环节，即在 $KM_丫$ 的线圈回路中串联 $KM_△$ 的常闭触点 $KM_{△-3}$，在 $KM_△$ 的线圈回路中串联 $KM_丫$ 的常闭触点。

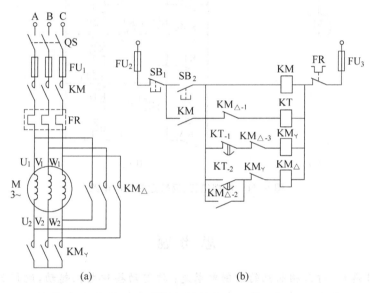

图 8.30　三相异步电机的丫-△降压起动控制

　　例 8.2　搅拌机正、反转定时控制

　　一台由三相异步电动机拖动的搅拌机的控制要求是：按起动按钮后，正转 15s 然后停 3s，再反转 15s 然后停 3s，如此反复进行，直到按停止按钮后停止。并用两个 220V、15W 的灯泡分别指示电机的正、反转运行。设接触器、继电器线圈额定电压都是 220V。

　　搅拌机电动机的主电路和控制电路分别如图 8.31(a)和(b)所示。其控制原理是：当按下起动按钮 SB_2 后，正转接触器 KM_F 通电吸合，电机正转；正转指示灯 L_F 亮；同时，时间继电器 KT_1 也通电延时。KT_1 延时时间到(15s)时，KT_1 的常闭触点 KT_{1-1} 打开，使正转接触器 KM_F 断电，电机停止运转。同时 KT_1 的常开触点 KT_{1-2} 闭合，接通了时间继电器 KT_2 和中间继电器 KA_1，时间继电器 KT_2 开始延时，中间继电器 KA_1 的作用是增加时间继电器 KT_2 的立即动作触点并用于 KT_2 的自保持(如果时间继电器自身带有立即动作触点，则可取消中间继电器)。当时间继电器 KT_2 延时时间到(3s)时，KT_2 的常开触点闭合，接通了反转接触器 KM_R、时间继电器 KT_3 和反转指示灯 L_R，使反转接触器

KM_R 通电吸合,电机反转;反转指示灯 L_R 亮;时间继电器 KT_3 开始延时。以后的过程与上述过程类似,并周期性重复,直到按下停止按钮电机停止运转。

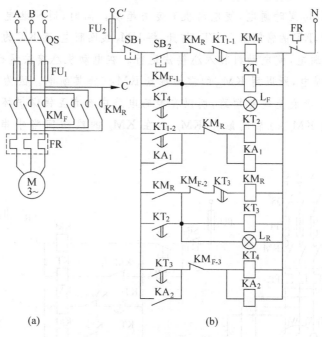

(a)　　　　　　(b)

图8.31　搅拌机正、反转定时控制电路

思 考 题

8.1(改错题)　对三相电机的控制要求是:按起动按钮电机起动,运行 $30s$ 后自动停止,按停止按钮也可随时停止,用一个 $220V$、$15W$ 的灯泡指示电机的运行,接触器和时间继电器的线圈额定电压都是交流 $220V$。有人认为接触器、时间继电器和灯泡都是同时通电,所以可以将三者串联起来,即接成图8.32所示电路。此电路图是否正确?为什么?

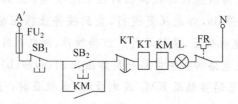

图8.32　思考题8.1的图

8.2(改错题)　图8.33所示的三相电机正、反转控制电路中有几个错误?请找出来。如果按照此接线实验,会出现什么现象?(接触器线圈额定电压是 $380V$)

8.3　在做鼠笼式三相异步电机的直接起动、停止控制实验时,正确的控制电路图如

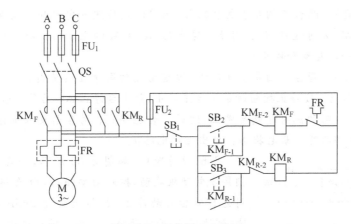

图 8.33　思考题 8.2 的图

图 8.34 所示(主电路省略未画),若某电路的主电路接线正确但控制电路接线有误(与图 8.34 不一样),实验时发生如下现象,试分析是何处接线错误。

（1）按下起动按钮时电机转动,松开时电机停转。

（2）按下起动按钮时接触器快速吸合释放反复动作,发出"突突"声。

（3）一合电源刀闸电机就转动,按起动按钮不起作用,但按下停止按钮电机能停止,松开停止按钮时电机又转动。

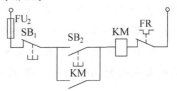

图 8.34　思考题 8.3 的图

（4）一合电源刀闸并未按下起动按钮接触器就发生(2)中的现象。

（提示:起动按钮和停止按钮使用的都是复合按钮;接触器既有常开触点又有常闭触点,触点类型可能接错）

8.4　当电网停电又来电的情况下,用刀闸开关手动控制的电机若忘记拉闸,电机会又自行起动,这往往会造成人身安全和设备事故。用接触器控制的电机是否会发生此类问题? 为什么?

习　题

8.1(设计题)　设计既能使一台三相异步电动机、正反转连续运转又能使其点动(包括点动正转和点动反转)的控制电路,并画出主电路图和控制电路图。

8.2(设计题)　一台离心机由三相异步电动机拖动,按起动按钮后,电机进行丫-△起动(丫形接法起动时间定为 10s),△接法运行 2min 后自动停止,遇紧急情况也可按停止按钮手动停止。设计主电路图和控制电路图。

8.3(设计题)　一台设备由三相异步电动机拖动,按起动按钮后,转动 15s 自动停止,停止 5s 后又自动起动,如此反复进行,直到手动停止为止。另外,要求用一个 220V、15W的指示灯指示电机的运行。设计主电路图和控制电路图。（继电器接触器的线圈额定电压都是 380V）

8.4(设计题) 两台三相异步电动机 M_1 和 M_2 须按照一定顺序起动和停止,即起动时 M_1 起动后 M_2 才可起动,停止时 M_2 停止后 M_1 才可停止。画出控制电路图。(注意各台电机都是手动起动和停止)

8.5(设计题) 两台三相异步电动机,按起动按钮则第 1 台先起动,第 1 台起动 30s 后第 2 台自动起动;按停止按钮时第 1 台先停止,第 1 台停止 20s 后第 2 台自动停止。此外,只要其中一台电动机因过载而停止,则另一台也停止;两台电动机都停止后,各接触器、继电器线圈都应处于断电状态。画出控制电路图。

图 8.35 习题 8.6 的图

8.6(设计题) 如图 8.35 所示,一台运料小车由三相异步电动机拖动,按起动按钮后,由 A 地向 B 地前进,到达 B 地后自动停止,在 B 地停留 2min 后自动返回 A 地,到达 A 地后自动停止。按下停止按钮可以随时停车。设计主电路图和控制电路图。

8.7(设计题) 图 8.35 所示的运料小车,若要求按起动按钮后,小车能在 A、B 两地之间自动往复运动,而且要求到达 B 地后自动停车,在 B 地停留 1min 后自动返回 A 地,到达 A 地后自动停车,在 A 地停留 3min 后自动返回 B 地,周而复始;在任何时刻按下停止按钮可以停车。设计主电路图和控制电路图。

8.8(分析题) 两台三相异步电动机,主电路图和控制电路图如图 8.36 所示,试分析这两台电机的动作功能。设 KT_1 延时 20s,KT_2 延时 30s。

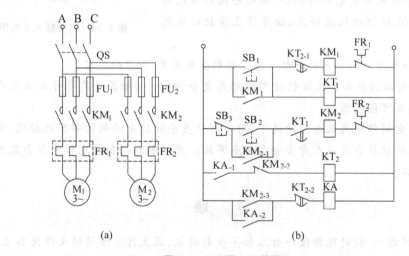

(a)   (b)

图 8.36 习题 8.8 的图

8.9(设计题) 设计一个能在 A、B、C 三地之间运动的运料小车(示意图如图 8.37 所示)。控制要求是:按下起动按钮,小车从 A 地出发向 B 地进发,到达 B 地后自动停车,停车 1min 后自动起动向 C 地进发,到达 C 地后自动停车,停车 1min 后自动返回,到达 B 地停车 1min 后再向 A 地进发,到达 A 地后停车;按下停止按钮随时都可停车。试设计主电路和控制电路。(行程开关选用拨轮式行程开关,运动部件从左右两个方向拨动拨轮时都可使行程开关的触点动作)

8.10(设计题)　金工车间的吊车由一台三相异步电动机拖动作横向运行,如图 8.38 所示。试设计电机的控制电路,要求能向左或向右连续运行,也可点动,到两端位置 A、B 时可自动停车。

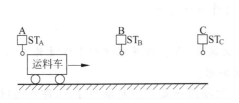

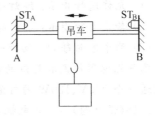

图 8.37　习题 8.9 的图　　　　　　　　　图 8.38　习题 8.10 的图

8.11(设计题)　设计一个使一台三相异步电机既可两地起动、停止,又可两地点动的控制电路。

8.12(设计题)　用继电器设计 4 人抢答电路。要求是:每人一个按钮和一个指示灯,首先按下按钮的灯亮,且电喇叭响,后按下按钮的无效,主持人的按钮用于复位(消除指示灯和电喇叭)。已知继电器线圈、指示灯、电喇叭的电压都是交流 220V,且继电器的常开触点和常闭触点都有很多个。

8.13(设计题)　住宅防盗报警系统由继电器组成,在大门及室内 3 个门上各安装一个微动开关,门开微动开关的常开触点就闭合。这些微动开关的常开触点都是并联的,只要其中一个微动开关动作,30s 后警报器就响。主人进门后要在 30s 内切断警报系统电源以防止误报警,主人离家前合上警报系统电源 60s 后警报系统才能工作。试设计这个防盗报警系统。

8.14(设计题)　设计一个他励式直流电机的继电器控制电路,要求如下。

(1) 有电枢绕组串电阻限流起动。起动时直流电机的励磁绕组和电枢绕组同时上电,电枢绕组中串接限流电阻,延时一定时间待电机起动后将限流电阻去除,将电枢绕组切换到额定电压下运行。

(2) 有失磁保护。用一个直流电流继电器串接在励磁绕组中以检测失磁,当励磁绕组的电流大于设定值时电流继电器吸合,小于设定值时电流继电器释放。

设直流电机的电枢绕组、励磁绕组和接触器线圈、时间继电器线圈的额定电压都是直流 110V。

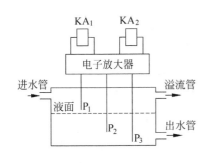

图 8.39　习题 8.15 的图

8.15(设计题)　水塔示意图如图 8.39 所示,设有 3 根水位探针 P_1、P_2、P_3(P_3 为公共端),液面到达探针时对应的继电器吸合,液面低于探针时对应的继电器释放。设计水塔自动上水的继电器控制电路,用一台三相异步电机拖动水泵打水,要求将水位控制在 P_1 与 P_2 之间。

8.16(设计题)　设计一个由时间继电器控制的汽车转向灯闪烁电路,当合上开关时转向灯闪烁,亮

0.5s 灭 0.3s,当断开开关时灯灭。已知时间继电器线圈和灯泡的额定电压都是直流 12V。

8.17(设计题) 设计一个十字路口交通灯继电器控制电路,要求如下。

(1)允许通行指示:绿灯亮 28s,转为黄灯亮 2s,后转为禁止通行指示;

(2)禁止通行指示:红灯亮 30s,后转为允许通行指示;

(3)两个方向每 30s 切换一次。

已知继电器线圈和灯泡的额定电压都是交流 220V。设继电器触点容量为 1A,可直接接通一个 220V、100W 的灯泡,不必使用接触器。

8.18(设计题) 三台电机 M_1、M_2 和 M_3 须按照一定顺序起动和停止,即起动时 M_1 起动后 M_2 才可起动,M_2 起动后 M_3 才可起动;停止时 M_3 停止后 M_2 才可停止,M_2 停止后 M_1 才可停止。画出控制电路图。(注意各台电机都是手动起动和停止)

8.19(设计题) 三台电机 M_1、M_2 和 M_3 须按照一定顺序起动和停止,即起动时先手动起动 M_1,M_1 起动后 7s M_2 自动起动,M_2 起动后 8s M_3 自动起动。停止时先手动停止 M_3,M_3 停止后 9s M_2 自动停止,M_2 停止后 10s M_1 自动停止。此外,要求用 3 个 220V、15W 的灯泡分别指示 3 台电机的运行。画出控制电路图。

PROBLEMS

8.1(*Design problem*) A one-station forward-reverse motor-starter for three-phase induction motor is shown in Figure 8.40. Draw a schematic diagram of two-station control according to the circuit.

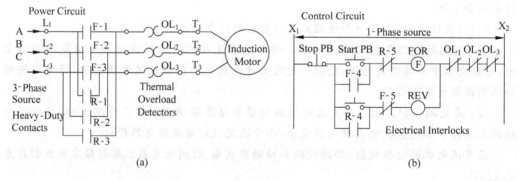

Figure 8.40

第 9 章

可编程控制器

可编程控制器(PLC)是一种专门用于工业控制的计算机,通过编程,对生产设备和生产过程进行自动化控制。与传统的继电器控制方式相比,它的优点是:接线简单,抗干扰能力强,可靠性高;采用模块化结构,可进行在线编程,使用灵活;具有网络通信功能,便于实现分散式测控系统。因此,PLC 已广泛应用于机床、机械、汽车、化工、塑料、电力、环保、食品、纺织等工业领域中。

目前市场上流行的可编程控制器型号很多,编程语言各不相同,本章以 S7-200 型 PLC 为例介绍其工作原理、编程语言和应用。

关键术语 Key Terms

PLC(可编程控制器) programmable logic controller

CPU (中央处理单元) central process unit

输入/输出接口 input/output interface

ROM(只读存储器)read-only memory

RAM(读写存储器)random-access memory

PROM(可编程 ROM)programmable ROM

EEPROM electric-erasable PROM

映像寄存器 imaging register

继电器 relay

地址/寻址 address/addressing

位 bit

字节 byte

指令 instruction

语句表(STL) statement list

梯形图(LAD) ladder diagram

网络 network

扫描周期 scan period

堆栈 stack

计数器 counter

定时器 timer

9.1 PLC 的结构和工作原理

9.1.1 PLC 控制系统

一个 PLC 控制系统如图 9.1 所示,它包括一个 CPU 模块、一台 PC 机和编程软件、外部设备,还可能包括一个或多个 I/O 扩展模块。

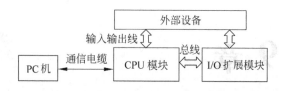

图 9.1　PLC 控制系统框图

　　用户在 PC 机上用 STEP7-Micro/WIN32 专用软件进行编程和编译,然后将编译后的程序代码通过串行口和通信电缆下载到 PLC 的 CPU 模块中。CPU 模块的任务是运行程序,从外部设备读取输入信号,向外部设备输出控制信号。外部设备包括输入设备和输出设备。

9.1.2　PLC 的结构

1. PLC 的结构

　　PLC 的 CPU 模块结构如图 9.2 所示。它采用单片机或其他微处理器芯片作为核心部件(CPU),与程序存储器、数据存储器、输入接口、输出接口和通信接口,构成一个微机系统。各部分的功能如下。

　　(1) CPU

　　CPU 的任务是运行程序、执行各种操作。当上电后,CPU 执行管理程序和监控程序,对全机进行管理和监控。当运行(RUN)时,它执行用户程序,从输入接口读取来自输入设备的输入信号,响应外部设备的中断请求,进行程序规定的逻辑运算和数据处理,然后将结果从输出接口输出,从而控制外部的输出设备。

　　(2) 程序存储器

　　程序存储器由 ROM 或 PROM 组成,用于存放厂家编制的系统管理程序和监控程序。

　　(3) 数据存储器

　　数据存储器由 RAM 组成,用于存放用户编制的程序,以及暂存数据和中间结果。另外还用 EEPROM 存储器永久地保存数据和程序,当掉电时 EEPROM 中存储的内容不会丢失。

　　(4) 输入接口、输出接口

　　输入接口用于接收输入设备的输入信号,输出接口用于向输出设备输出控制信号。输入接口和输出接口又有数字量接口和模拟量接口之分。

　　一般 PLC 采取模块化结构,不同的模块有不同的功能。含有单片机的模块称为CPU 模块,CPU 模块只含有一定数量的数字量输入、输出接口。其他模块称为 I/O 扩展模块,用于扩展 CPU 模块的输入、输出接口的数量和功能。I/O 扩展模块中有数字量模块和模拟量模块,数字量模块含有多个数字量输入、输出接口,模拟量模块则含有多个模拟量输入、输出接口。模拟量模块内部由放大器、A/D 转换器和 D/A 转换器组成,可进行多通道模拟量的输入、输出控制。

　　(5) 通信接口

　　CPU 模块用一根 PC/PPI(PC 端为 RS-232 串行通信接口,PPI 端是 RS-485 串行通信接口)通信电缆与 PC 机联接。

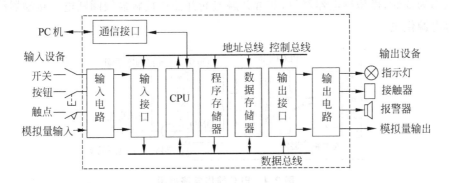

图 9.2 PLC 结构框图

2. PLC 的输入电路和输出电路

PLC 的输入设备包括能产生开关量的开关、按钮、行程开关、继电器触点等,还包括能产生模拟量的各种传感器。在数字量输入的 PLC 模块中,在输入设备和输入接口之间有一个输入电路,输入电路能将输入开关量转换为数字量的电路,其结构如图 9.3 所示。这种输入电路采用光电耦合方式,使内部电路与外部的强电隔离,以防止外部的电磁干扰。其中光电耦合器件中的两个发光二极管 LED_1 和 LED_2 采取一正一反的接法,目的是与输入按键串接的 24V 直流电源的极性可以任意接线,不论其极性如何接法,当输入按键按下时,两个发光二极管中总有一个导通发光,信号通过光电耦合方式传送到光电三极管 T,再通过光电三极管传送到 PLC 的内部电路。按键按下时,输入的信号的逻辑状态为 1,按键不按时,输入的信号的逻辑状态为 0。24V 直流电源一般采用 PLC 内部的24V 直流电源输出,也可以采用外部电源。

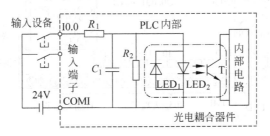

图 9.3 PLC 输入接口电路

PLC 的输出设备包括指示灯、继电器、接触器、电磁阀、报警器等。在数字量输出的PLC 模块中,在输出接口和输出设备之间有一个输出电路,输出电路又分继电器输出、晶体管输出、晶闸管输出等多种类型。继电器输出类型能将输出的数字量转换为开关量,其结构如图 9.4 所示。这种输出电路也采用光电耦合方式,当输出信号的逻辑状态为 1 时,光电耦合器件中的发光二极管发光,信号耦合到光电三极管并使微型继电器线圈通电,微型继电器的常开触点吸合,接通外部电路,使输出设备的接触器线圈通电。当输出信号的逻辑状态为 0 时,微型继电器释放,其常开触点断开而使接触器线圈断电。接触器线圈使用外部电源供电。

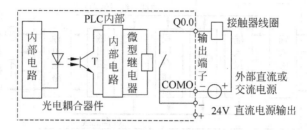

图 9.4　PLC 输出电路框图

3. CPU 模块的 I/O 接口

PLC 有 128 个输入寄存器和 128 个输出寄存器(称为 I/O 映像寄存器),并不是每一个都接有输入电路或输出电路。例如,CPU224 型的 CPU 模块中的输入寄存器只有 I0.0～I0.7,I1.0～I1.5 共 14 个接有输入电路;输出寄存器只有 Q0.0～Q0.7,Q1.0～Q1.1 共 10 个接有输出电路。这 14 个输入寄存器和 10 个输出寄存器称为 PLC 的本机 I/O 接口,用户使用时要注意。

图 9.5 给出了 CPU 模块的面板图,对应每一个本机输入、输出接口都有一个 LED 指示灯,当输入、输出寄存器的逻辑状态为 1 时,相应的 LED 亮,为 0 时则不亮。

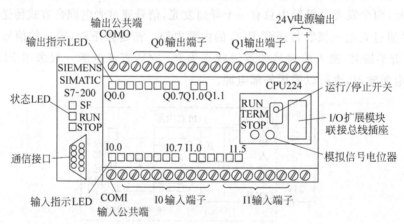

图 9.5　PLC 的 CPU 模块面板图

9.1.3　PLC 的存储器类型及寻址方式

1. PLC 的存储器类型

S7-200 型 PLC 的 CPU 模块有 CPU221、CPU222、CPU224、CPU226 四种类型,每种类型的内部存储器(包括寄存器)的配置各不相同。其中,CPU224 的存储器的配置如表 9.1 所示。表中列出了 9 种存储器,除了顺序控制存储器 S 和局部存储器 L 外,其他 7 种在本章的举例中都要用到。

表 9.1　CPU224 模块的存储器寄存器类型

名　称	数　量	符号	位寻址编号	字节寻址编号	用　途
输入映像寄存器	16 字节,128 位	I	I0.0～I15.7	IB0～IB15	从输入接口输入信号
输出映像寄存器	16 字节,128 位	Q	Q0.0～Q15.7	QB0～QB15	向输出接口输出信号
变量存储器	2k 字节,16384 位	V	V0.0～V2047.7	VB0～VB2047	存放中间操作数据
位存储器	32 字节,256 位	M	M0.0～M31.7	MB0～MB31	存放中间操作状态
顺序控制存储器	32 字节,256 位	S	S0.0～S31.7	SB0～SB31	组织操作
特殊存储器	180 字节,1440 位	SM	SM0.0～SM179.7	SM0～SM179	与用户交换信息
局部存储器	64 字节,512 位	L	L0.0～L63.7	L0～L63	与用户交换信息
定时器	256 个(与 C 共用)	T	T0～T255		定时(1ms～3276.7s)
计数器	256 个(与 T 共用)	C	C0～C255		计数(上跳沿计数)

由于 PLC 内部存储器(寄存器)的每一位的作用与继电器-接触器控制系统中的继电器类似,所以仍习惯称之为继电器,即表 9.1 中的输入映像寄存器 I、输出映像寄存器 Q、变量存储器 V 等也分别可以叫做输入继电器、输出继电器、变量继电器。若该位的逻辑值为 1,则称:该继电器的线圈通电吸合,其常开触点闭合,常闭触点断开;若该位的逻辑值为 0,则称:该继电器的线圈断电释放,其触点复位。实际上,PLC 内部存储器(寄存器)中既没有继电器,也没有触点,只是一种形象化的理解而已,所以将这种继电器称为"软"继电器。

2. PLC 的存储器寻址方式

PLC 的存储器寻址方式有 4 种:位寻址、字节寻址、字寻址和双字寻址。每一种存储器和寄存器都具有这 4 种寻址方式,本章只介绍前 2 种寻址方式。

位寻址:CPU 每次只对存储器和寄存器某字节中的某一位进行读写操作,称为位寻址方式。例如,输入寄存器有 16 个字节共 128 位,位地址编号为 I0.0～I0.7,I1.0～I1.7,…,I15.0～I15.7。

字节寻址:CPU 每次只对存储器和寄存器的一个字节进行读写操作,也就是一次读写一个 8 位数。例如,输出寄存器有 16 个字节,字节地址编号为 QB0～QB15,其中 B 表示字节。

9.2　PLC 的编程语言及工作方式

不同厂家的 PLC 编程语言各不相同,但大同小异。S7-200 型 PLC 的编程语言有梯形图(LAD)语言、语句表(STL)语言、功能块图(FBD)语言 3 种,本章中只介绍梯形图和语句表。

9.2.1　梯形图

梯形图是从继电器控制系统的电路图演变而来的用图形符号进行编程的一种形象化

编程语言。图 9.6(a)列出了梯形图的 3 种基本图形符号,有常开触点、常闭触点和继电器线圈;存储器(寄存器)位的赋值与触点通断的关系如图 9.6(b)所示(以输出寄存器 Q0.0 位为例);其他图形符号将在 9.3 节中介绍。

若定义触点通为逻辑 1,触点断为逻辑 0,则由图 9.6(b)可以看出,常开触点的逻辑值等于寄存器位的逻辑值,而常闭触点的逻辑值与寄存器位的逻辑值相反。因此可以写为:常开触点的逻辑值＝Q0.0,常闭触点的逻辑值＝$\overline{Q0.0}$。

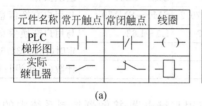

元件名称	常开触点	常闭触点	线圈
PLC 梯形图	—| |—	—|/|—	—( )—
实际继电器			

寄存器位赋值	Q0.0 —( )—	Q0.0 —| |—	Q0.0 —|/|—
Q0.0＝1	线圈通电吸合	常开触点接通	常闭触点断开
Q0.0＝0	线圈断电释放	常开触点断开	常闭触点接通

(a)　　　　　　　　　　　　　(b)

图 9.6　梯形图语言基本图形符号及含义

为了说明梯形图的含义,举三相异步电动机直接起动控制为例。图 9.7(a)、(b)、(c)、(d)分别是三相异步电动机直接起动控制的主电路图、继电器-接触器控制电路图(对照用)、PLC 的外部接线图(停止按钮使用的是动合按钮)和 PLC 梯形图。可以看出,图(b)和图(d)有一定的对应关系,两者的结构形式相似,逻辑功能相同,但有许多不同点。

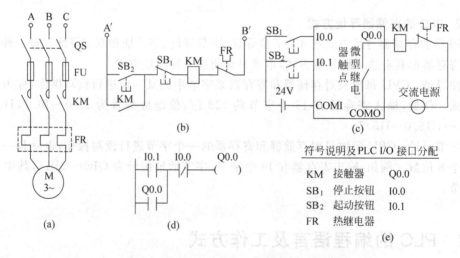

图 9.7　三相异步电动机的直接起动 PLC 控制

梯形图的特点有:

(1) 梯形图中左侧的竖线称为母线。梯形图从母线出发,根据触点的串、并联的形式,按从左到右、自上而下的顺序画出,最后以继电器的线圈结束。

(2) 母线不代表电源,梯形图中没有实际的电流流过。为便于理解,可以认为当母线与线圈之间的触点接通时,有一个称为能流(power flow)的假想电流从母线出发,流过触点,到达线圈,使线圈通电吸合。注意线圈不能直接联于母线。

（3）梯形图只表示一种逻辑功能。如图 9.7(d)，当 I0.1 常开触点闭合(I0.1＝1)或者 Q0.0 常开触点闭合(Q0.0＝1)，而 I0.0 常闭触点接通(I0.0＝0)时，Q0.0 线圈通电吸合(Q0.0＝1)，将这一逻辑关系可以写成逻辑表达式为 $Q0.0=(I0.1+Q0.0) \cdot \overline{I0.0}$。

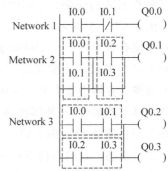

（4）由于梯形图的触点只代表逻辑关系,所以同一个触点可以重复任意次使用。

（5）注意,PLC 中只有输入寄存器没有线圈,它只用于从输入接口输入信号。在梯形图中,多个触点只以串联形式联接的称为逻辑行；多个触点以并联形式联接的称为逻辑块,并联支路中又有多个触点串联的也称为逻辑块；彼此有逻辑运算关系的逻辑行和逻辑块构成逻辑网络。例如图 9.8 的梯形图中含有 3 个逻辑网络,网络 1 中只含有一个逻辑行,网络 2 和网络 3 中各含有 2 个逻辑块（虚线框内）。

图 9.8　PLC 梯形图的逻辑网络、逻辑行和逻辑块

9.2.2　语句表

语句表是一种用指令助记符来编制的 PLC 编程语言,类似于计算机的汇编语言。例如,图 9.7(d)所示的三相异步电动机直接起动 PLC 控制梯形图可写成如下语句表（分号右边的文字是对该条指令功能的注释）：

LD I0.1；LD 装载指令(Load),从输入寄存器读取 I0.1 的值。
O Q0.0；O 或逻辑运算指令(Or),从输出寄存器读取 Q0.0 的值,并与 I0.1 的值进行或逻辑运算。
AN I0.0；AN 非与指令(And Not),从输入寄存器读取 I0.0 的值并求非,再与以上或逻辑运算的结果进行与逻辑运算。
＝ Q0.0；＝输出指令,以上与逻辑运算的结果存储到输出寄存器 Q0.0 中。

上述程序执行的结果即实现了表达式 $Q0.0=(I0.1+Q0.0) \cdot \overline{I0.0}$ 的逻辑运算。

S7-200 型 PLC 的编程软件 STEP7-Micro/WIN32 既可用梯形图语言编程,又可用语句表语言编程。一般用梯形图语言编程比较方便直观,梯形图编制好后,可以用该软件提供的功能将梯形图转换成语句表。

9.2.3　PLC 的工作方式

知道了 PLC 梯形图和语句表的含义后,不难理解 PLC 的工作方式。

当 PLC 运行用户程序时,CPU 周期性地循环执行用户程序,称为扫描。S7-200 型 PLC 执行一条指令所用的时间是 $0.37\mu s$,完成一个循环所用的时间称为一个扫描周期。

下面以图 9.7(c)所示三相异步电动机直接起动控制来说明 PLC 的工作方式。

PLC 在每一个扫描周期的开始,CPU 首先从输入接口读取各输入端的逻辑状态（称为采样）,并存入输入映像寄存器 I 中。若按钮 SB_1、SB_2 在该扫描周期开始之前都没有按下过,则 I 中存入的逻辑状态是 I0.0＝0,I0.1＝0。随即,CPU 执行用户程序,进行 9.2.2

节中语句表的各项操作,操作结果是 Q0.0＝0。

在每一个扫描周期的结尾,CPU 将输出映像寄存器 Q 中的状态从输出接口输出。因为这时 Q0.0＝0,所以 PLC 输出电路中的微型继电器不吸合,由 Q0.0 输出端口外接的接触器 KM 的线圈处于断电状态,电机未起动。

由于 CPU 只在每一个扫描周期的开始读取输入端口的状态,读取之后,在该扫描周期内即使有按键按下,I 中的状态也不再改变,直到下一个扫描周期该按键按下的信息才被输入,I 中的状态才被刷新。若起动按钮 SB₂ 在某一个扫描周期开始之前已按下过,则输入映像寄存器中变为 I0.0＝0,I0.1＝1,程序执行结果为 Q0.0＝1,则 PLC 输出电路中的微型继电器吸合,使外部接触器 KM 的线圈通电吸合,电机通电起动。电机起动后若不按下停止按键 SB₁,则以后的每一个扫描周期中程序执行结果总是 Q0.0＝1,电机一直处于运行状态。这时若按下停止按键 SB₁,则 I0.0＝1,I0.1＝0,程序执行结果为 Q0.0＝0,则输出电路中的微型继电器释放,外部接触器 KM 的线圈断电,电机断电停止运行。

9.3　PLC 的基本指令

S7-200 型 PLC 有以下 16 类指令类型。

(1) 位逻辑指令

(2) 逻辑堆栈指令

(3) 定时器指令

(4) 计数器指令

(5) 传送指令

(6) 移位和循环移位指令

(7) 时钟指令

(8) 比较指令

(9) 整数运算指令

(10) 浮点运算指令

(11) 表功能指令

(12) 逻辑运算指令

(13) 转换指令

(14) 程序控制指令

(15) 中断/通信指令

(16) 子程序指令

本章只介绍前 6 种指令,其他指令读者可参阅参考文献[7]。

9.3.1　位逻辑指令

位逻辑指令的梯形图、语句表及功能说明如表 9.2 所示。

表　9.2

指令名称	梯形图举例	语句表	功能说明
装载指令(LD)	I0.0　Q0.0	LD I0.0 = Q0.0	LD 指令用于从母线开始的一个新逻辑行或一个逻辑块,以常开触点开始,读取 I0.0 的值,存储到 Q0.0。若触点动作(合),I0.0=1,则 Q0.0=1;若触点不动作(开),I0.0=0,则 Q0.0=0
非装载指令(LDN)	I0.0　Q0.0	LDN I0.0 = Q0.0	LDN 指令用于从母线开始的一个新逻辑行或一个逻辑块,以常闭触点开始,读取 I0.0 的值并求反后,存储到 Q0.0。若 I0.0=1,触点动作(开),Q0.0=0;若 I0.0=0,触点不动作(合),则 Q0.0=1(注:此解释只适用于 I0.0 输入端口接常开按钮的情况)
输出指令(=)	I0.0　Q0.0	LD I0.0 = Q0.0	读取 I0.0 的值,存储到 Q0.0。输出指令不能直接连于母线,不能用于输入继电器。多个输出指令可以连续使用,即线圈可以并联
与指令(A)	I0.0 I0.1 Q0.0	LD I0.0 A I0.1 = Q0.0	先读取 I0.0 的值,再读取 I0.1 的值,并将 I0.0 的值和 I0.1 的值相与,与的结果存储到 Q0.0
非与指令(AN)	I0.0 I0.1 Q0.0	LD I0.0 AN I0.1 = Q0.0	先读取 I0.0 的值,再读取 I0.1 的值并求反,将 I0.0 的值和 I0.1 的求反值相与,与的结果存储到 Q0.0
或指令(O)	I0.0　Q0.0 I0.1	LD I0.0 O I0.1 = Q0.0	先读取 I0.0 的值,再读取 I0.1 的值,并将 I0.0 的值和 I0.1 的值相或,或的结果存储到 Q0.0
非或指令(ON)	I0.0　Q0.0 I0.1	LD I0.0 ON I0.1 = Q0.0	先读取 I0.0 的值,再读取 I0.1 的值并求反,再将 I0.0 的值和 I0.1 的求反值相或,或的结果存储到 Q0.0
非指令(NOT)	I0.0　NOT　Q0.0	LD I0.0 NOT = Q0.0	将此条指令左侧的逻辑运算结果求反,再将求反的结果输存储到 Q0.0
空操作指令(NOP)	N (NOP)	NOP N	无任何操作,不影响程序的执行,一般用来延时。N 的取值范围:0～255

　　此外,位逻辑指令还有跳变检测指令和置位复位指令,这两种指令将在 9.3.5 和 9.3.6 小节中介绍。

　　例 9.1　编制三相异步电动机的正、反转的 PLC 控制程序,画出 PLC 外部接线图和梯形图,写出指令语句表。

解 三相异步电动机的正、反转控制的主电路见第 8 章图 8.20(a)。为了对照，将继电器-接触器控制电路重新给出，如图 9.9(a)所示。PLC 控制的外部接线图、梯形图和语句表分别如图 9.9(b)、(c)、(d)所示。注意，外部接线图中停止按钮 SB_1 用动合按钮，对应着梯形图中的输入继电器 I0.0 用常闭触点，这样图 9.9(c)和图 9.9(a)才有相似关系。梯形图中将 I0.0 常闭触点重复使用，放于并联的触点之后，目的是为了简化语句表。若将 I0.0 常闭触点放于并联触点之前，则需要使用逻辑堆栈指令(见 9.3.2 小节)。

(a) (b)

(c)

```
LD   I0.1
O    Q0.0
AN   I0.0
AN   Q0.1
=    Q0.0
LD   I0.2
O    Q0.1
AN   I0.0
AN   Q0.0
=    Q0.1
```

(d)

符号说明及PLC I/O接口分配

KM_F	正转接触器	Q0.0
KM_R	反转接触器	Q0.1
SB_1	停止按钮	I0.0
SB_2	正转起动按钮	I0.1
SB_3	反转起动按钮	I0.2
FR	热继电器	

(e)

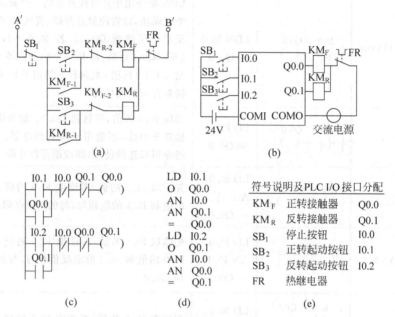

图 9.9 三相异步电动机的正、反转 PLC 控制

9.3.2 逻辑堆栈指令

如图 9.10 所示，S7-200 的堆栈有 9 个单元(层)，每个单元 1 位，9 个单元的编号为 0～8，其中第 0 单元为栈顶，第 8 单元为栈底，设所存的逻辑值分别为 S_0～S_8。堆栈操作是按照先进后出的原则，即当执行推入(PUSH)堆栈操作时，新数据装入第 0 单元，原第 0～7 单元中的数据依次下移一个单元到第 1～8 单元中，原第 8 单元中的数据丢失。当执行弹出(POP)堆栈操作时，第 0 单元中的数据被取走，原第 1～8 单元中的数据依次上移一个单元到第 0～7 中，第 8 单元中的新数据是一个不确定的无效数。

图 9.10 S7-200 PLC 的堆栈结构

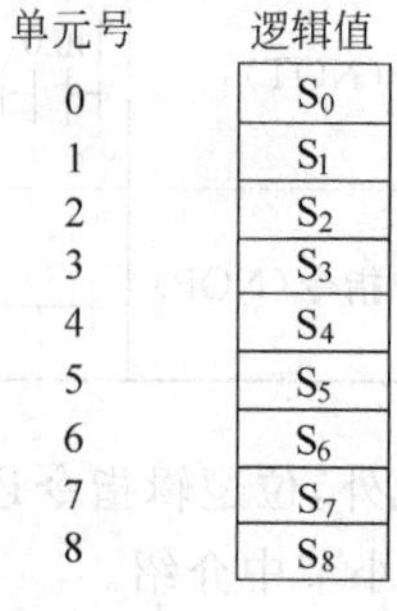

实际上，CPU 在执行装载指令、输出指令和位逻辑运算指令时，自动地进行堆栈操作，如图 9.11 所示。

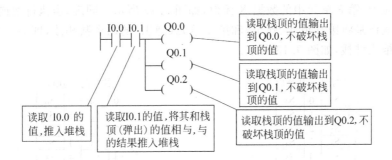

图 9.11　CPU 的自动堆栈操作

S7-200 专用于逻辑堆栈操作的指令有：块与指令（ALD）、块或指令（OLD）、逻辑推入堆栈指令（LPS）、逻辑读取堆栈指令（LRD）、逻辑弹出堆栈指令（LPP）和装入堆栈指令（LDS n），其梯形图、语句表及功能说明如表 9.3 所示。

表　9.3

指令名称	梯形图举例	语句表	功能说明
块与指令（ALD）	I0.0 I0.2　Q0.0 I0.1 I0.3	LD I0.0 O I0.1 LD I0.2 O I0.3 ALD = Q0.0	适用于 2 个逻辑块串联。先将 I0.0 的值或 I0.1 的值，再将 I0.2 的值或 I0.3 的值，再将两块的逻辑运算结果相与，与的结果存储到 Q0.0。注意，每一个逻辑块开始都使用 LD 指令
块或指令（OLD）	I0.0 I0.2　Q0.0 I0.1 I0.3	LD I0.0 A I0.2 LD I0.1 A I0.3 OLD = Q0.0	适用于 2 个逻辑块并联。先将 I0.0 的值与 I0.2 的值，再将 I0.1 的值与 I0.3 的值，再将两块的逻辑运算结果相或，或的结果存储到 Q0.0。注意，每一个逻辑块开始都使用 LD 指令
逻辑入栈（LPS） 逻辑读栈（LRD） 逻辑出栈（LPP） 装入堆栈（LDS n）	I0.0　I0.1　Q0.0 　　I0.2　Q0.1 　　I0.3　Q0.2	LD I0.0 LPS A I0.1 = Q0.0 LRD A I0.2 = Q0.1 LPP A I0.3 = Q0.2	LPS：复制栈顶第 0 单元的值，再压入堆栈，栈底的值被推出丢失 LRD：复制第 1 单元的值，装到第 0 单元，将第 0 单元原来值冲掉 LPP：将第 0 单元的值弹出，其他单元（1～8 单元）的值依次上推一层 LDS n：复制第 n 单元的值到栈顶第 0 单元，原来各单元（包括原来第 0 单元）的值依次下推一层，栈底的值被推出丢失。n=1～8

当执行块与指令 ALD 时，执行的操作是将第 0 单元（弹出）和第 1 单元（弹出）的两个值相与，即 $S_A = S_0 \cdot S_1$，与的结果 S_A 推入堆栈，第 2～8 单元中的数据依次上移一层，到

第1～7单元中，第8单元中的数据X无效，如图9.12所示。同理，当执行块或指令OLD时，执行的操作是将第0单元(弹出)和第1单元(弹出)的两个数相或，即 $S_B=S_0+S_1$，或的结果 S_B 推入堆栈，如图9.13所示。

	执行前		执行后
0	S_0	0	S_A
1	S_1	1	S_2
2	S_2	2	S_3
3	S_3	3	S_4
4	S_4	4	S_5
5	S_5	5	S_6
6	S_6	6	S_7
7	S_7	7	S_8
8	S_8	8	X

图9.12 ALD指令的堆栈操作

	执行前		执行后
0	S_0	0	S_B
1	S_1	1	S_2
2	S_2	2	S_3
3	S_3	3	S_4
4	S_4	4	S_5
5	S_5	5	S_6
6	S_6	6	S_7
7	S_7	7	S_8
8	S_8	8	X

图9.13 OLD指令的堆栈操作

例9.2 写出图9.14(a)所示PLC梯形图的语句表。

解 图9.14(a)所示PLC梯形图的语句表见图9.14(b)，用到了块与指令和块或指令。

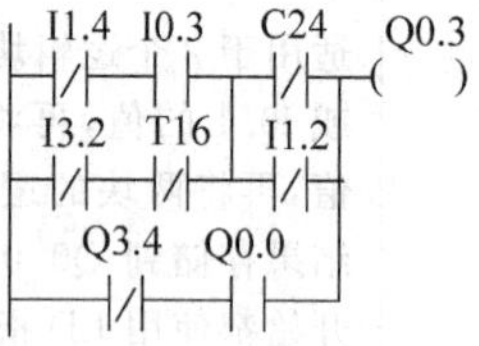

(a)

```
LDN  I1.4     ON   I1.2
A    I0.3     ALD
LDN  I3.2     LDN  Q3.4
AN   T16      A    Q0.0
OLD           OLD
LDN  C24      =    Q0.3
```

(b)

图9.14 例9.2的图

当执行LPS指令时，执行的操作是复制栈顶第0单元的值，再压入堆栈，栈底的值 S_8 被推出丢失，如图9.15(a)所示。当执行LRD指令时，执行的操作是复制第1单元的值，装到第0单元，将第0单元原来的值冲掉，如图9.15(b)所示。当执行LPP指令时，执行的操作是将第0单元的值弹出，其他单元(第1～8单元)的值依次上推一层，第8单元中

	(a) 执行前	(a) 执行后	(b) 执行前	(b) 执行后	(c) 执行前	(c) 执行后	(d) 执行前	(d) 执行后
0	S_0	S_0	S_0	S_1	S_0	S_1	S_0	S_2
1	S_1	S_0	S_1	S_1	S_1	S_2	S_1	S_0
2	S_2	S_1	S_2	S_2	S_2	S_3	S_2	S_1
3	S_3	S_2	S_3	S_3	S_3	S_4	S_3	S_2
4	S_4	S_3	S_4	S_4	S_4	S_5	S_4	S_3
5	S_5	S_4	S_5	S_5	S_5	S_6	S_5	S_4
6	S_6	S_5	S_6	S_6	S_6	S_7	S_6	S_5
7	S_7	S_6	S_7	S_7	S_7	S_8	S_7	S_6
8	S_8	S_7	S_8	S_8	S_8	X	S_8	S_7

图9.15 逻辑堆栈操作指令LPS、LRD、LPP、LDS n的功能示意图

的数据 X 无效,如图 9.15(c)所示。当执行 LDS(例如 LDS 2)指令时,执行的操作是复制第 2 单元的值到栈顶第 0 单元,原来各层(包括原来第 0 单元)的值依次下推一层,栈底的值 S_8 被推出丢失,如图 9.15(d)所示。

以表 9.3 第 3 列的梯形图和语句表为例,分析每一条指令执行后堆栈中的内容,可进一步理解逻辑堆栈指令的功能(如图 9.16 所示,其中 $S_A = I0.0 \cdot I0.1$,$S_B = I0.0 \cdot I0.2$,$S_C = I0.0 \cdot I0.3$)。

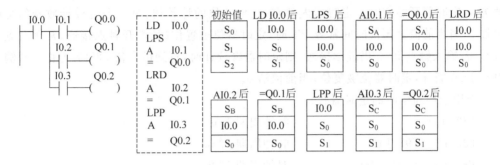

图 9.16 逻辑堆栈指令操作结果分析

例 9.3 若将例 9.1 中的三相异步电动机的正、反转 PLC 控制程序梯形图画成图 9.17(a)的形式,写出其语句表。

解 语句表如图 9.17(b)所示,其中用到了逻辑堆栈指令 LPS、LPP 和块与指令。显然,这种画法的梯形图的语句表比例 9.1 中的语句表复杂。

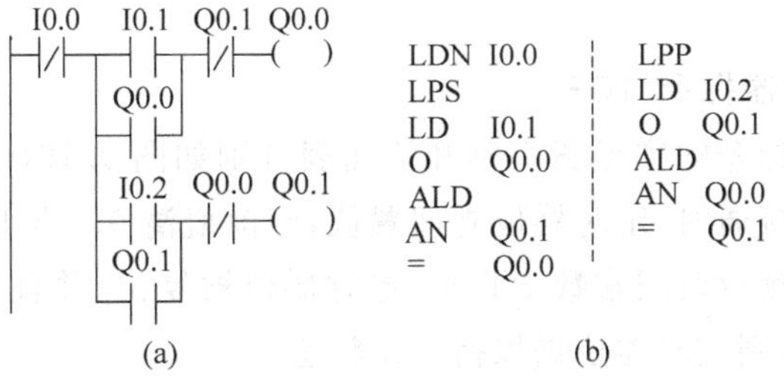

图 9.17 例 9.3 的图

一般来说,画梯形图时,并联支路较多的逻辑块靠近母线,串联触点较多的逻辑块画在上部,这就是所谓画梯形图的"左重右轻"、"上重下轻"原则,按照这个原则写出的语句表比较简单。

9.3.3 定时器指令

S7-200 型 PLC 的定时器有 3 类:接通延时定时器、断开延时定时器和记忆接通延时定时器。本章只介绍前两类。

1. 接通延时定时器指令(TON)

接通延时定时器指令的梯形图举例和语句表分别如图 9.18(a)和(b)所示。图中,IN 是输入使能端,PT 是预设时间常数输入端,预设时间常数 PT 的最大值是 32767。定时器使用内部时钟,时钟周期有 3 种:1ms,10ms,100ms。定时时间＝时钟周期×时间常数。若预设时间常数是 50,时钟周期是 100ms,则定时时间为 100ms×50＝5000ms＝5s。

接通延时定时器的功能是:当输入使能 IN 的触点 I0.0 接通,输入使能端 IN 的逻辑值为 1,定时器开始定时。定时器内部有一个 16 位的计数器,每一个时钟计数器的当前值加 1,当当前值≥预设时间常数 PT 时,定时器位被置位(其常开触点接通,常闭触点断开)。若输入触点 I0.0 仍继续接通,则定时器继续计时,直到最大值 32767 为止。若输入触点 I0.0 断开,定时器位被复位,当前值清 0。

能用于接通延时的定时器有:

T32,T96	时钟周期 1ms
T33-T36,T97-T100	时钟周期 10ms
T37-T63,T101-T255	时钟周期 100ms

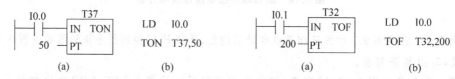

图 9.18　接通延时定时器指令的　　　　　图 9.19　断开延时定时器指令
梯形图及语句表　　　　　　　　　　　　　的梯形图及语句表

2. 断开延时定时器指令(TOF)

断开延时定时器指令的梯形图举例和语句表分别如图 9.19(a)和(b)所示。当输入使能 IN 的触点 I0.1 接通时,定时器位立即置位,当前值清 0。当 I0.1 断开时,定时器开始定时。当当前值＝预设时间常数 PT 时,定时器位被复位,并且停止计时。若 I0.1 断开时间小于定时时间,则定时器位仍保持置位状态。

断开延时定时器与接通延时定时器的编号相同。因为接通延时定时器和断开延时定时器的编号都是一样的,所以在同一个程序中,接通延时定时器号与断开延时定时器号不能重复。

例 9.4　一台电炉用 PLC 控制,主电路如图 9.20(a)所示。控制要求为:按加热按钮后,电炉加热,加热 20s 后自动停止加热,停止 15s 后又自动转为加热,如此反复进行。按停止按钮可随时停止加热。画出 PLC 的输入输出端口接线图及程序梯形图,写出指令语句表。(接触器线圈额定电压为交流 220V)

解　停止按钮 SB_0 用 I0.0 端口,加热按钮 SB_1 用 I0.1 端口,接触器 KM 用 Q0.0 端口。PLC 的输入输出端口接线图、程序梯形图、指令语句表分别如图 9.20(b)、(c)、(d)所示。其中 T37 的时间常数是 200,延时为 0.1s×200＝20s;T38 的时间常数是 150,延时为 0.1s×150＝15s。M0.0 作为中间继电器使用。

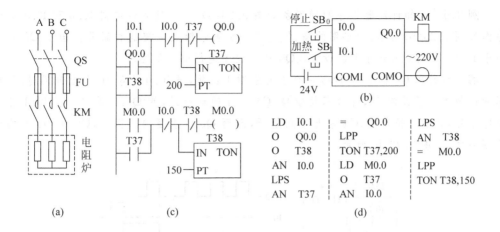

图 9.20　例 9.4 的图

9.3.4　计数器指令

S7-200 型 PLC 的计数器有 3 类：加计数器、减计数器和加/减计数器。本章只介绍前两类。

1. 加计数器指令（CTU）

加计数器指令的梯形图举例和语句表分别如图 9.21(a)和(b)所示。加计数器指令的功能是：当计数脉冲输入端 CU 的触点 I0.0 接通时，在 CU 输入端产生一个上升沿，计数器 C5 的当前值加 1。每一个 CU 输入的上升沿计数器都递增计数。当计数器的当前值≥预设计数值 PV 时，计数器位被置位（其常开触点接通，常闭触点断开）。计数器继续计数达到最大值 32767 时停止计数。当复位输入端 R 的触点 I0.1 接通时，计数器位被复位，当前值清 0。预设计数值 PV 最大为 32767。

计数器（包括加计数器和减计数器）编号为 C0～C255。在同一个程序中，一种类型的计数器号不能与其他类型的计数器号重复。

2. 减计数器指令（CTD）

减计数器指令的梯形图举例和语句表分别如图 9.22(a)和(b)所示。当计数脉冲输入端 CD 的触点 I0.0 接通时，在 CD 输入端产生一个上升沿，从预设值 PV 开始，计数器减 1。每一个 CD 输入的上升沿计数器都递减计数。当计数器的当前值减至 0 时，停止计数，计数器位被置位（其常开触点接通，常闭触点断开）。当装载输入端 LD 的触点 I0.1 接通时，计数器位被复位，预设值重装入计数器。

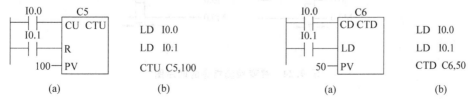

图 9.21　加计数器指令的梯形图及语句表　　图 9.22　减计数器指令的梯形图及语句表

例 9.5　已知计数器指令的梯形图如图 9.23(a)所示,输入继电器 I0.0 和 I0.1 的时序图如图 9.23(b)所示,波形图的高、低电平分别表示触点的接通和断开。画出 Q0.0 相对于 I0.0 和 I0.1 的时序图。设 C4、Q0.0 在程序运行前已复位。

解　计数器 C4 在 I0.0 的每一个上升沿增 1 计数,当 I0.0 的第 50 个上升沿时,计数器的计数值＝预设值 50,计数器位置位,C4 常开触点接通,使 Q0.0 置位。当 I0.1 变为高电平后,计数器位复位,C4 常开触点断开,因而 Q0.0 也复位。因此,C4 和 Q0.0 的时序图一样,如图 9.23(b)所示。

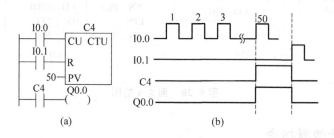

图 9.23　例 9.5 的图

9.3.5　跳变检测指令

跳变检测指令属于位逻辑指令类型。S7-200 的跳变检测指令的梯形图举例、语句表及功能说明如表 9.4 所示,其上跳沿检测与下跳沿检测指令的时序图分别如图 9.24(a)、(b)所示。

表　9.4

指令名称	梯形图举例	语句表	说　　明
上跳沿检测指令(EU)	I0.0　M0.0 ⊣ ⊢P⊢( )	LD I0.0 EU = M0.0	检测 I0.0 的上跳沿(由 0 变 1),使 M0.0 接通一个扫描周期 T(即 M0.0=1 维持一个扫描周期后,自动变成 0)
下跳沿检测指令(ED)	I0.1　M0.1 ⊣ ⊢N⊢( )	LD I0.1 ED = M0.1	检测 I0.1 的下跳沿(由 1 变 0),使 M0.1 接通一个扫描周期 T

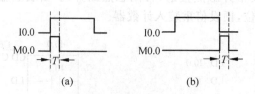

图 9.24　跳变检测指令的时序图

例 9.6 某饮料生产装箱流水线如图 9.25(a)所示。传送带由电动机驱动,数量检测探头检测饮料瓶的数量,每检测到 1 个饮料瓶,检测探头中的继电器 KA 动作(吸合然后释放)一次。每检测到 24 个饮料瓶,装箱机电磁铁线圈 KM_1 吸合动作一次,KM_1 吸合持续时间为 4s。KM_1 动作期间,传送带停止传送。用 PLC 控制这个生产过程,画出 PLC 的外部接线图,并画出梯形图,写出语句表。

解 PLC 的 I/O 接口分配如图 9.25(b),外部接线图如图 9.25(c)所示。梯形图如图 9.25(d)所示,梯形图右边虚线框内的文字是对梯形图中每一逻辑网络功能的注释。语句表如图 9.25(e)所示。

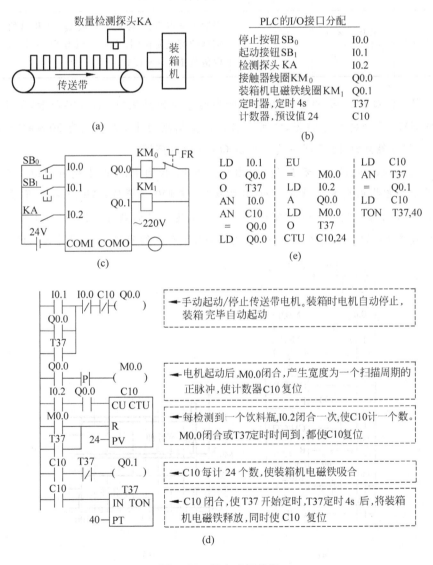

图 9.25 例 9.6 解的图

9.3.6　置位和复位指令

S7-200 的置位和复位指令的梯形图举例、语句表及功能说明如表 9.5 所示。

表　9.5

指令名称	梯形图举例	语句表	说　　明
置位指令(S)	I0.0　Q0.0 ┤├──(S) 　　　　N	LD I0.0 S Q0.0,1	当输入触点 I0.0 接通时,从 Q0.0 开始的 N 个存储器位都被置位(若 $N=1$,只有 Q0.0 被置位)。N 取值范围为 1~128
复位指令(R)	I0.0　Q0.0 ┤├──(R) 　　　　N	LD I0.0 R Q0.0,1	当输入触点 I0.0 接通时,从 Q0.0 开始的 N 个存储器位都被复位(若 $N=1$,只有 Q0.0 被复位)。N 取值范围为 1~128

例 9.7　已知 PLC 梯形图和 I0.0 的时序图分别如图 9.26(a)、(b)所示,其中梯形图中用到的 SM0.5 是特殊存储器,它可以自动产生周期为 1s、占空比为 50% 的连续脉冲,即 SM0.5 常开触点每 1s 通断一次。画出 Q0.0 的时序图。

解　在 $t=10\text{s}$ 时,I0.0 接通,Q0.0 由 0 变为 1;检测 I0.0 的上跳沿,M0.0 产生一个宽度等于 1 个扫描周期的正脉冲;M0.0 的接通,使 M0.1 置位;M0.1 的常开触点接通,使定时器 T37 开始定时。T37 的定时时间为 10s,定时时间到($t=20\text{s}$ 时),T37 的常开触点接通计数器 C4 的计数输入端 CU,C4 对 SM0.5 产生的秒脉冲进行计数。C4 计数 80

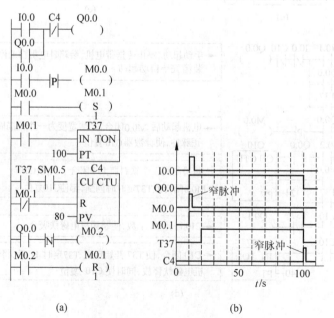

(a)　　　　　　　　　　(b)

图 9.26　例 9.7 的图

个用时 80s,即到 $t=100$s 时,C4 的常闭触点将 Q0.0 的线圈切断,Q0.0 由 1 变为 0。检测 Q0.0 的下降沿,M0.2 产生一个宽度等于 1 个扫描周期的正脉冲;M0.2 的接通,使 M0.1 复位;M0.1 的复位,使 T37 的输入端 IN 断开而使 T37 复位,同时使 C4 的复位端 R 接通而使 C4 复位。所以 Q0.0 产生一个宽度从 10s 到 100s 的正脉冲,如图 9.26(b) 所示。

9.3.7 数据传送指令

1. 字节传送指令(MOVB)

字节传送指令的梯形图举例和语句表分别如图 9.27(a)和(b)所示。其功能是:当使能端 EN 的触点 I0.0 接通时,VB0 单元中的一个 8 位数被传送到 QB3 单元。传送后,VB0 单元中的数不变。IN 可以是 VB、IB、QB、MB、SB、SMB 等存储器,也可以是一个 8 位立即数(用十进制表示,取值范围 0~255)。OUT 可以是 QB、VB、MB、SB、SMB 等存储器。

2. 字传送指令(MOVW)

字传送指令的梯形图举例和指令表分别如图 9.28(a)和(b)所示。其功能是:当使能端 EN 的触点 I0.0 接通时,存储器字 VW0(包括 VB0、VB1 连续两个字节)中的一个 16 位数被传送到 QW4(包括 QB4、QB5 两个连续字节)中。传送后,VW0 中的数不变。IN 可以是 VW、IW、QW、MW、SW、SMW,也可以是一个 16 位立即数(用十进制表示,取值范围 0~65535)。OUT 可以是 VW、QW、MW、SW、SMW。注意字传送指令中所用寄存器的序号一定能被 2 整除。

此外 S7-200 传送指令中还有双字传送指令、实数传送指令以及块传送指令。

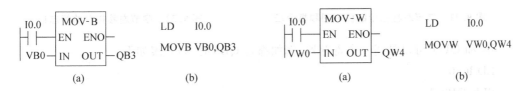

图 9.27　字节传送指令的梯形图和语句表　　图 9.28　字传送指令的梯形图和指令表

9.3.8 移位和循环移位指令

1. 字节右移指令(SRB)

字节右移指令的梯形图举例和指令表分别如图 9.29(a)和(b)所示。其功能是:当使能端 EN 的触点 I0.0 接通时,将输入字节 VB0 先传送到 QB3,再将 QB3 右移 1 位,高位补 0,最低位同时移入溢出标志位 SM1.1(如图 9.30 所示)。执行后,VB0 单元中的数不变。IN 可以是 VB、IB、QB、MB、SB、SMB,也可以是一个 8 位立即数(用十进制表示,取值范围 $0 \sim 255$)。OUT 可以是 VB、QB、MB、SB、SMB。N 是移位数($0 \sim 7$),例如 $N=2$,则执行一次 SRB 指令,右移 2 位。

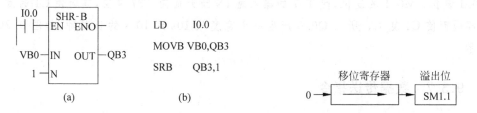

| 图 9.29　字节右移指令的梯形图和指令表 | 图 9.30　字节右移指令的标志位 |

IN 和 OUT 可以是同一个寄存器,例如都是 QB3 时,语句表如下:

LD I0.0

SRB QB3,1

2. 字节左移指令(SLB)

字节左移指令的梯形图举例和指令表分别如图 9.31(a)和(b)所示。其功能是:当使能端 EN 的触点 I0.0 接通时,将输入字节 VB0 先传送到 QB3,再将 QB3 左移 1 位,低位补 0,最高位同时移入溢出标志位 SM1.1(如图 9.32 所示)。执行后,VB0 单元中的数不变。IN、OUT 和 N 的规定与字节右移指令相同。

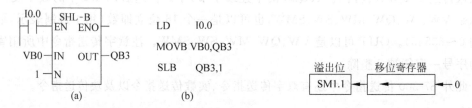

| 图 9.31　字节左移指令的梯形图和指令表 | 图 9.32　字节左移指令的标志位 |

IN 和 OUT 可以是同一个寄存器,例如都是 QB3 时,语句表如下:

LD I0.0

SLB QB3,1

3. 字节循环右移指令(RRB)

字节循环右移指令的梯形图举例和指令表分别如图 9.33(a)和(b)所示。其功能是:当使能端 EN 的触点 I0.0 接通时,将输入字节 VB0 先传送到 QB3,然后再将 QB3 循环右移 1 位,最低位同时移入溢出标志位 SM1.1(如图 9.34 所示)。执行后,VB0 单元中的数不变。IN、OUT 和 N 的规定与字节右移指令相同。

IN 和 OUT 可以是同一个寄存器,例如都是 QB3 时,语句表如下:

LD I0.0

RRB QB3,1

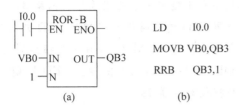

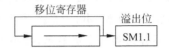

图 9.33 字节循环右移指令的梯形图和指令　　　图 9.34 字节循环右移指令的标位

4．字节循环左移指令（RLB）

字节循环左移指令的梯形图举例和指令表分别如图 9.35(a)和(b)所示。其功能是：当使能端 EN 的触点 I0.0 接通时，将输入字节 VB0 先传送到 QB3，然后再将 QB3 循环左移 1 位，最高位同时移入溢出标志位 SM1.1(如图 9.36 所示)。执行后，VB0 单元中的数不变。IN、OUT 和 N 的规定与字节右移指令相同。

当 IN 和 OUT 是同一个存储器时，例如都是 QB3，语句表如下：

LD I0.0

RLB QB3,1

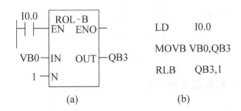

图 9.35 字节循环左移指令的梯形图和指令表　　图 9.36 字节循环左移指令的标志位

此外，移位指令中还有字和双字的右移、左移、循环右移、循环左移指令。

例 9.8 利用 S7-200 PLC 上的输出 LED 指示灯 Q0.7～Q0.0(见图 9.37)，编一个循环左移显示程序。要求：按起动按键 S₁，从 Q0.0 位至 Q0.7 位的 LED 指示灯依次循环点亮，每次只亮一个灯，亮持续时间 1s。按停止按钮 S₂，循环停止。

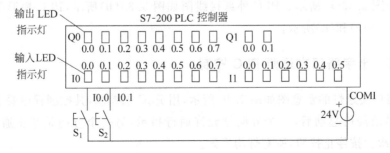

图 9.37 例 9.8 PLC 接线图

解 控制S7-200 PLC上的输出LED指示灯循环左移显示的梯形图和语句表分别如图9.38(a)和(b)所示。在梯形图中,网络1,用位存储器M0.0记忆起动按钮和停止按钮的动作信息。网络2,检测M0.0的上跳沿,使M0.1接通一个扫描周期。网络3,当按起动按钮后,M0.0和M0.1都接通,向输出寄存器QB0送初始值1,使输出LED先从Q0.0位开始亮。网络4,检测秒脉冲发生器SM0.5的上跳沿,使M0.2接通一个扫描周期。网络5,当M0.0和M0.2都接通时,使寄存器QB0左移一位,从而使输出LED从Q0.0至Q0.7不停地循环点亮显示,每个LED的点亮持续时间是1s。

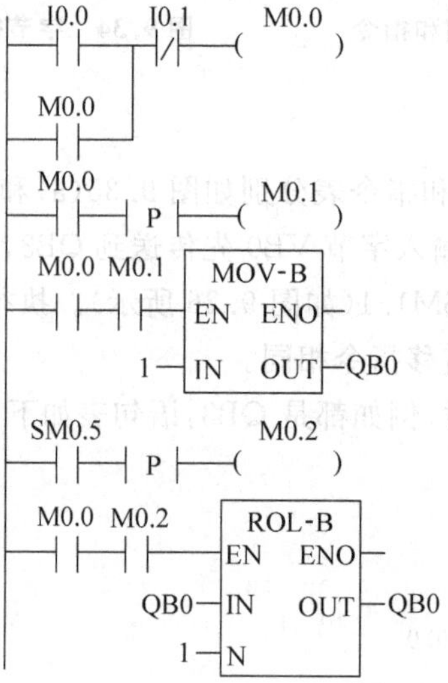

(a)

```
LD      I0.0
O       M0.0
AN      I0.1
=       M0.0
LD      M0.0
EU
=       M0.1
LD      M0.0
A       M0.1
MOVB    1,QB0
LD      SM0.5
EU
=       M0.2
LD      M0.0
A       M0.2
RLB     QB0,1
```

(b)

图9.38 例9.8的梯形图及语句表

9.4 PLC的应用举例

9.4.1 三相异步电动机Y-△起动PLC控制

三相异步电动机的Y-△起动PLC控制的电动机主电路见第8章图8.30,PLC的I/O接口分配如图9.39(a)所示。PLC外部接线图如图9.39(b)所示,PLC梯形图和语句表分别如图9.39(c)和(d)所示。

9.4.2 十字路口交通灯PLC控制

十字路口交通灯的示意图如图9.40所示,用PLC来控制,其控制程序要求如下。

当按起动按钮起动后,一个方向是允许通行指示,另一个方向是禁止通行指示,每10s切换一次。按停止按钮,所有灯均熄灭。

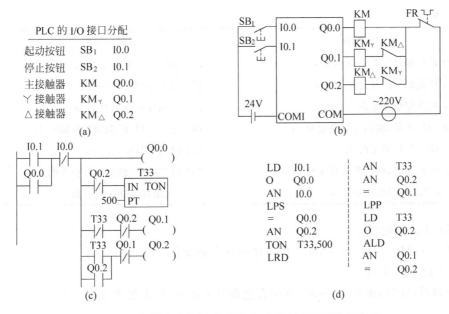

图 9.39　三相异步电机丫-△起动 PLC 控制梯形图和语句表

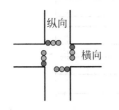

图 9.40　十字路口交通灯示意图

允许通行指示：绿灯亮，绿灯持续亮 7.5 s 之后，变为绿灯闪烁。绿灯闪烁 3 次（一次闪烁灭 0.19 s，亮 0.31 s），然后变为绿灯熄灭黄灯亮。黄灯持续亮 1 s 后熄灭，然后此方向转换为禁止通行指示。

禁止通行指示：红灯亮，红灯持续亮 9 s 之后，变为黄灯也亮，红灯和黄灯同时持续再亮 1 s 后都熄灭，然后此方向转换为允许通行指示。

（1）I/O 端口分配（表 9.6）

表　9.6

输入端口分配	输出端口分配
I0.0 停止按钮 SB_1	Q0.0 横向红灯 L_{01}, L_{02}
I0.1 起动按钮 SB_2	Q0.1 横向绿灯 L_{11}, L_{12}
	Q0.2 横向黄灯 L_{21}, L_{22}
	Q0.3 纵向红灯 L_{31}, L_{32}
	Q0.4 纵向绿灯 L_{41}, L_{42}
	Q0.5 纵向黄灯 L_{51}, L_{52}

（2）定时器、计数器分配（表 9.7）

表　9.7

横向灯控制	纵向灯控制
T33 横向绿灯闪烁定时 0.19s	T35 纵向绿灯闪烁定时 0.19s
T34 横向绿灯闪烁定时 0.31s	T36 纵向绿灯闪烁定时 0.31s
T37 横向绿灯亮定时 7.5s	T41 纵向绿灯亮定时 7.5s
T38 绿灯灭后，横向黄灯亮定时 1s	T42 绿灯灭后，纵向黄灯亮定时 1s
T39 横向红灯亮定时 9s	T43 纵向红灯亮定时 9s
T40 红灯亮时，横向黄灯亮定时 1s	T44 红灯亮时，纵向黄灯亮定时 1s
C4 横向绿灯闪烁次数计数	C5 纵向绿灯闪烁次数计数

（3）中间继电器

M0.0～M0.7，M1.0～M1.1 作为中间继电器使用。

（4）控制时序图

控制时序图如图 9.41 所示，其中有色部分表示亮灯，无色部分表示灭灯。

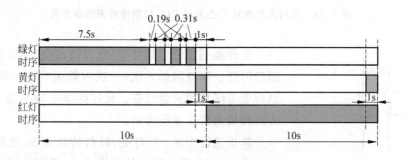

图 9.41　十字路口交通灯 PLC 控制时序图

（5）PLC 外部接线图（图 9.42）

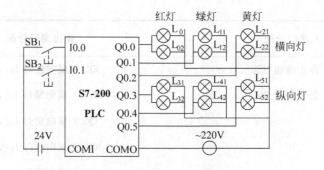

图 9.42　十字路口交通灯 PLC 控制外部接线图

（6）程序梯形图

程序梯形图如图 9.43 所示,其中右边的文字是该逻辑网络的功能注释。

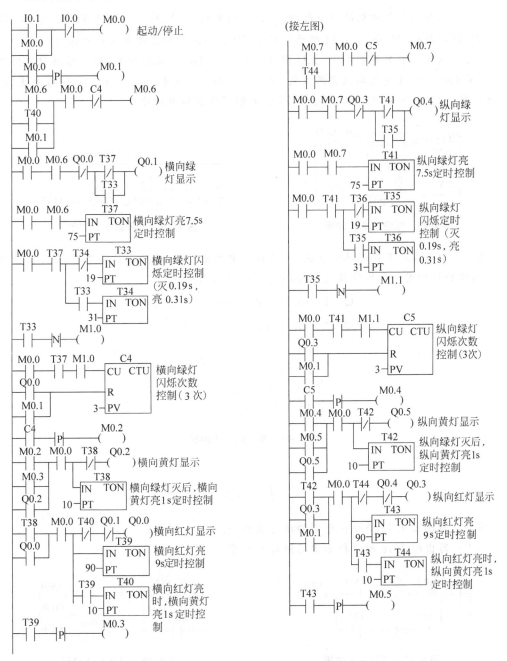

图 9.43   十字路口交通灯 PLC 控制程序梯形图

思 考 题

9.1　三相异步电动机的直接起动 PLC 控制电路中(见图 8.16),如果停止按钮 SB₁使用常闭(动断)按钮(如图 9.44 所示),那么,PLC 梯形图和语句表应如何设计?

9.2　例 9.8 中若要求输出 LED 指示灯 Q0.7~Q0.0 循环右移,即循环移位次序为 Q0.7 至 Q0.0,而且要求两位亮两位灭,亮持续时间 1s,如图 9.45 所示。按起动按键 S₁,循环开始,按停止按钮 S₂,循环停止。PLC 梯形图应该如何设计?

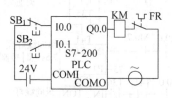

图 9.44　思考题 9.1 的图

图 9.45　思考题 9.2 的图

9.3　为了实现下列逻辑运算关系,有设计者画出图 9.46 所示的梯形图,但这是一个无法编程的梯形图。如何修改这个梯形图,使其能够编程?

$$Q0.1 = I0.1 \cdot (I0.3 + I0.5) \cdot \overline{I0.2}$$
$$Q0.2 = I0.3 \cdot (I0.1 + I0.5) \cdot \overline{I0.4}$$

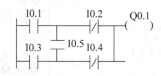

图 9.46　思考题 9.3 的图

习　　题

9.1　写出图 9.47 所示梯形图的语句表程序。

9.2　写出图 9.48 所示梯形图的语句表程序。

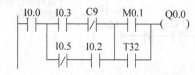

图 9.47　习题 9.1 的图

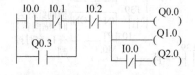

图 9.48　习题 9.2 的图

9.3　写出图 9.49 所示梯形图的语句表程序。

9.4　画出图 9.50 所示语句表程序的梯形图。

9.5　画出图 9.51 所示语句表程序的梯形图。

习 题

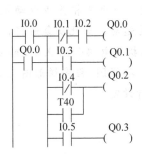

图 9.49 习题 9.3 的图

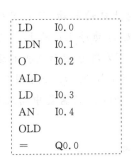

图 9.50 习题 9.4 的图

图 9.51 习题 9.5 的图

9.6 如图 9.52 所示,开机后,机床的工作台在 A、B 两点之间自动往复运动。试设计工作台的 PLC 控制程序,画出三相异步电机主电路图、PLC 外部接线图、PLC 梯形图,并写出语句表程序。设 A、B 两点处的行程开关 ST_1、ST_2 都只有一个常开触点。

图 9.52 习题 9.6 的图

9.7 图 9.53(a)所示梯形图中,已知 I0.0 的常开触点时序图如图 9.53(b)所示。画出 T37、T38、Q2.4 常开触点的时序图(常开触点闭合逻辑值为 1,断开逻辑值为 0)。

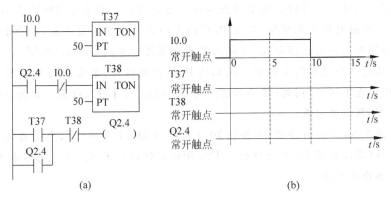

图 9.53 习题 9.7 的图

9.8 有一皮带传送系统如图 9.54 所示。控制要求为:按起动按钮,传送带 2 先起动,15s 后传送带 1 自动起动。停止的顺序正好相反,按停止按钮,传送带 1 先停止,20s 后传送带 2 自动停止。试设计该系统的程序,画出 PLC 的外部接线图及梯形图,并写出语句表程序。

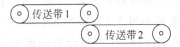

图 9.54 习题 9.8 的图

9.9 三相异步电动机的周期性自动起动、停止控制要求是：一台三相异步电动机，按起动按钮电动机起动，转动 5s 后自动停止；停止 3s 后又自动起动。如此反复进行，直到手动停止为止。用一个 220V、15W 灯泡指示电机的运行。电机主电路如图 9.55(a)所示，I/O 端口及定时器分配如图 9.55(b)所示。画出 PLC 的外部接线图、程序梯形图及语句表。接触器的线圈额定电压是 220V。若需要中间继电器自行设定。

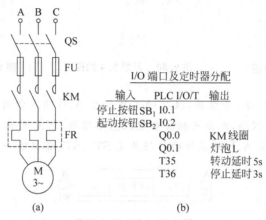

I/O 端口及定时器分配		
输入	PLC I/O/T	输出
停止按钮 SB$_1$	I0.1	
起动按钮 SB$_2$	I0.2	
	Q0.0	KM 线圈
	Q0.1	灯泡 L
	T35	转动延时 5s
	T36	停止延时 3s

(a)   (b)

图 9.55 习题 9.9 的图

9.10 设计由三相异步电动机驱动的搅拌机的 PLC 控制程序。要求是：按起动按钮电动机起动，正转 5s 后自动停止，停止 3s 后自动反转，反转 5s 后又自动停止，停止 3s 后又自动正转，如此反复进行。按下停止按钮可随时停止。用 2 个 220V、15W 灯泡指示电机的运行。画出电机主电路图，写出 PLC 的 I/O 端口及定时器分配，画出 PLC 的外部接线图、程序梯形图并写出语句表。(接触器的线圈额定电压是交流 220V)

9.11 编写一个控制汽车转向灯闪烁的 PLC 控制程序，要求手动开关 K 合上后，汽车转向灯(12V 直流供电)闪烁，亮 0.618s，灭 0.382s。K 打开，灯灭。画出 PLC 外部接线图和梯形图，写出语句表。

9.12 图 9.56 所示时序图，在按钮 I0.1 按下后 Q0.1 变为 1 状态并自保持，I1.1 输入 4 个脉冲后(用计数器 C5 加法计数)，T39 开始定时，10s 后 Q0.1 变为 0 状态，同时 C5 也被复位。画出梯形图。

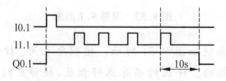

图 9.56 习题 9.12 的图

9.13 如图 9.57(a)所示，已知运料小车在 A 地上料，在 B 地卸料，两处分别设有行程开关 ST$_A$ 和 ST$_B$。电机主电路如图 9.57(b)所示，PLC I/O 分配表如图 9.57(c)所示，PLC 外部接线如图 9.57(d)所示，PLC 程序梯形图如图 9.57(e)所示。试分析运料小车的运行过程。

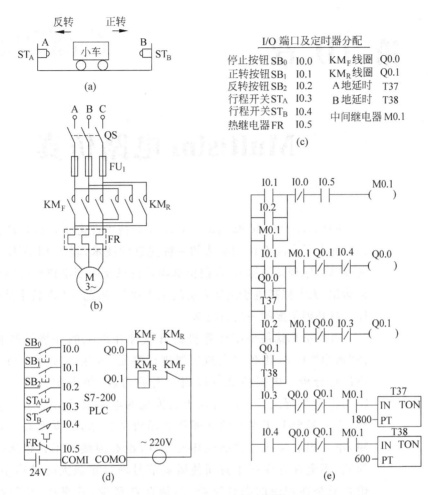

图 9.57 习题 9.13 的图

9.14 十字路口交通灯模型如图 9.58 所示,设计十字路口交通灯的 PLC 控制程序。要求一个方向是允许通行指示,另一个方向是禁止通行指示,每 10s 切换一次。

允许通行指示:绿灯持续亮 9s 后,转换为只黄灯亮,黄灯持续亮 1s 后,此方向转换为禁止通行指示。

禁止通行指示:红灯亮 9s,之后黄灯也亮,红灯与黄灯同时持续亮 1s 后,此方向转换为允许通行指示。

图 9.58 习题 9.14 的图

第 10 章

Multisim 电路仿真

EDA(electronic design automation)技术即电子设计自动化技术是当前电子产品设计和制造的一种先进的技术,利用 EDA 技术可以实现电路原理图的输入、电路仿真和分析以及印刷电路板的制作高度自动化,大大提高电子设计人员的工作效率,因此,EDA 技术是电子设计人员必须掌握的一门新技术。

电路仿真就是利用计算机仿真软件在虚拟的环境下联接电路并"通电"工作,用各种虚拟仪器进行测量,并用各种分析功能对电路进行分析。电路仿真可以用于解答习题、仿真实验以及进行电路的设计和调试。电路仿真比起传统的电路设计方法有许多优越性,它不需要购买多余的元器件和昂贵的仪器,不需要真实搭接线路,不必担心接线错误而烧坏元器件,没有因接触不良带来的查线烦恼,不会存在空间干扰而使微弱信号埋没在强大的噪声中,电路仿真只是在理想的条件下模拟,因此花费少、效率高,获得结果形象、准确。

电路仿真软件有许多种,如 Spice、PSpice、or-CAD、MAX PLUS Ⅱ、Electric Workbench(EWB)、Multisim2001、Multisim7 等。本章介绍的 Multisim7 是加拿大 Interactive Image Technologies 公司 2003 年推出的版本,是 Multisim2001 的升级版。由于 Multisim7 功能很强,不能面面俱到,本章只针对电工电子技术课程的学习作简要介绍。

关键术语 Key Terms

电子设计自动化(EDA) electronic design automation

仿真 simulation

数据库/组别/系列 database/group/family

元件/电路符号/功能 component/symbol/function

型号/厂家 model/manufactory

虚拟元件 virtual component

虚拟仪器 virtual instrument

万用表 multimeter
瓦特表(功率计) wattmeter
示波器 oscilloscope
波特图仪 Bode plotter

函数发生器 function generator
频谱分析仪 spectrum analyzer
直流工作点分析 DC operation point analysis
傅里叶分析 Fourier analysis

10.1 Multisim7 的使用方法

10.1.1 操作界面

1. 界面

Multisim7 的界面如图 10.1 所示。该界面主要由以下 8 部分组成:

(1) 主菜单栏;

(2) 系统工具栏;

(3) 设计工具栏;

(4) 主元件库,主元件库又包括实际元件库和虚拟元件库;

(5) 仪器库,仪器库中又包括虚拟仪器和仿真仪器,仿真仪器是 Agilent 公司的函数发生器、万用表和示波器;

(6) 电路窗口;

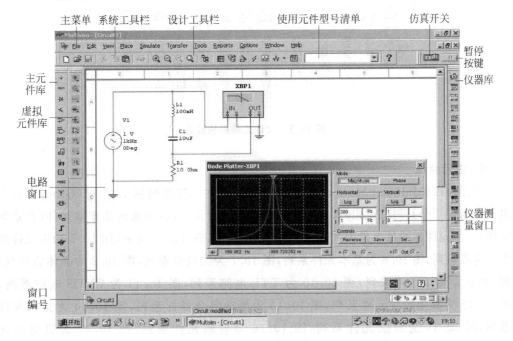

图 10.1 Multisim7 界面

（7）仪器测量窗口；

（8）仿真开关和暂停键。

2．主菜单

Multisim7 的主菜单如图 10.2 所示，其中文件和编辑两个菜单的功能与 Windows 类似，其他菜单都是 Multisim 的功能。主菜单的下拉子菜单中的许多常用功能都设置了快捷方式放在界面上，例如设计工具、元件库、仪器库、运行开关等。

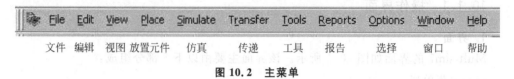

File	Edit	View	Place	Simulate	Transfer	Tools	Reports	Options	Window	Help
文件	编辑	视图	放置元件	仿真	传递	工具	报告	选择	窗口	帮助

图 10.2　主菜单

3．系统工具栏

Multisim7 的系统工具栏与 Windows 相同。

4．设计工具栏

Multisim7 的设计工具栏如图 10.3 所示。

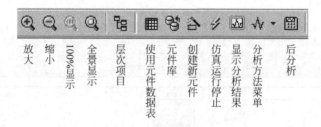

放大　缩小　100%显示　全景显示　层次项目　使用元件数据表　元件库　创建新元件　仿真运行停止　显示分析结果　分析方法菜单　后分析

图 10.3　设计工具栏快捷键

5．主元件库

主元件库（Multisim Master）如图 10.4 所示。主元件库包括 13 个组（Group），每个组又包括若干个系列（Family），其中有的系列是实际元件，有的系列是虚拟元件（背景为绿色）。主元件库的每个组中的元件系列如图 10.5～图 10.17 所示（图 10.5 为主元件库中的电源系列，图 10.6 为基本元件系列，图 10.7 为二极管系列，图 10.8 为晶体管系列，图 10.9 为模拟器件系列，图 10.10 为 TTL 电路系列，图 10.11 为 CMOS 电路系列，图 10.12 为其他数字元件系列，图 10.13 为模数混合器件系列，图 10.14 为指示元件系列，图 10.15 为混杂元件系列，图 10.16 为射频元件系列，图 10.17 为机电类元件系列）。

实际元件给出了生产厂家的实际参数,这些参数一般不能更改,而虚拟元件只给出几个主要参数,这些参数可以任意设定。例如,实际电阻给出了电阻值、公差、额定功耗、封装形式等详细参数;而虚拟电阻只给出电阻值和公差,这些参数可以由用户任意设定,例如电阻值可以由 pOhm(Ohm,欧姆(Ω))量级到 TOhm 量级任意设定(注:$1\text{pOhm}=10^{-12}\,\text{Ohm}$,$1\text{TOhm}=10^3\,\text{GOhm}=10^6\,\text{MOhm}=10^9\,\text{kOhm}=10^{12}\,\text{Ohm}$)。

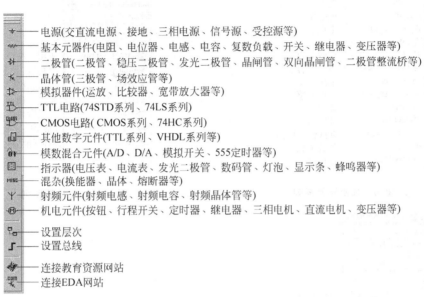

电源(交直流电源、接地、三相电源、信号源、受控源等)
基本元器件(电阻、电位器、电感、电容、复数负载、开关、继电器、变压器等)
二极管(二极管、稳压二极管、发光二极管、晶闸管、双向晶闸管、二极管整流桥等)
晶体管(三极管、场效应管等)
模拟器件(运放、比较器、宽带放大器等)
TTL电路(74STD系列、74LS系列)
CMOS电路(CMOS系列、74HC系列)
其他数字元件(TTL系列、VHDL系列等)
模数混合元件(A/D、D/A、模拟开关、555定时器等)
指示器(电压表、电流表、发光二极管、数码管、灯泡、显示条、蜂鸣器等)
混杂(换能器、晶体、熔断器等)
射频元件(射频电感、射频电容、射频晶体管等)
机电元件(按钮、行程开关、定时器、继电器、三相电机、直流电机、变压器等)
设置层次
设置总线
连接教育资源网站
连接EDA网站

图 10.4 主元件库

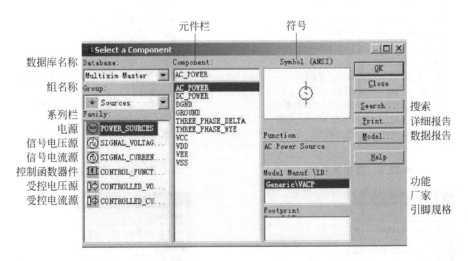

图 10.5 主元件库中的电源系列

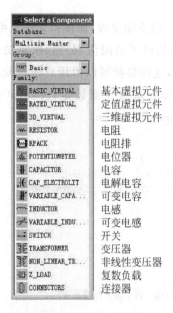

图 10.6 基本元件系列

基本虚拟元件
定值虚拟元件
三维虚拟元件
电阻
电阻排
电位器
电容
电解电容
可变电容
电感
可变电感
开关
变压器
非线性变压器
复数负载
连接器

图 10.7 二极管系列

虚拟二极管
二极管
稳压二极管
发光二极管
二极管整流桥
晶闸管
双向晶闸管

图 10.8 晶体管系列

虚拟三极管
NPN三极管
PNP三极管
NPN达林顿管
PNP达林顿管
增强型NMOS管
增强型PMOS管
N沟道JFET
P沟道JFET
N沟道MOS功率管
P沟道MOS功率管
温度模型

图 10.9 模拟器件系列

虚拟模拟器件
运放
诺顿运放
比较器
宽带运放

图 10.10 TTL 电路系列

74系列
74LS系列

图 10.11 CMOS 电路系列

CMOS 10V系列
74HC 4V系列

TTL系列
VHDL系列
VERILOG HDL系列

图 10.12　其他数字元件系列

虚拟模数混合器件
555定时器
ADC,DAC
模拟开关

图 10.13　模数混合器件系列

电压表
电流表
发光探头
蜂鸣器
灯泡
虚拟灯泡
数码管
显示条

图 10.14　指示元件系列

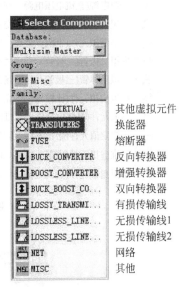

其他虚拟元件
换能器
熔断器
反向转换器
增强转换器
双向转换器
有损传输线
无损传输线1
无损传输线2
网络
其他

图 10.15　混杂元件系列

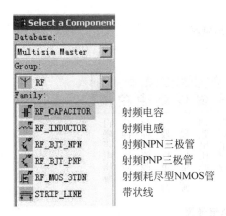

射频电容
射频电感
射频NPN三极管
射频PNP三极管
射频耗尽型NMOS管
带状线

图 10.16　射频元件系列

敏感开关
瞬时开关
辅助开关
定时触点
线圈继电器
线性变压器
保护器件
输出器件

图 10.17　机电类元件系列

6. 虚拟元件库

主元件库中的虚拟元件又单独集中起来，组成虚拟元件库（背景为浅蓝色），其快捷键功能如图 10.18 所示。虚拟元件库中又分为 10 个组，每个组中的元件系列分别如图 10.19～图 10.28 所示（图 10.19 为虚拟电源，图 10.20 为虚拟信号源，图 10.21 为基本虚拟元件，图 10.22 为虚拟二极管，图 10.23 为虚拟晶体管，图 10.24 为虚拟模拟电路，图 10.25 为杂项虚拟元件，图 10.26 为定值虚拟元件，图 10.27 为三维虚拟元件，图 10.28 为虚拟测量元件）。

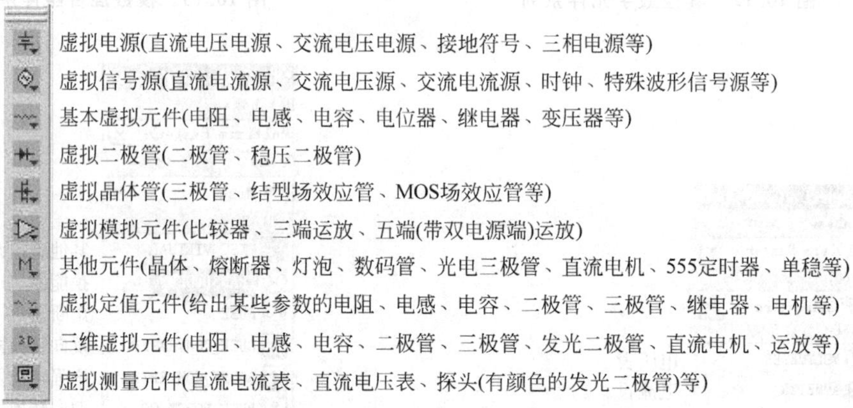
虚拟电源(直流电压电源、交流电压电源、接地符号、三相电源等)
虚拟信号源(直流电流源、交流电压源、交流电流源、时钟、特殊波形信号源等)
基本虚拟元件(电阻、电感、电容、电位器、继电器、变压器等)
虚拟二极管(二极管、稳压二极管)
虚拟晶体管(三极管、结型场效应管、MOS场效应管等)
虚拟模拟元件(比较器、三端运放、五端(带双电源端)运放)
其他元件(晶体、熔断器、灯泡、数码管、光电三极管、直流电机、555定时器、单稳等)
虚拟定值元件(给出某些参数的电阻、电感、电容、二极管、三极管、继电器、电机等)
三维虚拟元件(电阻、电感、电容、二极管、三极管、发光二极管、直流电机、运放等)
虚拟测量元件(直流电流表、直流电压表、探头(有颜色的发光二极管)等)

图 10.18 虚拟元件库

Power Source Components
交流电压电源
直流电压电源
数字接地
模拟接地
三相△电源
三相Y电源
VCC电源
VDD电源
VEE电源
VSS电源

图 10.19 虚拟电源

Signal Source Components
交流电流源
交流电压源
调幅电压源
时钟电流源
时钟电压源
直流电流源
指数电流源
指数电压源
调频电流源
调频电压源
分段线性电流源
分段线性电压源
脉冲电流源
脉冲电压源
白噪声电压源

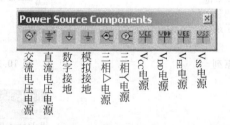

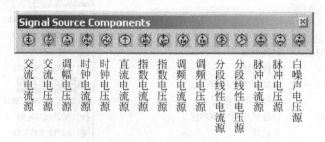

图 10.20 虚拟信号源

图 10.21　基本虚拟元件

可变电感
继电器(复合触点)
继电器(常闭触点)
理想电感
电位器
电阻
虚拟可变电容
继电器(常开触点)
虚拟电容
无铁心线圈
有铁心线圈
非线性变压器
虚拟变压器
音频变压器
电源变压器
变压器
压控电阻器

图 10.22　虚拟二极管

虚拟二极管
虚拟稳压管

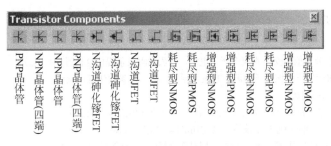

图 10.23　虚拟晶体管

PNP晶体管
NPN晶体管(四端)
NPN晶体管
PNP晶体管(四端)
N沟道砷化镓FET
P沟道砷化镓FET
N沟道JFET
P沟道JFET
耗尽型NMOS
耗尽型PMOS
增强型NMOS
增强型PMOS
耗尽型NMOS
耗尽型PMOS
增强型NMOS
增强型PMOS

图 10.24　虚拟模拟电路

比较器
运放(五端)
运放(三端)

图 10.25　杂项虚拟元件

模拟开关
晶体
熔断器
灯泡
光电三极管
DCD数码管
七段数码管(共阳极)
七段数码管(共阴极)
理想555定时器
锁相环电路
虚拟单稳

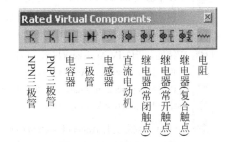

图 10.26　定值虚拟元件

NPN三极管
PNP三极管
电容器
二极管
电感器
直流电动机
继电器(常闭触点)
继电器(常开触点)
继电器(复合触点)
电阻

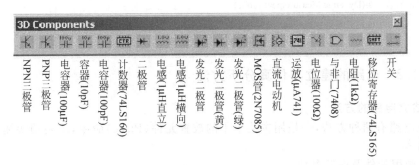

图 10.27　三维虚拟元件

NPN三极管
PNP三极管
电容器(100μF)
容器(10pF)
电容器(100pF)
计数器(74LS160)
二极管
电感(1μH直立)
电感(1μH横向)
发光二极管
发光二极管(黄)
发光二极管(绿)
MOS管(2N7085)
直流电动机
运放(μA741)
电位器(100Ω)
与非门(7408)
电阻(1kΩ)
移位寄存器(74LS165)
开关

Measurement Components
直流电流表
直流电流表
虚拟直流电流表
虚拟直流电流表
发光探头(白色)
发光探头(蓝色)
发光探头(绿色)
发光探头(红色)
发光探头(黄色)
直流电压表
直流电压表
虚拟直流电压表
虚拟直流电压表

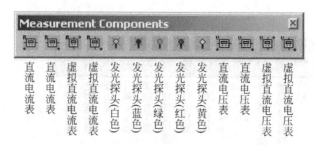

图 10.28 虚拟测量元件

7. 仪器库

仪器库的功能如图 10.29 所示。

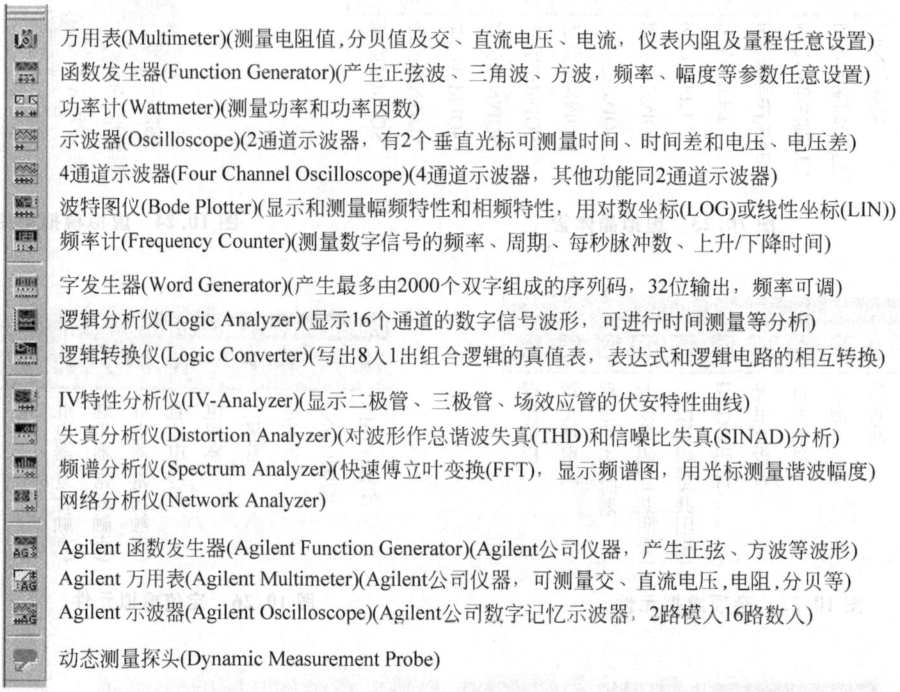
万用表(Multimeter)(测量电阻值,分贝值及交、直流电压、电流,仪表内阻及量程任意设置)
函数发生器(Function Generator)(产生正弦波、三角波、方波,频率、幅度等参数任意设置)
功率计(Wattmeter)(测量功率和功率因数)
示波器(Oscilloscope)(2通道示波器,有2个垂直光标可测量时间、时间差和电压、电压差)
4通道示波器(Four Channel Oscilloscope)(4通道示波器,其他功能同2通道示波器)
波特图仪(Bode Plotter)(显示和测量幅频特性和相频特性,用对数坐标(LOG)或线性坐标(LIN))
频率计(Frequency Counter)(测量数字信号的频率、周期、每秒脉冲数、上升/下降时间)
字发生器(Word Generator)(产生最多由2000个双字组成的序列码,32位输出,频率可调)
逻辑分析仪(Logic Analyzer)(显示16个通道的数字信号波形,可进行时间测量等分析)
逻辑转换仪(Logic Converter)(写出8入1出组合逻辑的真值表,表达式和逻辑电路的相互转换)
IV特性分析仪(IV-Analyzer)(显示二极管、三极管、场效应管的伏安特性曲线)
失真分析仪(Distortion Analyzer)(对波形作总谐波失真(THD)和信噪比失真(SINAD)分析)
频谱分析仪(Spectrum Analyzer)(快速傅立叶变换(FFT),显示频谱图,用光标测量谐波幅度)
网络分析仪(Network Analyzer)
Agilent 函数发生器(Agilent Function Generator)(Agilent公司仪器,产生正弦、方波等波形)
Agilent 万用表(Agilent Multimeter)(Agilent公司仪器,可测量交、直流电压,电阻,分贝等)
Agilent 示波器(Agilent Oscilloscope)(Agilent公司数字记忆示波器,2路模入16路数入)
动态测量探头(Dynamic Measurement Probe)

图 10.29 仪器库

10.1.2 电路的建立与仿真分析方法

1. 建立电路的方法

建立电路有两种方法,一是用主菜单中的放置元件(Place)命令,二是用快捷方式,一般常用后者。

(1) 调用元件及设置参数

若用主元件库,则用鼠标左键双击元件名称,就可在电路窗口中建立一个元件。若用虚拟元件库,则用鼠标左键单击元件按键。用鼠标右键单击空白处弹出的菜单也可以放置元件、结点、总线、接线点、文本等,并可以添删网格、边框等。

元件调出后,用鼠标左键按着元件可以拖动位置,用鼠标左键也可以单独拖动元件的编号及参数字符移动位置。若用鼠标左键双击元件图(或元件的参数文本),则显示该元件的参数对话框,可以在对话框中更改参数(实际元件的参数一般不能更改)。若用鼠标右键单击元件图,则显示一个可以对元件图进行剪切、复制、旋转、改变颜色、改变文本字型和尺寸以及编辑符号的对话框。

(2) 调用虚拟仪器及设置

在仪器库中用左键单击仪表按键后,就可以拖出一个仪器符号图。仪器调出后,用左键按着符号图可以拖动位置。用左键双击仪表符号图,可显示该仪表的面板图,在仪表面板图上用户可以选择测量项目和设置量程等。用右键单击仪表符号图,则显示一个可以对仪表符号图进行剪切、复制、旋转、改变颜色、改变字型和尺寸的对话框。

(3) 连线

自动连线用左键单击要连线的两引脚或已经连好的线,手动连线在拐点处单击左键。用左键按着连线可以拖动位置。左键双击连线,用弹出的菜单命令可以修改结点编号。右键单击空白处,用弹出的菜单命令可以添加结点和改变连线的宽度。右键单击连线,用弹出的菜单命令可以对连线进行删除和改变颜色。

2. 仿真电路的方法

要仿真电路,左键单击界面右上角的仿真开关。左键双击仪器,可显示仪器面板图,从仪器面板图上可以观察动态波形或读数。在仿真运行时单击暂停按键可暂停运行,再单击一次暂停按键又继续运行。若再单击一次仿真开关则停止仿真。

3. 仿真分析的方法

Multisim7 提供的分析方法有 20 种,左键单击设计工具栏中的分析方法菜单即可显示分析方法菜单,如图 10.30 所示。在电路仿真中将用直流工作点分析、傅里叶分析等方法。

DC Operating Point...	直流工作点分析
AC Analysis	交流分析
Transient Analysis...	瞬态分析
Fourier Analysis...	傅里叶分析
Noise Analysis...	噪声分析
Noise Figure Analysis...	噪声系数分析
Distortion Analysis...	失真分析
DC Sweep...	直流扫描分析
Sensitivity...	灵敏度分析
Parameter Sweep...	参数扫描分析
Temperature Sweep...	温度扫描分析
Pole Zero...	零极点分析
Transfer Function...	转移函数分析
Worst Case...	最坏情况分析
Monte Carlo...	蒙特卡罗分析
Trace Width Analysis...	轨迹宽度分析
Batched Analyses...	批处理分析
User Defined Analysis...	用户自定义分析
Stop Analysis	停止分析
RF Analyses	射频分析

图 10.30 分析方法菜单

10.2　Multisim 的虚拟仪器

10.2.1　万用表

万用表用于测量直流电流和电压值、交流电流和电压值(有效值)、电阻值及级差(单位为分贝,dB)。dB 挡常用于测量一个电路的电压(直流或交流)放大或衰减的程度。

用图 10.31(a)的测试电路来说明交流电压和级差的测量,测量结果分别见图 10.31(b)、(c)。级差的定义为

$$20\log\left|\frac{U_\circ}{U_i}\right|(\text{dB})$$

式中,$U_\circ$ 为万用表的测量值;U_i 代表电源电压或其他参考电压。U_i 的值在设置界面(图 10.31(d))中"dB relative value"栏设置。若 U_i 设置为 10V,测量值 $U_\circ=5$V,则

$$20\log(5/10)=-6.021(\text{dB})$$

设置界面还可以设置电流表内阻、电压表内阻、欧姆表电流,还可以设置电流表、电压表和欧姆表的满量程范围。

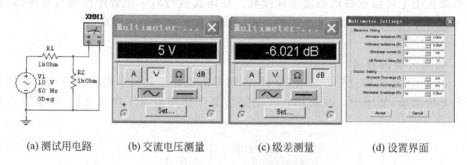

(a) 测试用电路　　　(b) 交流电压测量　　　(c) 级差测量　　　(d) 设置界面

图 10.31　万用表

10.2.2　功率计

功率计用于测量直流功率或交流平均功率以及功率因数 $\cos\varphi$。功率计联接时电压接线端子与被测电路并联,电流接线端子与被测电路串联,测试用电路如图 10.32(a)所示。仿真测量结果如图 10.32(b)所示(手工计算结果为 $P=115.3$W,$\cos\varphi=0.54$)。

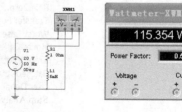

(a) 测试用电路　　　(b) 测量结果

10.2.3　示波器

示波器有两种,即 2 通道示波器和 4 通道示

图 10.32　功率计

波器,可进行电压波形的显示(交替显示、加法显示、李萨如图形显示)、波形存储、波形冻结、波形浏览和测量,有两个垂直光标 T1、T2 可测量波形幅度、幅度差、时间、时间差。用2 通道示波器的测试电路见图 10.33(a),显示界面如图 10.33(b)所示。

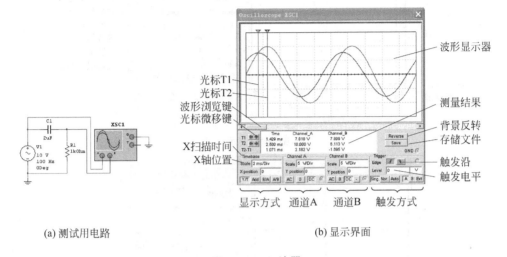

(a) 测试用电路   (b) 显示界面

图 10.33　示波器

10.2.4　波特图仪

波特图仪用于测量电路的幅频特性和相频特性。波特图仪联接时输入接线端子(IN)接电路的输入电压,输出接线端子(OUT)接电路的输出电压,输入电压的幅度、频率及初相位都不必设置,波特图仪自动对输入电压的频率进行扫描,并对输出电压的幅度和相位进行采样,显示出输出电压相对于输入电压的幅频特性和相频特性。在显示窗口上可用光标测量各种频率及其对应的输出电压与输入电压的电压幅度比值及相位差。通过设置界面可设置横向显示点数(1~1000 点),默认值为 100 点。

波特图仪的测试用电路、幅频特性和相频特性显示结果分别见图 10.34(a)、(b)、(c)。

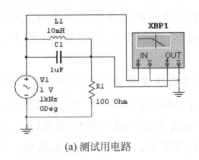

(a) 测试用电路

图 10.34　波特图仪

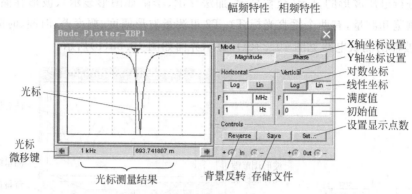

(b) 幅频特性显示

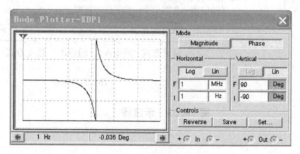

(c) 相频特性显示

图 10.34（续）

10.3　Multisim 的分析方法

10.3.1　直流工作点分析

　　直流工作点分析(DC Operating Point Analysis)能同时测量各结点的直流电位值和直流电源的输出电流值,用于分析直流电路和晶体管放大电路的静态工作点。直流工作点分析是假设电路中的交流信号为 0,且电路处于稳定状态,即假设电路中的电容开路,电感短路。

　　下面用图 10.35 所示直流电路说明直流工作点分析的方法。首先显示出电路的结点号,调出直流工作点分析设置界面(图 10.36 所示),从左边电路变量栏中选择要分析的结点 \$3 和 vv1♯branch(直流电源支路电流),然后添加(Add)到右边的被分析变量栏中,然后单击仿真键,即可显示出如图 10.37 所示的分析结果。分析结果表示该结点的电位值和直流电源的输出电流值(注意：Multisim 定义电流正方向流向电源正极性端,所以电流测量结果为负值)(手工计算结果为：结点 3 的电位 $V_3 = 1.5\text{V}$,电压源的输出电流 $I_1 = 125\mu\text{A}$)。

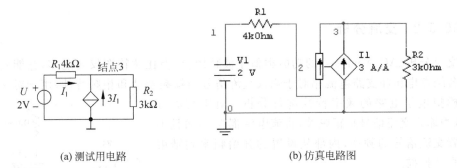

(a) 测试用电路　　　　　　　　　　　　　　(b) 仿真电路图

图 10.35　直流工作点分析测试电路

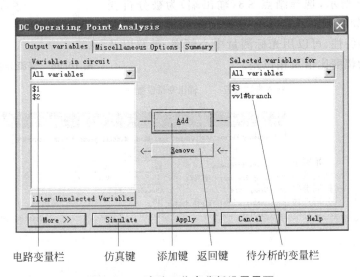

电路变量栏　　仿真键　　添加键　返回键　待分析的变量栏

图 10.36　直流工作点分析设置界面

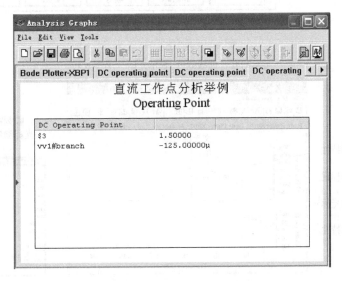

图 10.37　直流工作点分析结果

10.3.2 交流分析

交流分析(AC Analysis)的功能类似于波特图仪,但比波特图仪功能多,它能测量电路中各结点电压和支路电流相对于输入交流信号的幅频特性和相频特性,用于对交流电路和模拟电子电路的频率特性进行分析。对于交流分析,认为输入交流信号是正弦波,直流电源都为 0,而且不必设置交流信号的频率,内部从设置的开始频率到结束频率自动扫描。

用图 10.38 的电路为测试电路,交流分析的设置界面如图 10.39 所示,选择结点 $3(输出端)为被分析变量,分析结果如图 10.40 所示。分析结果同屏显示出幅频特性和相频特性,可以用光标测量中心频率、带宽以及各种频率下的幅度比值及相位差。

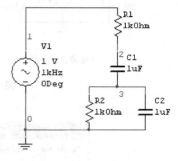

图 10.38   交流分析测试用电路

频率参数设置   输出变量设置

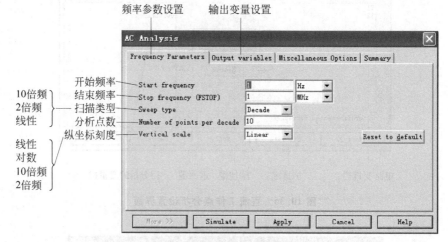

图 10.39   交流分析设置界面

显示刻度   曲线颜色   显示光标   背景反转

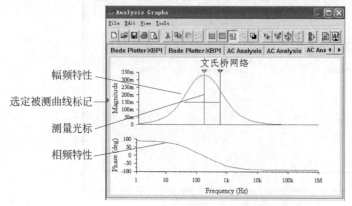

幅频特性
光标测量结果

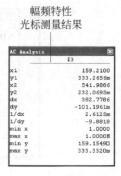

图 10.40   交流分析结果

10.3.3 傅里叶分析

Multisim 中的傅里叶分析(Fourier Analysis)用于分析周期性非正弦波形,它首先对周期性非正弦波形进行采样(Sampling)变为数字量,然后用快速傅里叶变换(FFT)方法求出傅里叶级数的幅度频谱和相位频谱及其他参数,最后以图形和图表的方式显示。

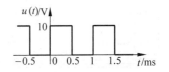

例 10.1 将图 10.41 所示的幅度为 10V、频率为 1kHz 的脉冲信号进行傅里叶分析,根据分析结果,写出该波形的傅里叶级数,并与手工计算结果相比较。

图 10.41 例 10.1 的图

解 建立电路并用示波器观察波形,如图 10.42 所示。

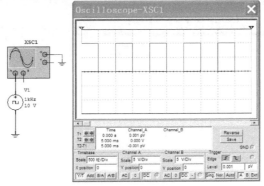

图 10.42 例 10.1 的仿真电路及波形

用下拉菜单 Simulate/Analyses/Foutier Analysis,选择傅里叶分析功能,出现参数设置界面如图 10.43 所示。在分析参数设置(Analysis parameters)对话框的采样选择(Sampling options)中设置频率分辨率(Frequency resolution)为基波频率(1000Hz),谐波个数(Number of)为 9,采样停止时间(Stop time for sampling)为 0.1s;在显示结果(Results)中选择显示相频特性(display shase)和用谱线图方式显示(Display as bar graph),显示选项(Display)中可选图表(Chart)、图形(Graph)或图表加图形(Chart and Graph),纵坐标(Vertical scale)选择线性坐标(Linear)。

输出变量(Output variables)选择界面如图 10.44 所示,在输出变量选择界面中,选择要进行傅里叶分析的电路中的变量(Variables in circuit),并添加(Add)到所选变量栏(Selected variables for)中。电路中有几个结点就有几个变量,本电路只有一个变量($1)。最后,单击仿真软键(Simulate),屏幕上就会出现分析结果——频率特性谱图和频率特性图表,分别如图 10.45 和图 10.46 所示。

根据分析得到的图表可以写出该脉冲信号的傅里叶级数如下(幅度精确到 0.01V,初相位精确到 0.1°,偶次谐波幅度极小忽略不计):

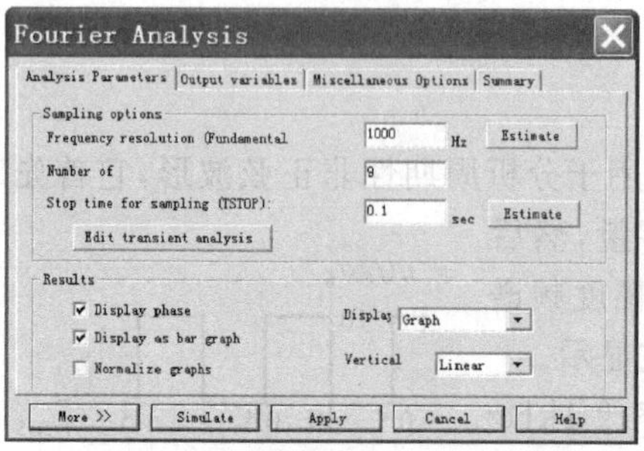

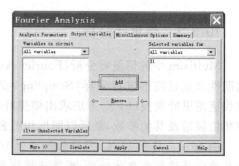

图 10.43 傅里叶分析参数设置界面   图 10.44 傅里叶分析输出变量选择界面

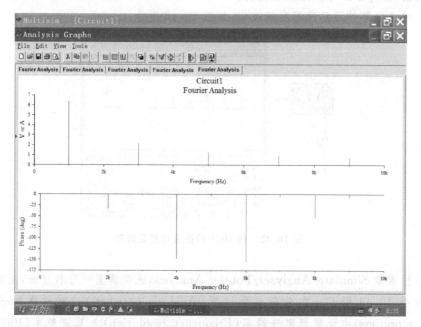

图 10.45 傅里叶分析结果(频率特性谱图)


```
Fourier analysis for $1:          直流分量            各次谐波分量
DC component: 5                                       的幅度及初相位

        No. Harmonics: 9, THD: 42.9018 %, Gridsize: 256, Interpolation Degree: 1

Harmonic  Frequency      Magnitude      Phase        Norm. Mag     Norm. Phase
--------  ---------      ---------      -----        ---------     -----------
   1        1000         6.36636        -0.70313     1             0
   2        2000         4.76392e-016   -33.607      7.48295e-017  -32.904
   3        3000         2.12255        -2.1094      0.3334        -1.4062
   4        4000         5.56896e-016   -148.44      8.74748e-017  -147.74
   5        5000         1.27404        -3.5156      0.200121      -2.8125
   6        6000         6.41025e-016   -154.34      1.0069e-016   -153.64
   7        7000         0.910576       -4.9219      0.143029      -4.2187
   8        8000         8.55926e-016   -54.163      1.34445e-016  -53.46
   9        9000         0.708795       -6.3281      0.111335      -5.625
```

图 10.46 傅里叶分析结果(频率特性图表)

$$u(t) = 5 + 6.37\sin(\omega t - 0.7°) + 2.12\sin(3\omega t - 2.1°) + 1.27\sin(5\omega t - 3.5°)$$
$$+ 0.91\sin(7\omega t - 4.9°) + 0.71\sin(9\omega t - 6.3°) + \cdots \text{V}$$

手工计算结果为

$$u(t) = 5 + 6.37\sin\omega t + 2.12\sin3\omega t + 1.27\sin5\omega t + 0.91\sin7\omega t + 0.71\sin9\omega t + \cdots \text{V}$$

比较结果：幅度无误差,相位有误差。误差来源：采样开始时间并不一定是从脉冲波的上升沿开始,原信号波形就有一定的相移。

在傅里叶分析结果图表中,还给出了总谐波失真度 THD=42.9018%,它是 IEEE 标准的总谐波失真度,即

$$\text{THD}_{\text{IEEE}} = \frac{\sqrt{A_3^2 + A_5^2 + A_7^2 + A_9^2 + \cdots}}{|A_1|} \approx \frac{\sqrt{2.12^2 + 1.27^2 + 0.91^2 + 0.71^2}}{6.37} \approx 42.8\%$$

注意：总谐波失真度公式中不出现直流分量。

10.4 基本电路的仿真

10.4.1 电路习题解答仿真

1. 直流电路

例 10.2 图 10.47 所示电路,求各支路的电流。

解 如果用手工解法,则用支路电流法列方程组

$$\begin{cases} I_1 + I_5 - I_2 = 0 \\ I_3 - I_5 - I_4 = 0 \\ I_S - I_1 - I_3 = 0 \\ I_1 R_1 + U_S - I_3 R_3 = 0 \\ I_2 R_2 - I_4 R_4 - U_S = 0 \end{cases}$$

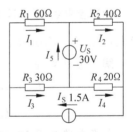

图 10.47 例 10.2 的图

求解可得

$$I_1 = \frac{1}{6}\text{A}, \quad I_2 = 1\text{A}, \quad I_3 = \frac{4}{3}\text{A}, \quad I_4 = \frac{1}{2}\text{A}, \quad I_5 = \frac{5}{6}\text{A}$$

若用仿真方法,仿真电路如图 10.48 所示,电源用实际直流电源或虚拟直流电源,双击电源的参数文本可以重新设置参数。注意不论使用直流电源还是交流电源,电路中必须有接地符号,否则仿真不能运行。电阻一般用虚拟电阻,虚拟电阻值可以重新设置参数而实际电阻值不能改变参数。在各支路中串接直流电流表(若电流表极性接反则读数为负),按下仿真运行按钮后,各电流表显示的读数为

$$I_1 = 0.167\text{A}, \quad I_2 = 1.000\text{A}, \quad I_3 = 1.333\text{A}, \quad I_4 = 0.500\text{A}, \quad I_5 = 0.833\text{A}$$

与理论计算值一致。

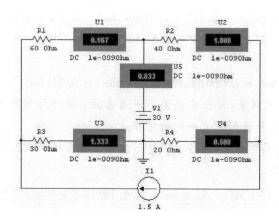

图 10.48 例 10.2 的仿真

2．交流电路

例 10.3 图 10.49 所示电路,在三相电源上接入了一组不对称的丫接电阻负载,已知 $R_1=484\Omega,R_2=242\Omega,R_3=121\Omega$;三相电源相电压 $\dot{U}_{AN}=220\angle0°V$。求:

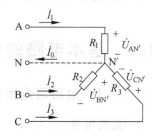

(1) 中线电流的大小;

(2) 若中线 N'—N 因事故而断开,求中线断开后各相负载电压 $U_{AN'},U_{BN'},U_{CN'}$ 及 $\dot{U}_{N'N}$。

图 10.49 例 10.3 的图

解 由计算得

$$I_0=1.202A, \quad U_{AN'}=287.93V, \quad U_{BN'}=249.57V,$$

$$U_{CN'}=143.99V, \quad \dot{U}_{N'N}=83.11\angle221°V$$

仿真电路如图 10.50(a)所示。电源用实际交流电源或虚拟交流电源(电压参数为有效值(RMS),相位参数为滞后),电阻用虚拟电阻,双击参数文本设置电源和电阻的参数。用万用表测量电压或电流,双击万用表图符,从显示的面板图上选择测量项目(交流电压或电流),万用表的读数为有效值。用 4 通道示波器观察 4 路电压波形,仿真运行后双击示波器图符,从显示的示波器面板图上选择触发方式(Trigger)为上升沿触发、触发电平 0V、A 通道单次(Sing)触发,调节扫描频率和垂直分辨率以便观察到幅度和周期数合适的波形,改变电路图中示波器各通道的连线颜色,就可以改变相应波形的颜色。用示波器观察到的 3 个相电压和 $u_{N'N}$ 的波形如图 10.50(b)所示,用万用表 XMM1 测量中线电流的结果如图 10.50(c)所示,用万用表 XMM1～XMM4 测量各相负载电压和电压 $U_{N'N}$ 的结果分别如图 10.50(d)、(e)、(f)、(g)所示。用示波器的两个光标可测得 u_{AN} 和 $u_{N'N}$ 的过零点时间差为 12.317 ms,从而可算出 $u_{N'N}$ 的初相位为(12.317ms/20ms)×360°=221.7°,因此 $\dot{U}_{N'N}=83.152\angle221.7°V$。仿真结果与计算结果相符。

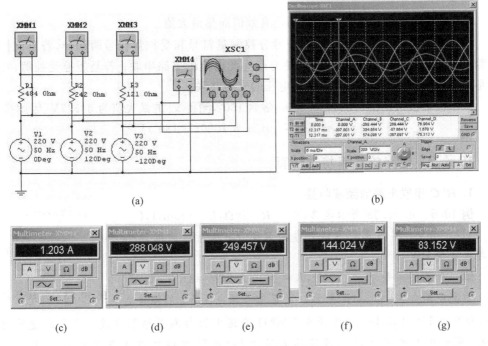

(a)　　　　　　　　　　　　　　(b)

(c)　　　　(d)　　　　(e)　　　　(f)　　　　(g)

图 10.50　例 10.3 的三相电路仿真

3. 含受控源电路

例 10.4　图 10.51 所示电路，已知输入电压为 $u_i = 100\sin(2\pi \times 1000t)\,\mathrm{mV}$，求输出电压 u_o。

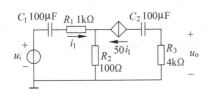

图 10.51　例 10.4 的图

解　电容的容抗 $X_C = \dfrac{1}{\omega C} = 1.59\,\Omega$，电容的容抗与其相串联的电阻值相比可忽略不计，因此，由计算方法得到的输出电压为

$$u_o = 3.279\sin(2\pi \times 1000t - 180°)\,\mathrm{V}$$

仿真电路及结果分别如图 10.52(a)、(b)所示。

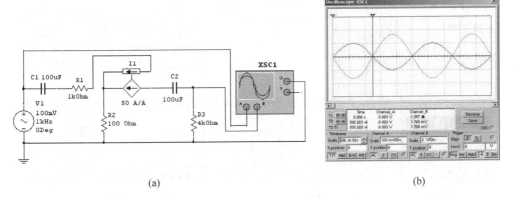

(a)　　　　　　　　　　　　　　(b)

图 10.52　例 10.3 含受控源电路仿真

注意：

（1）交流信号源给出的幅度值不是有效值而是最大值。

（2）受控源的接线。受控源的符号分控制量符号和受控量符号两部分，若是流控受控源，控制量是电流，则控制量符号要与产生此电流的支路串联；若是压控受控源，控制量是电压，则控制量符号要与产生此电压的支路并联。

从示波器波形图上可测得 u_o 比 u_i 落后 $180°$，测得 u_o 的最大值为 $3.277V$，因此可得

$$u_o = 3.277\sin(2\pi \times 1000t - 180°)\text{V}$$

10.4.2　电路的频率特性仿真

1. RLC 串联电路的频率特性

例 10.5　图 10.53 所示电路，已知 $R=20\Omega, L=100\text{mH}, C=10\mu\text{F}, U_m=2\text{V}$。用仿真的方法求谐振频率 f_0、谐振时的电流 I_0 及频带宽度 BW。

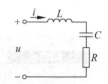

解　计算结果是 $f_0=159\text{Hz}, I_0=100\text{mA}, \text{BW}=31.83\text{Hz}$。

图 10.53　例 10.5 的图

仿真电路如图 10.54(a)所示。设置信号源电压 V1 的幅值为 2V，频率为 159.155Hz。用万用表 XMM1 交流电流挡测量谐振电流。用双通道示波器 XSC1 观察输入电压和电阻两端的电压波形（电阻两端的电压与电流相位相同），如图 10.54(b)所示。用波特图仪 XBP1 观察幅频特性和相频特性，波特图仪的接线方法是：输入端（IN＋）接信号电压，输出端（OUT＋）接电阻两端的电压。改变波特图仪连线的颜色可以改变特性曲线的颜色。调节信号源的频率，使示波器显示的两个波形同相位且幅度相等，这时的信号频率就是谐振频率 f_0（159.155Hz），这时万用表的读数（为有效值）是 70.711mA，如图 10.54(c)所示。所以 $I_0=70.711\sqrt{2}=99.9995\text{mA}$。波特图仪的使

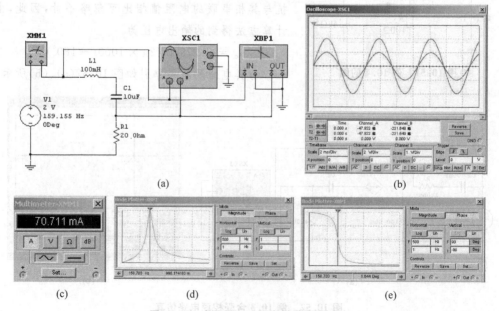

(a)　　　　　　　　　　　　　　(b)

(c)　　　(d)　　　(e)

图 10.54　例 10.5 RLC 串联谐振的仿真

用方法是：在仿真运行后，双击波特图仪的图标，出现波特图仪面板图。单击幅频特性按钮（Magnitude），则出现波特图仪面板图，坐标可以选对数坐标（LOG），也可以选线性坐标（Lin），此处选择的是线性坐标。再选择横坐标的初始值（I）为 1Hz，满度值（F）为 500Hz；选择纵坐标的初始值（I）为 0，满度值（F）为 1，这样显示的幅频特性曲线如图 10.54(d)所示，移动光标到最大值位置，可测得谐振频率为158.703Hz，测得带宽为 30.6Hz。单击相频特性按钮（Phase），选择横坐标为线性坐标（Lin），选 I 为 1Hz，F 为 500Hz；选择纵坐标也为线性坐标，选 I 为 $-90°$，F 为 $+90°$，这样显示的相频特性曲线如图 10.54(e)所示。

2. 双 T 带阻滤波器电路的频率特性

例 10.6 设计一个双 T 带阻滤波器，如图 10.55 所示，要求能滤除 50Hz 工频干扰，即滤波器的中心频率为 $f_0 = 50$Hz。（已知 $C = 5100$pF）

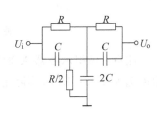

解 双 T 带阻滤波器的中心频率为 $f_0 = \dfrac{1}{2\pi RC}$，已知 $f_0 = 50$Hz，$C = 5100$pF，求得 $R = 624$kΩ。

图 10.55 例 10.6 的图

仿真电路及波特图仪观测结果分别如图 10.56(a)、(b)所示。幅频特性坐标都选对数坐标，横坐标对应（I～F）1Hz～1kHz，纵坐标（I～F）对应 $-60 \sim 0$dB。测量结果中心频率为 49.901Hz，幅度为 -60.968dB。双 T 带阻滤波器的参数要求严格对称，否则中心频率会偏移而且滤波性能变差。

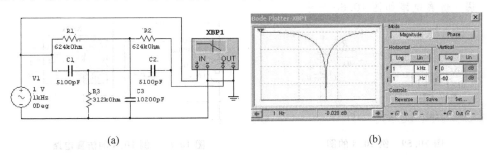

(a)   (b)

图 10.56 例 10.6 双 T 带阻滤波器仿真

10.4.3 RC 电路的暂态过程仿真

1. 一阶 RC 电路的暂态过程

例 10.7 图 10.57 所示电路，已知 $R = 1$kΩ，$C = 1\mu$F，$U = 10$V。在 $t = 0$ 时开关 S 由位置 1 合向位置 2，在 $t = T_1$ 时开关 S 又由位置 2 合向位置 1。仿真这个过程，并由电容电压 u_C 的波形测量时间常数 τ。

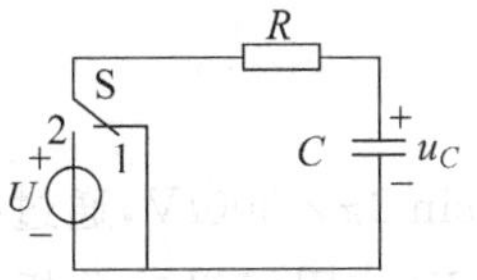

解 仿真电路如图 10.58(a)所示，图中 J1 的"Key＝Space"表示此开关由空格键操纵，设置示波器由 A 通道上升沿触发、触发电平 1mV、单次扫描方式。仿真运行后，按空格键使 J1 由位置

图 10.57 例 10.7 的图

1 切换到位置 2,过时间 T_1 后再按一次空格键,使 J1 由位置 2 切换到位置 1,再双击示波器图符,即可显示出暂态过程曲线,如图 10.58(b)所示。通过光标可测得稳态值为 10V,移动光标找到最接近稳态值的 63.2% 处为 6.377V,测得时间常数 $\tau=1.02$ms。

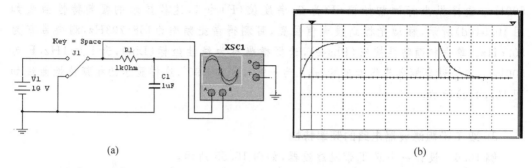

(a)　　　　　　　　　　　　　　　　　　(b)

图 10.58 例 10.7 一阶 RC 过渡过程仿真

注意:虚拟示波器 X 轴的实际扫描速度比标称扫描速度放慢了大约 50 倍,即若扫描速度选为 20ms/DIV,实际上扫描一格所用的时间是 1s。

2．脉冲激励下 RC 电路的暂态过程

例 10.8 图 10.59 所示电路,已知 $R=1$kΩ,$C=1\mu$F,所加信号电压是幅度为 10V、频率为 f、占空比为 50% 的连续脉冲。分别对 $f=100$Hz 和 1kHz 两种情况仿真这个电路,并观察 u_R 和 u_C 的波形。

解 仿真电路如图 10.60 所示。

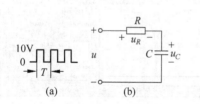

图 10.59 例 10.8 的图

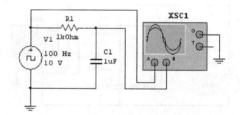

图 10.60 例 10.8 的仿真电路

$f=100$Hz 情况下 u_R 和 u_C 的波形分别如图 10.61(a)、(b)所示,因为连续脉冲的半周期 $T/2=5$ms$=5\tau$,$\tau=RC=1$ms,所以在半周期内暂态过程基本结束。

$f=1$kHz 情况下($T=\tau=1$ms)u_R 和 u_C 的波形分别如图 10.61(c)、(d)所示,图中显示的是电容电压的起始值为 0 时的波形图,可以看出大约经过 5 个周期后,电容上的电压才趋于稳定。

10.4.4 周期性非正弦电路仿真

例 10.9 已知周期性非正弦电压 $u=10+10\sin 2\pi\times100t+10\sin 2\pi\times300t$V,通过截止频率为 $f_c=200$Hz 的一阶 RC 低通滤波器($R=1$kΩ,$C=0.796\mu$F)。用傅里叶分析法求电容两端的电压 u_C。

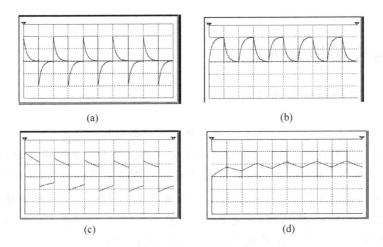

图 10.61 例 10.8 的仿真结果

解 仿真电路如图 10.62 所示,对于 u_C(结点♯3)的傅里叶分析结果如图 10.63 所示,由此可写出 u_C 的表达式为

$$u_C \approx 10 + 8.9\sin(2\pi \times 100t - 26.6°) + 5.5\sin(2\pi \times 300t - 56.5°)\text{V}$$

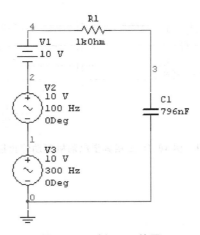

图 10.62 例 10.9 的图

直流分量幅度约为10V

100Hz分量幅度约为8.9V,相位约为-26.6°

300Hz分量幅度约为5.5V,相位约为-56.5°

```
Fourier analysis for $3:
DC component: 9.99987

 No. Harmonics: 5, THD: 61.2181 %, Gridsize: 128, Interpolation Degree: 1

Harmonic Frequency   Magnitude     Phase       Norm. Mag    Norm. Phase
--------  ---------   ---------     -----       ---------    -----------
1         100         8.93397       -26.594     1            0
2         200         0.000265875   -83.856     2.976e-005   -57.262
3         300         5.46921       -56.537     0.612181     -29.943
4         400         0.000266784   -78.222     2.98618e-005 -51.628
5         500         0.00302839    76.0759     0.000338974  102.67
```

图 10.63 例 10.9 傅里叶分析结果

10.5　继电器控制仿真

10.5.1　三相异步电动机控制

例 10.10　对三相异步电动机的直接起动停止控制进行仿真。

解　仿真电路如图 10.64 所示。其中 V1 是星形接法的三相交流电源,通过继电器 S2 的 3 个触点接到三相电机 S1 上,由于该软件不能模拟电机的运转,所以用指示灯 X1 指示电机是否通电。接触器线圈电压用 12V 直流电压。用触点 J3 模拟热继电器的动断触点。打开仿真开关后,按 A 键,继电器 S2 通电吸合,指示灯亮表示电机运转;按空格键,S2 断电释放,指示灯灭;按 B 键,J3 打开,S2 也断电释放。

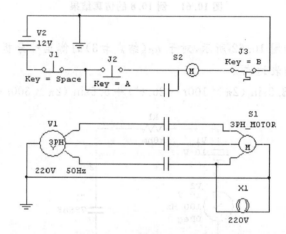

图 10.64　例 10.10 三相异步电动机起动停止控制仿真

10.5.2　时间控制

例 10.11　汽车转向信号灯的继电器控制电路如图 10.65 所示,其中 J_1 是手动开关, J_1 闭合后,控制继电器 KA 的触点就会周期性地通断,从而控制转向指示灯 L 周期性地闪烁。时间继电器 KT_1 控制指示灯的亮灯持续时间,时间继电器 KT_2 控制指示灯的灭灯持续时间。对这个电路进行仿真。

解　汽车转向信号灯的继电器控制的仿真电路如图 10.66 所示。其中 J1 是手动开关,S1 是控制继电器,S2 是控制亮灯时间的时间继电器,S3 是控制灭灯时间的时间继电器。调节 S2 和 S3 的延时时间,就可以使信号灯的闪烁频率适当。

习　题

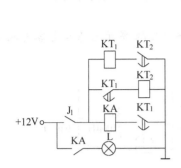

图 10.65　例 10.11 的图

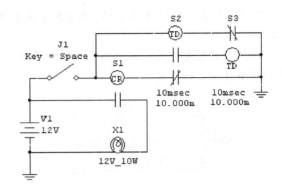

图 10.66　例 10.11 的仿真电路

习　题

10.1　如图 10.67 所示电路,用仿真方法求电流 I,用直流工作点分析法求 A,B,C 三结点的电位。

10.2　如图 10.68 所示电路,用仿真方法求电流 I_x,与计算结果相比较。

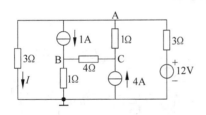

图 10.67　习题 10.1 的图

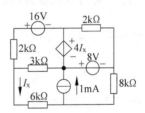

图 10.68　习题 10.2 的图

10.3　如图 10.69 所示电路,已知 $u_S=10\sin(5000t+45°)$ V,$i_S=2\sin(5000t+60°)$ A,求电流 i 的有效值和电容电压 u_C 的瞬时值表达式。(注意:Multisim7 中给出的交流信号源电压值是最大值而不是有效值,初相位值是滞后而不是领先的。)

10.4　如图 10.70 所示电路,虚线框内是 40W 日光灯的等效电路,电源电压 u 为 220V、50Hz 的正弦交流电压,求在不接入电容、接入 $2\mu F$ 电容、接入 $4.5\mu F$ 电容三种情况下,日光灯电路(包括外接电容)的有功功率 P、功率因数 $\cos\varphi$ 和电流 I。(注意:Multisim7 中给出的交流电源电压值是有效值而不是最大值,初相位值是滞后的。)

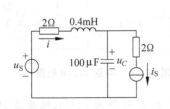

图 10.69　习题 10.3 的图

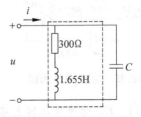

图 10.70　习题 10.4 的图

10.5　如图 10.71 所示电路,用仿真方法求 A、B 两点间有源二端网络的戴维宁等效电路。

10.6　采用波特图仪测量和交流分析两种方法,对图 10.72 所示电感与电容并联电路的频率特性进行研究。

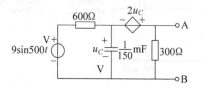

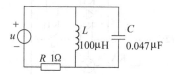

图 10.71　习题 10.5 的图　　　　　　　　　图 10.72　习题 10.6 的图

10.7　图 10.73 所示三相对称电路,已知 $r=1\Omega$, $R=100\Omega$, $L=0.318\text{H}$, $u_{AB}=380\sqrt{2}\sin(2\pi\times50t+30°)\text{V}$。用仿真的方法:(1)观察三相电源波形;(2)求线电流 i_{AL} 和相电流 $i_{A'B'}$ 的有效值,并与计算结果相比较。(注意:Multisim 7 中给出的三相电源(3PH⅄ 和 3PH△)电压值是最大值而不是有效值。)

10.8　图 10.74 所示电路,电路在开关闭合前已处于稳态,开关在 $t=0$ 时闭合,用仿真方法求 $t>0$ 时的恒流源两端的电压 u_S 的表达式。

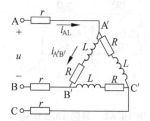

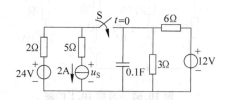

图 10.73　习题 10.7 的图　　　　　　　　　图 10.74　习题 10.8 的图

10.9　图 10.75 所示电路,电路在开关闭合前已处于稳态,开关在 $t=0$ 时闭合,用仿真方法求 $t>0$ 时的 A、B 两点之间的电压 u_{AB} 的表达式。

10.10　图 10.76 所示电路,电路在开关闭合前已处于稳态,开关在 $t=0$ 时闭合,求 $t>0$ 时的 $3\mu\text{F}$ 电容两端的电压 u_2 的表达式。

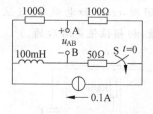

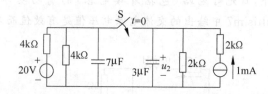

图 10.75　习题 10.9 的图　　　　　　　　　图 10.76　习题 10.10 的图

10.11　RC 脉冲分压器电路如图 10.77(a)所示,u_i 是频率为 10Hz、幅度为 10V 的方波,如图 10.77(b)所示。就以下 3 组参数进行仿真,求电容 C_2 两端的电压 u_{C2} 的波形。

(1) $R_1=3\text{k}\Omega$, $C_1=2\mu\text{F}$, $R_2=2\text{k}\Omega$, $C_2=3\mu\text{F}$;

(2) $R_1=3k\Omega,C_1=3\mu F,R_2=2k\Omega,C_2=2\mu F$;

(3) $R_1=2k\Omega,C_1=2\mu F,R_2=3k\Omega,C_2=3\mu F$。

10.12　如图 10.78 所示电路,就以下 3 组参数对二阶 RLC 电路的暂态过程进行仿真。

(1) $R=50\Omega,L=5mH,C=50\mu F$;

(2) $R=20\Omega,L=5mH,C=50\mu F$;

(3) $R=1\Omega,L=5mH,C=50\mu F$。

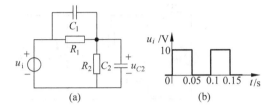 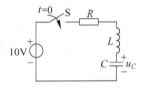

图 10.77　习题 10.11 的图　　　　　　　　图 10.78　习题 10.12 的图

10.13　锯齿波如图 10.79 所示,其傅里叶级数为

$$f(t)=5-\frac{10}{\pi}\left(\sin\omega t+\frac{1}{2}\sin2\omega t+\frac{1}{3}\sin3\omega t+\frac{1}{4}\sin4\omega t+\cdots\right),\quad \omega=2000\pi\text{rad/s}$$

取傅里叶级数的前 6 项,用仿真的方法近似合成该波形。

10.14　如图 10.80 所示双 T 滤波器电路,已知 $u_i(t)=10\sin(20\pi t)+20\sin(100\pi t)\text{V}$。选择 R、C 参数,将输入信号中 50Hz 的频率成分完全滤除。用波特图仪测量该电路的幅频特性,判断该滤波器的类型;用示波器观察输入、输出波形,写出输出电压的表达式;使用傅里叶分析法对输入、输出波形进行频谱分析,说明验证滤除的效果。

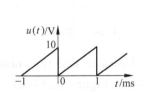 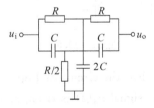

图 10.79　习题 10.13 的图　　　　　　　　图 10.80　习题 10.14 的图

10.15　对三相异步电动机的正、反转控制进行仿真,用两个指示灯分别表示电动机的正、反转运行。(注意:仿真若不能正常工作,则可能是最大时间步长(Maximum time step)偏小,可以在 Simulate/Default Instrumet Setting 中对其重新设定。)

10.16　对三相异步电动机的丫-△起动控制进行仿真,用两个指示灯分别表示电动机的丫运行和△运行。

10.17　机床工作台由一台三相异步电动机带动在 A、B 两点之间自动往复运动,在 A、B 两点各有一个行程开关。试对该行程控制进行仿真。

PROBLEMS

* 10.1　Using DC operation point analysis of Multisim, determine the node voltages V_A, V_B, V_C in the circuit of Figure 10.81.

10.2　The circuit shown in Figure 10.82 has two sources, $u_S = 24\sin\omega t$ V and $i_S = 12\sin(\omega t + 90°)$ A, where $\omega = 10^5$ rad/s. Determine u_o.

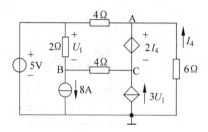

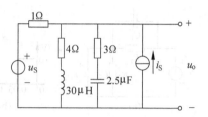

Figure 10.81　　　　　　　　　　　**Figure 10.82**

* 10.3　The circuit shown in Figure 10.83 is at steady state before the switch closes at time $t = 0$s. Determine the capacitor voltage, $u(t)$, for $t > 0$.

10.4　Obtain the bode diagram for $\dot{U}/\dot{I}$ of the circuit shown in Figure 10.84. Determine the bandwidth of the circuit.

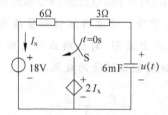

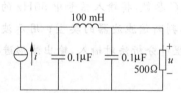

Figure 10.83　　　　　　　　　　　**Figure 10.84**

10.5　For the circuit of Figure 10.85(a), use Multisim to find the voltage $u_C(t)$ when input signal $u_S(t)$ is triangular waveform as shown in Figure 10.85(b).

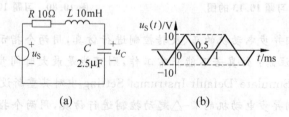

(a)　　　　　　　　　　　　　(b)

Figure 10.85

中外电路常用符号对照表

名　　称	国标符号	国外符号
理想电压源		直流 ⊥ 直流 ⊥ 交流 交流 流 T 流 或 T
理想电流源		
受控电压源		
受控电流源		
电阻		
电容(无极性)		
电容(有极性)		
电感	铁心电感　磁心电感	铁心电感　磁心电感
二极管		
稳压二极管	单向　双向	

续表

名　　称	国标符号	国外符号
发光二极管		
光敏电阻		
可调电阻（电位器）		
可调电容		

部分习题答案

第 1 章

习题

1.1 $5A,50W,-20W,-30W$；$5A,50W,-50W,0W$；$5A,50W,-80W,30W$

1.2 $P_{R1}=4W,P_{R2}=2.5W,P_{U1}=-9W,P_{U2}=5W,P_{IS}=-2.5W$

1.3 $U_S=12V,R_S=1\Omega$

1.4 $I_S=1A,R_S=2\Omega$

1.5 $I_S=1A,R_S=1.2\Omega$

1.6 $U_S=9V,R_S=3\Omega$

1.7 $I=0.6A$

1.8 $I=2A$

1.9 $U_R=-24V$

1.10 $P=-28W$

1.11 $I_1=5A,I_2=1A,I_3=4A$

1.12 $U_1=-4V,U_2=28V,R=12\Omega$

1.13 $I_1=-3mA,I_2=7mA,I_3=2mA$

1.14 $U_C=3V$

1.15 $U=3.33V$

1.16 $I=-5mA$

1.17 $I_2=-0.4A$

1.18 $U=42V$

1.19 $I=6A$

1.20 $U_S=11.4V$

1.21 $U_1=14V$

1.22 $I=-2mA$

1.23 $R_o=R,U_o=\dfrac{5}{16}V_R$

1.24 $I=-0.8A$

1.25 $P=-0.72W$

1.26 $R=5k\Omega,P_m=5mW$

1.27 $I_4=22mA$

1.28 $U_o/U_i=-41$

1.29 $R_o=R_2/(1+g_m R_2)$

1.30 $R_L=18\Omega$

1.31 $U_2=10.5V$

1.32 $I_1=0.5A,I_2=2A$

1.33 $V_A=140V,V_B=100V,V_C=60V$

PROBLEMS

1.1 $U_s = 8V$

1.2 $I_2 = 11.2mA, U_3 = 28.4V$

1.3 $I = 1mA$

1.4 $I_1 = -1mA, I_2 = 2mA, I_3 = 3mA, I_4 = 4mA$

1.5 $R = 11k\Omega$

1.6 $U = 10V$

1.7 $I = -1mA$

1.8 $R_L = 2\Omega, I_0 = 12A$

1.9 $I = 8A$

第 2 章

习题

2.1 $u = 50\sqrt{2}\sin(\omega t + 81.9°)V$

2.2 $i = 0A$

2.3 $i = \sqrt{2}\sin(50t - 30°)A$

2.4 $C = 200\mu F$

2.5 $i = \sqrt{2}\sin(100t + 6.9°)A, u_R = 60\sqrt{2}\sin(100t + 6.9°)V, u_L = 80\sqrt{2}\sin(100t + 96.9°)V, \cos\varphi = 0.6, P = 60W, Q = 80var, S = 100V \cdot A$

2.6 $C = 32\mu F, \dot{I} = 2\angle-57°A, \dot{U}_R = 100\angle-57°V, \dot{U}_C = 196\angle-147°V, \cos\varphi = 0.45, P = 198W, Q = -392var, S = 440V \cdot A$

2.7 $i = 2\sin(1000t - 45°)A, u_R = 60\sin(1000t - 45°)V, u_L = 100\sin(1000t + 45°)V, u_C = 40\sin(1000t - 135°)V$

2.8 $i = 1.22\sqrt{2}\sin(1000t + 18.4°)A, i_{R-L} = 2\sqrt{2}\sin(1000t - 53.1°)A, i_C = 2\sqrt{2}\sin(1000t - 90°)A$

2.9 $\dot{I}_1 = 2.19\angle-131°A, \dot{I}_2 = 7.02\angle70°A, \dot{I}_3 = 5.04\angle79°A$

2.10 $\dot{I}_1 = 16.93\angle-174°A, \dot{I}_2 = 5.83\angle-59°A, \dot{I}_3 = 7.07\angle-105°A, \cos\varphi = -0.8944, S = 1118V \cdot A, P = -1000W(输出功率), Q = 500var$

2.11 $\dot{I}_L = 1.64\angle8.3°A$

2.12 $L = 2H$

2.13 $\dot{U} = 12.3\angle0°V$

2.14 $P_u = 0W, Q_u = -1000var; P_i = -200W(输出功率), Q_i = 0var$

2.15 $R = 0.8k\Omega, L = 1.6H$

2.16 $I = 0.36A, C = 3.7\mu F, I' = 0.19A$

2.17 $\omega_0 = 10^5 rad/s, Q = 10^2, BW = 10^3 rad/s$

2.18 $R = 50\Omega, L = 0.5H, C = 2\mu F$

2.19 $L = 50mH, C = 4\mu F$

2.20 串联电容 $C = 289\mu F$

2.21 $C = 189pF, I_1 = 1\mu A, I_2 = 0.0048\mu A$

2.22 $L = 586\mu H, U_{o(464kHz)} = 2.93V, U_{o(1285kHz)} = 1.24mV$

2.23 $f = 389.8Hz, i_{min} = 0.04A$

2.24 $Z = 15 \pm j42.4\Omega$

2. 25 $L=0.158\mathrm{H}, C=0.158\mu\mathrm{F}$

2. 26 $f_0=5.03\mathrm{MHz}$

2. 27 $u_0=10+7.07\sin(1000t-45°)+1.96\sin(1000t-78.7°)\mathrm{V}$

2. 28 （证明题答案略）

2. 29 （a）低通滤波器，$T(\mathrm{j}\omega)=\dfrac{1}{1+\mathrm{j}\dfrac{\omega}{\omega_\mathrm{c}}}$，$\omega_\mathrm{c}=\dfrac{R}{L}$；

（b）高通滤波器，$T(\mathrm{j}\omega)=\dfrac{1}{1-\mathrm{j}\dfrac{\omega_\mathrm{c}}{\omega}}$，$\omega_\mathrm{c}=\dfrac{R}{L}$

2. 30 $T(\mathrm{j}\omega)=\dfrac{1}{3+\mathrm{j}\left(\omega RC-\dfrac{1}{\omega RC}\right)}$，当 $\omega=\omega_0=\dfrac{1}{RC}$ 时，$|T(\mathrm{j}\omega)|=\dfrac{1}{3}$，$\varphi(\mathrm{j}\omega)=0°$

2. 31 $T(\mathrm{j}\omega)=\dfrac{R}{R+\mathrm{j}\left(\omega L-\dfrac{1}{\omega C}\right)}$，$\omega_0=10^5\,\mathrm{rad/s}$，$\omega_\mathrm{c1}=10^5-10^3\,\mathrm{rad/s}$，$\omega_\mathrm{c2}=10^5+10^3\,\mathrm{rad/s}$，BW$=$

$2\times10^3\,\mathrm{rad/s}$

2. 32 $|T(\mathrm{j}\omega)|=\dfrac{1}{\sqrt{1+R^2\left(\omega C-\dfrac{1}{\omega L}\right)^2}}$，$\varphi(\omega)=-\arctan\left[R\left(\omega C-\dfrac{1}{\omega L}\right)\right]$，$\omega_0=10^7\,\mathrm{rad/s}$，$\omega_\mathrm{c1}=$

$0.78\times10^7\,\mathrm{rad/s}$，$\omega_\mathrm{c2}=1.28\times10^7\,\mathrm{rad/s}$，BW$=0.5\times10^7\,\mathrm{rad/s}$

2. 33 $L=2\mathrm{mH}$

2. 34 $P_i=-4400\mathrm{W}$（输出功率）

2. 35 $i_R=1.34\sqrt{2}\sin(4\times10^6 t-42.3°)\mathrm{mA}$

2. 36 $P_2=4\mathrm{W}$

2. 37 $i_R=\sin(40t+180°)\mathrm{A}$

2. 38 $u_C=2+24\sin(1000t-45°)\mathrm{V}$

2. 39 $i=10+11.18\sqrt{2}\sin(2000t+116.6°)\mathrm{mA}$

2. 40 $L=25\mathrm{mH}, C_2=30\mu\mathrm{F}$

2. 41 $Z=6+\mathrm{j}8\,\Omega$

2. 42 $S=10\mathrm{V}\cdot\mathrm{A}, P=0, Q=10\mathrm{var}$

2. 43 $S_2=107.7\mathrm{V}\cdot\mathrm{A}, \cos\varphi_2=0.37$

2. 44 计算值 $\dot U_{AB}=181.1\angle-83.7°\mathrm{V}, P=805\mathrm{W}, Q=-645\mathrm{var}, S=1032\mathrm{V}\cdot\mathrm{A}$

2. 45 （1）带通，计算值 $f_\mathrm{c1}=15.9\mathrm{Hz}, f_\mathrm{c2}=15.9\mathrm{kHz}$；

（2）带通，计算值 $f_\mathrm{c1}=15.9\mathrm{Hz}, f_\mathrm{c2}=15.9\mathrm{kHz}$

2. 46 （a）低通，计算值 $f_\mathrm{c}=159\mathrm{Hz}$；

（b）高通，计算值 $f_\mathrm{c}=159\mathrm{Hz}$；

（c）低通，计算值 $f_\mathrm{c}=159\mathrm{Hz}$；

（d）高通，计算值 $f_\mathrm{c}=159\mathrm{Hz}$；

（e）带通，计算值 $f_0=5.03\mathrm{kHz}$，仿真测量 $f_0=5.1\mathrm{kHz}, f_\mathrm{c1}=158\mathrm{Hz}, f_\mathrm{c2}=158\mathrm{kHz}$；

（f）带阻，计算值 $f_0=5.03\mathrm{kHz}$，仿真测量 $f_0=5.1\mathrm{kHz}, f_\mathrm{c1}=158\mathrm{Hz}, f_\mathrm{c2}=158\mathrm{kHz}$；

（g）带阻，计算值 $f_0=5.03\mathrm{kHz}$；

（h）带通，计算值 $f_0=5.03\mathrm{kHz}$；

（i）带阻，计算值 $f_0=159\mathrm{Hz}$，仿真测量 $f_0=158.8\mathrm{Hz}, f_\mathrm{c1}=37.6\mathrm{Hz}, f_\mathrm{c2}=669.8\mathrm{Hz}$

PROBLEMS

2.1 $u_R(t) = 40\sin(20t + 53.1°)$ V

2.2 $u_{ab}(t) = 26.59\sqrt{2}\sin(5t + 70.2°)$ V

2.3 $L \approx 4.6$ mH

2.4 $L = 50$ mH, $C = 20\mu$F

2.5 $i_C(t) = 24\sin(1000t + 45°)$ A

2.6 $Z = 12.5\sqrt{2}\angle -45°\Omega$

第3章

习题

3.1 $\dot{I}_{AL} = 22\angle -36.9°$A, $\dot{I}_{BL} = 22\angle -156.9°$A, $\dot{I}_{CL} = 22\angle 83.1°$A
$P = 11616$W, $Q = 8712$var, $S = 14520$V·A

3.2 $\dot{I}_{ABP} = 19\angle -30°$A, $\dot{I}_{BCP} = 19\angle -150°$A, $\dot{I}_{CAP} = 19\angle 90°$A

$\dot{I}_{AL} = 32.9\angle -60°$A, $\dot{I}_{BL} = 32.9\angle -180°$A, $\dot{I}_{CL} = 32.9\angle 60°$A
$P = 10830$W, $Q = 18758$var, $S = 21660$V·A

3.3 (1) 丫接法，$I_P = I_L = 2.89$A, $P = 1$kW;

(2) △接法，$I_P = 2.89$A, $I_L = 5$A, $P = 1$kW

3.4 $R = 11\Omega$, $L = 0.06$H

3.5 $R = 10\Omega$, $L = 31.8$mH

3.6 (1) 有中线时，$\dot{I}_{AL} = 0.44\angle -60°$A, $\dot{I}_{BL} = 0.44\angle -120°$A, $\dot{I}_{CL} = 0.44\angle 120°$A, $\dot{I}_N = 0.44\angle -120°$A, $P = 242$W;

(2) 无中线时，$\dot{U}_{AN'} = 249.5\angle 19.1°$V, $\dot{U}_{BN'} = 144.2\angle -130.9°$V, $\dot{U}_{CN'} = 287.9\angle 109.1°$V

3.7 $\dot{I}_{AL} = 60\angle -60°$A, $\dot{I}_{BL} = 20.53\angle 166.9°$A, $\dot{I}_{CL} = 16.15\angle -128.3°$A, $P = 31671$W

3.8 $I_{AL} = 52.7$A

3.9 $i_{AL} = 11.1\sqrt{2}\sin(\omega t + 8.7°)$A, $P = 3798$W

3.10 (1) △接法且C相电源断开时，电流表读数：A_1、A_2 均为 19A，A_3 为 0A;

(2) 丫接法时，电流表读数：A_1、A_2、A_3 均为 7.3A; $P_丫 = 4180$W;

丫接法且C相电源断开时，电流表读数：A_1、A_2 均为 6.33A，$A_3 = 0$A

3.11 $P_△ = 1667$W

3.12 $U_{BN'} = 269$V, $U_{CN'} = 114$V

3.13 $Z = 135.9\angle 30°\Omega$

3.14 (1) 计算值 $P_1 = 4.84$kW, $P_2 = 2.42$kW, $P_3 = 1.21$kW, $P = 8.47$kW

(2) 计算值 $P_1 = 2.074$kW, $P_2 = 3.100$kW, $P_3 = 2.074$kW, $P = 7.248$kW

PROBLEMS

3.1 $i_a = 2\sin(8t + 36.9°)$A, $P = 36$W

3.2 $\dot{I}_{AL} = 19.32\angle -75°$A, $\dot{I}_{BL} = 10\angle 30°$A, $\dot{I}_{CL} = 19.32\angle 135°$A

3.3 $\dot{I}_{AL} = \dot{I}_{AP} = 10\angle 45°$A, $\dot{I}_{BL} = \dot{I}_{BP} = 10\angle -75°$A, $\dot{I}_{CL} = \dot{I}_{CP} = 10\angle 135°$A

3.4 $I_a = 8.16$A, $P = 4000$W

3.5 $S = 9179$V·A, $P = 6491$W, $Q = -6491$var

3.6 $\dot{I}_A = 51.85\angle -45°$A, $\dot{I}_{丫a} = 25.92\angle -45°$A, $\dot{I}_{△ab} = 14.96\angle -15°$A

第 4 章

习题

4.1 $u(t)=1+\dfrac{4}{\pi}\left(\sin\omega t+\dfrac{1}{3}\sin3\omega t+\dfrac{1}{5}\sin5\omega t+\cdots\right)V,\omega=1$rad/s；$U_{AV}=1V,U\approx1.44$V

4.2 $u(t)=\dfrac{U_m}{2}+\dfrac{U_m}{\pi}\left(\sin\omega t+\dfrac{1}{2}\sin2\omega t+\dfrac{1}{3}\sin3\omega t+\cdots\right),U_{AV}=\dfrac{U_m}{2},U=0.56U_m$

4.3 $U_{1AV}=\dfrac{U_m}{\pi}(1+\cos\alpha),U_1=U_m\sqrt{\dfrac{\pi-\alpha}{2\pi}+\dfrac{\sin2\alpha}{4\pi}}$

4.4 $I_1=3.16$A$,I_2=2.83$A$,I_3=1.41$A$,P_1=60$W$,P_2=24$W$,P_3=12$W$,P_{u1}=72$W$,P_{u2}=24$W

4.5 $R=1\Omega,\ L=1$H$,C=1$F

4.6 $C_1=200\mu$F$,L_2=1/6$H

4.7 $u_3=1+10\sin(1000t+45°)$V$,P_3=25.5$mW

4.8 $u_{C2}=6+6\sin1000t$V

4.9 $C=1\mu$F$,U_{o2m}=1.99$V

4.10 $u_o=10+4.5\sin(1000t-116.6°)+1.3\sin(3000t-150.2°)V,U_o=10.53$V

4.11 $u_o=198+2.1\sin2\omega t+0.2\sin4\omega t+\cdots$V$,\omega=314$rad/s

4.12 $u_3(t)=0.5+1.34\sin(\omega t-17.7°)+0.43\sin(3\omega t-6.1°)+\cdots$V

4.13 计算结果

$$u(t)=5+6.37\sin\omega t+2.12\sin3\omega t+1.27\sin5\omega t+0.91\sin7\omega t+0.71\sin9\omega t+\cdots$$

4.14 计算结果 $THD_{ANS/IEC}=49\%$

PROBLEMS

4.1 $f(t)=\dfrac{U_m}{\pi}+U_m\left(\dfrac{1}{2}\sin\omega t-\dfrac{2}{\pi}\dfrac{1}{1\times3}\cos2\omega t-\dfrac{2}{\pi}\dfrac{1}{3\times5}\cos4\omega t-\dfrac{2}{\pi}\dfrac{1}{5\times7}\cos6\omega t-\cdots\right)$

4.2 $f(t)=\dfrac{U_m}{2}-\dfrac{U_m}{\pi}\sum\limits_{k=1}^{\infty}\dfrac{1}{k}\sin k\omega t$

4.3 $u_C=5+4.5\sin(2t-45°)+0.67\sin(6t-71.5°)+0.25\sin(10t-84.3°)+\cdots$V

4.4 $i_3(t)=1+0.5\sin(2000t+135°)V,P_3=9$W

4.5 $u_o(t)=15\sin(4\times10^5t)$V

4.6 $I_0=0,I_{1m}=8/\pi^2$A$,I_{3m}=0$

4.7 (a) $U_{AV}=0$V$,U\approx2.89$V；(b) $U_{AV}=3.75$V$,U\approx5.59$V

第 5 章

习题

5.1 0.5ms$,5$ms

5.2 25s$,2.5$s

5.3 $R_2=0.58\sim50.8$kΩ

5.4 $I=1$mA$,C=100\mu$F$,u_C(0_-)=15$V

5.5 $u_{AB}(t)=-12+12e^{-100t}$V

5.6 $u_S(t)=10+8e^{-50t}$V

5.7 $u_1(t)=12-24e^{-1.5\times10^6t}$V

5.8 $u_4(t)=-6e^{-200t}$V

5.9 当 $t=0\sim32$ms 时，$u_C(t)=6+3e^{-\frac{t}{\tau_1}}$V，其中 $\tau_1=4$ms；

当 $t=32$ms$\sim\infty$时，$u_C(t)=9-3e^{-\frac{t-32}{\tau_2}}$V，其中 $\tau_2=3$ms

5.10 当 $t=0\sim1\text{s}$ 时，$i_L(t)=0.5+0.25\mathrm{e}^{-\frac{t}{\tau_1}}\text{A}$，其中 $\tau_1=1\text{s}$；

当 $t=1\text{s}\sim\infty$ 时，$i_L(t)=0.75-0.16\mathrm{e}^{-\frac{t-1}{\tau_2}}\text{A}$，其中 $\tau_2=0.75\text{s}$

5.11 当 $t=0\sim0.2\text{s}$ 时，$i_2(t)=0.25\mathrm{e}^{-\frac{t}{\tau_1}}\text{A}$，其中 $\tau_1=0.2\text{s}$；

当 $t=0.2\text{s}\sim\infty$ 时，$i_2(t)=0.18\mathrm{e}^{-\frac{t-0.2}{\tau_2}}\text{A}$，其中 $\tau_2=0.15\text{s}$

5.12 当 $t=0\sim20\text{ms}$ 时，$i_1(t)=1.5-0.1\mathrm{e}^{-\frac{t}{\tau_1}}\text{A}$，其中 $\tau_1=3\text{ms}$；

当 $t=20\text{ms}\sim\infty$ 时，$i_1(t)=3-1.5\mathrm{e}^{-\frac{t-20}{\tau_2}}\text{A}$，其中 $\tau_2=2\text{ms}$

5.13 当 $t=0\sim0.1\text{s}$ 时，$i_L(t)=0.1-0.1\mathrm{e}^{-100t}\text{A}$，$u_L(t)=10\mathrm{e}^{-100t}\text{V}$；

当 $t=0.1\text{s}\sim\infty$ 时，$i_L(t)=0.1\mathrm{e}^{-100(t-0.1)}\text{A}$，$u_L(t)=-10\mathrm{e}^{-100(t-0.1)}\text{V}$

5.14 当 $t=0\sim0.04\text{s}$ 时，$u_C(t)=5-5\mathrm{e}^{-25t}\text{V}$，$i_2(t)=1.25-0.625\mathrm{e}^{-25t}\text{mA}$；

当 $t=0.04\text{s}\sim\infty$ 时，$u_C(t)=3.16\mathrm{e}^{-25(t-0.04)}\text{V}$，$i_2(t)=0.395\mathrm{e}^{-25(t-0.04)}\text{mA}$

5.15 当 $t=0\sim0.12\text{s}$ 时，$u_C(t)=6-6\mathrm{e}^{-50t}\text{V}$，$i_1(t)=2+\mathrm{e}^{-50t}\text{mA}$；

当 $t=0.12\text{s}\sim\infty$ 时，$u_C(t)=6\mathrm{e}^{-50(t-0.12)}\text{V}$，$i_1(t)=-\mathrm{e}^{-50(t-0.12)}\text{mA}$

5.16 当 $t=0\sim2\text{s}$ 时，$u_C(t)=1-\mathrm{e}^{-10t}\text{V}$，$u_R(t)=\mathrm{e}^{-10t}\text{V}$；

当 $t=2\text{s}\sim3\text{s}$ 时，$u_C(t)=-2+3\mathrm{e}^{-10(t-2)}\text{V}$，$u_R(t)=-3\mathrm{e}^{-10(t-2)}\text{V}$；

当 $t=3\text{s}\sim\infty$ 时，$u_C(t)=-2\mathrm{e}^{-10(t-3)}\text{V}$，$u_R(t)=2\mathrm{e}^{-10(t-3)}\text{V}$

5.17 $t=0\sim10\text{ms}$，$u_C(t)=4-3\mathrm{e}^{-\frac{t}{\tau}}\text{V}$，$u_R(t)=3\mathrm{e}^{-\frac{t}{\tau}}\text{V}$，$\tau=1\text{ms}$；

$t=10\sim20\text{ms}$，$u_C(t)=1+3\mathrm{e}^{-\frac{t-10}{\tau}}\text{V}$，$u_R(t)=-3\mathrm{e}^{-\frac{t-10}{\tau}}\text{V}$，$\tau=1\text{ms}$；

$t>20\text{ms}$，周期性重复

5.18 $t=0\sim10\text{s}$，$u_C(t)=10-6.32\mathrm{e}^{-\frac{t}{\tau}}\text{V}$，$u_R(t)=6.32\mathrm{e}^{-\frac{t}{\tau}}\text{V}$，$\tau=1\text{s}$；$u_C(10\text{s}_-)=10\text{V}$，$u_R(10\text{s}_-)=0\text{V}$

$t=10\sim11\text{s}$，$u_C(t)=10\mathrm{e}^{-\frac{t-10}{\tau}}\text{V}$，$u_R(t)=-10\mathrm{e}^{-\frac{t-10}{\tau}}\text{V}$，$\tau=1\text{s}$；$u_C(11\text{s}_-)=3.68\text{V}$，$u_R(11\text{s}_-)=-6.32\text{V}$

$t>11\text{s}$，周期性重复

5.19 $u_C(0_-)=16\text{V}$，$u_C(t)=4\mathrm{e}^{-2.5t}\text{V}$

5.20 $u_{C1}(0_-)=20\text{V}$，$u_{C1}(t)=20-6\mathrm{e}^{-100t}\text{V}$

5.21 $u_{C1}(0_-)=0$，$u_{C1}(t)=12-4\mathrm{e}^{-\frac{t}{\tau}}\text{V}$；$u_{C2}(0_-)=3\text{V}$，$u_{C2}(t)=3+4\mathrm{e}^{-\frac{t}{\tau}}\text{V}$，$\tau=2.25\text{ms}$

5.22 $u_{C1}(t)=16+8\mathrm{e}^{-100t}\text{V}$，$u_{C2}(t)=16-16\mathrm{e}^{-100t}\text{V}$

5.23 (1) $t=0\sim50\text{ms}$，$u_{C2}(t)=4\text{V}$；$t=50\sim100\text{ms}$，$u_{C2}(t)=0\text{V}$；

$t>100\text{ms}$，周期性重复

(2) $t=0\sim50\text{ms}$，$u_{C2}(t)=4+2\mathrm{e}^{-\frac{t}{\tau}}\text{V}$，$\tau=6\text{ms}$；

$t=50\sim100\text{ms}$，$u_{C2}(t)=-2\mathrm{e}^{-\frac{t-50}{\tau}}\text{V}$，$\tau=6\text{ms}$；

$t>100\text{ms}$，周期性重复

(3) $t=0\sim50\text{ms}$，$u_{C2}(t)=6-2\mathrm{e}^{-\frac{t}{\tau}}\text{V}$，$\tau=6\text{ms}$；

$t=50\sim100\text{ms}$，$u_{C2}(t)=2\mathrm{e}^{-\frac{t-50}{\tau}}\text{V}$，$\tau=6\text{ms}$；

$t>100\text{ms}$，周期性重复

5.24 $R_1=2\text{k}\Omega$，$C=5\mu\text{F}$

5.25 $C_1=2\mu\text{F}$，$C_2=3\mu\text{F}$

5.26 $C=721\mu\text{F}$

5.27 (1) $u_C(t)=4\mathrm{e}^{-8t}-16\mathrm{e}^{-2t}+12\text{V}$；

(2) $u_C(t)=12.4\mathrm{e}^{-t}\sin(3.9t-104.5°)+12\text{V}$

5.28 $u_C(t)=-80t\mathrm{e}^{-20t}\text{V}$

5.29 计算值：$\tau_1 = 0.2\text{s}, \tau_2 = 0.25\text{s}$

第 1 阶段$(t=0 \sim t_1)$：$u_C(t) = 20 - 20\text{e}^{-5t}\text{V}, u_{R2}(t) = 20 - 10\text{e}^{-5t}\text{V}$；

第 2 阶段$(t = t_1 \sim \infty)$：

当 $t_1 > 5\tau_1$ 时：$u_C(t) = 20\text{e}^{-4(t-t_1)}\text{V}, u_{R2}(t) = 12\text{e}^{-4(t-t_1)}\text{V}$；

当 $t_1 < 5\tau_1$ 时：$u_C(t) = (20 - 20\text{e}^{-5t_1})\text{e}^{-4(t-t_1)}\text{V}, u_{R2}(t) = (12 - 12\text{e}^{-5t_1})\text{e}^{-4(t-t_1)}\text{V}$

5.30 (1) 计算值：当 $R = 1\text{k}\Omega$ 时，$u_R(t=0.5\text{s}_+) = -1000\text{V}$；

(2) 计算值：当 $R = 10\text{k}\Omega$ 时，$u_R(t=0.5\text{s}_+) = -10000\text{V}$；

(3) 接入续流二极管后(设为理想二极管)，$u_R(t=0.5\text{s}_+) = 0\text{V}$

PROBLEMS

5.1 $u_C(0_+) = 15.2\text{V}, i_L(0_+) = -1.6\text{mA}, u_C(\infty) = 4\text{V}, i_L(\infty) = 4\text{mA}$

5.2 $R_1 = 3\text{k}\Omega, R_2 = 5\text{k}\Omega, L = 3\text{H}$

5.3 $i(t) = 1 + \text{e}^{-2t}\text{A}$

5.4 $t = 0 \sim 0.1\text{s}$ 时，$u_C(t) = 6 + 9\text{e}^{-\frac{t}{\tau_1}}\text{V}, i(t) = 2 - \frac{9}{7}\text{e}^{-\frac{t}{\tau_1}}\text{A}, \tau_1 = 0.014\text{s}$；

$t = 0.1\text{s} \sim \infty$ 时，$u_C(t) = 15 - 9\text{e}^{-\frac{t-0.1}{\tau_2}}\text{V}, i(t) = -1 + 1.8\text{e}^{-\frac{t-0.1}{\tau_2}}\text{A}, \tau_2 = 0.02\text{s}$

5.5 $U = 100\text{V}, R_1 = 15\Omega, C = 20\mu\text{F}$

5.6 计算结果：$u_C(t) = \text{e}^{-15t}(25\cos 500t + 0.75\sin 500t)\text{V}$

第 6 章

习题

6.1 $N = 57$ 匝

6.2 $N = 1756$ 匝

6.3 $I = 7.16\text{A}$；无气隙时 $I = 0.79\text{A}$

6.4 $\Phi = 2.25 \times 10^{-3}\text{Wb}$

6.5 (1) $\Phi = 1.49 \times 10^{-4}\text{Wb}$(设 $H_0 l_0 = 0.95NI$)；

(2) $U = 33.8\text{V}$

6.6 (1) $L = 0.4\text{mH}$；

(2) $L = 88\text{mH}$；

(3) 设 $H_0 l_0 = 0.95NI$，则 $L = 19\text{mH}$

6.7 $I = 0.49\text{A}$

6.8 $I_1 \approx 0.547\text{A}, U_2 \approx 109.5\text{V}$

6.9 $N_2 = 4000$

6.10 (1) $1.98\text{mA}, 0.04\text{mW}, 3.96\text{mW}$；

(2) $1.6\text{mA}, 0.64\text{mW}, 3.2\text{mW}$；

(3) $k = 10, 1\text{mA}, 1\text{mW}, 2\text{mW}$

6.11 (a) $U_1 = 22\text{V}, U_2 = U_3 = 44\text{V}, U_4 = 88\text{V}$；(b) $U_1 = 132\text{V}, U_2 \approx 250\text{V}$

6.12 (1) $N_2 = 1100$ 匝，$N_3 = 63$ 匝；

(2) $I_1 = 0.59\text{A}$

6.13 $I_1 = 2.17\text{A}, I_2 = 8\text{A}, I_3 = 5\text{A}, I_4 = 3\text{A}$

6.14 $Z'_L = 40\sqrt{2} \angle -45°\Omega, \dot{I}_1 = 5\sqrt{2} \angle 90°\text{A}, \dot{I}_2 = 10\sqrt{2} \angle 90°\text{A}$

6.15 $\eta = 0.91$

6.16 $R'_L = 2\Omega, C = 250\mu\text{F}$

6.17 $R_L = 50\Omega, I_1 = 2\text{A}, I_2 = 0.4\text{A}, I_3 = 0.8\text{A}$

6.18 $Z_1 = 0.375 + \text{j}0.707\Omega, \eta = 94.8\%$

6.19 (1) 0.006Ω；(2) 100

6.20 (1) 500；(2) 250；(3) 450

6.21 (1) 0°；(2) −30°

PROBLEMS

6.1 $F_m = 250\text{At}, H = 625\text{At/m}$

6.2 (1) $H = 625\text{At/m}$；(2) $B = 0.5\text{T}$；(3) $\Phi = 1.25 \times 10^{-5}\text{Wb}$

6.3 $I = 1.25\text{A}$

6.4 $I = 2.54\text{A}$

6.5 $k = 4, P_{max} \approx 0.28\text{W}$

6.6 (1) $k = 0.2$；(2) $R_{ab} = 200\Omega$；(3) 50mA

6.7 $\dot{I}_L = 10\sqrt{2} \angle -45°\text{A}$

6.8 $L = 0.4\text{H}, k = 0.5$

6.9 $U_o = 15\text{V}, Z_o = 6.875\Omega$

第7章

习题

7.1 (1) $n_1 = 1500\text{r/min}$；(2) 当 $n = 0$ 时 $s = 1$，当 $n = 1450\text{r/min}$ 时 $s = 0.027$

7.2 (1) 6 极；(2) 当 $n = 0$ 时 $f_2 = 50\text{Hz}$，当 $n = 960\text{r/min}$ 时 $f_2 = 2\text{Hz}$

7.3 (1) 637A,1028N • m；(2) 212.3A,342.7N • m

7.4 (1) 16951W,88.5%；(2) 98.1N • m,196.2N • m,215.8N • m；(3) 78.5N • m,157N • m, 172.7N • m

7.5 (1) 能；(2) 不能；(3) 232.7V,64.1A

7.6 (1) 1516W,1115W；(2) $T_N < T_L < T_m$,过载,仍运行

7.7 (1) 不能；(2) 不能；(3) 能

7.8 1192r/min,731r/min,269r/min

7.9 1308r/min,1116r/min,924r/min

7.10 1643r/min,28A；1815r/min,32A；11.2N • m

7.11 (1) 11.88kW,95.5N • m；

(2) 1011r/min,47.5A,10.45kW；989r/min,59.5A,13.09kW

7.12 (1) 1.64Ω；(2) 43.2V

7.13 (1) 782r/min；(2) 1165r/min

7.14 1200Hz

7.15 300r/min,150r/min

7.16 (1) $n = 1000\text{r/min}$,顺时针方向；

(2) $n = 1000\text{r/min}$,逆时针方向；

(3) $S_A \rightarrow S_C S_D \rightarrow S_B \rightarrow S_A S_D \rightarrow S_C \rightarrow S_A S_B \rightarrow S_D \rightarrow S_B S_C \rightarrow S_A \rightarrow \cdots$

PROBLEMS

7.1 $n_{syn} = 750\text{r/min}, s = 2\%, n = 705\text{r/min}$

7.2 (1) $S = 14480\text{VA}$；(2) $P = 11584\text{W}$；(3) $Z_P = 8 + j6\Omega$

7.3 $P_N = 10.43\text{kW}$

7.4 $T = 69.17\text{N} \cdot \text{m}$

7.5 (1) $n_{new1} = 2632\text{r/min}$；(2) $n_{new2} = 2425\text{r/min}, I_{Anew} = 5.43\text{A}$

第 10 章

习题

10.1 计算值：$I=2.6\mathrm{A}, V_A=7.8\mathrm{V}, V_B=2.8\mathrm{V}, V_C=10\mathrm{V}$

10.2 计算值：$I_x=2\mathrm{mA}$

10.3 计算值：$I=4.14\mathrm{A}, u_C=8.77\sin(5000t-79°)\mathrm{V}$

10.4 计算值：(1) 不接入电容时，$P=40\mathrm{W}, \cos\varphi=0.5, I=0.366\mathrm{A}$；

(2) 接入 $2\mu\mathrm{F}$ 电容时，$P=40\mathrm{W}, \cos\varphi=0.714, I=0.256\mathrm{A}$；

(3) 接入 $4.5\mu\mathrm{F}$ 电容时，$P=40\mathrm{W}, \cos\varphi=0.999, I=0.183\mathrm{A}$

10.5 计算值：$u_{AB}=3.72\sin(500t-16°)\mathrm{V}, Z_{AB}=248\angle-16°\Omega$

10.6 计算值：$f_0=73.3\mathrm{kHz}$

10.7 计算值：$I_{AL}=4.6\mathrm{A}, I_{A'B'}=2.66\mathrm{A}$

10.8 计算值：$t<0$ 时，$u_S=10\mathrm{V}$；$t>0$ 时，$u_S=2-8\mathrm{e}^{-10t}\mathrm{V}, \tau=0.1\mathrm{s}$

10.9 计算值：$u_{AB}=-2+12\mathrm{e}^{-2500t}\mathrm{V}, \tau=0.4\mathrm{ms}$

10.10 计算值：$t<0$ 时，$u_2=2\mathrm{V}$；$t>0$ 时，$u_2=6+1.6\mathrm{e}^{-100t}\mathrm{V}, \tau=0.01\mathrm{s}$

10.11 计算值：

(1) $u_{C2}(t)=\begin{cases}4\mathrm{V}, t=0\sim50\mathrm{ms}\\0\mathrm{V}, t=50\sim100\mathrm{ms}\end{cases}$；$t>100\mathrm{ms}$ 时，周期性重复

(2) $u_{C2}(t)=\begin{cases}4+2\mathrm{e}^{-\frac{t}{\tau}}\mathrm{V}, t=0\sim50\mathrm{ms}\\-2\mathrm{e}^{-\frac{t-50}{\tau}}\mathrm{V}, t=50\sim100\mathrm{ms}\end{cases}$，$\tau=6\mathrm{ms}$；$t>100\mathrm{ms}$，周期性重复

(3) $u_{C2}(t)=\begin{cases}6-2\mathrm{e}^{-\frac{t}{\tau}}\mathrm{V}, t=0\sim50\mathrm{ms}\\2\mathrm{e}^{-\frac{t-50}{\tau}}\mathrm{V}, t=50\sim100\mathrm{ms}\end{cases}$，$\tau=6\mathrm{ms}$；$t>100\mathrm{ms}$，周期性重复

10.12 计算值：(1) $u_C(t)=-10.45\mathrm{e}^{-417t}+0.45\mathrm{e}^{-9583t}+10\mathrm{V}$；

(2) $u_C(t)=11.55\mathrm{e}^{-1000t}\sin(\omega t-150°)+10\mathrm{V}, \omega=1732\mathrm{rad/s}$；

(3) $u_C(t)=10.01\mathrm{e}^{-100t}\sin(\omega t-177°)+10\mathrm{V}, \omega=1997\mathrm{rad/s}$

10.14 计算值：$f_0=\dfrac{1}{2\pi RC}$，若 $f_0=50\mathrm{Hz}$，选一组参数 $R=624\mathrm{k}\Omega, C=5100\mathrm{pF}$

参 考 文 献

[1] 王鸿明. 电工技术与电子技术(上)(第2版). 北京：清华大学出版社,1999

[2] 秦曾煌. 电工学(上)(第6版). 北京：高等教育出版社,2004

[3] 唐介. 电工学. 北京：高等教育出版社,1999

[4] 唐庆玉等. 电工技术与电子技术实验指导. 北京：清华大学出版社,2004

[5] Richard E Johnson. Introduction to Electric Circuits, 5th ed., 2001

[6] Richard C Dorf, James A Svoboda. Introduction to Electric Circuits, 5th ed., 2001

[7] Thomas L Floyd. Principles of Electric Circuits, 6th Edition. 1999

[8] Allan H Robbins, Wilhelm C Miller. Circuit Analysis: Theory and Practice, Second ed., 2000

[9] Robert L Boylestad. Introductory Circuits Analysis, 9th ed., 2000

[10] Timothy J Maloney. Modern Industrial Electronics, 4th ed., 2002

[11] SIEMENS. SIMATIC S7-200 可编程序控制器系统手册,2000.11

[12] 李良荣等. 现代电子设计技术——基于 Multisim7 & Ultibord2001. 北京：机械工业出版社,2004